南京農業大學
NANJING AGRICULTURAL UNIVERSITY

年鉴

南京农业大学档案馆 编

2012

中国农业出版社

图书在版编目（CIP）数据

南京农业大学年鉴. 2012 / 南京农业大学档案馆编
. —北京：中国农业出版社，2015.11
ISBN 978-7-109-21065-3

Ⅰ. ①南… Ⅱ. ①南… Ⅲ. ①南京农业大学—2012—
年鉴 Ⅳ. ①S-40

中国版本图书馆CIP数据核字（2015）第256204号

中国农业出版社出版
（北京市朝阳区麦子店街18号楼）
（邮政编码 100125）
责任编辑 刘 伟 冀 刚

中国农业出版社印刷厂印刷 新华书店北京发行所发行
2015年12月第1版 2015年12月北京第1次印刷

开本：787mm×1092mm 1/16 印张：25 插页：6
字数：620千字
定价：118.00元
（凡本版图书出现印刷、装订错误，请向出版社发行部调换）

知国情懂农民
育人才兴农业

温家宝

2012年国务院总理温家宝为学校110周年校庆题词

10月20日，学校隆重举行建校110周年庆祝大会

10月20日，学校隆重庆祝建校110周年

4月27日，学校学生组成"世界最大笑脸"及"NAU110"图案，挑战"世界最大笑脸"吉尼斯世界纪录，表达对学校校庆的祝福之情

10月19日，南京农业大学校友馆正式开馆

　　7月11日，学校入选首批获建新农村发展研究院的10所高校，中共中央政治局委员、国务委员刘延东授牌

　　5月30日，肯尼亚副总统穆西约卡访问学校，学校授予其名誉博士学位

5月9日，中共中央候补委员、原中国农业科学院院长翟虎渠（右二）受聘学校农学院名誉院长，香港大学梁志清教授（左二）受聘学校生命科学学院名誉院长

1月4日，学校举行"千人计划"专家赵方杰教授聘任仪式

5月9日，学校正式启动"钟山学者"计划

5月15~27日，学校赴北美举办系列人才招聘会

沈其荣教授团队、张绍铃教授团队研究成果获国家科学技术奖

6月12日，学校经济管理学院学生勇夺IFAMA案例竞赛冠军

2月13日，学校与日本京都大学农学院签署深化合作意向书

9月18日，世界银行前副行长林毅夫教授为学校大学生解读中国经济

4月22日，百所著名中学校长走进南农校园

9月16日，"百家知名企业进南农"活动隆重举行

3月23日，学校白马教学科研基地举行土地使用权交接仪式

5月10日，学校举行体育馆开工奠基仪式

（图片由宣传部提供）

《南京农业大学年鉴》编委会

《南京农业大学年鉴2012》编辑部

主　　编：刘兆磊

副主编：段志萍　刘　勇

参编人员（以姓名笔画为序）：

王俊琴　张　丽　张丽霞

张彩琴　周　复　顾　珍

高　俊　黄　洋　韩　梅

《南京农业大学年鉴 2012》编辑部

主　编：刘兆磊

副主编：段志坤　刘　芳

参编人员（以姓氏笔画为序）：

王晓东　陈　丽　朱晓燕

张旭东　周　夏　顾　冰

高传军　宿　倩　程　丽

编　辑　说　明

　　《南京农业大学年鉴 2012》全面系统地反映 2012 年南京农业大学事业发展及重大活动的基本情况，包括学校教学、科研和社会服务等方面的内容，为南京农业大学的教职员工提供学校的基本文献、基本数据、科研成果和最新工作经验，是兄弟院校和社会各界了解南京农业大学的窗口。《南京农业大学年鉴》每年一期。

　　一、《南京农业大学年鉴 2012》力求真实、客观、全面地记载南京农业大学年度历史进程和重大事项。

　　二、年鉴分专题、学校概况、机构与干部、党建与思想政治工作、人才培养、发展规划与学科、师资队伍建设、科学研究与社会服务、对外交流与合作、财务审计与资产管理、校园文化建设、办学支撑体系、后勤服务与管理、学院（部）基本情况、新闻媒体看南农、2012 年大事记和规章制度等栏目。年鉴的内容表述有专文、条目、图片和附录等形式，以条目为主。

　　三、本书内容为 2012 年 1 月 1 日至 2012 年 12 月 31 日间的重大事件、重要活动及各个领域的新进展、新成果、新信息。依实际情况，部分内容时间上可有前后延伸。

　　四、《南京农业大学年鉴 2012》所刊内容由各单位确定的专人撰稿，经本单位负责人审定，并于文后署名。

《南京农业大学年鉴 2012》编辑部

目 录

六、发展规划与学科、师资队伍建设 …………………………………… (217)

十、校园文化建设 ……………………………………………………………………（271）

十一、办学支撑体系 …………………………………………………………………（277）

一、专　　题

在南京农业大学 2012 年党风廉政
建设工作会议上的讲话

管恒禄

（2012 年 3 月 28 日）

同志们：

今天，我们在这里召开 2012 年党风廉政建设工作会议，部署全年党风廉政建设和反腐败工作。

刚才，盛邦跃同志传达了中央纪委第七次全会、教育系统党风廉政建设工作会议精神，回顾总结了我校 2011 年纪检监察工作状况，并对 2012 年纪检监察工作进行了全面部署。我完全赞同邦跃同志对学校下一阶段纪检监察工作的要求和部署，希望各学院、部门、单位会后认真贯彻落实。

4 个单位的发言，分别结合本部门工作实际，总结交流了所在单位党风廉政建设工作，对下一阶段的党风廉政建设工作提出了积极的思考和进一步加强的措施，讲得都很好。

2012 年是学校发展历史上十分关键的一年，学校党委、行政颁发了《关于加快建设世界一流农业大学的决定》（党发〔2012〕1 号），学校"1235"发展战略已形成全校上下共识。当前的主要任务是狠抓落实、努力工作、加快发展，为学校新一轮跨越式发展奠定坚实基础。因此，认真抓好 2012 年及今后一段时期的党风廉政建设和反腐败工作，意义重大、影响深远。下面，我代表学校党委和行政讲几点意见：

一、正确把握高校党风廉政建设的形势，进一步增强做好工作的责任感

胡锦涛总书记在中央纪委七次全会上再一次强调，必须清醒地看到，党风廉政建设和反腐败斗争面临不少新情况新问题，反腐败斗争形势依然严峻、任务依然艰巨。2011 年 11 月 7～10 日，贺国强同志在北京部分高校调研、座谈时指出，必须加强反腐倡廉建设，保障高校健康发展，特别强调高校"要严把招生录取、基建项目、物资采购、财务管理、科研经费、校办企业和学术诚信七大关口，让权力在阳光下运行，让学生在阳光下成长"。

多年来，学校党委和行政坚定不移地把党风廉政建设与学校改革发展紧密结合，认真贯彻落实党风廉政建设责任制，扎实推进具有我校特点的惩治和预防腐败体系建设，有效地防

止了消极腐败现象的发生。学校连续 10 年没有发生职务犯罪案件，党风廉政建设和学校的改革发展呈现出良好的态势。

但 2011 年，发生了 2 起与职务、职权行使不当有关的违纪个案。一名科级干部因为受贿，受到了党内留党察看、行政撤销科长职务的处分；一名高级职称专业人员被检察院约请谈话，虽然最终从轻处理，但问题是严重的、教训是深刻的。这 2 起违纪个案暴露出我们在教育监督、制度建设、横向科研经费管理等方面存在的一些问题，也反映了个别同志放松要求、缺乏自律和法制意识。这 2 起违纪个案，从一个侧面给各级党员干部、教学科研以及行政管理人员敲响了警钟。从学校党委、纪委平时了解和掌握的情况来看，在少数干部和有关人员中，廉洁自律方面仍然存在一些苗头性、倾向性的问题，有些问题还比较严重。

学校党委坚持每年召开党风廉政建设大会，目的就是开展面上的提醒和教育，帮助大家保持清醒的认识，及时看到存在的问题，克服盲目乐观和松懈麻痹思想。我们有些同志，看到媒体上披露的社会及兄弟高校的腐败案件，总以为类似的问题离我们身边很远，认为我们学校管理工作很到位，不会有类似的案件。这种认识不能有，如果任凭这种认识长期存在，将会十分危险。我们要警惕，一个地方、一个单位或部门，一段时间或较长时间不出问题、不发生案件，就容易忽视反腐败工作，等真的出了问题，对个人、家庭及学校事业发展造成了严重后果，再来总结教训就已经晚了。

只有正确认识反腐倡廉形势，才能自觉、认真、有效地做好学校的党风廉政建设工作。从整个社会层面来看，我们要清醒地看到，滋生腐败的土壤仍然存在。目前，我国仍处在经济体制变革、社会结构变动、利益格局调整、思想观念变化和各种社会矛盾凸显的历史发展时期，各方面政策法规、体制机制还不十分完善，腐败案件在某些领域仍然会多发易发。从高校层面来看，我们要清醒地看到，随着《国家中长期教育改革和发展规划纲要（2010—2020 年）》的实施，国家对高等教育发展资金的投入将呈显著增加趋势，社会上形形色色的不正当竞争必然会围绕高校的资金总量增长和优质资源展开，各种消极腐败现象必然会向学校侵袭渗透、滋生蔓延。高校管理和高校人员一旦放松要求，将会自觉或不自觉地受到腐蚀和危害。从我们学校自身发展态势来看，我们实施"两校区一园区"规划，要实现新一轮跨越式发展，基本建设、物资采购等各个方面的投入将会大幅度增加，项目类型、经费运行方式将会更加复杂，各职能部门与社会的联系和交流将会越来越深入，所面对的各种诱惑与挑战也将越来越多。学校下一阶段的腐败与反腐败的考验，将比以往任何时候来得更加严峻。我们坚信，只要我们进一步提高认识，统一思想，增强责任感，把反腐倡廉各项工作做深、做细、做实，做出成效来，我们就能经得起各种严峻的考验，不辜负教职员工的期待和所肩负的历史责任。

二、加强理想信念教育，筑牢道德和法纪两道防线

在和平建设时期，如果说有什么东西能够对党造成致命伤害的话，腐败就是很突出的一个。在中央纪委第七次全会上，胡锦涛总书记阐述了在当前形势下保持党的纯洁性的极端重要性和紧迫性。我们党作为马克思主义执政党，只有不断保持纯洁性，才能提高在群众中的威信，才能赢得人民的信赖和拥护，才能不断巩固执政基础。在新的形势下保持党的纯洁性，要教育引导广大党员、干部坚定理想信念，坚守共产党人精神家园，永葆共产党人政治本色。各级党组织和广大党员、干部要深刻领会、认真落实胡锦涛总书记的讲话精神，强化

党的意识、政治意识、危机意识、责任意识，按照中央的要求和部署，切实做好保持党的纯洁性各项工作，确保思想纯洁、行为规范。

要增强宗旨意识。党的纯洁性与一切腐败现象是根本对立的。社会在变、时代在变、环境在变，但共产党员清正廉洁的本色永远不能变。很多案件反映出，干部的腐败堕落，首先是思想蜕变，宗旨意识淡薄，往往是先从道德品质上开始出问题，有的就是从吃喝玩乐这些看似小问题的地方起步。千里之堤、溃于蚁穴，小节失守导致大节不保。我们必须增强宗旨意识，将建设社会主义核心价值体系贯穿到学校工作的各个方面，牢固树立全心全意为人民服务的宗旨。把群众拥护不拥护、赞成不赞成、高兴不高兴、答应不答应作为一切工作的出发点和落脚点，把为师生员工服务的成效作为考核干部的标准。我们必须正确对待个人利益，树立正确的人生观、价值观、利益观，真正认识到手中的权力只能为师生员工服务，而不能为自己和小团体谋私利。党员、干部特别是领导干部一定要克己奉公，要在功利面前多几分清醒，诱惑面前多几分淡定，得失面前多几分从容，不为私心所困，不为名利所累，不为物欲所惑，做到"讲道德，讲操守，重品行，明是非，知廉耻"。

要廉洁自律。各级领导干部要加强自律，坚持自重、自省、自警、自励。要时时处处严格要求自己，做到人前人后一个样、8 小时内外一个样、有没有监督一个样；要认真对待每件小事、管好小节，见微知著、防微杜渐，切实做到不该说的话不说、不该拿的东西不拿、不该去的地方不去、不该办的事情不办；同时要教育和管好自己的配偶、子女、亲属和身边的工作人员，决不允许他们利用自己的职权或职务影响谋取不正当利益。另外，要择善交友，慎重对待社会交往，注意净化自己的社交圈、生活圈和朋友圈。

要增强法纪观念。每一名党员干部，都要模范地遵守党的纪律和国家的法律，严格遵守《廉政准则》和教育部《直属高校党员领导干部廉洁自律"十不准"》等各项规定，自觉地用党纪国法规范自己的言行。学校各级领导干部一定要按照集体决策程序研究决定"三重一大"事项，凡属重大决策、重要人事任免、重大项目安排和大额度资金使用事项，都必须经集体研究决定，任何人都不得擅自决定；严格按照规章制度开展基建工程、物资采购等经济活动，不得违反规定干预和插手学校基建工程、物资采购项目；不得以不正当手段为本人或他人获取荣誉、职称、学历、学位等各种利益。

要自觉接受监督。党员干部特别是领导干部，要正确对待组织和群众的监督，养成自觉接受监督的习惯。要清醒地认识到没有监督的权力必然会走向腐败，要把监督看成是对自己的关心、爱护、帮助和保护，绝不能将组织监督看成是对自己不信任，将群众监督看成是跟自己过不去，从而滋生抱怨监督、排斥监督的思想和行为。要遵循权力越大、监督越严的规则，权力越集中越要公开透明，让权力在阳光下运行。

三、落实党风廉政建设责任制，提高反腐倡廉建设整体水平

2011 年 9 月 16 日，教育部专项检查小组对我校"党风廉政建设责任制"和"廉政准则"执行情况进行了专项检查，从教育部书面反馈意见来看，我校这方面工作是做得比较好的，一些具体做法得到了教育部的肯定和赞扬。同时，严格对照标准，也严肃指出了我们还存在一些问题和薄弱环节。一是在落实党风廉政建设责任制方面，少数中层领导干部思想认识不完全到位，有时因教学、科研等业务工作繁忙而对党风廉政建设工作重视不够，对所辖人员的廉洁教育和督促检查不够到位。二是在廉洁教育方面，对学科带头人、科研项目负责

人、评审专家的廉洁教育不够深入。三是在规范权力运行方面，对重点部门、关键岗位的监管体系还需要进一步完善，对科研经费的管理还需要进一步加强。四是在廉政制度建设方面，还需要强化制度的执行，进一步提高制度的执行力。

我们要以教育部专项检查为契机，各级领导必须切实担负起党风廉政建设责任。校院两级领导班子对职责范围内的党风廉政建设要切实负全面领导责任，各单位的主要负责人是党风廉政建设的第一责任人，领导班子其他成员根据分工对职责范围内的党风廉政建设负主要领导责任。必须认真履行"一岗双责"的责任，要在思想上建立和形成"抓好党风廉政建设是本职、抓不好党风廉政建设是失职、不抓党风廉政建设是渎职"的概念。把党风廉政建设纳入本单位、本部门的整体工作，与业务工作一同部署、一同落实、一同检查、一同考核，实现管业务工作和管党风廉政建设同步进行，业务工作到了哪里，党风廉政建设就必须延伸到哪里。努力形成运转协调、衔接紧密、优势互补、相互促进的反腐倡廉工作格局。

不久前，学校纪委已经将 2012 年学校年度党风廉政建设工作任务分解到各学院、各单位，并且明确了牵头单位和配合单位，下一步工作就是要狠抓落实。要加强督促检查，及时掌握工作进展情况，及时采取有针对性的措施，排除工作中的障碍和困难。要强化责任意识，一级抓一级，层层抓落实，对落实不力的和出现问题的单位和个人，要及时进行督促帮助和责任追究。

按照教育部的要求，2012 年要把严明党的政治纪律作为贯彻执行党风廉政建设责任制的重要内容，要教育、引导和督促广大党员干部坚持正确的政治立场，在大是大非面前头脑清醒、立场坚定、经得起考验，自觉同党中央保持高度一致。要认真贯彻执行"三重一大"决策制度，进一步完善校院两级领导班子议事规则和决策程序，切实推进党务公开、校务公开工作。要大力开展阳光治校工作，切实加强校内重点领域和关键环节的监管工作，严格规范招生录取、基建项目、物资采购、财务管理、科研经费、校办企业和学术诚信等各方面工作。要开展廉政风险防控工作，紧密联系校内各部门岗位特点和具体的业务流程，查找可能诱发廉政风险的各种因素，从体制、机制和制度等层面进行规范，从源头上防治腐败。

2012 年是《建立健全惩治和预防腐败体系 2008—2012 年工作规划》的最后一年，要围绕工作进展状况进行严格的督查、指导，要完成学校内部惩防体系的基本框架，回顾总结 4 年来的工作经验，为学校贯彻落实中央下一个惩防体系 5 年规划奠定坚实的基础。

学校的纪检监察部门在党风廉政建设和反腐败工作中肩负着重要职责，要切实当好党委、行政的参谋和助手，认真履行组织协调和监督检查职能。各级党组织要加强对党风廉政建设和反腐败工作的领导，支持纪检监察部门和专兼职纪检监察干部履行职责，帮助解决工作中的实际困难和问题，推动反腐倡廉各项任务的落实。纪检监察干部要以更高的标准、更严的要求履行监督职责，切实维护党的纯洁性，加强作风建设，全面提高政治素质、理论水平和业务能力，依法办事，秉公执纪，敢于同各种不正之风和违法乱纪行为做坚决的斗争，牢固树立纪检监察干部的良好形象。

同志们！学校正处在一个十分有利的发展战略机遇期，"十二五"必将是我校历史上又一个不平凡的发展时期。让我们以更加饱满的热情、更加扎实的作风、更加昂扬的斗志，以党风廉政建设的新成效，保障学校加快建设世界一流农业大学各项目标的顺利实现！

谢谢大家！

在学校本科教育教学工作会议上的讲话

管恒禄

（2012 年 4 月 18 日）

同志们：

大家好！

首先，我代表学校党委和行政，向长期以来在学校本科教育教学一线和管理岗位上敬业工作和今天受到大会表彰的同志们，表示衷心的感谢和热烈的祝贺！

刚才，胡锋副校长代表学校对我校"十一五"以来的本科教学工作，做了全面、系统的回顾和总结，并对今后一段时期我校本科教学工作做了全面部署；教务部门对即将出台的一系列教学文件进行了详细解读，学工部门对本科招生就业工作进行了认真总结；4 个学院做了很好的经验交流发言。相信今天的会议，对我校今后进一步做好本科教育教学工作，全面提升本科教学水平和人才培养质量，必将产生有力的推动作用和重要的长远影响。

在此，我讲三点意见，供同志们讨论。

一、建设世界一流农业大学，必须牢固确立本科教学的基础地位

高等学校的根本任务是培养人才，教学工作始终是学校的中心工作。纵观世界高等教育，不同类型高水平大学的发展策略、培养模式及办学特色虽有不同，但共同特征都是致力于打造一流的本科教育。

近年来，我国高等教育的改革与发展取得重大进展，本科教育规模迅速扩大。随着我国经济结构的战略性调整，社会各方面都对高等教育的人才培养质量提出了新的更高要求。本科教育的重要性愈加凸显，一些"985"、"211"高校都在重新审视本科教学在人才培养过程和学校全部工作中的基础和中心地位，已开始将重点回归到本科教育上来，回归到提高教育质量上来。

2012 年 3 月，教育部召开了全面提高高等教育质量工作会议。会议明确提出，要进一步巩固本科教学基础地位，把本科教学作为高校最基础、最根本的工作来抓，要求领导精力、师资力量、资源配置、经费安排和工作评价都要体现以教学为中心。

当前，我校正在全面实施"1235"发展战略，加快建设世界一流农业大学。在这一过程中，要始终牢固确立人才培养在学校工作中的中心地位，正确处理好人才培养与科学研究、社会服务以及其他工作之间的关系，处理好不同层次人才培养之间的关系，确保本科教育的基础地位。要以本科教学为中心，统筹学校各方面工作，把质量意识落实到各个工作环节中，不断推进学校教育教学观念创新、制度创新和工作创新。

要把促进人的全面发展和适应社会需要作为衡量人才培养水平的根本标准，树立多样化人才观念和人人成才观念，树立终身学习和系统培养观念，造就信念执著、品德优良、知识

丰富、本领过硬的高素质人才。要坚持以科学发展观为指导，全面贯彻党的教育方针，坚持社会主义办学方向，理清人才培养思路，转变人才培养观念，强化教学质量观，坚持走以质量为根本、追求特色卓越的内涵式发展道路，全方位推进本科教育教学改革。教师要树立德育为先、以人为本、因材施教的教学观；学生要树立崇尚学习、能力为重、全面发展的学习观。

二、建设世界一流农业大学，必须着力构建一流的人才培养体系

多年来，我校始终坚持质量第一的教育思想，构建了科学的并比较完善的人才分类培养体系，但人才培养模式改革仍需进一步推进。要积极探索构建与一流农业大学、一流学科专业相适应的人才培养模式。只有构建一流的人才培养体系，才有可能培养出一流人才。

要以实施新的人才培养方案为契机，通过人才培养模式的不断改革和完善，使人才培养的规格、质量和素质更加符合经济社会发展的需求。学校各优势专业要积极实施卓越农林人才培养计划，开展专业综合改革试点，形成一批教育观念先进、改革成效显著、特色更加鲜明的专业点，引领行业高校相关专业的改革建设，充分凸显我校办学特色。

要坚持以人为本的个性化培养，坚持育人为本、德育为先，充分尊重学生的主体发展意识，真正激发每个学生的学习兴趣、求知欲望和创造潜能，让优秀学生有脱颖而出的机会，给学习有困难的学生得到及时的帮助；尊重学生的合理合法权益，为学生健康成长创造良好的学习生活条件，让每个学生都平等地享受到学校的关爱。要鼓励并创造更多的机会，让教育者与受教育者进行深入的沟通和交流，使学生的主体意识得到更好的体现，使教师真正实施有效的因材施教。

要加强通识教育，大胆突破学科专业设置，从根本上改变现有的人才培养模式以及教师的教学方式、学生的学习方式。"十一五"期间，我校形成了农、理、经、管、工、文、法多学科专业格局，有力支撑和促进了通识教育的发展。下一阶段，要积极探索大类招生、分类培养，大胆突破学科专业设置，尝试所有课程为所有学生开放，实现学生的差异化发展和拔尖创新人才培养。

要以2012年中央1号文件的发布为契机，积极参与国家与地方的农业科技创新，改造和提升传统优势农科专业，丰富专业建设内涵，形成特色品牌优势。要以传统优势学科专业为基础，积极发展高新技术专业和应用型专业，重视发展人文社会学科专业，使本科专业结构不断优化。

要认真贯彻落实教育部刚发布的《关于提高高等教育质量的三十条意见》，进一步优化专业结构，进一步提高教育教学质量。要围绕学校学科专业特点，积极改进招生宣传方法，建立健全招生激励机制，加强优质生源基地建设，不断完善吸引优秀生源的办法和途径。要深入推进大学生就业创业指导课程改革，加强就业指导和就业市场的开拓，使本科生的就业率和就业质量有明显的提高。

要推动科研优势转化为教学优势、学科优势转化为人才培养优势，将科学研究作为人才培养的强有力支撑。要克服只重视科研活动的理论和应用价值，而忽视科研活动蕴藏的教育教学价值的现象，努力使科学研究与人才培养有效协调、相互促进，将学科建设与专业建设有机结合、共同发展。要通过科研项目、科研氛围和科研人员的学术素养，帮助学生将其学习兴趣、科学视野，提前引导到专业领域的国际学术前沿；鼓励科研能力强的教师，在第一

时间内将科研成果转化为教材建设成果，将科研成果内容转变为课堂教学内容。要建立有利于调动教师教学、科研积极性，并使教学、科研相互促进的科学评价机制。

要创新教学管理模式，加快推进校院两级教学管理体制改革，下移教学管理重心，充分调动学院的积极性和创造性，发挥学院在本科教学中的主体作用。学校相关职能部门要加强研究，前瞻性做好引导、协调、评价、保障等工作。要建立和完善本科教学质量考核机制，进一步落实学院党政一把手作为教学质量第一责任人的制度，将本科教学工作作为学院年终考核的重要指标。

三、建设世界一流农业大学，必须加快建设德术双馨的师资队伍

"教育大计，教师为本"。提高教育质量，核心是提高教师质量。要把加强教师队伍建设作为人才培养最重要的基础工作来抓，努力建设一支严谨笃学、关爱学生、淡泊名利、自尊自律，具有良好师德和高尚学术风范，能切实担负起立德树人、教书育人的优秀教师队伍。

加强师德建设，关键要把"崇尚学术"与"教书育人"有效结合起来。教师是神圣的职业，传授学生知识和能力；大学是神圣的殿堂，规范学生的道德水准。学术水平和师德师风是师资队伍建设中两个不可分割的组成部分，缺一不可。教师要自觉加强道德修养，为人师表、甘为人梯、乐于奉献，要以高尚的人格魅力教育和影响学生，努力成为学生的良师益友。

要通过"名师教学工程"的实施，加快打造一流教学团队。一流大学，必须汇聚一批一流的"大师"和"名师"。要积极探索和不断完善相关制度和激励措施，鼓励教授与名师上讲台。要充分发挥典型示范作用，对长期坚持在教学第一线教书育人、在教学改革与师资队伍建设中做出突出贡献的同志适时予以表彰，以激励广大教师更加重视教学工作，更加关注人才培养质量。要探索建立教师培养新机制，促进教师全面发展；人事、教务、科研以及后勤保障等部门，要为教师开展工作提供良好的条件和服务，为加快推进教育教学改革提供政策制度上的支撑和保障。

要进一步建立和完善科学的教学评价机制，提高教师教学积极性，激励教学优秀的教师更好发挥示范效应，使更多的同志成为教学名师；主动帮助并促进不能很好适应教学要求的教师，在一定时间内实现教育教学能力的较快提升。要对教师实行分类指导、分类管理和分类评价，以调动不同岗位、不同类型教师的积极性。

同志们！

大学的根本任务是人才培养。人才培养的质量，从根本上决定和影响着学校的建设发展和学术声誉。当前，我们要加快推进本科教育教学改革，坚持教书育人、管理育人、服务育人有机统一，加快形成我校的教育教学新特色，全面提升人才培养质量，努力在建设世界一流农业大学的征程中，不断开创南京农业大学本科教育教学工作新局面！

谢谢大家！

在"钟山学者"计划启动暨农学院生命科学
学院名誉院长聘任仪式上的讲话

管恒禄

（2012 年 5 月 9 日）

尊敬的各位嘉宾、

各位领导、老师们、同志们：

大家上午好！

今天，我们在这里隆重举行南京农业大学"钟山学者"计划启动暨农学院生命科学学院名誉院长聘任仪式，这是我校深入推进"1235"发展战略，大力实施人才强校战略的重要举措。在此，我代表学校党委和行政，向首批获聘的 37 名"钟山学术新秀"，表示热烈的祝贺！向翟虎渠教授和梁志清教授分别受聘农学院、生命科学学院名誉院长，表示热烈的欢迎和诚挚的感谢！同时，借此机会，向长期以来关心、支持、帮助南京农业大学事业发展的各级领导和各界朋友，表示衷心的感谢！

一流的大学离不开一流的师资。2011 年，南京农业大学正式确立了建设世界一流农业大学的奋斗目标。围绕实现这一宏伟目标，学校将人才队伍建设列为当前和今后较长一段时期学校两大重点任务之一，并通过设立学校人才工作领导小组、启动"钟山学者"计划、改革职称评审制度等，为学校的人才引进和高水平师资队伍建设构建了更加良好的体制机制和政策环境。

为了进一步做好学校人才工作，下面我谈四点意见。

一、始终坚持人才资源是第一资源的思想，坚定不移地实施人才强校战略

当今世界正处在大发展大变革大调整时期。世界多极化、经济全球化深入发展，科技进步日新月异，知识经济方兴未艾，加快人才发展是在激烈的国际竞争中赢得主动的重大战略选择，也是科教兴国和建设创新型国家的重要战略举措。

人才是立校之本、强校之源。回顾学校 110 年的办学历史，南京农业大学之所以能够在不同历史时期赢得较高的学术声誉和办学影响力，无不依靠于一批又一批的学术大师和杰出人才。

在建设世界一流农业大学的今天，站在新的历史起点，我们必须以人才强校为根本，科学分析和把握当前学校人才工作面临的新形势新任务，以改革创新精神深入推进人才强校战略，努力造就一支具有世界眼光、师德高尚、业务精湛、充满活力的创新型人才队伍，为实现学校新一轮跨越式发展提供强有力的人才支撑。

二、科学规划、重点突破，切实增强学校人才队伍的整体优势和竞争能力

学校人才工作要立足学校实际、服务于学校整体发展战略。要结合我校《关于加快建设

世界一流农业大学的决定》和《"十二五"发展规划》，切实加强人才工作的顶层设计。

当前，要以"钟山学者"计划为龙头，带动实施"高端人才造就计划"、"创新团队支持计划"、"青年教师培育计划"和"后备人才储备计划"。在这一过程中，要充分发挥重点学科优势，大力加强高层次拔尖人才和学术领军人物的培养，努力造就一批学术大师和战略科学家；要坚持培养和引进相结合，加强学术创新团队和学术梯队建设，促进学校师资队伍整体水平的不断提升；要高度重视青年人才工作，积极主动为青年人才的成长创造有利环境，努力形成薪火相传、人才辈出的良好工作局面。

三、加强制度创新，建立完善能引进人、留住人、用好人的长效机制

人才竞争的背后是人才工作体制机制的竞争。

要着力推动人事管理制度改革，建立综合配套体系、改革绩效评价标准，采用多种方式引进海内外杰出学术领军人物和高层次优秀人才。学校人事、教学、科研等部门和各专业学科，要加强对不同类型人才择业状况的分析和研究，探讨如何从政策上、保障性支持及规范管理等方面取得突破。

要破除一切不利于人才成长、流动、使用的思想和体制性障碍，以更高的境界培育人才、更宽的视野引进人才、更大的气魄使用人才，形成有利于各类人才脱颖而出、充分施展才能的选人用人机制。要结合重点人才建设计划和绩效工资改革，完善有利于激发人才活力、体现人才价值的分配、激励、保障方面的制度，对于一流人才或创新团队的引进，要特事特办，一事一议或一人一策，给予特别支持。要在全校范围内加强宣传引导，努力营造尊重人才的氛围，大兴尊师重教之风，把尊重人才、关心人才、服务人才真正落到实处。

四、坚持德才兼备的原则，加强师德教育，全面提高人才队伍的综合素质

要将职业理想和职业道德教育融入学校人才工作的全过程，努力增强广大教师教书育人的责任感和使命感，引导广大教师关爱学生，严谨笃学，淡泊名利，自尊自律，以高尚的人格魅力和学识魅力教育、感染学生，做学生健康成长的指导者和引路人。

要鼓励广大教师坚持求真务实、尊重客观规律、恪守科学精神；完善师德师风评价体系，建立健全学术道德监督机制，坚决克服学术浮躁，严肃查处学术不端行为，努力在全校范围内营造健康向上的学术氛围。

同志们！

人才是学校事业发展的根本，人才工作是学校的基础和核心工作。让我们携起手来，共同重视、关心、支持、参与人才工作，努力在建设世界一流农业大学的征程中，不断开创南京农业大学人才工作新局面！

谢谢大家！

在中共南京农业大学十届十五次全委（扩大）会议上的讲话

管恒禄

（2012 年 5 月 9 日）

同志们：

经党委常委会研究，决定在本学期中间召开十届十五次全委（扩大）会议。本次会议的主题是：全面回顾总结贯彻落实十届十三次、十四次全委（扩大）会议精神和组织实施"1235"发展战略的情况，分析学校当前所面临的内外部发展环境，并对加快推进下一阶段工作做进一步的要求和部署。

会议议程分三段。第一段，请党委宣传部、校区发展与基本建设处、农学院做大会交流发言；第二段，请党委常委、校长周光宏同志做大会主题报告；最后，我代表常委会就贯彻本次会议精神讲几点意见。

……

同志们，下面，我代表常委会，就贯彻本次会议精神讲几点意见。

由于时间关系，此次大会仅选择安排了 3 个单位做大会交流发言，还有不少部门工作也都做得不错、下一阶段工作思路也很清晰，建议在学校第七届建设与发展论坛上，多安排几个单位交流发言。

刚才，3 个单位的主要负责同志结合所在单位工作，就全面组织实施"1235"发展战略，特别是对如何做好当前工作和下一阶段工作，做了很好的大会交流发言。他们的交流发言，既是学校党委、行政对他们过去工作成绩的充分肯定，也是对这些单位下一阶段工作寄予新的要求和新的希望。希望这些单位能再接再厉；相信与会同志能从他们的交流发言中得到启发和有所借鉴、鞭策。

在学校加快发展、重点突破的特殊阶段，这样的大会交流是比较好的形式，这种以推进工作为主题的会议会产生很好的效果。

周校长对十届十三次、十四次全委（扩大）会议召开以来，学校建设发展的整体工作做了全面回顾总结，充分肯定了有关方面的成绩，对有关工作给予较高的评价；同时，不回避困难，对面对的矛盾和存在的问题，做了实事求是的分析，对下一阶段需要进一步加强和努力的工作提出了新的、更高要求。周校长的报告是一个分析透彻、充满信心、要求明确、态度鲜明，指导性、操作性很强的十分精彩、精炼的报告，我完全赞同。会后，各单位要认真组织学习传达，以周校长报告的精神来加快、务实、高效地推进学校当前各项工作。

在这里，我讲三点意见，与大家共同讨论。

第一，根据今天会议精神，各单位要认真分析本单位前一段工作，既肯定成绩，又要找出差距和不足，进一步理清思路，明确目标，制定切实可行的工作措施，使本单位的工作取得实实在在的进步和成效。

为筹备这次会议，学校成立了调研小组，从3个方面在面上做了调研和分析，即：各单位领导班子及班子成员的工作状态；学习贯彻会议和文件精神，调动教职工积极性；分解落实"1235"发展战略和"十二五"重点建设任务。

从调研的总体情况来看，各单位贯彻十届十三次、十四次全委（扩大）会议精神，落实"1235"发展战略，在做好各自工作方面是好的。广大教职员工，对学校发展战略的顶层设计、工作目标和已经实施的具体举措以及取得的阶段性成效，给予充分的肯定和赞扬，广大教职员工的积极性得到很大激发。同时，大家对学校新一轮快速发展寄予很高的期待和希望，都在关注着"1235"发展战略的实施进展和学校发展的每一个动态以及取得的每一份成绩。教职工工作积极性和对学校发展期望值呈双相上升，这对学校及各部门、学院既带来信心、鼓舞，同时也给我们带来更多的责任和压力。

调研发现，学校各二级单位在领导班子、领导干部工作状态；单位的工作思路、举措、进展；教职工积极性的进一步调动发挥等方面的差异性还是存在的，个别单位存在的差距还是非常明显的。就学院和机关比较来看，对"1235"发展战略的认识和具体的实施，总体上机关好于学院。特别是近期工作比较集中、节奏比较快、工作推进难度比较大的部门，成效比较显著，精神状态也饱满。

个别部门和学院对自己下一步发展和当前的工作，还缺乏深入的思考和研究，缺少举措和办法，有点不温不火，精神状态和工作紧迫性还没有上来。从这次各单位汇总的有关材料可以看出，个别单位的建设目标和工作对策，仍显得比较空，缺乏可操作性。希望这些单位，集中精力，集中智慧，在不同层次上做一些深入的调研，将思路理清、措施做实，不能再停留在一般的想想写写上。部门之间、学院之间可以互相的学习交流。

我们要清醒地认识到，"1235"发展战略实施的基础、主体和成果都在学院，世界一流农业大学目标实现的希望也在学院。希望发展规划部门，对这次调研现状做好分析，加强分类指导和督促检查，帮助分析存在的问题，使后1/3的部门学院能不落后、赶上来。希望学校相关职能部门，从职能范围工作，分析一下各学院的相关情况，给予一对一针对性指导。如：人事处、人才工作领导小组办公室分析各学院师资队伍，教务处、科学研究院、研究生院、国际合作与交流处分析各学院相关情况。

第二，各级领导班子和全体领导干部，要更加创新、开拓、敬业、勤奋的工作，切实担当起促进"1235"发展战略全面实施的历史责任，在加快学校建设发展中，在带领教职工做工作干事业中，发挥应有的表率作用。

各单位领导班子，要切实负起领导责任，加强学习和研究，敢于创新，在推动学校和本单位工作中，做前人没做过，做别人没想到或不敢做的事。何谓创新？做别人没做、前人没做的工作，可谓创新；对别人已做的工作，我们及时跟上，谓之学习；对别人已做并已取得很好的成绩，如果仍旧没有触动，那只能称之为落后、滞后、僵化。工作中不能等、不能靠，更不能瞻前顾后，要敢于担当、勇于作为。要将体制机制、政策制度搞活，将各方面积极性充分调动起来。

要深刻认识到，越是发展要求高、节奏快、工作任务重，越是工作中遇到困难和矛盾，越要加强班子团结，增强班子合力。班子成员之间要多交流、多沟通，少埋怨、少指责。班子成员要支持主要领导工作。

当前，我校发展机遇前所未有，发展困难前所未有，发展信心前所未有。

一万年太久，只争朝夕。我们要将解决工作中遇到的各种意想不到的困难，作为工作目标。下一阶段，学校面临的可预料和不可预料的困难将会更加凸显。要在攻坚克难中，增强我们的应对能力，在逆水行舟中锻炼我们坚忍不拔的毅力。各单位要将学校党委、行政的战略思想坚定不移地贯彻下去，力争使学校的宏伟目标在我们这代人身上实现。

"两校区一园区"战略，事关学校发展的现实需要和资源配置的效益最大化，事关当代人的历史责任和广大教职工的根本利益。对学校而言，不能一有困难就修改目标、放弃目标，这不是应有的态度。达到和实现目标的路径是多样的。在青龙山专题研讨会上形成的共识，不能动摇。学校领导小组和相关部门同志，要确立信心，加强研究，要有艰苦、艰难工作的思想准备。

各学院、各部门在工作中，同样会遇到这样那样的困难和矛盾。一定要有良好的精神状态，有面对困难，勇于解决困难的信心、办法和勇气、毅力。部门、学院之间，要主动加强协调，不准互相推诿，拖拖沓沓办事。

各级领导班子和党员干部，要善于调动所在单位每个同志的积极性，使每个同志都为"1235"发展战略的实施出力、出智慧。要加强工作责任心的要求，加强工作目标的考核，加强工作纪律的教育。要从政策、制度、待遇上及时表扬先进，更要及时批评和帮助后进。在学校新一轮快速发展中，对个别一直放松要求、不思进取、游离在主流外的同志，所在单位要有重点帮助措施，使他们融入到学校发展的主流中来，使说三道四、评头论足的负面影响降至最小、没有市场。

第三，学校层面上，各职能部门对《关于加快建设世界一流农业大学的决定》和"1235"发展战略的组织实施，从目标、任务、举措诸方面，仍需深入研究、超前规划，加强对不同层次的设计和指导。

要借助这次会议的召开，将当前和下一阶段工作的对策和举措更加细化、列出时间表，分条分块一项一项加以落实和推进。在近一年中，新调整、新组建、新加强的机构部门和条件平台，要加快内部建设和创新工作机制，更好适应学校当前发展的需要，在最短时间内做出成绩来，不辜负学校党委、行政和广大教职工的期望。

希望也是要求有些与"1235"发展战略具体工作任务相对比较远的职能部门和职能科室，要创新部门工作，牢固确立为教学科研、为师生员工服务的意识，改进工作作风，提高工作效益，使教学科研一线的同志来机关办事感到热情、周到、高效、满意，创造一个有利于实施"1235"发展战略和建设世界一流农业大学的良好管理、服务环境。五大篇章中，立足满意度谱写"和谐篇"，除改善待遇之外，做好服务也是一个很重要方面。

同志们，在座的每一位都是各单位的领导同志，都是学校新一轮发展和实施"1235"发展战略中不同层次、不同方面、不同岗位上的设计者、实践者和见证者。我们身处学校发展这个特殊、关键时期，责任重大、使命光荣。让我们在建设世界一流农业大学的宏伟目标下，团结一心，众志成城，不畏艰辛和困难，以我们更加努力的工作和出色的成绩来赢得广大师生员工的信任和支持，把学校建设发展推向一个全新的阶段。

谢谢大家！

在 2012 年博士、硕士学位授予仪式上的讲话

管恒禄

（2012 年 6 月 27 日）

同学们、老师们、各位来宾：

大家上午好！

今天，我们在这里隆重举行 2012 届博士、硕士学位授予仪式。首先，我代表学校党委和行政，向全体博士、硕士学位获得者，表示最热烈的祝贺；向悉心指导和培养研究生的全体导师和为研究生教育辛勤工作的全体教职工，表示衷心的感谢；向全力支持同学们完成学业的家长和亲属们，致以亲切的问候和良好的祝愿！

回首同学们的在校岁月，大家数年如一日辛勤工作在试验田、实验室，在学业的道路上刻苦钻研，在科学的征程中执著追求。经历了无数不眠之夜，大家终于圆满完成学业，顺利通过论文答辩。你们撰写的不仅是一篇凝聚知识与智慧的学术论文，也是一篇演绎精彩人生的论文。

2012 年 10 月，学校将迎来 110 周年华诞。百余年来，在一代代南农人的不懈努力下，学校实现了一个又一个历史性跨越。当前，学校正在以世界一流农业大学建设为目标，坚持"世界一流、中国特色、南农品质"的有机统一，全面组织实施"两校区一园区"的宏伟蓝图和发展、改革、特色、和谐、奋进的五大篇章，努力实现学校新一轮跨越式发展。在学校的事业发展过程中，研究生群体作为科技创新的生力军发挥了重要的作用。在此，我代表学校，向同学们为学校建设发展付出的辛勤努力和所取得的成绩，表示衷心的感谢！

同学们，研究生毕业是人生重要的里程碑。在即将离别之际，我代表母校提几点希望，与大家共勉：

一、希望同学们志存高远

古人云："取法于上，仅得为中；取法于中，故为其下。"一个人的目标越高，志向越远，成就也就会越大。同学们在新的起点上，要为自己树立一个远大的人生奋斗目标，在顺境中不骄不躁，遇挫折不气不馁，始终保持崇尚科学的志趣和积极向上的精神状态，爱岗敬业，开拓创新，不断进取。

二、希望同学们继续加强学习

《道德经》云："知不知，尚矣；不知知，病也。"人应该清楚地知道自己的不足之处和努力方向。同学们在新的起点上，要始终保持虚怀若谷的心态，坚持终身学习，不断更新知识，构建广博而精深的知识结构，追赶科技前沿，以更好地适应经济社会发展的需要。

三、希望同学们不断加强自我修养

同学们在新的起点上，要以自尊赢得尊重、以坚毅面对事业，以智慧化解坎坷、以才干证明实力、以豁达适应复杂、以宁静平抑烦躁，坚持锤炼品格，不断完善自我，为民富国强和中华民族的伟大复兴奉献自己的人生。

同学们，此时此刻，你们打点行囊，即将踏上远航的征程。希望你们在将来的日子里，始终继承和发扬母校"诚朴勤仁"的精神，在感悟与感恩中开始每一个新起点，报效国家，献身科学，服务社会，关心他人，孝顺父母，珍爱自己，不忘母校，惦记导师。

最后，诚挚邀请大家在金秋十月返回母校，共庆母校的 110 周年华诞；并衷心祝愿同学们在新的征程中，一帆风顺，万事如意！

谢谢！

在南京农业大学庆祝建党 91 周年暨"创先争优"活动表彰大会上的讲话

管恒禄

（2012 年 6 月 29 日）

同志们：

今天，我们在这里隆重集会，热烈庆祝中国共产党成立 91 周年，并对在学校 2010—2012 年"创先争优"活动中涌现出的先进集体和个人予以表彰。同时，对学校"师德标兵"、"师德先进个人"进行表彰。在此，我代表学校党委、行政，向全校各级党组织和全体共产党员，致以节日的问候！向受表彰的先进集体和个人，表示热烈的祝贺和崇高的敬意！

刚才先进代表先后做了很好的发言。希望受表彰的集体和个人，以此为新的起点，再接再厉，为学校事业发展再创佳绩；希望全校各级党组织和全体共产党员，要以身边的先进典型和先进事迹为榜样，在各自工作岗位上，勤奋工作，敬业奉献，努力为学校事业发展贡献自己的力量。

长期以来，学校党委、行政在教育部党组和江苏省委的正确领导和大力支持下，坚决贯彻党的教育方针、政策，团结带领全校广大师生员工，围绕建设高水平研究型大学战略目标，抢抓机遇、奋发图强，在党建和思想政治工作方面，在人才培养、科学研究、社会服务和文化传承创新等方面，都取得了长足的进步和发展。

2011 年，教育部党组宣布了学校新一届行政领导班子，并对学校党委常委会进行了调整充实。在深入调研、科学论证的基础上，学校确立了建设世界一流农业大学的奋斗目标。当前，全校党员干部和广大教职员工正呈现出上下同心、积极向上、团结奋进的良好精神面貌，学校的各项事业正展现出快速、有序、和谐的发展局面。

自 2010 年 5 月开展"创先争优"活动以来，全校各级党组织和广大共产党员，按照校党委的统一部署和要求，紧紧围绕国家教育规划纲要以及学校改革发展稳定大局，以"加强内涵建设、提升办学实力、促进科学发展"为主题，坚持从实际出发，改革创新、务求实效，充分发挥了党组织战斗堡垒作用和共产党员先锋模范作用，在推动学校科学发展、促进校园和谐、服务师生员工、加强基层组织和发挥党员作用等方面取得了显著成绩。

目前，我校正处在新一轮跨越式发展的关键时期，历史机遇稍纵即逝，事业发展不进则退。要全面提升学校的核心竞争能力，实现学校的宏伟目标，关键在于我们各级党组织、党员领导干部和广大共产党员是否能始终保持先进性，是否有带领广大师生员工谋求发展、知难而进、勇于开拓、同甘共苦的凝聚力、创造力和战斗力。为此，我代表学校党委，向全校各级党组织和广大共产党员提几点希望和要求：

一、认真总结和运用"创先争优"活动经验，切实加强党的先进性和纯洁性建设

各级党组织和广大共产党员要认真总结和梳理"创先争优"活动中的实践经验，努力建立健全长效机制，把"创先争优"融入广大党员和师生员工的岗位职责，使之岗位化、日常化、常态化，不断焕发党在基层生机勃勃的活力。要继续深入开展基层组织建设年活动，按照抓落实、全覆盖、求实效、受欢迎的要求，完善基层党组织设置，推动党建工作规范化建设，加强党员教育、管理和服务，全面提高学校基层党组织建设科学化水平。

先进性和纯洁性是马克思主义政党的本质属性。"创先争优"活动既是深入学习实践科学发展观活动的延展和深化，也是在新的形势下保持党的先进性和纯洁性的有益探索和有效载体。各级党组织和广大共产党员要深化对党的先进性和纯洁性建设规律的认识，充分运用"创先争优"活动中凝练的好经验、好做法，从加强思想政治建设、巩固党的群众基础、提高党员干部素质、夯实组织基础、完善党内制度及工作机制上，以更大的力度加强党的先进性和纯洁性建设，切实把党的先进性和纯洁性要求，转化为推动学校新一轮快速发展和体现师生员工根本利益的行动上来。

二、坚持把党的建设与推进世界一流农业大学建设紧密结合起来，扎实推进学校各项事业科学发展

党的工作要围绕中心、服务大局。对于南京农业大学来说，这个中心和大局就是加快建设世界一流农业大学。各级党组织和广大共产党员，要围绕学校中心工作和本单位的主要任务，发挥主动性、积极性和创造性，把注意力和精力集中到学校事业发展上来；各级党组织和广大共产党员，要立足本职岗位，尽心尽责把自己的工作做好，充分发挥基层组织的政治核心作用、战斗堡垒作用和广大党员的先锋模范作用，心无旁骛地切实推动学校"1235"发展战略的贯彻落实，为奋力开创学校事业科学发展新局面，提供坚强的思想、政治和组织保证。

三、高度重视教师思想政治工作，切实加强教师队伍特别是青年教师队伍师德师风建设

教师是人类灵魂的工程师，是青年学生成长的引路人和指导者。教师的思想政治素质和道德情操，对青年学生具有很强的影响力和感染力，在思想传播方面起着十分重要的作用。青年教师作为高校教育科研的重要力量，与学生沟通互动多，对学生影响大，加强青年教师队伍思想政治建设已成为高校党的建设的重要课题。

各级党组织和党员领导干部要充分发挥善于做思想政治工作的优势，加强教师的理想信念和职业道德教育，培育优良的学风、教风，引导青年教师志存高远、倾心育人、潜心治学。要在政治上正确引导、专业上着力培养、生活上热情关心，鼓励和支持青年教师干事业、干好事业、干成事业。要继续重视在青年教师中发展党员工作，对于教学科研骨干、学术带头人和优秀留学归国人员，要选择党性观念强、业务水平高、在青年教师中有影响的党员专家教授和党员领导干部专门联系培养，把更多优秀的青年教师吸收到党的队伍中来。各级党组织要始终将真正建设一支政治立场坚定、理论素养高、师德师风好和业务能力强的教

师队伍的工作放在十分重要和更加突出的位置上。

四、坚持以社会主义核心价值体系为统领，深入推进大学生思想政治教育取得新成效

高校是教育培养青年人才的重要园地，也是用社会主义核心价值体系武装青年的重要思想阵地。各级党组织要将社会主义核心价值观教育作为一项灵魂工程，贯穿于对青年学生教育培养的全过程。要把握青年学生的思想实际，将传授知识与思想教育相结合、系统教学与专题教育相结合，围绕当前大学生普遍关心的经济建设和社会发展中的重大问题，帮助学生生动形象地学习和领会中国特色社会主义理论体系的丰富内涵，培养学生对中国特色社会主义的坚定信念和对党的领导的高度认同。

要深入推进大学生党员素质工程，以提升党员素质为核心，以创新发展和教育管理为重点，着力建设一支素质优良、结构合理、规模适度、作用突出的大学生党员队伍。

要始终坚持"育人为本、德育为先"的教育方针，不断巩固和发展我校在"三大战略"等育人工作方面取得的成果，进一步推进大学生思想政治教育取得新成效。

五、切实维护校园和谐稳定，努力为迎接中共十八大胜利召开营造良好环境

2012年我们党将召开十八大，这是党和国家政治生活中的一件大事。全国维护稳定的任务尤为繁重和艰巨。各级党组织要始终保持清醒的头脑，积极承担起维护稳定的政治责任，着力从源头上最大限度地减少影响学校稳定的因素。党员领导干部和全体师生党员要提高政治敏锐性和政治鉴别力，增强大局意识，强化责任观念，做到大是大非问题面前旗帜鲜明、头脑清醒，关键时刻立场坚定，经得起考验。

同志们，今天在这里庆祝党的生日、表彰先进，对我们每一位共产党员来说，都是一次生动的党性、党风和党的宗旨教育。我们要始终继承和发扬党的优良传统，以高度的历史责任感和事业使命感，立足新起点、适应新形势、发挥先进性，为加快建设世界一流农业大学而努力奋斗！

谢谢大家！

坚定信心　攻坚克难　深入推进"1235"发展战略　加快建设世界一流农业大学

——在中共南京农业大学十届十六次全委（扩大）会议上的讲话

管恒禄

（2012 年 8 月 30 日）

同志们：

2012 年暑假，是一个常规性工作没有放松、迎接校庆工作又十分紧张的暑假。大家很辛苦，特别是后勤服务、条件保障部门的同志们更辛苦。各学院、部门和直属单位都较好地完成和实现了学校 7 月 5 日召开的"迎接校庆暨暑期工作会议"上提出的工作任务和要求。在这里，我代表学校党委、行政，向同志们表示亲切的慰问和真诚的感谢！

这次全委（扩大）会议的主要任务是：深入贯彻落实中共中央政治局委员、国务委员刘延东以及教育部领导同志在刚结束的教育部直属高校工作咨询委员会第二十二次全体会议上的重要讲话精神，认真总结中共十七大以来学校改革发展取得的基本成就和基本经验，围绕学校"1235"发展战略和《关于加快建设世界一流农业大学的决定》（党发〔2012〕1 号），讨论研究新学期或更长一个时期的工作目标和任务，分析形势，明确使命，坚定信心，攻坚克难，再接再厉，深入推进"1235"发展战略，为努力实现建设世界一流农业大学的宏伟目标，奠定更加坚实的基础，做出新的更大贡献。

为了筹备召开本次会议，暑期中多次召开常委会，对学校一年来在建设发展中所取得的主要成绩和所面临的困难及压力，对今后一个时期有利或不利于学校建设发展的内外部环境，做了较全面的深入交流、思考和研究，并提出了近期工作总体思路和具体安排。为了使此次全委（扩大）会议开得更务实、更生动，让与会同志更好地参与和互动，常委会决定将学校第七届建设与发展论坛安排在大会期间进行。第七届建设与发展论坛的主题和报告内容，与此次大会主要任务一致，有助于同志们更好地思考研究和大会交流。

8 月 23 日常委会研究今天会议主题、形式时，就报告形式和报告人选问题，提出了讨论。常委会希望或要求我，能根据常委会讨论意见，结合自己工作体会，放开一点讲。为了能比较好地理解常委会会议精神，除了认真领会教育部直属高校工作咨询委员会第二十二次全体会议精神，我将学校提出"1235"发展战略以来，先后出台的政策规划制度方面的文件和召开的若干重要会议精神以及推出的一系列改革举措，做了研读重温和体会。就高等教育的规律与形势、学校的发展现状与发展战略、学校党政工作的务实性与连续性而言，在过去的一年中，与会同志们都有很好的认识、分析、建议和参与。

现在，我根据常委会讨论意见，分两个部分讲，其中有一些自己的思考和体会，有不当的地方，请同志们批评指正。

一、服务服从党和国家工作全局，坚定不移走中国特色高等教育发展道路

教育部直属高校工作咨询委员会第二十二次全体会议，8月20～21日在武汉召开，我与光宏同志参会。会议深入学习贯彻胡锦涛总书记7月23日在省部级领导干部专题研讨班上的重要讲话精神，听取了刘延东同志的重要讲话，回顾总结了中共十七大以来高等教育、高教战线的成就和经验，交流研讨了如何深化高等教育改革、提升高等教育水平的一些重大理论和实践问题。

（一）中共十七大以来，党中央国务院从中国改革开放和现代化建设全局出发，提出了一系列高等教育的新思想、新论断、新要求，为我国高等教育当前和长远发展指明了方向

第一，提升了高等教育的战略地位。第一次提出了高等教育是科技第一生产力和人才第一资源重要结合的科学论点，突出了高等教育在建设创新型国家、人力资源强国和人才强国竞争中的关键性作用。

第二，明确了高等教育内涵式发展的道路。明确提高质量是高等教育的生命线，是高等教育改革发展最核心、最紧迫的任务。

第三，提出了有特色、高水平的目标要求。鼓励各类高校在不同层次、不同领域，办出特色、争创一流，加快建设中国特色、世界水平的现代高等教育。

第四，拓展了高等教育的功能。突出了人才培养在高校工作中的中心地位，首次将文化传承创新作为大学的重要任务，构建了人才培养、科学研究、社会服务、文化传承创新四大功能相互渗透、相互支撑的格局。

第五，把育人为本上升为高等教育工作的首要任务。提出了学生素质培养的"三个结合"：文化知识学习和思想品德修养的结合，创新思维和社会实践的结合，全面发展和个性发展的结合。提出了学生素质培养的"三个要求"：服务国家和服务人民的社会责任感，勇于探索的创新精神，善于解决问题的实践能力。

第六，明确了高等教育体制改革的方向。首次提出建设中国特色社会主义现代大学制度。确立了依法办学、自主管理、民主监督、社会参与的现代大学制度的内涵。强调加强党对高校的领导，完善高校内部治理结构，落实和扩大高校办学自主权。

第七，强调把教师队伍建设作为教育事业发展最重要的基础性工作。提出了立德树人、教书育人、传道授业、为人师表的根本要求，努力建设一支高素质、专业化、创新型的教师队伍。

第八，把开放合作、提高国际化水平作为高等教育发展的一个重要战略，要求扩大国际合作与交流，借鉴先进经验，引进优质资源，加大走向世界的力度。

第九，提高高校党建和思想政治工作的科学化水平，把社会主义核心价值体系融入高等教育的全过程，牢牢把握党对意识形态工作的主导权。

中共十七大以来，中央提出的一系列新思想、新论断、新要求从理论、方向、制度方面为今后高等教育的发展指明了方向，我们要加强学习、深刻领会，在推进我们今后各项工作中认真贯彻落实。

（二）中共十七大以来，高等教育战线深入贯彻落实科学发展观，取得显著成就，进入了内涵式发展的历史新阶段

第一，高等教育大众化发展提升到新水平。规模稳步发展：当前，我国高等教育毛入学率 26.9%；高校在学人数 3 167 万，列世界第一。结构逐步优化：普通本科院校 1 229 所，普通高职院校 1 280 所，民办高校 698 所；高等职业教育院校数和招生数占整个高等教育半壁江山；民办高等教育在校生占高校在校生总数的 1/5 以上。布局更加合理：实现每省至少有一所"211"高校，每个地级市有一所高校；启动中西部高等教育振兴计划，组织百所高校对口支援中西部高校；省部共建支持 22 所地方高校提升水平。

第二，提高人才培养质量取得新进展。出台一系列政策措施，对提高质量做出顶层设计和系统部署；修订学科目录和专业目录，增设与国家重大战略、产业发展和改善民生相关的学科 22 个、专业 154 种。高职院校更加注重行业、企业和生产一线需求，培养高技能实验人才。研究生教育初步形成专业学位与学术学位并行的教育体系，2007—2011 年累计授予 58 万硕士专业学位和 1 万多博士学位。更加注重培养实践能力和创新能力，探索高校与科研院所、行业企业联合培养人才的新机制，22 个部门和行业协会共建大学生校外实践基地，450 所高校和 1 000 多家企事业单位参与实施各类卓越人才培养计划，19 所高校实施导师制、小班化、个性化、国际化的"一制三化"拔尖计划。更加注重人才的质量保障，实施质量工程和本科教学工程，完善人才培养质量标准，出台教学评估新方案，特别是"985"高校率先公布本科教学的质量报告，主动接受社会的监督和评价。

第三，服务经济社会发展做出新贡献。5 年输送 3 786 万名毕业生；全国人口受高等教育比例从 2007 年 6.2% 提升到 2010 年 8.9%；承担 60% 以上的"973"计划和重大科学研究计划项目；承担 80% 以上的国家自然科学基金项目；获 1/2 以上国家科技三大奖；2/3 人文社会科学领域成果由高校完成。产学研用结合更加紧密，科技成果转化和产业化步伐加快，仅 2011 年全国理工农医类院校获授权专利 4 万多件，签订技术输出成交合同金额 200 多亿元。文化传承创新功能不断强化，促进文化大发展、大繁荣。

第四，高等教育改革取得新突破。228 项国家教育体制改革试点全面启动；27 所高校探索现代大学实践试点；开展直属高校校长、总会计师选拔试点；15 个省市、36 部门共建直属高校；5 所民办高校开展硕士专业学位研究生教育试点；有序下放学科、专业和研究生院设置权；中央有关部门向省级政府下放审批权，促进高等教育与地方经济社会发展的紧密关系；成立国家教育考试指导委员会，深化考试制度改革；推进高考招生阳光政策。

第五，推进教育公平迈出新步伐。健全国家奖学金、助学金和助学贷款等多元资助政策体系；实施支援中西部地区招生协作计划，高等教育入学机会的区域差距进一步缩小。

第六，高等教育对外开放呈现新亮点。与 194 个国家、地区和国际组织建立教育国际交流合作关系，与 39 个国家签署学历学位互认协议。仅 2011 年，出国留学总人数 34 万人，比 2007 年增加 20 万人；来华留学生比 2007 年增加 10 万人。在 105 个国家和地区建立了 358 所孔子学院和 500 多个孔子课堂，160 所高校参与合作。建立中美、中英、中俄、中欧四大人文交流机制，覆盖全球 GDP 总量 60% 以上 5 个经济体和 1/3 世界人口。

第七，办学条件保障迈上新台阶。高等教育经费大幅增长，仅 2011 年投入达 6 880 亿元，比 2007 年增长 90%；生均预算拨款达 1.4 万元，比 2007 年翻一番。中央财政安排中央高校化债资金 290 亿元，下达地方高校化债奖补资金 272 亿元。校舍建筑总面积比 2007 年增长 19%，生均教学科学仪器设备值比 2007 年提高 28%。专任教师 139 万人，比 2007 年增加 12 万人，具有研究生学历的占 51%，35 岁以下的占 45%；资助培育创新团队 580 多个。

第八，高校党建工作开创新局面。颁布《基层党组织条例》；在校学生党员 306 万人，占在校生总数 13.2%；专任教师党员 61 万人，占教师总数 52%。思政课教学机制改革，针对性和实效性显著增加。颁布中办 18 号文件，构建跨部门共同抵御宗教渗透机制。反腐倡廉扎实推进，构建具有高校特点的惩治预防腐败体系。建立健全维稳工作领导机制，妥善应对突发事件，高校持续 22 年保持稳定。

（三）从现在起到本世纪中叶，高等教育要努力实现"三步走"的目标

第一步，到 2015 年全面实现"十二五"规划目标。体系更加完善、体制更富活力，人才培养结构调整取得重大进展，一批学科进入世界前列，若干领域的科学研究水平达到或接近世界先进水平。

第二步，到 2020 年全面实现教育规划纲要所提出的目标。高等教育大众化水平进一步提高，结构更加合理，特色更加鲜明，人才培养、科学研究等四大功能整体水平全面提升，建成一批国际知名、若干所大学达到或接近世界一流大学水平的高校，高等教育国际竞争力显著增强，为建成高等教育强国打下具有决定性意义的基础。

第三步，到本世纪中叶，在国家基本实现社会主义现代化之前，全面实现高等教育的现代化，进入高等教育强国行列。

（四）进一步增强推动高等教育事业科学发展的自觉性和坚定性

第一，坚持协调发展。要主动适应产业发展的战略需要，围绕产业升级方向，主动调整学科专业设置，加大紧缺型、应用型、创新型人才培养力量；瞄准转方式主线，主动面向行业企业，强化关键领域的知识积累和核心基础技术的攻关，加快科技成果转化，做到为战略性新兴产业的兴起提供引领，为传统产业的改造提供支持，为夕阳产业的转型提供对策方案。要主动适应区域发展的战略需求，注重研究区域在整个国家发展全局中的独特地位和作用及其经济社会的重大问题，主动加强和地方合作，打造高等教育与区域联动发展的平台。要立足区域现实需要，重点围绕全面健康、安全应急、重大自然灾害、气候变化、环境污染治理和可持续发展等重大课题，开展研究，提出解决方案。要主动适应建设学习型社会的需要，把高校的教学资源、办学优势更多地面向从业人员和全体社会成员，从注重知识传授转向更注重职业技能的开发。

第二，坚持内涵发展。转变高等学校发展观念，把促进人的全面发展和适应社会需要作为衡量质量的根本标准，确立人才培养在高校中的中心地位，一切工作服从、服务于学生的成长成才。资源配置要体现质量导向，经费投入、办学资源要更多地向教育教学倾斜，更多地用在学生和一线教师身上，建立健全引导、促进、保障提高质量的制度体系。完善质量保障体系，建立以高校自我评估为基础，政府、学校、专门机构和社会多元评价相结合进行教学质量评估的机制。

第三，坚持特色发展。每个学校必须根据自己的历史传统、学科特点、资源条件、所在

区域经济社会文化发展的需求科学定位，做到巩固传统优势、发展特色优势、强化比较优势、谋求新兴优势，形成鲜明的办学理念、优势明显的学科专业、定位明确的服务方向、独具风格的管理模式和大学文化。

第四，坚持创新发展。完善学校内部治理结构，建设中国特色社会主义现代大学制度，坚持完善党委领导制度。探索保障教授治学的有效制度，处理好学术权力和行政权力的关系。扩大与社会合作，探索建立理事会和董事会制度。以章程建设为引领，真正完善学校依法治校、自主管理、自我约束的体制机制。

第五，坚持开放发展。对内开放：推动高等教育向民间资金、社会力量开放；促进校际教育资源的开放共享；坚持走产学研用结合的道路；推动高等教育资源向社会开放。对外开放：引进先进的教育理念；联合培养一批国际化人才；提高中外合作办学水平；提高留学工作水平；提高高校服务公共外交的能力。

第六，坚持可持续发展。增强工作的连续性、预见性、创造性和系统性。重视科学规划，制订符合学校实际的"十二五"规划和中长期规划。要坚持不懈地实施、与时俱进地发展，防止简单化的换个校长就换个目标、换个班子就换个调子。要加强建设具有根本性、全局性、稳定性和长期性的，确保可持续发展的制度。

（五）加强组织领导，为促进高等教育科学发展提供坚强保障

第一，解放思想、凝心聚力、攻坚克难，以高度的责任感、奋发有为的精神做好改革发展稳定的各项工作。认真学习贯彻胡锦涛总书记"7.23"重要讲话精神；认真学习领会我们所面临的两个前所未有的机遇和挑战，不惧风险，不受干扰，不僵化，不停滞；认真学习中国特色社会主义五位一体的新部署；认真学习领会党所处的历史方位和执政条件的重大变化，推进党的建设新的伟大工程。

第二，牢牢把握社会主义的办学方向。坚持党对高校的领导，全面贯彻党的教育方针；坚持完善党委领导下的校长负责制；坚持和巩固马克思主义意识形态的指导地位；坚持践行把社会主义核心价值观贯彻在学校教学和日常管理的各个方面；要把培养中国特色社会主义合格的建设者和接班人作为根本任务，认真落实育人为本、德育为先、能力为重、全面发展的要求，统筹好教书育人、管理育人、服务育人、实践育人和环境育人等关系。

第三，提升办学治校能力。不断提高战略谋划和管理能力，遵循高等教育的发展规律，加强改革发展的顶层设计；不断提高建设高素质人才队伍的能力，用好现有人才，引进急需人才，造就高端人才，特别要将青年教师队伍建设作为学校可持续发展的最基础性的工作；不断提高组织和运用资源的能力，加强经费管理，拓宽经费来源渠道，吸引运用各种办学资源；不断提高塑造和传承大学文化的能力，加强文化育人，引领社会风尚。

第四，始终保持昂扬向上的精神状态。要不负使命、奋发有为，努力完成不同阶段的各项任务；要敢于担当，对事业科学发展中一些躲不开、绕不开的矛盾和问题，一定要以对历史、对社会、对人民高度负责的精神，敢闯、敢试、敢担责任，在改革发展的重要领域和关键环节取得突破；要敢于奉献，以领导干部的付出，去力争目标的实现和赢得师生员工的满意。

第五，进一步提升高校基层党建工作的科学化水平。发挥高校党委的领导核心作用，积极创新基层党组织工作，增强党员队伍生机活力，发挥党组织的战斗堡垒作用和党员的先锋

模范作用；深入推进大学生的思想政治教育；切实开展反腐倡廉工作。

二、始终立足内涵发展、特色发展、创新发展、开放发展、和谐发展，坚定不移地将学校"1235"发展战略与时代要求、国家需要、学校现实进一步结合好、组织好、实施好，切实做好当前各项工作，为建设世界一流农业大学不断做出新贡献

（一）深化认识，坚定信心，攻坚克难，再接再厉

新世纪以来，学校深入贯彻落实科学发展观，切实履行高等教育使命，提出了建设"有特色、高水平研究型大学"的发展目标，确立了"规模适中、特色鲜明，以提升内涵和综合竞争力为核心"的发展道路。至"十一五"末，学校发展实现了从单科性到多科性、从小规模到中大规模、从本科教育为主到本科与研究生教育并重、从教学型到教学与科研并重的结构性转型，构建了高水平研究型大学的基本框架。2010 年，学校进入了中国研究型大学行列。2011 年，农业科学、植物与动物学、环境生态学三个学科群进入全球前 1%。这些，为学校的进一步发展奠定了坚实的基础。

2011 年 7 月，学校行政班子整体换届和常委会班子调整充实后，经各方面、各层次及广大教职工的充分调研论证与广泛参与，提出了建设世界一流农业大学的远景目标以及与其相适应的"1235"发展战略，这是基于学校多年来坚持的办学指导思想、多少代人的发展基础及工作经验体会、对学校下一阶段发展"瓶颈"和制约因素的分析以及广大教职工的历史使命和发展责任感应运而生的。"1235"发展战略一经提出，即获得校内外上下和关心学校建设发展各方面的一致认同和广泛好评，从这个侧面直观反映了"1235"发展战略的现实性、前瞻性和可实现性。在"1235"发展战略框架的指引下，学校各方面工作和发展取得了令人鼓舞的成绩，学校的改革发展势头和内外部发展环境更具活力和生机。在教育部直属高校工作咨询委员会第二十二次全体会议上，我校提交了一份学校建设发展的交流材料和一份问题与对策的咨询建议，两份材料分别对取得的成绩和存在的问题，做了回顾总结和积极思考。鉴于时间关系，在这里就不展开说了，建议印发给大家，供同志们思考研究问题时参考。

回顾学校长期以来，特别是新世纪以来建设发展历程和所取得的成就，主要可以从以下几个方面的经验体会做分析：一是坚持以建设有特色、高水平研究型大学为目标引领，走规模适中、特色鲜明，以提升内涵和综合竞争力为核心的发展道路，确立建设世界一流农业大学的宏伟目标；二是坚持以人才培养为核心，牢固确立本科教育的中心地位，积极发展研究生教育，不断改革创新人才培养模式，大力推进教育国际化进程，全面提高教育质量；三是坚持着力加强科技创新能力和条件建设，组织协调各方面力量，积极探索和拓展社会服务的形式和成效；四是坚持积极探索学科专业结构优化、师资队伍建设和内部管理机制改革，不断提高办学的学术和管理水平；五是坚持党建和思想政治工作与学校中心工作及高校"四大职能"有机结合，充分发挥学校、学院及学院以下的三级党组织的领导核心、政治核心、战斗堡垒作用和广大党员的先锋模范作用；六是坚持突出广大教职工的主人翁地位和规范性制度建设，团结依靠广大教职工办学，有序、有效推进学校民主管理进程。这些经验体会，在当前全面组织实施"1235"发展战略、加快建设世界一流农业大学进程中弥足珍贵，应坚持

和传承，并不断创新、与时俱进。

"1235"发展战略实施一年来，在取得成绩的同时，随之而来的困难、矛盾和工作的复杂性、艰巨性已经显现，有些是预料之中的，有些还缺乏足够的思想准备。"1235"发展战略中的"1"和"3"是发展目标和发展思想，"2"和"5"在不同阶段有相应的工作内容和具体任务。"1"和"3"不能动摇，"2"和"5"要艰苦奋斗、加倍努力工作。

随着"1235"发展战略的深入推进，不少困难、矛盾已提前并相对集中地摆在我们面前，工作的艰巨性、复杂性也已充分体现并从多方面考量我们驾驭全局、攻坚克难、促进发展的应对能力。为此，十届十四次全委（扩大）会议提出了"不提新的目标、口号，重点放在抓工作状态、抓任务落实、抓进展成效"的基本指导思想，提出了"以昂扬向上、锐意进取的精神状态，把各项工作落到实处，任务面前不推诿，困难面前不退缩，矛盾面前不回避"的工作要求。这些，仍是新学期、新学年的基本指导思想和工作要求。开学后，要进一步加强宣传，从"1235"发展战略的历史意义和难得历史机遇上再深化认识和统一意志，坚定发展信心和发展毅力；要进一步组织力量，从"1235"发展战略实施的第二层面上（学校职能部门和学院办学实体两个方面）充分论证和积极规划，使战略实施方案更具阶段性目标、更具实质性工作任务、更具可操作性；要进一步从"1235"发展战略任务的落实上，充分调动各级领导班子和全体领导干部的智慧和积极性，使不同层面的工作执行力、主动性、创造性得到更好的体现和发挥。

随着"两校区一园区"发展战略的实施推进，困难、矛盾和工作的艰难接踵而来，少数同志开始缺乏信心，对目标的实现开始怀有疑虑。"1235"发展战略，就"2"与"5"而言，办学空间拓展是核心，难度最大，工作最艰巨，长远影响最大，涉及全体教职工的最根本利益。南京新城规划给学校优化重组办学资源和根本性拓展办学空间，带来了千载难逢的机遇。这机遇稍纵即逝。抓不住这次发展机遇，我们将牺牲难以估量的历史性损失，我们将承担历史性的责任，受到后来人的指责。在珠江校区建设新校区的目标，不应动摇、不能动摇、不容动摇！在学校建设发展历程中，我们要一任接着一任干，后任干得比前任更好；我们要一任接着一任干，前任更要想着后任干。

（二）人才队伍建设与人事管理制度改革

"1235"发展战略将教师队伍建设放在十分突出而重要的地位。过去一年中，学校着力加强高端学者、杰出中青年学者的培养和引进工作，通过一系列措施的实施，师资队伍建设在水平、质量、结构和数量等方面有了明显成效，开了个好头。

提高办学水平，关键在教师。建设世界一流农业大学，关键在有一大批高质量教师。学校没有一支高素质的师资队伍，就没有学生的质量、没有科研的水平、没有社会服务的贡献，也不可能有对文化的传承和创新。加强教师队伍建设是学校发展的第一建设和永恒主题，是提高教育质量、科研水平最重要的基础工作。

1. 要按照"师德为先、教学为要、科研为基"的要求，努力建设一支师德高尚、业务精湛、结构合理、充满活力的师资队伍 一要坚持师德为先，增强教书育人的责任感和使命感。教师素质，师德为魂。教师教育学生，一是知识，二是方法，三是品格，其中品格是最高层次的。教师要将爱国精神、事业心、责任感、团队意识、严谨治学、认真刻苦等品格，通过与学生在一起的教学活动，以自己的人格魅力和学识魅力教育和感染学生。要认真落实好《高等学校教师职业道德规范》，建立健全自律与他律并重的师德建设长效机制，把师德师风纳入教师考核评估体系，作为教师绩效评价的首要标准。在考评中，师德不合格，实行一票否决制。新聘青年教师或引进人才新走上教学岗位，要上好职业理想和职业道德教育的第一课。

二要坚持教学为要，心无旁骛地投入教学工作。要通过制度建设，将教授给本科生上课列为一项基本制度，将承担本科教学任务作为教授聘任的一个基本条件，将最优秀的教师为本科一年级学生上课作为一项基本要求。要将这"三项基本"体现落实在职称评定、考核评价和表彰奖励的相关环节中。一个不为教学操心的书记、校（院）长不是合格的书记、校（院）长；一个不把主要精力投入教学的教师不是合格的教师。教育部将建设30个国家级教师教学发展示范中心，并要求各高校建立教师教学发展中心，促进教师培训的制度化、常态化，推动教师，特别是中青年教师更新教育观念，掌握先进教学模式和方法，提高教学能力。我们要在已有工作基础上，尽快将教师教学发展中心组建起来。要努力改变少数教师重科研轻教学、完成课时不少而教学质量不高、只教书不育人的现象。要树立典型，加强引导，重点表彰在教学一线做出突出贡献的优秀教师，使他们有荣誉感、有待遇、有成就感。

三要坚持科研为基，以高水平科研提高教育教学质量。科研是教学的基础，高水平的科学研究是高质量教学的重要支撑。建设世界一流农业大学，教师，特别是自然科学、经济和管理类的中青年教师要过科研关。教师要善于通过科研掌握科技和学术发展的前沿动态、发展趋势和最新方法，把科研成果转化为教学内容，构建科研反哺教学的长效机制。有关部门应结合创新人才培养、人才培养模式改革、科学研究、社会服务等，就此问题进行很好的研究。

2. 要从分类管理、薪酬激励、退出机制三个方面，推进人事管理制度改革，激发教学、科研、管理、保障等多支队伍的生机与活力　一要探索人事岗位分类管理制度。学校如同一部大机器，零部件不同，分工有差异、重要性有大小，但少任何一部分都不行。要加大人事管理制度改革，按教师和非教师、不同岗位职责和岗位分级、全职与非全职人员、不同聘任用制人员，进行细化分类，建立比较完善的人事管理政策和办法（含聘任用、评价、晋升、薪酬和社保等），使每一位教职工都能在各自岗位上履行职责，发挥积极性、主动性和创造性。当前，学校存在后勤保障和服务部门年轻业务骨干流失、辅导员和机关年轻骨干同志利益导向性流失等问题，解决此类问题必须依靠人事岗位分类管理的制度性建设。

二要创新人事薪酬激励机制。目前，各类人员之间的收入分配关系不够协调，总的表现是"应激励的激励不够"与"应保障的保障不够"并存。要积极稳妥地启动绩效工资制度改革，重点加强科学的绩效工资水平决定机制、完善的分配激励机制、合理的经费分担和保障机制、健全的宏观调控机制建设。重点是要合理确定基础性与奖励性绩效工资的比例，关键是理顺并规范校内收入分配关系。

三要建立人事流转退出机制。目前，学校在教学科研人员和管理人员的聘任用上，都存在着只能进不能出、流不动出不去、只能上不能下的问题，另外在一些学院、部门还存在着希望留住的人员留不住、希望流出去的人员流不出去的问题。要实现促进学校不同人员的能上能下、分级流转、非升即转、该解聘的即解聘，需要加快建立人事流转退出机制。

随着"1235"发展战略的深入推进，一方面，要以深化校内人事制度改革为突破口，带动教育教学、学科（平台）建设、学术评价、资源配置和行政管理等全方位的改革；另一方面，要推动校、院相结合的人事制度改革，适当下放人事管理权限，以调动学院积极性。可考虑在建设人才特区和学术特区的同时，选择 1～2 个学院进行人事与薪酬改革的试点。

（三）持续加大推进教育国际化工作力度，不断提升学校在国际同类院校中的竞争力和影响力

建设世界一流农业大学，推进教育国际化工作无疑是十分重要的。学校下一阶段发展，这方面工作要有清晰的指导思想、工作路径和具体的实现目标。近年来，学校在拓宽、强化、发展各种类型各个层面上的合作；青年教师选派出国进修、学习、深造；利用国家外国专家局聘请外国文教专家项目；学生出国学习、进修；留学生教育；教育援外工作；提升国际影响力等方面都取得了比较显著的成绩。最近申办的农业孔子学院获得国家批准，是对我校留学生教育和教育援外工作的充分肯定，也是对我校教育质量、办学水平和管理水平等方面的肯定。以上方面的工作基础和取得的成绩，为学校的国际化进程建立了人脉和校际关系，积累了实际工作经验，创造了进一步提升的空间和机遇。

建设世界一流农业大学，我们的学者、学科、学术、学生以及学校管理都要有国际化的对照标准或设计目标。

拥有一支国际化水准的教学科研队伍，是建设世界一流大学的根本保证。推进教学科研队伍的国际化，应以创建一批世界一流学科为突破口。目前，我校教师出国进行国际交流合作，一般是通过自己联系，或是科研项目合作，还存在着比较分散的状态，且较多地选择去一般水平的大学或一般水平的实验室进修或研修。这一现象必须逐步加以改变。学校现有的国家重点学科和国家级科研平台，应参照国际一流水平拟确定自己重点突破的学科方向或研究方向，在国际上选择若干个世界一流的学科和实验室为重点的合作交流伙伴，连续地或系统性派出或合作，始终学习或跟踪这些世界一流学科或实验室的发展动态、建设方法和学术成果；要研究制订全面推进学校教育国际化行动计划纲要及其实施细则；人事、国际合作交流、学科建设、科学研究等部门应从宏观和战略上，与相关学院、学科、实验室共同制订（设计）国际合作交流的发展规划；在引进外籍教学科研师资方面，学校根据国际化重点突破的学科、平台需要，应有明确的支持政策和引进对象。通过这些措施，真正把人才队伍建设和科技创新能力建设的目标集中聚焦到世界科技前沿，切实提升我校科学研究的原始创新能力和核心关键技术突破能力。

要更多地创建学科、科研、人才培养方面的"中外联合中心"，并开展实体化运作。如食品科技学院的"中美食品安全与质量联合研究中心"、公共管理学院的"中荷地籍发展和规划中心"等都有很多可借鉴的做法和经验。

要进一步扩大留学生教育规模，提高留学生培养质量；同时，资助更多的我校优秀学生去国外高水平大学学习、进修、访学、参加国际会议，不断增强学生国际交流能力。条件许可的有关学科，应探索建立学生海外实验、实习基地。

要重视加强学校国际化进程中的管理工作。一要建立适应国际化发展的行政管理机制。教学、科研、人才培养、国际教育等部门的管理人员，应学习和掌握世界高水平大学的现代管理理念、方法、作风。二要建立学校国际化工作联动机制。成立由相关部门同志和专家学者组成的学校国际化发展战略研究平台，从宏观、战略上对学校的国际化内容、目标、措施进行规划和指导；积极运作、充分发挥海外校友会的作用；条件成熟时，可设立学校驻外联

络处。三要激发促进学院教育国际化工作的积极性和务实性。对国际合作交流任务重或发展空间大的学院，可试点设立外事工作秘书岗位。对学院的秘书岗位，包括教学、科研和研究生等秘书岗位，要加强专业性、学术性的要求和培养，使院长从一般或较繁重的事务性工作中解放出来。四要完善国际化工作考核评价体系。将推进国际化工作，视学科类型、现有工作基础，列入学院、部门重要考核指标，及时表彰激励推进教育国际化工作做得好的单位和个人。要重视学校国际化形象和环境的营造。学校、学院、部门的英文网站要及时更新、维护，小至学校用于国际交往的礼品、印刷品等也应精心设计。外教公寓、留学生生活、学习、文体条件要做长远设计，列入学校建设规划。

（四）和谐稳定工作，关键是做好基础性、源头性、日常性工作

学校和谐稳定工作，事关全局，涉及利益，牵动人心，始终伴随着学校建设发展的全过程和全部工作。从高处大处讲，做好和谐稳定工作，要讲政治、讲大局、讲责任；从现实和具体讲，做好和谐稳定工作，关键要将基础、源头、根本、平时性的工作做好。千万不能到了特殊时期、敏感节点、突发事件时，才想起和谐稳定工作，才认识到和谐稳定工作的重要性，才想到党建、思政工作的重要性。

1. 正确处理改革发展稳定关系，以科学发展奠基和谐稳定　发展是硬道理，发展是第一要务。不发展、慢发展或不科学发展，学校各项事业就停滞不前，带来的是资源短缺、各种困难矛盾凸显叠加，想做点顺民意暖民心的事，有心无力、想做也做不成。不改革、怕改革或不深化改革，学校发展就缺乏内在动力和活力，带来的是体制机制不适应和僵化，资源效益和工作效率低下，人的积极性不能充分调动和发挥，甚至受到抑制和挫伤。"1235"发展战略是学校事业发展的大目标、大思路、大举措，全校上下要集合在这一战略目标下，聚精会神、心无旁骛地促发展，要以更大的决心和勇气推进学校的综合改革，传承弘扬学校优良传统，摒弃一切有碍学校发展的体制和机制。

2. 多听民声、关注民意，以改善民生、维护和谐稳定　民声不可堵，民意不可轻，民生要改善。水可载舟亦可覆舟。我们所在岗位，尽管职能、责任不同，但都与民声、民意、民生息息相关。工作中，都要以高度的负责、极大的热心、深厚的感情，充分听取师生员工的合理诉求和批评意见，采取切实措施，统筹好加快发展和改善民生的关系。尽心尽责尽力多做一点看似小事又容易被忽视的事，多做一点群众希望做而又有能力做到的事，多做一点发展成果共享、大家既欢迎又高兴的事。例如，维修学校 2 号门、3 号门，花钱不多，但群众很欢迎、很拥护，能否将这一工作再延伸、扩展一下，将教职工小区的环境改善一下？学生是学校一切工作的重点，学校一切工作都是为了学生。我们要高度重视学生对教育质量、教学条件、生活保障和文体环境的诉求，主动为他们思考，经常思考能为学生学习生活环境的改善多做一点、做好一点什么。培养学生对母校的感情，要从新生入校的第一天做起，从学生在校期间能深切感受到的每一件小事做起。怎样让绝大多数学生对学生食堂一日三餐的价格、质量、就餐环境感到满意和基本满意；怎样使经济有困难、学习跟不上、心理亚健康的学生及时得到热情、贴近、人性的关心和帮助，使这部分学生愉快地生活在一个大集体、大家庭之中。当前，青年教师工作压力大、收入偏低、住房有困难的问题已受到普遍关注。无可置疑，学校的明天、发展的后劲、竞争的主力，希望就在当代的年轻人。我们要将青年需要解决的问题，积极统筹到学校促进发展、深化改革的规划中，尽快使这些问题有所改善

和改变。教职工的另一个重要组成部分是离退休老同志,他们为学校的今天付出了艰辛、打下了基础,要将做好离退休老同志的工作列入学校和所在单位的领导责任和工作内容,定期研究离退休老同志的生活、健康、医疗和待遇等方面的问题,关心他们,真正落实好中央和国家有关离退休工作的方针政策。从某种意义上讲,关心离退休老同志,也是对在职同志最大的激励。

3. 坚持务实干事、清廉从业,以优良作风保证和谐稳定 工作中,各职能部门、服务环节,要努力转变管理模式,提高工作效率和服务水平。师生员工对学校全部工作的认识和评价,往往是从一个单位、一件事情、一位同志的交往接触中产生印象的。换言之,我们每一个单位、每一个同志在处理每一件事、接待每一位来访者,都代表着学校的工作理念、工作效率和工作形象,要以不断提高师生员工的满意度为我们的工作目标追求,要以优良工作作风赢得师生员工的信任。清廉从业与每一个岗位、每一位同志相关联。要进一步深化党务公开、政务公开、校务公开,加强对权力运行的监督制约,严把招生录取、基建项目、物资采购、财务管理、科研经费、校办企业和学术诚信等"关口"。着重强化四方面监管工作,一是强化科研经费使用管理,严格执行、落实国家、教育部关于加强科研经费管理的政策和文件要求,自觉完善和健全学校科研经费管理体制机制,加强专项检查;加强宣传,使每个课题项目和每个科研人员都自觉用好管好科研经费,并及时利用反面案例开展教育、防范在先。二是强化校办企业监管,进一步完善企业治理结构、规范校办企业重大经济行为决策程序,加大对企业投资、改制、产权交易等关键环节的监管。三是强化学校物资采购管理,进一步规范招投标程序,实施阳光采购,严防商业贿赂问题发生。四是强化学风建设,认真贯彻落实《关于加强和改进高等学校学风建设的实施意见》,进一步建立健全加强学风建设的体制机制,采取有力措施杜绝学术不端问题。在学校内部运行机构改革过程中,要主动融入廉政风险防控机制,强化权力部门工作人员的廉洁意识和风险防范意识。

4. 加强学习调研宣传,以正确的舆论导向促进和谐稳定 加强正面宣传,建设好宣传工作的主渠道和主阵地,宣传好学校改革发展成就、师生中的先进典型、推进科学发展的政策措施,使学校在任何时期都有一个良好的舆论环境。

5. 做好识人选人用人工作,以队伍建设支撑和谐稳定 不管是领导干部队伍、教学科研队伍、思想政治工作队伍、行政管理队伍,都有一个正确用人导向的问题。识人选人用人不当,是最大的失误,最容易引起群众不满;就组织人事工作而讲,是最失民心的事。在用人问题上,看准了、选对了、用好了,群众就欢迎、就满意。

6. 加强决策的科学性和执行的有效监督,以工作实效构建和谐稳定 凡是事关群众利益的政策制度出台前,要反复调研论证,主动听取多方面的意见。学术上的事,多听教授的;教学上的事,多听教师与学生的;干部人事用人的事,多听不同意见的;利益待遇的事,多听弱势群体的。调研论证,多方面听取意见的过程,既是宣传、统一认识,也是不同意见缓释的过程,有利于构建政策制度出台的良好环境。要对可能影响和谐稳定的问题,在政策制度出台前进行预判,努力使政策制度更完善,最大限度将影响和谐稳定的问题解决在即将出台的政策制度中。要建立重大事项风险评估机制、重点督办工作问责制度,增强执行实效,确保监管到位。要努力减少待群众开始不满、出现影响和谐稳定时,才引起重视,才做后续弥补工作的情况发生。

（五）加强领导班子和干部队伍建设，是学校事业科学发展的重要保证

7月23日，胡锦涛总书记在省部级领导干部专题研讨班上做了重要讲话，从坚持和发展中国特色社会主义政治的高度和宽广的视野，清晰分析了当前面临的新形势和新任务，科学阐述了事关党和国家全局的若干重大问题，为中共十八大的胜利召开奠定了重要的政治、思想和理论基础。开学后，校、院两级党委中心组要认真学习贯彻胡锦涛总书记"7.23"讲话，准确把握当前和今后一个时期党和国家的总要求，切实把思想和行动统一到中央重大决策上来。

胡锦涛总书记"7.23"讲话，对各级领导班子和领导干部提出了新时期更高更明确的要求。在一个不同的历史时期和发展阶段中，在一个不同的工作目标和具体任务前，要将事业向前进一步推进，将工作做得更好，领导班子和领导干部是关键。在当前深入推进"1235"发展战略、加快建设世界一流农业大学的历史进程中，这对我们各级领导班子和领导干部的理论素养、战略眼光、宏观思维、执政能力及领导水平提出了更高要求。分析现有情况，一些班子和一些同志在这几方面，还存在很多不相适应的地方，个别班子和同志还表现比较明显。加强领导班子和领导干部队伍建设，思想政治建设是核心和灵魂。思想政治建设从来就是牵头抓总、管根本管方向管长远的建设，特别是一个组织、一个单位事业站在新的起点上，面临许多新情况新挑战时，加强思想政治建设显得尤为重要。胡锦涛总书记在2012年中央纪委全会上强调，党员干部要做到思想纯洁、队伍纯洁、作风纯洁、清正廉洁。2012年7月，在江苏省委十二届三次全会上，省委要求江苏各级领导干部，通过加强思想政治建设，真正成为：对党忠诚、为民奉献的表率；求真务实、开拓创新的表率；团结和谐、勇于担当的表率；艰苦奋斗、清正廉洁的表率。这些要求，要自觉成为我们每个班子、每个同志的思想政治要求。思想政治建设内容丰富、涵盖面广，我们要结合学校发展实际、各自岗位要求、个人经历现状，提出进一步完善、加强的具体要求和努力方向，使我们南农的各级领导班子和领导干部在思想政治建设和思想政治表现上，具有南农和南农人鲜明的特质。

在教育部直属高校工作咨询委员会第二十二次全体会议上，教育部副部长杜玉波谈了六大问题，其中之一是"关于建设现代大学制度"。在这一问题中，谈到了校、院二级领导体制和工作机制，他强调：党委领导下的校长负责制已写入《高等教育法》和《基层组织工作条例》，不用怀疑，不能动摇；院（系）党政联席会议制度已写入中共中央组织部、教育部有关实施意见中，要认真贯彻落实，很好地执行。运行好党委领导下的校长负责制和学院党政共同负责制，要着重把握好"集体领导、科学决策、党政合作"三个关键点和"沟通、决策、实施、保障"四个环节；在党性修养方面，领导班子成员要有"大局观念、大家风范、大气底蕴和大度潜质"。在工作方法上，要讲团结、讲沟通、讲合作，"心往一处想、劲往一处使"，"发一个声、打一个点"。领导班子在一起工作就是要共同努力创造一个"性格相容、理念相同、坦诚相待、高度信任"的环境。

江苏省委书记罗志军在省委十二届三次全会上，就领导班子建设强调：领导班子民主是党内民主的重要体现，在发扬领导班子民主方面，班子主要负责同志要有宽阔胸襟，做到总揽而不包揽、领唱而不独唱，既要充分尊重班子成员意见，充分吸纳班子成员智慧，又要勇于担当、敢于负责、善于决策。班子成员要严守党的组织原则，在决策时充分发表意见，坚持少数服从多数、个人服从组织，对集体做出的决定决策，如有不同意见可以保留，但在执

行中不能说三道四、阳奉阴违，确保形成班子整体的统一意志、统一行动。多年的工作，我深深体会到，班子是否有战斗力、是否团结合作，认真贯彻民主集中制是关键。

（六）其他

中共十八大前，各级领导班子、全校党员干部要认真学习胡锦涛总书记"7.23"讲话精神和刘延东、袁贵仁、杜玉波同志在教育部直属高校工作咨询委员会第二十二次全体会议上的讲话精神。中共十八大后，在全校范围内深入开展学习贯彻中共十八大精神活动。

按照教育部反馈意见要求，在指定时间内完成学校"十二五"发展规划的修订。适时启动《南京农业大学章程》的修订。梳理校、院议事规则、决策程序，待中共中央组织部、教育部有关实施意见一出台，即启动学校相关制度的修订工作。

做好教育部党组对本届党委工作的考核考察、主要负责人更替的准备工作，始终保持学校良好的政治、舆论、发展、和谐环境。

全力做好110周年校庆工作和第十五次教育部直属高校暨全国有关高校组织工作研讨会的承办工作。

要把握坚持稳定压倒一切方针，确保学校和谐稳定，为中共十八大胜利召开创造良好的环境。这是当前我们首要的政治任务和重大的政治责任。

最后，希望在大家的共同努力下，将此次大会开成抓住机遇、共谋大事、坚定信心、攻坚克难、再接再厉、乘势而上的大会。祝愿学校事业在新学期实现新的发展和新的突破。

谢谢大家！

在 2012 级新生入学典礼上的讲话

管恒禄

（2012 年 9 月 10 日）

同学们、老师们：

大家上午好！

很高兴在秋风送爽的美好季节，迎来 2012 级的新同学。你们的到来，使南农的校园更加富有生机和活力；你们的到来，为学校世界一流农业大学的建设征程，增添了新的力量！

今天，我们在这里隆重举行 2012 级新生入学典礼。在此，我谨代表学校党委、行政及全校师生员工，向来自祖国四面八方的新同学表示亲切的慰问和热烈的欢迎！

大学是人生最美好的时光，也是人生最为关键的阶段。著名作家柳青说过："人生的道路虽然漫长，但紧要处常常只有几步，特别是当年轻的时候。"我相信，在同学们的刻苦努力和不懈追求下，你们一定能实现自己的大学理想、创造灿烂的发展前程。

刚才，校长和教师代表，分别做了热情洋溢的讲话。在这里，我向同学们提几点希望，与同学们共勉。

一是希望大家始终牢记历史使命，坚持对理想的追求。理想之于人生，犹如灯塔之于航船。一个人有理想才能走得更远，飞得更高。没有理想的人生是暗淡的；没有理想的大学生活，发展将是迷茫的。同学们进校后，要始终牢记振兴中华的历史使命，仰望星空，志存高远，胸怀远大理想，脚踏实地，勤于学习，牢牢把握人生正确航向，将个人成长成才融入祖国和人民的伟大事业之中，以实际行动谱写壮丽的青春乐章。

二是希望同学们始终加强品德修炼，立志成才。中国有句古话："小胜在智，大胜在德"。一个人一生的成功，归根结底是由他的德性所决定的。实现人生价值，做一个对社会有用的人，是每一位大学生追求的目标。行为形成习惯，习惯折射品德。同学们进校后，在学习知识、技能的同时，要不断提高自身品德和修养，把修身与做人放在第一重要的位置。从平时的点滴做起，养成良好的行为习惯，坚持修炼品德，努力使自己成为德才兼备、品学兼优的栋梁之才。

三是希望同学们树立创新思想，努力成为创新型人才。创新是时代的主旋律。当今社会，创新已经成为各个国家应对竞争的核心战略。同学们进校后，要学会独立思考、独立学习、独立生活，学会发现问题、研究问题、解决问题，不断增强创新意识，提高创新能力。要始终坚持严谨的治学态度和实事求是的科学精神，不断拓宽视野，大胆探索，敢为人先，努力使自己成为具有创新精神和创造能力、具有服务国家和服务人民社会责任感的新的年轻一代。

四是希望同学们始终秉承"诚朴勤仁"的南农精神，并不断将之发扬光大。2012 年 10 月 20 日，学校将迎来 110 周年华诞。在 110 年的办学历程中，学校形成了以"诚朴勤仁"

为核心的南农精神。百余年来，一代又一代南农人在"诚朴勤仁"的南农精神指引下，薪火相传，奋斗不息，创造了辉煌的成就。同学们进校后，要秉承学校优良传统，始终诚信做人、朴实做事、勤学近知、力行近仁，努力使自己成为"嚼得草根、做得大事"的新一代南农人。

最后，衷心地祝愿全体新同学，在未来的日子里学习进步、生活愉快、学业有成、前程辉煌！

谢谢大家！

在《南京农业大学发展史》发行、南京农业大学校友馆开馆仪式上的讲话

管恒禄

（2012 年 10 月 19 日）

尊敬的各位领导、来宾、校友、

老师们、同学们：

大家上午好！

在喜迎南京农业大学 110 周年华诞之际，今天我们在这里隆重举行《南京农业大学发展史》发行、南京农业大学校友馆开馆仪式。首先，我代表学校全校师生员工，向出席仪式的各位领导、来宾和校友，表示衷心的感谢；向各位老师和同学代表，致以亲切的问候！

自 1902 年三江师范学堂创办农业博物科及 1914 年金陵大学设立农科以来，南京农业大学已走过 110 年光辉历程。110 年来，学校始终坚持"诚朴勤仁"的办学精神，历尽坎坷，薪火相传，开拓奋进，在人才培养、科学研究、社会服务和文化传承创新等方面，取得了令人瞩目的成就。为了系统整理学校百年办学历史，总结研究办学规律，弘扬传承学校文化，2009 年 7 月，学校正式启动了《南京农业大学发展史》的研究和编撰工作。本着"深入发掘，充分拓展；尊重历史，启迪后人；客观真实，打造精品"的指导思想，经过全体编撰人员近 3 年的辛勤努力，由《历史卷》、《人物卷》、《成果卷》、《管理卷》四卷本、计 295 万字组成的《南京农业大学发展史》在喜迎建校 110 周年之际正式出版。

在 110 年的办学历程中，学校始终坚持育人为本、兴教强国的庄严使命，为我国农业教育、科技和经济社会发展培养了 20 余万名优秀学子，其中包括 49 位院士和一批部省级领导、数以千计的学术精英以及各条战线的优秀人才，他们在各自的岗位上努力拼搏、勇担大任，为学校赢得了无数的赞誉，他们是学校最大的财富和荣耀！为了展示众多杰出校友的丰富人生经历和卓越事业成就，2012 年年初，学校决定建设校友馆，以期弘扬校友的美德风范、教育熏陶后来的莘莘学子。

今天，我们在这里隆重举行《南京农业大学发展史》发行和南京农业大学校友馆开馆仪式，向学校 110 周年华诞献礼，通过这一活动，追忆学校的 110 年光辉历程、向为学校赢得无数赞誉的广大海内外南农校友致敬！

百年砥砺奋进，百年薪火相传。站在新的历史起点，广大南农人将深刻领会温家宝总理为我校 110 周年校庆的题词精神，"知国情、懂农民、育人才、兴农业"，将始终传承和弘扬"诚朴勤仁"百年南农精神，与时俱进，开拓创新，锐意进取，追求卓越，在推进建设世界一流农业大学的进程中实现新的跨越、谱写新的篇章。

我们相信，南京农业大学的明天一定更加灿烂辉煌！

谢谢大家！

在 110 周年校庆工作总结表彰大会上的讲话

管恒禄

（2012 年 11 月 7 日）

各位老师、同学、同志们：

大家好！

刚才，三位校领导从校庆工作的不同方面分别做了总结，总结得都很好，他们的总结叠加在一起，就是一个很全面的校庆工作总结；三位获奖代表分别结合各自参与校庆工作的体会以及对学校的感情和祝愿，做了非常生动和感人的大会发言。

他们的回顾总结和交流发言，又一次把我们在场的每一位同志带回到过去一年校庆工作中和校庆活动的每一个时段、每一个具体工作中去，许多场景和许多事情就如同发生在昨天一样。

在这里，请允许我代表学校党委、行政和校庆工作指挥部，向今天受到表彰的全体同志，表示热烈的祝贺；同时，向在这次校庆活动中表现出极大参与热情、良好精神风貌和出色工作表现的各学院、各部门以及全校师生员工，表示衷心的感谢和亲切的慰问。

鉴于以上几位校领导已对校庆工作的条条块块，做了非常翔实和全面的总结，留给我的总结空间已不大。我最后的总结，换个角度和切入，再做点梳理和补充。

非常幸运的是，我 1994 年进入学校领导班子，先后经历了 80 周年、90 周年以及这次 110 周年三次校庆的组织实施工作。三个整 10 的校庆，头尾相接应是 20 年。为了尊重历史，2009 年 1 月，经充分论证、教职工代表大会审议、教育部确认，对南京农业大学的办学起点从 1914 年溯源至 1902 年，客观上形成了 90 周年至 110 周年两次校庆之间仅隔了 8 年，才是我有幸在现岗位上 18 年参与了三个"整 10"校庆的组织实施工作。

南农 100 周年校庆是 2002 年 5 月 20 日在南京五台山体育馆，由江苏省人民政府为同根同源的 9 所高校共同举办的。我参加了那次庆典，从这个意义上讲，我有幸见证了南农 80、90、100、110 周年四次重大校庆活动的全过程。

今天会议的召开，标志着历时整整一年零一个星期的校庆工作，在全校师生员工的共同努力和广泛参与下，在社会各界的大力关心和支持下，即将画上非常圆满的句号。

下面，从三个方面做简要回顾，并提一些工作思考和要求：

一、简要回顾

校庆工作的科学策划、精心组织、有力推进以及广大师生员工的高度热情、广泛参与、尽心尽责，是这次活动全过程取得圆满成功的前提条件和重要保证。

校庆工作历时整整一年零一个星期，大体分为五个时间段：

第一时间段：校庆宣传、思想和组织等筹备工作全面启动阶段。以 2011 年 11 月 1 日召开校庆启动仪式为标志，先后成立了校、院两级校庆筹备工作领导小组；确立了"传承、开拓、凝心、聚力"的校庆主题思想和"隆重、热烈、简朴、欢庆"的校庆活动原则；向海内外发布了校庆1号公告；制订了推进筹备工作的详细内容和具体时间进度表。

第二时间段：加快推进和全面组织实施校庆筹备工作阶段。以2012年2月16日召开中共南京农业大学十届十四次全委（扩大）会议为标志，会议对校庆主题、活动原则做了进一步诠释，并提出了校庆活动的一系列指导思想：要突出校庆的学术性和学术引领；要广泛联系沟通海内外校友，以校友回校参加活动为主体；要加强与社会有关方面的深入交流和务实合作，争取社会对办学的更多关心、支持和捐赠；要充分鼓励和调动各学院在校庆活动中的主动性、积极性和创造性，增强校友回校后的归属感和亲切感；要理顺和加强校友、发展咨询、发展基金等相关联机构的关系和建设；要通过校庆筹备过程，宣传和扩大学校的社会影响和美誉度等。会议对校庆工作做了全面部署和要求。

第三时间段：迎接校庆倒计时阶段。以2012年6月8日成立校庆活动指挥部和2012年7月6日召开迎接校庆暨暑期工作大会为标志。会议阶段性总结了校庆工作启动半年多来的进展情况，分管校领导和学院代表，代表校、院两级对校庆倒计时工作分别做再动员、再部署和工作交流的表态性发言，在职和离退休教师代表以及学生代表就积极参与校庆工作分别做了交流发言。会议对校庆工作提出：要进一步加强设计策划、务实高效开展工作；要进一步加强统筹协调，促进广大师生员工更广泛地参与校庆工作。会议提出了，要紧紧围绕校庆主题思想和工作导向，努力将110周年校庆办成"四个满意"，即：让广大师生员工满意、让海内外校友满意、让与会领导嘉宾满意、让社会评价满意。

在第二、第三时间段中，校、院两级单位开展了形式多样、内容丰富的校庆活动。校、院两个层次举办高水平的名家大师学术报告200多场次；新建省级校友会8个，帮助8个校友会完成换届，走访省内各市校友会，筹建北美、欧洲2个海外校友会；举办"百所著名中学校长、百家知名企业进南农"活动，加强学校与社会各界的相互了解与合作；高标准、高质量地完成《南京农业大学发展史》四卷本、295万字的编撰出版，完成南京农业大学校友馆的设计、建设、布展工作以及南京农业大学形象宣传片的编导、摄制工作；正式启用学校形象视觉识别系统；环境整治、用房修缮等各类立项90个，如期完成；1500名南农人参演的大型文艺晚会"诚朴勤仁著华章"进入精心、紧张的编排；1000多名踊跃报名、层层选拔的学生志愿者队伍全面培训；校、院两个层面开展的争取社会支持办学的捐赠活动取得较好成效；通过各方面努力，党和国家领导人的题词、贺信以及国家、省、部领导人接受出席大会邀请，使校庆最后阶段工作受到极大的鼓舞和促进；至临近校庆前几天，南农校庆活动受到国家、省、市各级媒体30余家关注和报道；11万余盆的鲜花，将南农装扮得充满活力、生机、校园更加美丽。

第四时间段：10月19～21日，校庆庆典活动阶段。三天时间中，庆祝大会、校庆晚会、《南京农业大学发展史》发行、南京农业大学校友馆开馆、与海外五所高校签署合作协议、以诺贝尔奖获得者和院士为代表的一批学科前沿高水平的学术报告、北美和欧洲校友会的成立以及庆祝大会上农村发展学院、草业学院、金融学院的成立揭牌和孔子学院执行文本的交换等活动，排满了三天的各个时间单元。全校上下、广大师生员工沉浸在欢庆、喜悦、自信、振奋的氛围之中。

第五时间段：10月22日至今天，校庆工作总结、做好后续工作和大会表彰阶段。22

日，是校庆后的第一个工作日，当天上午第一单元时间，学校党政班子全体成员召开会议，畅谈了校庆工作中的体会感受，专题研究了校庆后续工作，并做了具体工作布置。

今天会议的召开，从时间和形式上标志着110周年校庆工作画上了圆满的句号，但许多校庆后续工作仍需认真努力做好。要做好引导工作，将师生员工在校庆中表现出来的崇尚学术、敬业工作，顾全大局、团结协作，热爱学校、珍惜荣誉的精神发扬光大，使之转化为推动学校建设发展新的动力与活力。

在刚开始研究、策划校庆工作时，校领导班子有一个担心和顾虑。10月20日，南京有3所著名高校同日举办校庆庆典，如何在邀请领导出席、题词、贺信，庆典活动的规模、隆重、热烈程度以及社会新闻媒体的关注和报道等方面不逊色于其他两所院校？这一担心忧虑直到校庆活动成功举办后才放下。现在可以说，南农校庆不比其他两所高校逊色，而且是3所高校中被评价最好的。

较80周年、90周年校庆活动，此次110周年校庆充分体现了"传承、开拓、凝心、聚力"的主题思想，达到了"隆重、热烈、简朴、欢庆"的预设目标，基本实现了让广大师生员工满意、让海内外校友满意、让与会领导嘉宾满意、让社会评价满意。110周年校庆是一次回顾历史、展示成就、学术引领、促进发展的校庆，是一次团结协作、增强自信、开拓创新、催人奋进的校庆，是一次广交朋友、加强合作、宣传南农、深受好评的校庆。

二、做好校庆后续工作的思考和要求

此次校庆活动中，"弘扬诚朴勤仁百年精神，建设世界一流农业大学"的校庆口号在庆祝大会的巨幅背景墙、从南大门到北大门各主要道路灯柱上的宣传条幅及北大门两侧的植物装饰宣传栏上得到了很好的宣传。完全有理由相信，通过校庆活动，这一校庆口号已经在广大在校师生员工、海内外回校校友、与会各级领导嘉宾以及关心学校建设的各界朋友和新闻媒体中留下了最为深刻的印象。在党和国家领导人的贺信以及省、部领导人的讲话和贺信中，几乎都提出了与校庆口号内容相对应的肯定和希望。

校庆后续工作，归结到最后就是要紧紧围绕校庆口号，将学校的精神文明建设、提高办学水平和改善办学条件、有力推进学校"1235"发展战略全面实施的大文章做好。下面就做好与校庆直接相关的后续工作，讲几点意见：

一是要不断加深理解温家宝总理为我校110周年校庆题词的深刻内涵和殷切希望。总理的题词"知国情、懂农民、育人才、兴农业"，既是对南农历史和学校110年来为国家、民族所做贡献的肯定，是对南农今后办学地位和办学方向的要求，同时也是对我国高等农业教育和农业高校提出的根本性方向。

在今后的办学中，如何坚持学校以农业和生命科学为特色和优势；如何使题词的深刻内涵渗透到"世界一流、中国特色、南农品质"三个有机结合的发展理念中去；如何深化学校的教育教学改革和创新人才培养模式，需要我们认真地思考。特别是学校的教学、科研、学生、宣传部门，应结合实际对题词内涵和精神，做诠释和指导工作。

二是要进一步从学校的发展历史、重要人物、社会贡献、办学理念和人文精神等方面，结合中华民族的历史文化渊源和当前社会经济发展中显现出的新情况，使"诚朴勤仁"百年精神在学校中心工作和履行高校四大职能的过程中得到体现，使其成为学校软实力建设的重要支撑或文化核心的重要组成部分。

通过主持《南京农业大学发展史》的编撰工作，深深体会到了南农历史的厚重和南农精神的伟大。如何续写南农历史、弘扬南农精神，应是当代人和后来者需要长期思考和实践的重大课题。

三是要从更高层次、更长远利益上，加快卫岗精品校区的规划和建设。卫岗校区要建成精品校区，是达成的广泛共识，已写入有关发展规划中，但一般的认识是定位在校园环境上。

要从定位和概念上对精品校区进行重新认识，跳出单纯环境美化的思路，在办学特色和水平、办学条件和管理、办学环境和文化以及办学投入和效益上加强精品校区建设，使卫岗校区在"两校区一园区"建设中发挥示范和引领作用。精品校区意识涉及多个方面，包括学科、专业、人才队伍和教学科研条件等办学资源的进一步优化；学校不同层次、不同部门的管理运行、制度建设和效益发挥；学校育人环境和人文精神的长远建设等。

四是要将校庆成果制度化、规范化和常态化。要进一步做好对名家大师学术报告会的组织，延续校庆期间学校浓厚的学术氛围；保持与各级校友会、广大海内外校友的密切联系。在校园环境方面，校园的绿化、美化和适度亮化，要能继续保持良好的状态。校友馆要进一步加强建设，除图片、文字表达外，在实物征集、展示和发挥场馆教育作用上，团委和学工系统要有思路和方法。要做好中华农业文明博物馆的建设、维护工作，积极探索有效的管理和投入保障机制。对校庆期间签署或者续签的海外高校合作协议，要积极有效地加以推进实施。

学校在近几年的建设中，工作环境和工作条件有了较大的变化。充分认识到，学校今天的发展是历史的积淀，是几代南农人共同奋斗的结果，要不忘历史、不忘前辈，组织老同志们开展"忆历史、看今朝、话明天"活动。

五是三个新成立并已揭牌的学院，要抓紧推进组建工作，争取尽早实质性运行。

三个新学院情况不完全一样，各有特色，有校内资源优化整合问题，也有争取校外资源的很大空间。经常委会研究，鼓励、支持三个新学院，在管理运行机制、用人制度、培养模式、合作形式和薪酬激励等方面，大胆探索、创新。

多年来，学校一直在思考创新学院管理模式、激发学院办学活力的问题，但都比较多地停留在理念和要求上。现实工作中，打破一个旧体制，建立一个新体制比较难。三个新学院要立足一开始建立新体制，以通过新学院新体制的建立带动老学院管理体制的创新。

在三个新学院的组建过程中，相关部门、学院要顾全大局，支持探索和创新，凡涉及的学科、人员和条件，一旦方案通过后，要愉快地服从调整和重组。

另外，孔子学院已交换了执行文本，派出教学人选的选拔已在进行。派出管理人选的选拔，组织、人事部门要尽早进入程序。

六是校庆中形成的各种材料的整理、应用和归档。要对校庆工作中形成的各类文稿，包括总理题词、党和国家领导人及部省领导的贺词贺信、各类代表的发言以及校庆的组织结构、工作程序等材料进行电子化归档；对校庆庆祝大会、校庆晚会、校庆形象宣传片、卫岗校区的航拍片等音视频素材进行编导、整合，并刻盘保存；精心制作校庆画册，在校庆画册上，将更多版面留给平凡的人物、精彩的瞬间。要积极探索，并努力做好学校年鉴的编制工作。

七是各学院、各部门要结合各自情况，做好对校庆来宾的答谢、回访以及校庆总结工作。

八是校、院两个层面在校庆活动中，都接受了不同形式的捐赠，要按财务规定和物资管理规定，做好相关后续工作。

九是因迎接校庆，一些部门的常规工作可能受到了影响或放慢了节奏，这些部门的主要负责同志要对工作进行梳理，将可能已经延误的工作补上来，各分管领导要加强指导和督促。

同志们，总结110周年校庆工作，表彰校庆工作中涌现出的先进个人，不仅为下一次校庆提供了良好的借鉴，更重要的是要将校庆工作精神、工作状态保持在日常工作中，体现在促进学校事业建设与发展过程中。

最后，用四句话结束我的讲话：南农的历史是厚重的；南农的精神是伟大的；南农的师生员工是可敬可赞的；南农的明天将是辉煌而又任重而道远的！

第十五次教育部直属高校暨全国有关
高校组织工作研讨会开幕式致辞

管恒禄

（2012 年 12 月 6 日）

尊敬的各位领导、来宾、

　　同志们：

　　下午好！

　　在全国上下认真学习贯彻中共十八大精神的重要时期，今天，第十五次教育部直属高校暨全国有关高校组织工作研讨会在我校隆重召开。首先，我代表南京农业大学党委、行政和全体师生员工，向大会的召开，表示热烈的祝贺；向出席会议的各位领导、来宾，表示诚挚的欢迎！

　　南京农业大学前身为中央大学农学院和金陵大学农学院。不久前，学校刚刚举办了建校110 周年庆典。温家宝总理为我校校庆做了"知国情、懂农民、育人才、兴农业"的题词，既是对我校办学历史的充分肯定，也是对我校办学方向提出的殷切期望，全校师生员工深受鼓舞和鞭策。

　　长期以来，学校始终高举中国特色社会主义伟大旗帜，坚持以邓小平理论和"三个代表"重要思想为指导，深入贯彻落实科学发展观，始终坚持"诚朴勤仁"百年南农精神，积极主动适应高等教育改革发展形势和要求，严谨治学，教书育人，弘扬学术，服务社会。学校现已发展成为一所以农业和生命科学为优势和特色，农、理、经、管、工、文、法学多学科协调发展的研究型大学，是国家"211 工程"重点建设和"985 优势学科创新平台"高校之一。

　　学校现有卫岗、浦口、珠江 3 个校区和白马 1 个现代农业科技园区，总面积 13 500 亩；设有 18 个学院，各类在校生 32 000 余人，其中全日制本科生 17 000 余人、研究生 8 000 余人；设有国家重点实验室和国家工程中心 5 个，国家重点学科 14 个，农业科学、植物与动物科学、环境与生态科学 3 个学科领域进入全球前 1‰；在党的建设和思想政治工作、人才培养、科学研究、社会服务和文化传承创新等方面，取得了众多丰硕的成果，为国家经济社会发展，特别是中国的"三农"事业做出了重要贡献。近年来，南京农业大学先后被评为"全国精神文明建设工作先进单位"和"全国文明单位"，连续多年被评为"江苏省高等学校先进基层党组织"。

　　进入"十二五"以来，学校制定并正在全面组织实施"1235"发展战略，即：紧紧围绕建设世界一流农业大学这一目标，努力培养一流人才、创造一流成果、做出一流贡献；将高水平师资队伍建设和办学空间拓展作为两项重点任务，着力解决制约学校发展的"瓶颈"问题；将世界一流、中国特色、南农品质三者有机统一，进一步遵循世界一流大学办学规律，不断增强服务国家重大需求的能力，彰显学校特色、提升办学水平；全力谱写发展、改革、特色、和谐、奋进五大篇章，力争在 2020 年左右进入世界涉农大学前 100 强，跻身世界一流农业大学行列。

在学校快速发展进程中，我们也十分清醒地认识到，我校许多方面工作与在座兄弟高校相比，还存在着不小差距。这次研讨会在我校举行，正是我们向兄弟院校学习的难得机会。我们将以此为契机，虚心学习，积极交流，不断拓宽工作视野、提高办学水平。作为会议承办单位，我们参与会务工作的同志们将认真工作，尽心尽力，努力为会议提供热情、细致、周到的服务。

本次研讨会自筹备开始到今天，一直得到教育部的精心指导和广大兄弟高校的大力支持。在此，谨向给予会议大力支持和帮助的各级领导和兄弟高校，表示衷心的感谢！相信，在中共十八大精神指引下、在全体与会代表的共同努力下，研讨会一定会取得丰硕的成果，必将为进一步提升新时期高校党建与组织工作的科学化水平起到积极的推动作用。

最后，预祝会议取得圆满成功！祝愿与会各位领导、来宾在南京期间工作、生活愉快！

谢谢大家！

坚定信念　牢记嘱托　奋发有为　以实际
行动为建设世界一流农业大学而奋斗

——在共青团南京农业大学第十三次代表大会开幕式上的讲话

管恒禄

（2012 年 12 月 23 日）

尊敬的各位领导、来宾、

同学们、老师们：

在全校上下深入学习贯彻中共十八大精神，齐心协力加快推进世界一流农业大学建设进程之际，共青团南京农业大学第十三次代表大会今天隆重开幕了。这是全校广大团员青年政治生活中的一件大事，也是学校的一次盛会。在此，我代表学校党委、行政，向大会的召开表示热烈的祝贺！向各位代表并通过你们向全校广大团员青年致以亲切的问候！向在百忙之中莅临我校，长期对我校共青团工作给予关心指导的共青团省、市领导和兄弟单位团干部，表示热烈的欢迎和衷心的感谢！

长期以来，全校各级团组织紧紧围绕学校不同发展时期的中心任务和重点工作，发挥自身优势，团结带领广大团员青年为推动学校建设发展做出了突出贡献。

实践证明，我校共青团不愧是学校事业发展的重要力量！我校广大团员青年是一个值得信赖、充满希望的优秀群体！

这些年来，学校党委和行政始终遵循高等教育基本规律，全心全意依靠教职工办学的方针，以人才强校为根本、学科建设为主线、教育质量为生命、科技创新为动力、服务社会为己任，坚持内涵发展、特色发展、科学发展、和谐发展，推动学校跨入了研究型大学行列。在学校党的十届十四次全委（扩大）会上，党委明确提出要实施"1235"发展战略，到2020 年左右，全面进入世界一流农业大学行列。宏伟的目标催人奋进，全校各级团组织和广大团员青年应紧紧围绕学校发展目标，坚定信心，勇担责任，找准工作切入点。

在这里，我代表学校党委、行政，向广大青年提四点希望：

一、坚持远大理想，坚定理想信念

古往今来，大凡有所作为的人，无不具有坚定的理想信念，无不立志于青年之时，追求于一生之中。广大青年要牢固树立正确的世界观、人生观和价值观，坚定跟党走中国特色社会主义道路的理想信念。要深入基层，了解国情民情，坚持把远大理想与祖国的命运和人民的意愿结合起来，始终把报效祖国、奉献社会、服务人民作为毕生追求，自觉把个人的奋斗融入社会的发展进步中，把个人的成长融入科学发展的生动实践中，在为党和人民建功立业中贡献青春力量、实现理想抱负。

二、坚持刻苦学习，掌握过硬本领

广大青年要用中华民族的优秀传统文化陶冶自己，用人类社会创造的一切文明成果涵养自己；既要潜心钻研专业知识，又要广泛学习现代经济、科技、法律和管理等各类知识，坚持"专"与"博"的统一。既要带着问题去学，又要带着思考去学，不断提高学习效果，要坚持"学"与"思"的统一。既要自觉向实践学习、向人民群众学习，又要主动把学到的知识运用到实践中去，不断提高学以致用的能力，坚持理论与实践的统一。

前不久，温家宝总理为我校 110 周年校庆题词：知国情、懂农民、育人才、兴农业。这既是总理对我校 110 年办学成就的充分肯定，也是对我校未来发展和师生员工的殷切希望。希望广大青年要深刻领会、身体力行。

三、坚持开拓创新，培养争先意识

作为当代大学生，一定要大力弘扬以改革创新为核心的时代精神，要有勇立潮头的浩气、超越前人的勇气和与时俱进的朝气。要坚持崇尚学术，不断增强创新意识，提高创新能力。要敢为人先、勇于拼搏，不断培养和提高自己的认知、明理、探索、合作、耐挫、攀登的科学精神，努力使自己成为勇于开拓、不畏艰辛的创新型人才。

四、坚持高尚品行，引领社会风尚

修身立德是青年的立身之本、成长之基，也是党和人民事业发展对青年一代的要求。我校有着悠久的办学历史，经过百余年的积淀，逐步形成了"诚朴勤仁"的南农精神，希望广大青年大力弘扬和实践社会主义核心价值体系，陶冶高尚情操，塑造健全人格，努力使自己成为中华民族传统美德的传承者、社会主义道德规范的实践者、社会和谐风尚的倡导者。

共青团是党领导的先进青年群众组织，肩负着团结带领广大青年为党和人民事业而奋斗的光荣任务。对高校共青团来说，我们要立足团的历史使命，始终将青年学生思想引领工作放在首要位置，努力增强工作的针对性和实效性，引导广大团员青年真正认同我们的道路、我们的制度、我们的理论。要立足高校的社会职能，紧紧围绕学校中心工作，充分发挥自身优势，找准工作切入点和落脚点，为学校建设发展贡献力量。要立足青年的本质需求，主动融入青年、倾听青年心声、尊重青年意愿，创新活动形式和内容，努力为促进青年成长成才提供扎扎实实的服务。要立足自身的组织发展，将组织建设与作用发挥结合起来，以改革创新的精神完善组织结构、增强工作活力，提升组织的吸引力、凝聚力和战斗力。全校各级团干部要始终"忠诚党的事业、热爱团的岗位、竭诚服务青年"，增强政治意识、提高业务本领、转变工作作风、坚持严格自律，以实实在在的工作去赢得广大青年的信任和支持，努力做到让党放心、让青年满意。

办学以育人为本，以学生为主体。希望全校各级党组织、各部门都要从"培养什么人、如何培养人"的战略高度，关心和支持学校共青团工作，及时帮助解决共青团工作中遇到的困难和问题，更好地发挥共青团在学校建设发展中的重要作用。

　　青年朋友们、同志们！加快建设世界一流农业大学任重道远，使命光荣。全校各级党团组织、各个部门单位和广大师生，应紧密团结起来，以昂扬向上的风貌、奋发有为的状态，只争朝夕，锐意进取，为推动学校新一轮的跨越发展再谱新篇章、再做新贡献！

　　最后，预祝本次团代会圆满成功！

　　谢谢大家！

抓住机遇　乘势而上
加快实施"1235"发展战略

——在中共南京农业大学十届十六次全委（扩大）会议上的讲话

周光宏

（2012 年 8 月 30 日）

各位领导、各位老师：

这个暑期，是一个工作的暑期，大家很辛苦，首先请允许我代表学校，对大家暑期的辛勤工作表示衷心的感谢！现在，学校总体来说态势很好，所以我们要抓住机遇，乘势而上。今天，我主要讲 3 个部分内容。

一、抓住机遇，乘势而上

什么是机遇？一般来说机遇是有利于社会发展、工作开展的机会和时机。实际上机遇就存在于问题当中，能发现问题，就能发现机遇。那么，发现问题，应该如何面对？在问题面前不知所措，遇到问题束手无策，是无能和弱者的表现；让问题依然存在，被问题吓倒，是缺乏勇气和理智的表现；只有正视问题，解决问题，在问题中发现机遇，才是真正的智者和强者。

机遇无所不在，无时不有。大学作为科技第一生产力和人才第一要素的交汇点，在我国迅速发展中机遇无限：社会发展越快，越是需要治学、兴业、治国的人才，这就为大学的人才培养提供了机遇；经济社会发展由"要素驱动"转变为"创新驱动"，为大学的科学研究提供了大量的机遇；国家的富强，行业的发展，特别是我们所在的发达地区率先实现现代化，给大学服务社会带来太多的机遇；建设中国特色社会主义，提升人的素质和道德水准成为社会之重大需求，为大学文化传承创新带来机遇。

对于机遇，敏锐的洞察力和丰富的想象力比百分之百的准确性更为重要。有问题就有机遇，我校面临的机遇很多，就看我们能不能发现并抓住机遇。例如：当前，发展农业机械化、设施农业是我国农业现代化的根本出路，这就给工学院及相关学科带来了机遇；2010年，我们的国家重点实验室评估结果不理想，出了问题，但实际上也是一个机遇，我们把实验室长期存在的一些问题进行了清晰地梳理，借此机遇，改善管理、引进了一批人才，形成了较合理的学缘结构；近年来，我国粮食生产中病虫害高发，养殖业出现了萎缩，这就给我们的植保、动医和动科带来很多机遇；江苏要率先实现现代化，中国的现代化应该是什么样子，中国的农业现代化应该是什么标准，给我们经管公管带来了机遇；生态农业、环境治理和食品安全等问题都给相关学院带来了很多机遇。

有了机遇，如何抓住机遇？"谋事在人，成事在天"只说对了一半，谋事在人，成事也在人。大学的管理者注重"谋事"，更要注重"成事"。我之前在优化管理中说过3句话："要做事"、"会做事"、"做成事"，今天我再增加一句——"要读书"，以提升知识水平，这是做好一切事情的基础。培根说过，"有实践经验的人，虽然能够处理个别性事务，但若要综观整体、运筹全局，唯有学识方能办到"，读书可以改善人的言谈举止，更提升智慧和能力。大学的行政管理者要读书，读好的书，以提升学识水平，改善知识结构，提高抓住机遇、做成事情的能力。

二、五项重点工作

本学期学校重点工作见行政工作要点，我再强调以下5个方面。校庆工作已经说得较多，在此不赘述。

（一）高水平师资队伍建设

1. 工作态度　"我劝天公重抖擞，不拘一格降人才"，这句话应好好分析，"我"就是主动的、渴望的；"劝"就是要做，而且要别人知道我要做；"天公"就是天下，国内外、校内外；"不拘一格"就是政策、待遇和工作环境；"降"就是引进、培养和制造。我们一定要以这样的认识和态度来开展高水平师资队伍建设。

2. 教师晋升制度　美国大学普遍实行"Tenure"教师晋升制度需要借鉴，一个博士获得大学正式教职之前，要经过6年左右的时间来考察，否则"非升即走"。在这种制度下，刚刚进校工作的博士主要精力在于提升学术能力，没有资格给大范围的本科生上课。我校将对研究型为主的学院采取青年教师工作量补贴制度，让青年教师主要精力放在学术水平提升上，为成为合格的高水平大学教师做准备。同时，加大博士后流动站建设，成为新教师储备库。

3. 人才计划　人事处和人才办要运用好国家和地区的各类人才计划，促进我校教师的成长。

4. 退休人员返聘　要调动退休人员的积极性，做好退休人员返聘工作。

（二）创新人才培养

1. 改革课程体系，适应经济社会发展、人才成长需求，兼顾学生兴趣需求。

2. 二是加强实验教学，提升学生实际动手能力　学校层面要建好国家教学中心，各个学院要进一步加强教学实验室建设。同时，科研要反哺教学，我们要把最新的科研成果快速转化成教学实验内容，这是我们研究型大学的一个优势。

3. 坚持教授上课　教授为本科生上课是天职，是应尽的义务，教授一定要到教学第一线，而且要给一年级本科生上课。副教授为本科生上课质量将作为晋升教授的必备条件。希望教务处进一步检查和落实教授为本科生上课制度。

（三）科技创新能力提升

2011协同创新计划我们要先行先试，做出经验，做实做好，同时引领我校人才、学科、科研"三位一体"的创新能力提升。

（四）后勤保障

1. 民生问题　本学期启动在职人员绩效工资调整和牌楼规划建设，牌楼要建成一批青年教师公寓和人才公寓。我们要通过牌楼建设、"两校区一园区"建设，改善教职工待遇，尤其是青年教师待遇，形成引进人才的后发优势。

2. 校园治理　打造精品校园，加大力度整治校园违建，有关部门要有治理方案、处置预案，对不良现象要曝光。同时，加强软环境治理和治安管理，提升学校形象。

（五）"两校区一园区"建设

学校办学空间紧张，所以，新校区和白马科技园区建设都势在必行。目前，"两大任务"中，高水平师资队伍建设推进得较好，在"两校区一园区"推进中，白马园区推进较快，现在正在进行规划建设。新校区规划建设相对较慢，学校与政府的交流、对接以及进一步的论证，都在进行当中，虽然比想象的要更困难，但是我们还是要坚定信心，按照"两校区一园区"的战略坚持走下去。

三、加快实施"1235"发展战略

"1235"发展战略的五大篇章换个角度来看，就是五大要求，每个学院、每个部门都应该考虑这样的问题：发展了吗？改革了吗？有特色吗？和谐吗？奋进了吗？

发展是硬道理，学校实施"1235"发展战略，每个学院、每个部门的发展和进步要有具体指标，要自加压力，提速发展，只有学院、部门发展了，学校才能发展。改革是总动力，要发展就要改革，一些学院要走在前面，学校鼓励学院按国家试点学院模式先行先试，探索学院管理模式改革。特色是生命、是亮点，每个学院、每个部门都应该使自己的特色更特，亮点更亮。和谐是保障，一是部门学院内部的和谐，只有内部和谐才能保障发展；二是学校层面的和谐，部门之间、学院之间、部门与学院之间要和谐，部门之间要理顺关系、互相支持，为师生提供更加优质的服务，实现与师生的和谐；三是更高层次的和谐，部门、学院要与相关的国家及地方政府部门、行业、兄弟单位和谐，即与社会的和谐。奋进是要求，要用积极主动、奋发向上的工作态度，有顽强的斗志去解决遇到的困难，并在困难中发现机遇。

所以，每个学院、每个部门都要用"发展"、"改革"、"特色"、"和谐"、"奋进"来要求自己。

经过一年多来的理念提升和工作实践，"1235"发展战略已逐步成为全校教职工的共识，成为引领全校快速发展的指导思想、发展理念和工作指南。各学院、各部门要在"1235"发展战略总体指导下，制订出自己的规划、指标和措施。相信在全体教职员工的努力下，我们建设世界一流农业大学的目标一定能够实现。

谢谢！

在 2012 级新生入学典礼上的讲话

周光宏

（2012 年 9 月 10 日）

同学们、老师们：

今天，我们在这里隆重举行 2012 级新生入学典礼，欢迎来自全国各地的新同学。首先，请允许我代表学校全体教职员工，对同学们以优异的成绩考上南京农业大学，表示衷心的祝贺！

今天是你们应该记住的日子，同学们经过十余载寒窗苦读，经受了高考的历练，步入重点大学，向人生理想迈出了重要的一步。今天还是我国的第 28 个教师节，我要向为你们付出心血和汗水的中学老师表示感谢，我想你们也会今天为他们送上祝福。

同学们：

参加入学典礼代表着独立人生的开始，从今天起，南京农业大学这所百年名校将成为你们独立成长的家园，你们了解这个家园吗，你们知道这是一个什么样的大学吗？同学们也许有所了解，但我还要说几句。

同学们知道江苏有多少大学吗，100 多个，在过去的 5 年，只有 3 个大学获得过国家一等奖，那就是南京大学、南京农业大学和东南大学！南大、东南和南农这 3 所大学在，如本科教学、学科建设、科学研究和国际知名度等重要办学指标上均列江苏前三甲。

同学们知道中国有多少大学吗，2 760 所！在这 2 700 多所大学中，只有 112 所大学进入国家重点建设大学行列，暨"211 工程"大学，南农是其中之一；只有 72 所直属教育部，直属中央管理，也就是中央高校，南农是其中之一；只有 38 所为研究型大学，南农也是其中之一。在全世界所有 22 个学科群中，南农有 3 个进入世界前 1%，能有此成绩的大学全国也只有 20 来所。我国首批通过高校本科教学工作优秀评价的大学只有 3 所，南农也是其中之一；你们所在的卫岗校区是我们的主校区、学校还建有浦口校区、珠江校区和白马国家现代农业示范园区，学校总面积 13 000 余亩，南农我国校区面积最大的大学之一。

100 年前，南京农业大学的前身金陵大学开启了我国农业本科教育，百年来，学校为我国培养了 20 余万名合格的大学生和研究生，他们中有大量的治学、兴业和治国人才，包括几百名学术大师，其中 49 位两院院士，几十位省部级以上杰出领导和一大批著名企业家。百年来，南京农业大学取得了数千项科研成果，对我国农业科技进步和社会发展做出重大贡献。

同学们很清楚农业及相关科学是学校的优势和特色，学校现建有作物遗传与种质创新国家重点实验室、国家肉品质量安全控制工程技术研究中心、国家信息农业工程技术中心、国家大豆改良中心等 50 多个国家、行业及部省级科研平台。建有国家大学生文化素质教育基地、国家理科基础科学研究与教学人才培养基地、国家生命科学与技术人才培养基地和国家植物生产教学实验中心等一批国家级教学平台。

同学们也应该知道我们的理学、经济学、管理学、工学、文学、法学都很强，南农是一所农、理、经、管、工、文、法多学科协调发展的研究型大学。

我校的经济管理和公共管理具有国际声誉，最近，经济管理学院大学生在国际相关联盟组织的案例竞赛决赛中战胜美国德克萨斯农工大学、普渡大学和加拿大圭尔夫大学代表队，勇夺桂冠。南农的学生不但能造拖拉机，也能造方程式赛车和机器人！我们工学院同学在多次全国大学生方程式汽车大赛和机器人大赛中取得第一。南农的学生不但学习好而且全面发展，我们动物医学院的孙雅薇同学曾蝉联第 18 届、第 19 届亚洲田径锦标赛女子 100 米栏金牌，也是江苏省出征伦敦奥运会的唯一在校大学生。

如果要更深入地了解这所大学，那么同学们很幸运，再等 40 天，也就是 10 月 20 日，学校将隆重举行 110 周年校庆，这是南京农业大学发展史上的重要里程碑，你们也有幸成为学校发展史上最直接、最重要的见证人。学校在校庆期间将举办一系列重大学术和庆典活动，已有 25 所海外大学校长院长、50 所国内兄弟院校领导参加我们的庆典；还有诺贝尔奖获得者等一批学术大师参加我们的学术活动；更有成千上万你们的师兄师姐要回母校一起庆祝。你们可以在最短的时间里，去体会这所百年学府的深厚底蕴，领略百年办学的丰功伟绩。

同学们：

一所大学一年有两个仪式最重要，那就是入学典礼和毕业典礼，我希望今天参加新生入学典礼的同学们 4 年以后都能参加毕业典礼！但是，这只是良好的祝愿，实现起来并不容易。可以说能考上南农，你们的智商都很高，和进入清华、北大、南大的学生在智商上没有实质性区别，因为"人类差异最小的是智商，差异最大的是坚持"，所以在你们中间没有智商差异，关键是否努力。4 年以后，你们中间会有一批同学直接攻读研究生，有一些同学会享受国家奖学金出国留学，大部分同学经过努力会顺利毕业。但同时也有一些同学毕不了业，这不是危言耸听，学校每年都会出现因学分累积不合格而被劝退的同学。更为严重的是，有个别同学因违反校纪校规而受到处分，甚至被开除学籍。

上学期有 4 名同学因考试期间违规使用通信设备、电子产品、夹带考试有关资料和交换考卷而受到记过和留校察看处分。更有甚者，4 位同学因替考被开除学籍，两名替考者和两名被替考者同时被开除，当学生家长知道孩子被勒令退学，痛不欲生，第一时间赶到学校求情，甚至跪求学校再给一次机会时，但已经晚了。学校每次在处理此类事件都很慎重，而且心情沉重。但是，如果考试都可以作弊，学校道德就没有了底线，学习风气就会一泻千里，你们也刚刚参加过高考，应该知道社会对考试作弊深恶痛绝，学校对考试作弊的态度是：零容忍！我想没有同学愿意让家人如此伤心悲痛，没有同学愿意因为一次考试作弊而自毁前程。

所以，从今天开始，同学们应该从近几个月的赞美声中或自责中冷静下来，认真思考如何度过人生最重要的大学时光，你们智商都很高，但关键是要努力，养成良好的学习和生活习惯，培养良好的学习和生活习惯。大学是最好的地方，大学为你们提供了各种平台和条件，老师们也会为同学们传道、授业、解惑，但大学和中学不一样，在大学主要靠自己，主要靠自觉。

同学们要志存高远、崇尚学术、勤奋学习、全面发展。你们要有志成为社会主义的建设者和接班人，有志成为治学、兴业和治国人才。我相信，有同学们的努力和付出，学校的未来也会更加辉煌，因为你们的付出、进步与荣耀，都会汇聚成为南农最宝贵的财富。

同学们：

南京农业大学已确立了建设世界一流农业大学的宏伟目标，希望你们以饱满的热情投入到新的学习生活中去，谱写青春最美丽的篇章，"天高任鸟飞，海阔凭鱼跃"，祝同学们和南农一起飞跃！

谢谢！

在"百家名企进南农"活动开幕式上的讲话

周光宏

（2012 年 9 月 16 日）

各位领导、各位来宾：

上午好。今天，"百家名企进南农"活动隆重开幕了。在此，我代表南京农业大学，对各位领导、各位企业家的到来表示热烈的欢迎！向各位领导、各位企业界朋友长期以来对南京农业大学的关心与支持表示衷心的感谢！

南京农业大学是一所以农业和生命科学为优势和特色，农、理、经、管、工、文、法学多学科协调发展的教育部直属、国家"211 工程"重点建设大学。100 年前，南京农业大学的前身金陵大学开启了我国农业本科教育，百年来，学校为我国培养了 20 余万名治学、兴业、治国人才，造就了 49 名"两院"院士。今天的南京农业大学具有雄厚的科研实力和人才资源，是全国 38 所研究型大学之一，学校现有中国工程院院士 2 人、"千人计划"专家 2 人、"长江学者"4 人、国家杰出青年科学基金获得者 11 人，建有作物遗传与种质创新国家重点实验室、国家肉品质量安全控制工程技术研究中心、国家信息农业工程中心、国家大豆改良中心等 54 个国家及部省级科研平台，现有 14 个国家重点科学，国家重点一级学科数列全国第 23 位，排名全国前 5 名的学科 9 个，并列全国高校第 10 位。农业科学、植物与动物学、环境生态学 3 个学科群位于全球前 1%。

长期以来，南京农业大学坚持"顶天立地"的科技创新战略，瞄准世界农业科技前沿，面向国家战略和区域发展重大需求，积极开展基础研究和高新技术研究，加强应用研究和成果转化。"十一五"以来，学校纵向科研经费达 20 亿元，获部省级以上科技成果奖 100 多项，其中，国家科技进步一等奖 1 项、二等奖 6 项。学校科研成果涉及作物新品种选育及栽培、植物病虫害防控、园艺作物育种及栽培和设施园艺、肥料、动物新品种及饲养、兽药及兽用疫苗、农业机械及工程、食品质量安全控制等农业领域的方方面面，包含发明专利、行业标准、规划设计、管理技术、发展和政策咨询等各种形式，科研成果服务社会产生的经济与社会效益超过 500 亿元，为保障国家粮食安全和食品安全、促进农业相关产业的发展做出了突出贡献。

高等教育作为科技第一生产力和人才第一资源的重要结合点，在国家发展中具有十分重要的地位和作用。近年来，南京农业大学结合时代发展和国家要求，将"政产学研用"有机融合，走出了一条特色鲜明、成效显著的校地、校企协同创新的道路。一是学校与企业共建联合研发平台，共同进行技术开发，集高校的知识技术与企业的产业条件之长，大大促进了新产品、新技术的研发与应用。例如，学校与雨润集团共建国家肉品质量安全控制工程技术研究中心、在雨润集团建立我国首批企业国家重点实验室，在冷却肉制品研究及应用领域取得了诸多重大突破；学校与江苏新天地集团的合作，入选"2008—2010 中国高校产学研合作十大经典案例"。学校还在企业广泛建立起专家工作站，将人才、知识、技术、成果带到了生产第一线。学校与中牧、中化、中粮、雨润、温氏、苏食、红太阳等大型企业以及众多中小企业开展了广泛合作，近3年校企合作项目超过500项，合作经费达8 000多万元，一批企业在与我校的合作中自主创新能力得到显著提升。二是学校与地方政府及企业共建产业研究院，先后建设了设施园艺（宿迁）产业研究院、现代农业装备（灌云）产业研究院、生物凹土（淮安）产业研究院、绿色食品（东台）产业研究院、食用菌（灌南）产业研究院、荒漠生态（新疆）产业研究院、海洋（盐城）产业研究院等合作平台，整合校、政、企各方力量，由学校提供技术、政府提供政策、企业提供条件，结合地方优势资源，面向特色产业开发，开展科学研究与应用推广，达成了校、政、企的共赢。

前不久，我校参与组建的国家"2011计划"——"食品安全与营养协同创新中心"正式挂牌启动，该中心由3所高校与中粮集团、茅台集团、雨润集团等9家享誉全国的大型企业共建，江苏省省长李学勇、教育部副部长杜占元亲自来我校为"中心"揭牌，相信凭借3所高校、9家企业的强大实力，中心一定能为国家产业发展带来新突破。同时，我校还正在积极申报组建多个国家级和江苏省协同创新中心，将与企业开展更多的合作。

2012年年初，南京农业大学白马现代农业科技示范园已经开工建设，是江苏南京白马国家农业科技园区最大的项目，占地5 050亩，将围绕农作物、设施园艺作物、动物新品种选育等开展技术攻关，热忱欢迎广大企业能够参与合作，校企携手共同为我国的农业现代化而努力。

产学研合作，是高校实现服务社会职能的关键途径，也是高校提高自身科技创新能力的必由之路。高校面向需求的科研工作需要企业的参与，企业面向市场的研发工作需要高校的支撑，校企广泛、深入的合作必然将带来共赢。今天，我们以"人才·科技·产业·协同创新"为主题，举办"百家名企进南农"活动，就是要搭建一个校企交流的平台，广聚科技、人才、信息、金融资源，面向产业需求、深化政产学研合作。我相信，通过此次活动，各位企业家能进一步加深对南农的了解、拓宽与南农的合作，寻找到双方合作新的契合点。同时，希望各位领导、来宾今后能继续关心、关注南农的建设与发展。在此，我也诚挚邀请各位10月20日来我校参加110周年校庆活动。

最后，衷心祝愿各位身体健康，工作顺利，万事如意！

谢谢！

弘扬"诚朴勤仁"百年办学精神
加快建设世界一流农业大学

——在南京农业大学 110 周年校庆庆典上的讲话

周光宏

（2012 年 10 月 20 日）

尊敬的罗富和副主席、

尊敬的热地副委员长、

尊敬的李学勇省长、杜占元副部长、张桃林副部长、

各位领导、各位来宾、

亲爱的校友、老师们、同学们：

上午好！

时光砥砺，岁月如歌，刚才，我们看到不同年代的校友，步伐矫健，依次进入会场，他们中，既有 20 世纪 30 年代毕业的老学长，也有刚刚入校的新学生。在这个神圣的时刻，他们象征着：百年征程薪火继，桃李芬芳果满园；刚才，我们看到数以千计的鸽子放飞，在这个神圣的时刻，象征着：百年南农，穿越时空，跨过世纪，带着成就与辉煌，展翅飞翔！

一个世纪的沧海桑田，一个世纪的世事变幻，作为中国高等农业教育的开创者，南京农业大学已走过了光辉的 110 年。在每一个历史阶段，学校始终与民族共命运、与时代同发展，知国情、懂农民、育人才、兴农业，一代代南农人谱写了一曲曲壮丽的篇章。

110 年前的中国，内忧外患、国运多舛，在"西学东渐"、科学救国的潮流下，南京农业大学的前身中央大学和金陵大学应运而生，在半个世纪的办学过程中，中央大学农学院和金陵大学农学院群贤毕至、俊彩星驰、声誉鹊起、气势恢宏，可谓"大江滔滔东入海，石城虎踞山蟠龙"。被我们敬爱的周恩来总理称为"东南三杰"之一的邹秉文，在主持中央大学农科的十年中，确立了"教学、科研、推广"三结合的办学体系，成为当时改进中国农业教育的思想先驱。金陵大学农学院在中国最早开展了四年制农业本科教育和农科研究生教育，开创了我国高等农业教育的新纪元。

中央大学农学院和金陵大学农学院，这两所农学院是当时中国最重要的农业教育和科研中心，开创了中国高等农业教育事业，推动了现代农业科技的传播，输送了一大批杰出的精英人才，取得了一批重要的科研成果；同时也奠定了南京农业大学的重要基础和学术影响，成为南京农业大学宝贵的精神财富。

新中国成立后，经 1952 年全国院系调整，南京农学院正式建立。以金善宝为代表的一大批著名农学家，投身新中国的农业教育事业，在各自的岗位上，严谨治学、为人师表、培

育英才、服务社会，他们对南农乃至全国农科的贡献至今仍历历在目。

1963年，南京农学院被国务院确定为全国60多所重点大学之一，并划转农业部主管。"文化大革命"期间，南京农学院与苏北农学院合并成立江苏农学院。1979年，中共中央办公厅做出了恢复南京农学院的决定，学校迁回南京原址，继续办学。

乘着改革开放的春风，学校获得了新的发展活力，扬帆破浪、奋力前行。1984年更名为南京农业大学，1996年开始"211工程"建设，1999年通过了教育部本科教学工作优秀评价，2000年由农业部划转教育部主管并成立研究生院。进入21世纪以来，学校各项事业取得了长足的发展，实现了本科与研究生教育并重、教学与科研并重的结构性转型，基本建成了多科性、有特色的研究型大学。

110年来，南京农业大学始终肩负培养优秀人才、兴农强国的庄严使命，培养了20多万名优秀学子。从三江师范学堂最初招收两年制学生46人，到现在各类在校生32 000余人，学校已从初期的小学堂发展为一所较大规模的高等学府。毕业生中，既有像"北大荒七君子"一样长期扎根农业生产第一线的基层工作者，也有数以万计的农业科学家、农业教育家、优秀的企业精英和行政管理专家。一代代南农学子为民族昌盛风流竞秀，为学校发展增光添彩。他们在华夏各地，在大洋彼岸，留下了南农人奋发向上、勇于拼搏的身影。他们是百年南农最大的骄傲和最大的荣耀！

110年来，南京农业大学始终坚持以学科建设为龙头，并以学科建设带动学校整体发展。中央大学、金陵大学时期，学校在我国农科的很多学科领域都享有创始者之誉，这些学科的火种传播到中国很多地区，终成燎原之势。经前辈的垦荒拓宇、后学的不懈求索，今天的南京农业大学，一批学科已具国际先进水平，其中，农业科学、植物与动物学、环境生态学3个学科群已跻身于世界前1%的行列，学校整体进入世界大学农业领域的前150强。百年南农，已经成为一所特色鲜明、学科齐全的研究型大学，正在朝着建设世界一流农业大学的宏伟目标迈进。

110年来，南京农业大学始终瞄准世界科技前沿，践行服务"三农"的神圣使命。学校的科学研究始终立足国家社会的需要，服务于国民经济发展和农业现代化事业，无论是新中国成立前后"南大2419"小麦的研究与推广，还是近期获得国家科技进步一等奖的水稻新品种的选育，都体现了南农人高度的社会责任感。百年南农，在作物遗传育种、植物保护、农业资源环境、动物生产与疾病控制、信息农业、设施农业、现代园艺、农产品加工与质量安全、农业经济管理、土地资源管理、中华农业文明研究等方面取得了数以千计的科研成果，为中国农业科技进步、农业现代化发展、农村农民脱贫致富以及区域经济和相关产业的发展做出了卓越贡献。

110年来，南京农业大学始终秉承"诚朴勤仁"校训，形成了鲜明的南农品格和文化个性。先贤们凝练的学问坐标和学人风骨，为后辈的成长提供了人格营养和努力方向。一代代南农人，恪守诚信做人、朴实做事、勤学近知、力行近仁的准则，形成了崇尚学术、追求真理的学术文化，为学校的发展提供了强大的精神动力。一代代南农人，始终同舟共济、共克时艰，"嚼得草根、做得大事"，使南京农业大学由涓涓细流而成滔滔江河。

在此，我们要感谢党和国家的教育方针，要感谢教育部、农业部和江苏省的正确领导和鼎力帮助，要感谢社会各界和兄弟院校的关心支持。让我们以热烈的掌声，向他们致以崇高的敬意和衷心的感谢！

"踏遍青山人未老，而今迈步从头越"。在新的历史起点上，我们要深刻领会温家宝总理为我校 110 年校庆题词的精神，以建设世界一流农业大学为发展目标，以世界一流、中国特色、南农品质的有机结合为发展理念，以人才强校为根本、学科建设为主线、教育质量为生命、科技创新为动力、服务社会为己任、文化传承为使命，共同谱写发展、改革、特色、和谐、奋进五大篇章，为我国经济建设和社会发展再做新的更大的贡献，再创南京农业大学新的辉煌。

各位领导、各位来宾、各位校友，老师们、同学们：

回顾历史，我们备感自豪；

展望未来，我们任重道远！

让我们携起手来，同心同德、再接再厉，弘扬"诚朴勤仁"百年办学精神，加快建设世界一流农业大学，为创造南京农业大学更加美好的明天而努力奋斗！

谢谢大家！

（本专题由党委办公室、校长办公室提供）

二、学校概况

[南京农业大学简介]

南京农业大学坐落于钟灵毓秀、虎踞龙盘的古都南京，是一所以农业和生命科学为优势和特色，农、理、经、管、工、文、法学多学科协调发展的教育部直属全国重点大学，是国家"211工程"重点建设大学和"985优势学科创新平台"高校之一。现任党委书记管恒禄教授，校长周光宏教授。

南京农业大学前身可溯源至1902年三江师范学堂农业博物科和1914年金陵大学农学本科。1952年，全国高校院系调整，由金陵大学农学院和中央大学农学院以及浙江大学农学院部分系科合并成立南京农学院。1963年被确定为全国两所重点农业高校之一。1972年学校搬迁至扬州，与苏北农学院合并成立江苏农学院。1979年迁回南京，恢复南京农学院。1984年更名为南京农业大学。2000年由农业部独立建制划转教育部。

学校设有农学院、工学院、植物保护学院、资源与环境科学学院、园艺学院、动物科技学院（含无锡渔业学院）、动物医学院、食品科技学院、经济管理学院、公共管理学院（含土地管理学院）、人文社会科学学院、生命科学学院、理学院、信息科技学院、外国语学院、国际教育学院、思想政治理论课教研部17个学院（部）。设有60个本科专业、33个硕士授权一级学科、16个博士授权一级学科和13个博士后流动站。现有各类在校生32 000余人，其中全日制本科生17 000余人、研究生8 000余人。现有教职员工2 726人，其中：博士生导师300余人、中国工程院院士2名、国家及部级有突出贡献中青年专家37人、"长江学者"和"千人计划"等特聘教授4人、国家教学名师2人、获国家杰出青年科学基金9人、入选国家各类人才工程和人才计划75人。

学校建有"国家大学生文化素质教育基地"、"国家理科基础科学研究与教学人才培养基地"和"国家生命科学与技术人才培养基地"，是首批通过全国高校本科教学工作优秀评价的大学之一。学校2000年建立研究生院，设有作物学、农业资源利用、植物保护和兽医学4个一级学科国家重点学科，蔬菜学、农业经济管理和土地资源管理3个二级学科国家重点学科及食品科学国家重点培育学科，有8个学科进入江苏高校优势学科建设工程。

学校建有作物遗传与种质创新国家重点实验室、国家肉品质量安全控制工程技术研究中心、国家大豆改良中心、国家信息农业工程技术中心和农业部综合性实验室等53个国家及部省级科研平台。"十一五"期间，学校科研经费近15亿元，获得国家及部省级科技成果奖91项，其中国家科技进步一等奖1项、二等奖4项。据ESI评估，南京农业大学的农业科学、植物与动物学及环境生态学3个学科群国际论文数量进入全世界前1%。学校主动为经济社会发展和"三农"服务，创造了巨大的经济和社会效益，多次被评为国家科教兴农先进单位。

学校先后与 30 多个国家和地区的 150 多所高校、研究机构建立了学生联合培养、学术交流和科研合作关系。建有"中美食品安全与质量联合研究中心"、"中荷地籍发展和规划中心"等多个国际合作平台。开展了中美本科"1＋2＋1"、中澳本科"2＋2 双学位"、中法和中英"硕士双学位"等中外合作办学项目。2007 年成为教育部"接受中国政府奖学金来华留学生院校"。2008 年成为全国首批"教育援外基地"。

学校校区面积近 1.4 万亩，建筑面积 72 万米^2，资产总值 23 亿元。图书资料收藏量超过 206 万册（部），拥有外文期刊 1 万余种和中文电子图书 100 余万种。学校教学科研和生活设施配套齐全，校园环境优美。

南京农业大学是"全国文明单位"。在百余年办学历程中，学校不断传承和弘扬优良文化传统，崇尚科学精神，形成了以"诚朴勤仁"为核心的大学文化。学校将继续以人才强校为根本、学科建设为主线、教育质量为生命、科技创新为动力、服务社会为己任，为建设世界一流农业大学而奋斗！

注：数据截止于 2012 年 6 月。

（由校长办公室提供）

［南京农业大学 2012 年工作要点］

中共南京农业大学委员会

2011—2012 学年第二学期工作要点

本学期党委工作的指导思想和总体要求：全面贯彻落实中共中央国务院《关于加快推进农业科技创新持续增强农产品供给保障能力的若干意见》和第二十次全国高校党建工作会议精神，进一步加强和改进学校党建工作，精心组织实施学校"1235"发展战略和"十二五"发展规划，切实将加快建设世界一流农业大学的各项任务落到实处，努力开创学校科学发展的新局面。

一、以世界一流农业大学建设目标为引领，全面提升学校科学发展水平

1. 深入贯彻落实学校"1235"发展战略　以建设世界一流农业大学为奋斗目标，牢固确立人才队伍建设和办学空间拓展两大战略任务，坚持世界一流、中国特色、南农品质有机结合的发展理念，全面推进学校发展、改革、特色、和谐、奋进五大建设发展篇章。加强宏观指导，充分调动二级单位落实"1235"发展战略的工作积极性和主动性。

2. 加强世界一流农业大学发展战略研究　颁布《南京农业大学关于加快建设世界一流农业大学的决定》，确立我校建设世界一流农业大学的行动纲领。加强对高等教育改革发展热点问题及与学校建设发展密切相关的重大问题研究，借鉴世界著名农业大学发展经验，开展世界一流农业大学的特征与共性研究，为学校世界一流农业大学建设提供理论支撑和经验借鉴。

3. 做好"十二五"重大建设项目的论证与实施　举办第七届学校建设与发展论坛，通过研讨，将建设世界一流农业大学的行动纲领转变为行动计划，进一步明确学校"十二五"建设发展的重点任务。认真梳理学校"十二五"重大建设项目并重新进行任务分解，制订"十二五"建设重点项目任务书，落实项目实施方案，切实做好学校"十二五"发展规划的组织实施。

二、深入贯彻第二十次全国高校党建工作会议和第三次学校组织工作会议精神，努力为世界一流农业大学建设提供坚强的思想、政治与组织保证

4. 深化"创先争优"活动　深入开展"为民服务'创先争优'活动"。以"三亮"、"三比"、"三评"为抓手，进一步推动"落实教育规划纲要、服务学生健康成长"主题活动的开展，切实解决师生反映强烈的突出问题，全面提高师生对学校工作的满意度。认真总结回顾两年来学校"创先争优"活动开展情况，总结经验、展示成果、查找不足，努力在党内考核评价、学习型党组织建设、党员教育管理等方面形成长效工作机制。

5. 加强思想政治建设　扎实推进中国特色社会主义理论体系进教材、进课堂、进头脑，不断拓展学习践行社会主义核心价值体系的新途径。深入学习贯彻《高等学校教师职业道德规范》，全面加强师德师风建设。开展师生思想政治状况调查，提升全校师生，特别是青年教师思想政治教育的针对性和实效性。举办院级党委中心组组长培训班，努力提升院级党组织理论学习效果。

6. 加强和改进基层党组织建设　实施《南京农业大学院级基层党组织工作细则》和《南京农业大学党支部工作细则》，以开展基层组织建设年活动为契机，切实增强基层党组织的吸引力、凝聚力和工作活力。制定《党代会代表任期制实施意见》，探索建立党代表常任制。做好召开学校第十一次党代会各项准备工作。启动第十五次教育部直属高校暨全国有关高校组织工作研讨会的筹备工作。

7. 加强党员和党务工作队伍建设　创新党员教育管理，建立健全党内生活制度和党内激励、关怀、帮扶机制；深化党校教育教学改革，构建党员学习教育体系。制定《关于进一步加强发展党员工作的意见》，开展对院级党组织发展党员工作专项检查。加强党务工作队伍建设，全面实施特邀党建组织员制度，制定《关于加强党建和思想政治工作队伍建设的意见》。

8. 加强领导班子和干部队伍建设　根据《南京农业大学中层干部管理规定》，建立健全院级领导班子、中层干部任期目标制和任期考核办法，推进中层干部交流任职和正常退出机制。落实《关于加强处级后备干部队伍建设的意见》，完善后备干部的选拔、培养、使用机制。制订《"十二五"中层干部学习培训计划》，进一步做好干部教育培训工作。继续做好选派干部到基层锻炼的工作。

三、以迎接 110 周年校庆为契机，进一步加强大学文化建设和舆论宣传工作，努力为世界一流农业大学建设创造良好软环境

9. 推进大学文化传承与创新　精心筹备 110 周年校庆庆祝活动，进一步传承和弘扬以"诚朴勤仁"为核心的南农精神和南农文化，完成学校发展史编撰和校史陈列馆的建设，加强与海内外校友联络，编写《校友通讯录》。制定《南京农业大学文化管理规定》，完成校园多媒体信息发布系统、视觉识别系统、学校形象宣传片。继续深入开展和谐校园建设。

10. 加强舆论引导和新闻宣传工作　发挥校内媒体作用，积极营造世界一流农业大学建设的良好舆论氛围。针对学校重要会议、重要活动、重大成果和先进人物事迹进行深度报道，不断提高校报的可读性与影响力。健全完善对外宣传策划机制，重点围绕科技协同创新、110 周年校庆等工作，着力加强对外宣传，进一步提升学校的社会影响力和美誉度。

四、加强纪检、监察、审计和招投标工作，深入推进反腐倡廉建设

11. 加强党风廉政建设　深入贯彻中纪委七次全会和全国教育系统党风廉政建设工作会议精神。加强惩治和预防腐败体系建设，确保惩防体系（2008—2012 年）各项任务圆满完成。落实党风廉政建设责任制，完善党风廉政建设责任体系和考核监督机制。开展党风廉政教育和廉洁文化创建活动，重点做好对学科带头人、科研项目负责人、评审专家等人员的廉洁教育和监督。

12. 完善反腐倡廉工作机制　在学校反腐倡廉重要领域和关键岗位开展廉政风险防控工作，努力从源头防治腐败。加强党务公开、校务公开工作，扎实推进院系事务公开，积极发挥教职工对学校事务监督的作用。深化与地方检察院的合作，提高预防职务犯罪的针对性和实效性。认真处理群众来信来访，严肃查处违纪违法案件。

13. 加强监察、审计和招投标工作　继续开展工程建设领域突出问题和"小金库"专项治理工作。建立健全内部审计制度，制定《预算执行与决算审计实施办法》，同时，不断深化专项审计。加强招投标制度建设和信息化管理系统建设，完善招投标监督机制和办事流程，进一步增强招投标工作的规范化、透明度及工作效率。

五、深入贯彻国家教育规划纲要，精心组织实施学校"十二五"发展规划，切实加快世界一流农业大学建设步伐

14. 提升人才培养质量　组织实施"十二五"本科教学质量与教学改革工程，做好国家级、省级有关项目的组织申报工作。加强实验实践教学改革和教学实验室、实验实习基地的建设与管理，积极组织申报国家级实验教学示范中心。做好"十二五"各级各类规划教材的申报和编写启动工作。深化研究生培养机制改革，促进研究生培养与科学研究、创新实践紧密结合。

15. 加强学科建设　做好"211工程"三期总结验收的各项准备工作，精心组织实施江苏高校优势学科建设工程一期项目，适时启动和实施"985工程"优势学科创新平台建设，推进和落实"部省共建"。加强国家、省、校三级重点学科建设，做好新一轮全国一级学科评估工作，努力为新一轮国家重点学科评选打下良好基础。重视并做好交叉学科建设。

16. 加强人才队伍建设　实施"人才强校"战略，扎实推进高端人才开发、创新团队建设和青年骨干教师培养工作，加快提升学校高层次人才和师资队伍整体水平。加强人事制度建设，完善分配、激励和考核机制，做好岗位设置和专业技术职务评聘等改革工作，构建与学校建设发展目标相适应的人才、人事管理体系。

17. 提升科技创新和社会服务能力　全面贯彻落实2012年中央1号文件精神，密切关注国家科技发展和行业发展重大需求，精心组织重大项目的培育和申报。认真做好各级各类科研成果奖的组织申报和跟踪工作。加强重大科研平台和校内共享平台建设，力争在国家级平台建设上取得新突破。进一步推进新农村发展研究院建设工作，不断提升社会服务能力。完善工作机制，健全工作制度，提升科技工作管理和服务水平。

18. 推进国际交流与合作　巩固和拓展与国际知名大学、专业特色鲜明高校的战略合作，积极实施国家公派留学项目，做好"111"计划等引智项目的管理、组织与实施工作，加强国际科研合作平台建设，切实加快教育国际化进程。完善留学生教育培养体系，提升留学生培养质量。探索建立学院层次国际交流与合作的激励与考核机制。做好教育援外工作。

19. 做好各项服务保障工作　实施"空间拓展"战略，切实加快"两校区一园区"建设进程。继续推进校园信息化建设，不断提升图书信息服务水平。加强国有资产管理，推进公房管理改革。深入开展节能降耗工作。做好食品安全、医疗保健、水电保障、环境整治和物业管理等后勤服务工作。加强基建工程管理。

六、深入实施学生工作"三大战略"，不断提升学生教育、管理与服务水平

20. 加强大学生思想政治教育   实施大学生主体发展战略，通过开展各类主题教育活动，进一步激发学生成长成才内驱力。发挥微博、QQ群等新媒体的宣传优势，推进大学生思想政治教育工作立体化建设。加强学生社区的管理和文化建设，充分发挥学生社区育人作用。完善大学生综合测评指标体系。

21. 推进大学生素质教育   实施大学生素质拓展战略，构建有利于学生锻炼成长的实践育人平台，通过开展创新创业教育、"三下乡"暑期社会实践、大学生志愿服务等活动，引导学生在实践中感知、在锻炼中成长。组织好大学生文化素质"百题讲座"和研究生"名家讲坛"，进一步提高讲座的层次和效果。

22. 做好招生、就业工作   改进招生宣传方法，逐步提高本科生源质量。完善研究生招生指标分配办法，探索改革博士生招生办法。完善就业指导课程体系建设，推进大学生创业教育和实践。拓宽毕业生就业渠道和途径，强化就业服务，提升学生就业质量。做好对就业困难学生的帮扶工作。

23. 做好解困助学和心理健康教育   完善解困助学保障和服务体系，强化对解困助学资金的使用监督。加强对助学贷款学生的诚信教育和还款督促。加强心理健康教育的"课内外一体化"和"立体化"建设，加大团体辅导的覆盖面，提高心理健康教育的普及面和实际效果。推进心理健康教育课程体系建设。

24. 加强学生工作队伍建设   实施学生工作队伍发展战略，推进辅导员队伍建设模式的改革与创新。探索适合我校实际的辅导员队伍专兼结合模式，建立完善的学工队伍体系和人员流动机制。加大辅导员培训力度，建设学习型辅导员队伍。

七、充分调动和发挥各方面积极性，努力形成促进学校又好又快发展的强大合力

25. 加强统战工作   落实中央统战工作精神，配合民主党派做好自身建设，支持党外人士发挥自身优势参政议政、服务社会，重视做好党外代表人物队伍建设和后备队伍培养工作。加强与民主党派的联系和沟通，鼓励党外人士为学校事业发展建言献策。建立各民主党派相互交流的平台和机制。

26. 发挥工会作用   依据教育部新颁布的《学校教职工代表大会规定》，做好学校教职工代表大会的日常工作，进一步完善二级教职工代表大会制度建设。发挥工会组织的桥梁纽带作用，不断激发教职工参与学校建设发展的主动性和创造性。开展丰富多彩的群体性文体活动，关心困难教职工生活。

27. 做好共青团工作   围绕建团 90 周年，以"高举团旗跟党走"为主题，在广大团员青年在开展团情、团史教育活动，引导青年学生深刻认识和全面了解共青团 90 年的光辉历程。加强各级团组织和团干部队伍建设，进一步推进新生班级团务助理工作。加强对学生会、研究生会和学生社团的指导。

28. 重视老龄工作   落实党和国家有关老龄工作的方针、政策。尽可能帮助离退休老同志解决生活中的实际困难。做好老年大学教学条件和教工活动中心设施改善工作。尊重并发挥好离退休老同志在学校建设、关心下一代及和谐校园建设中的积极作用。

八、努力维护学校安全稳定，为学校各项事业又好又快发展提供有力保证

29. 做好安全稳定工作　积极开展维护稳定工作，紧紧把握可能影响学校稳定的热点和难点问题，全力维护学校稳定大局。强化安全信息收集、研判与报送，及时化解矛盾纠纷，对重大节庆日、重大政治活动、重要节点实行专项排查。做好保密工作。

30. 推进平安校园建设　完善立体化的安全教育体系，实现安全教育常态化，着力提高全校师生员工的安全素质和意识。推进消防安全标准化建设，开展校园治安综合治理，加强校园交通安全管理。巩固"江苏省平安校园"创建成果，做好迎接省级复查验收的准备工作。

（由党委办公室提供）

中共南京农业大学委员会
2012—2013 学年第一学期工作要点

本学期党委工作的指导思想和总体要求：全面贯彻落实 2012 年中央 1 号文件和第二十次全国高校党建工作会议精神，进一步加强和改进学校党的建设，以 110 周年校庆为契机，凝聚人心，振奋精神，深入推进学校"1235"发展战略，切实加快世界一流农业大学建设步伐，以优异成绩迎接中共十八大胜利召开。

一、加强顶层设计和战略研究，不断提升学校科学发展水平

1. 举办第七届建设发展论坛 通过论坛研讨，进一步明确"1235"发展战略和《关于加快建设世界一流农业大学的决定》的实施路径和举措，将建设世界一流农业大学的行动纲领转变为行动计划。对学校"十二五"重大建设项目实施方案进行充分论证，形成"十二五"建设重点项目任务书，并加快组织实施。

2. 修订《南京农业大学章程（试行）》 根据教育部第31号令《高等学校章程制定暂行办法》以及学校发展目标的调整，成立学校章程修订委员会和修订工作组，对《南京农业大学章程（试行）》进行认真修订。同时，设立研究专项，组织人员对章程修订过程中遇到的问题进行深入研究，为学校改革发展提供决策依据。

3. 开展面向"2011 计划"的研究 根据国家"2011 计划"总体目标和要求，立足我校实际，通过广泛调研和深入研究，对学校组织管理体系、人事管理制度、人才培养模式、考核评价机制、科研组织模式、资源配置方式、国际交流与合作模式、协同创新文化氛围八个方面进行改革创新，努力构建世界一流、中国特色、南农品质的协同创新机制。

二、围绕 110 周年校庆，进一步加强大学文化建设和宣传工作，不断提升学校软实力和社会美誉度

4. 圆满完成校庆各项工作 充分调动全体师生员工的积极性和创造性，积极营造团结一致、共襄盛典的良好氛围。进一步细化校庆工作方案，落实工作责任，全力做好校庆各项准备工作。优化工作预案，精心组织好校庆期间的嘉宾、校友接待和各项庆典活动，确保各项工作顺利进行，努力把校庆办成"传承、开拓、凝心、聚力"的盛会。

5. 推进大学文化传承与创新 以 110 周年校庆为契机，在全体师生员工中，大力开展以"诚朴勤仁"为核心的南农精神的宣传教育活动。汇编近年来学校先进人物事迹，出版《南农精神——身边的感动》。继续推进学校中长期文化建设纲要六大工程的深入实施。制定《南京农业大学文化管理规定》，按照建设与管理并重的原则，加强大学文化管理。

6. 加强新闻宣传和舆论引导 召开校庆宣传专题策划会，制订宣传方案。完成校友馆建设和校庆纪念邮册、学校形象宣传片的制作。针对学校重要会议、重要活动、重大成果和先进人物事迹进行深度报道，不断拓宽校园媒体的受众面和影响力。修改对外新闻宣传奖励

条例，进一步加强对外宣传工作。

三、深入贯彻第二十次全国高校党建工作会议和第三次学校组织工作会议精神，努力为世界一流农业大学建设提供坚强的思想、政治和组织保证

7. 加强思想政治建设　扎实推进中国特色社会主义理论体系武装工作。深化党校教育教学改革，充分发挥党校思想政治教育阵地作用。组织开展院级党委中心组组长培训班，提高院级党委理论学习的组织水平。加强教师队伍特别是青年教师队伍的思想政治建设。完成2011年思想政治研究课题的结题验收和2012年课题立项工作。继续推进思想政治理论课的课程建设与教学改革。

8. 推进基层党组织建设　认真总结"创先争优"活动所取得的实践经验，建立完善创先争优长效机制。继续深入开展基层组织建设年活动，完善基层组织设置，推动党建工作规范化、科学化。完善党内制度和工作机制，加强党的先进性和纯洁性建设。制定《党代会代表任期制实施意见》。做好第十五次教育部直属高校暨全国有关高校组织工作研讨会承办工作。

9. 加强党员和党务工作队伍建设　深入推进大学生党员素质工程，制定《关于进一步加强发展党员工作的意见》，着力建设一支素质优良、结构合理、规模适度、作用突出的大学生党员队伍。加强党务工作队伍建设，制定《关于加强党建和思想政治工作队伍建设的意见》。加大在青年教师中发展党员的工作力度，不断优化教师党员结构。

10. 加强领导班子和干部队伍建设　根据学校建设发展需要，进一步完善机构设置。认真贯彻《南京农业大学中层干部管理规定》，积极推进中层干部的选拔任用、交流任职、正常退出等机制。总结中层干部高级研修班、中青年干部培训班工作经验，研究制订新一轮干部学习培训计划。加强处级后备干部选拔、培养和管理工作。继续做好选派干部到基层挂职锻炼工作。

四、加强纪检、监察、审计和招投标工作，深入推进反腐倡廉建设

11. 加强党风廉政建设　深入开展领导干部党的宗旨教育、教师职业道德教育、重点部位和关键岗位人员廉洁从业教育和大学生廉洁修身教育。在全体师生中开展校园廉洁文化创建活动，推进廉洁文化传承创新。落实党风廉政建设责任制，进一步完善党风廉政建设责任体系和考核监督机制。深入推进党务、校务公开。积极开展六五普法宣传教育。

12. 完善反腐倡廉工作机制　加强惩治和预防腐败体系建设，确保惩防体系2008—2012年各项工作圆满完成。落实"三重一大"决策制度，开展落实决策制度情况监督检查，做好迎接教育部抽查的准备工作。深入开展廉政风险防控工作，从源头防治腐败。建立完善对学科带头人、科研项目负责人、评审专家等人员的教育管理和监督制度。

13. 加强监察、审计和招投标工作　加强效能监察，对领导班子、领导干部贯彻执行学校重大决策、完成工作任务成效和工作状态进行督查。加强科研经费使用监管。扎实做好审

计工作，重点做好领导干部经济责任审计、财务预（决）算和财务收支审计、重大项目的专项审计。建立"招标采购管理信息平台"进一步增强招投标工作的规范化、透明度及工作效率。

五、以世界一流农业大学建设目标为引领，精心组织实施学校"十二五"发展规划，切实加快学校事业发展步伐

14. 提升人才培养质量 深入实施本科教学质量与教学改革工程，全面推进本科专业人才培养模式改革；深化实践教学改革，加强教学实验室与校内外实践教育中心、实习基地建设与管理；推进教材建设与研究。加强研究生实习实践基地建设，不断提升研究生实习实践环节质量；制定专业学位研究生论文标准。做好继续教育和体育工作。

15. 加强学科建设 推进"985 工程"优势学科平台建设、"部省共建"工作，做好"211 工程"三期总结验收后续工作，稳步推进江苏高校优势学科建设工程一期项目建设。启动第三轮校级重点学科建设工作。做好第三轮全国一级学科评估的后续工作，力争取得较好的评估结果。加强交叉学科建设。做好"十二五"省级重点学科项目任务书及经费编制预算。

16. 加强人才队伍建设 加强人才引进和培养力度，扎实推进高层次人才队伍和优秀后备人才队伍建设。深化人事制度改革，完善多元化的人员使用和管理制度，建立符合学校现阶段发展需求的人力资源使用和管理机制。完善岗位设置管理，完成专业技术岗位人员分级聘任，启动第二次职员职级聘任工作。推进绩效工资改革，建立更加合理的薪酬激励机制。

17. 提升科技创新和社会服务能力 加快"2011 计划"建设进程，扎实推进多个协同创新中心的申报与建设工作。精心组织国家自然科学基金、重大项目的培育申报和各级各类科研成果奖的遴选申报。加强科研平台建设，着力做好国家、省（部）级科研平台的建设和申报工作。确立新农村发展研究院的组织领导和管理机构。完成学校哲学社会科学繁荣计划的编制工作。

18. 推进国际交流与合作 巩固和拓展与国际知名大学的合作关系，重视加强科研和人才培养的国际化平台建设。做好"111 计划"、"高端外国专家项目"和"外专千人计划"等引智项目的管理、组织和实施工作。积极实施国家公派研究生项目和青年骨干教师出国研修项目。完善留学生教育培养体系，提升留学生培养质量。启动与埃格顿大学合作建设农业孔子学院工作。

19. 做好各项服务保障工作 加快推进"两校区一园区"建设进程。以工程质量为核心，按期完成各项基建工程。加大校园环境整治力度，全力做好校庆期间的后勤保障工作。加强国有资产和经营性资产管理。推进公房管理改革，完善公房有偿使用改革方案。创新图书信息服务机制，初步实现学校核心业务的信息化管理。高度重视并切实做好食品安全、医疗保健等工作。

六、深入实施学生工作"三大战略"，不断提升学生教育管理与服务水平

20. 完善学生工作"三大战略"实施体系 召开"三大战略"实施三周年总结表彰大

会，认真总结我校在深入实施大学生主体发展战略、大学生素质拓展战略和学生工作队伍发展战略过程中所取得的成果和经验，通过研讨、交流，进一步完善"三大战略"的实施体系与实施方案。

21. 推进学生工作队伍建设改革 推进大学工体系和学生工作人员整体流动机制，探索适合我校实际的学生工作队伍建设模式。加大学生工作队伍培训力度，筹办首届"辅导员个案分析工作坊"暨新入职辅导员培训班。

22. 做好招生就业工作 总结 2012 年招生工作经验，做好 2013 年特殊类型招生工作；改革"直博生"招生办法，完善推荐免试硕士生选拔办法，不断创新优秀生源选拔思路。开展"百名企业家进校园"活动；积极走访用人单位；整合创业教育资源，进一步完善就业、创业指导课程体系建设。

23. 做好解困助学和心理健康教育 开展奖助学金评价体系调研，完善奖助学金的评价指标体系、管理机制和平台建设。开展 2012 级新生心理健康普查；进一步做好心理健康教育的课内外一体化建设；加大心理团体辅导覆盖面，切实提高心理健康教育的实效性。

七、充分调动和发挥各方面积极性，努力形成促进学校又好又快发展的强大合力

24. 加强统战工作 深入学习《中共中央关于新时期加强党外代表人士队伍建设的意见》（中发〔2012〕4 号），进一步加强党外代表人士队伍建设。支持民主党派加强自身建设，积极为党外人士服务经济社会发展搭建平台。加强与民主党派的联系沟通，建立各民主党派相互交流的平台。做好无党派人士和归侨工作。

25. 发挥工会作用 依据教育部第 32 号令《学校教职工代表大会规定》，进一步加强校、院两级教职工代表大会工作，做好校第五届教职工代表大会和第十届工会会员代表大会第二次会议准备工作。开展"创建模范教工之家"活动。组织参与"教师回报社会"活动。开展 2012 年新教职工岗前学习交流。举办丰富多彩的群体性文体活动。关心困难教职工生活。

26. 做好共青团工作 坚持党建带团建，开展"百个先锋支部培育工程"和"百个社团品牌建设工程"，切实加强团学组织和干部队伍建设。加强第二课堂建设，举办菁英培养学院，开展大学生课外科技和志愿服务工作，不断提升广大青年学生的创业创新意识和能力。加强"南农青年传媒"建设。

27. 加强发展委员会工作 完善校友会章程，推进校友交流平台建设，充分发挥校友在学校事业发展过程中的重要作用。完善教育发展基金会各项章程，积极拓展基金资助项目。完善发展咨询委员会各项章程，明确发展咨询委员会的成员单位、委员会职责和委员会工作程序等。

28. 做好老龄工作 贯彻落实党和国家有关老龄工作的方针、政策，加强对老龄工作的领导，不断丰富老同志的精神文化生活，尽可能帮助离退休老同志解决实际困难。充分尊重并发挥好老同志在学校发展与和谐校园建设等工作中的积极作用。加强校、院两级关心下一代工作委员会工作。

八、努力维护学校安全稳定，为学校各项事业又好又快发展提供有力保证

29. 做好安全稳定工作 以迎接中共十八大为契机，进一步完善学校政保工作基础建设。完善预警机制，及时发现校园不稳定、不安全因素，并予以化解。制订110周年校庆安保工作方案和预案，确保校庆各项活动圆满完成。做好保密工作。

30. 加强平安校园建设 巩固"江苏省平安校园"创建成果，努力构建平安校园建设长效机制。加强对师生员工的安全宣传教育，强化安全防范和消防隐患整治。进一步做好校园安全技防体系建设。深入开展校园治安综合治理，确保校园治安长期稳定。

（由党委办公室提供）

南京农业大学

2011—2012 学年第二学期行政工作要点

本学期行政工作的指导思想和总体要求：深入贯彻中央 1 号文件精神，全面实施"1235"发展战略，加快世界一流农业大学建设步伐。

一、重点工作

（一）高水平师资队伍建设

启动实施"钟山学者"计划；继续做好相关学院院长和重点岗位教授全球招聘工作；加大青年教师招聘工作力度；积极组织申报"千人计划"、"长江学者"和国家杰出青年科学基金获得者等高层次人才计划；做好岗位设置和专业技术职务评聘等改革工作。

（二）校区发展与基本建设

按照"两校区一园区"的总体规划，加快推进校区建设工作。完成珠江校区概念性规划，在新校区规划和审批方面取得实质性进展；完成白马基地总体修建性规划和征地工作，并启动部分实验实习功能。

（三）科技创新能力提升

借助中央 1 号文件加快推进农业科技创新这一重大机遇，结合国家"2011 计划"和国家科技体制改革在南京的实施，提出全面提升我校科技创新能力的规划并实施。

（四）全面启动 110 周年校庆工作

扎实推进校院两级校庆准备工作。做好《南京农业大学发展史》、《校友通讯录》、宣传画册等资料的编印，走访、筹建各地校友会（包括北美、欧洲等海外校友会），精心策划庆祝和接待方案，为迎接校庆庆典做好充分准备。

二、常规工作

（一）人才培养与教学管理

1. 本科教学 召开全校本科教学工作大会，出台相关政策文件，引导"十二五""本科教学工程"深入实施，促进本科人才培养水平全面提升；推进教学管理运行机制改革和制度建设，扩大学院教学管理自主权，完善教授、名师上讲台制度，实施教师教学质量综合评价和青年教师工作量减免新办法，抓好考教分离工作，保护和调动教师教学与学术发展积极性；加强实验教学示范中心整合及标准化建设，组装和培育高水平教学成果，为申报国家级教学平台和成果奖打好基础。

2. 研究生教育 深化研究生培养机制改革，完善以学术研究和实践创新为主导的导师负责制和项目资助制；全面推进研究生课程体系改革，加强全日制专业学位研究生实践教育环节，完善研究生考评方法；加快"企业工作站"、"产学研联合培养基地"等多种形式的实践教育基地建设，促进研究生培养与科学研究、创新实践的紧密结合。

3. 留学生教育 扩大留学生规模，优化留学生结构，提高生源质量；遴选优秀师资力量，加强英语课程建设，完善留学生培养质量保障体系；加大学生出国留学、访学选派工作力度，推进人才培养国际化；加强国际化校园文化建设，引导留学生积极参与校园文化活动。

4. 继续教育 加强函授站点建设，努力稳定生源，完善绩效管理，巩固和扩大办学效益；进一步推进远程教学平台及数字化教学资源建设，做好网络学院申报准备工作。

5. 招生就业 改善本科招生宣传队伍结构，加大生源基地建设力度，探索高校与中学教育衔接和招生宣传前移的工作方法，提高本科生源质量；主动适应研究生教育结构调整需要，完善研究生招生计划制订和指标分配办法；改进博士研究生招生选拔办法，探索博士招生改革与创新。

6. 学生素质教育 深入实施学生工作"三大战略"，创新辅导员队伍建设模式；进一步加强学风建设，培养学生崇尚学术的精神品质，提高学生学习素质；整合和利用校内外创业教育资源，完善大学生创业训练体系；加强"课内外一体化"心理健康教育工作，完善解困助学服务保障体系；深入开展"创先争优"和各类主题教育活动，推进文化素质教育网络课程建设与资源共享工作；加强体育和军事理论课程建设，采取有效措施努力提高学生体质。

（二）科学研究与服务社会

1. 项目申报 做好 2012 年度"973"计划、转基因专项重点项目、农业公益性行业科技专项、科技部相关科技计划等重大项目的申报工作，为年度科研经费超过 5 亿元打下基础。

2. 成果培育 做好科技成果的培育、申报和跟踪工作，加强专利等知识产权管理，重点推动 3 个国家奖的申报工作，冲击国家技术发明一等奖。

3. 平台建设 做好"教育部人文社科基地"和"猪链球菌病国家参考实验室"申报工作，组织完成"国家肉品质量安全控制工程技术研究中心"和"杂交棉创制教育部工程研究中心"的验收，推进"大型仪器设备共享平台"二期建设。

4. 产学研合作 完善"产学研"、"农科教"相结合的科技成果转化机制，推进校地、校企深度合作，提升服务社会能力。加快教育部新农村发展研究院建设，推进其在苏南、苏中、苏北建立综合试验和服务基地。

5. 管理体制建设 完善科研管理体制，制定《南京农业大学哲学社会科学繁荣计划（2011—2020 年）》，出台《南京农业大学知识产权管理办法》等制度，提高科研管理水平。

（三）学科建设与国际合作

1. 重点学科建设 推进"985 工程"优势学科创新平台、"部省共建"项目、江苏高校优势学科的建设工作；全面总结"211 工程"三期建设，凝练 10 项左右代表学校学科建设水平的标志性成果，迎接教育部检查验收；加强国家、省、校级重点学科建设，做好全国一级学科评估和新一轮国家重点学科评估、增列准备工作，促进园艺、公共管理、科学技术史等一级学科达到国家一级重点学科水平。

2. 交叉学科建设 组织制订生物信息学、设施农业、海洋科学等交叉学科的建设方案，加快推动新学科建设。

3. 国际合作项目与平台建设 加强国际合作项目申报，完成各类聘专项目以及"作物遗传与种质创新"、"111 计划"项目执行和评估；推进植物营养、食品质量与安全、植物学、农业昆虫与害虫防治 4 个国际科技合作平台建设。

4. 国际交流 拓展与世界知名高校的合作，推进我校优势学科向世界高水平迈进；加强师生国际交流和学生联合培养，积极实施国家公派项目及学校境外培训等项目；继续做好援外工作，举办援外研修班，执行教育部中非高校"20＋20"合作计划。

（四）公共服务与后勤保障

1. 校园建设 开工建设多功能风雨操场，完成 19 号学生宿舍架空层建设、数据中心机房建设工程，编制第三实验楼项目建议书，完成牌楼地块建设规划，完成实验楼、金陵研究院、南苑 1 号、2 号学生宿舍、校友山、大学生活动中心、生科楼三层实验室等维修和校园道路出新工程，启动图书馆北五楼改造项目；制订并实施《中长期校园环境建设规划》，维修三号门、社区道路、停车场等设施；美化绿化校园环境，做好水电安全运行和节能工作。

2. 财务工作 加强资金管理，做好开源节流，拓展资金筹集渠道，提高资金使用效益；做好 2011 年度决算，编制好 2012 年度预算；加强国拨专项资金、纵向科研项目等专项资金管理，理顺横向科研经费核算、分配事宜；加强收费及票据管理，完善校园卡收费系统；广泛争取社会捐赠。

3. 审计与招投标 加强专项审计和工程审计工作，健全内部审计制度，规范审计工作；启动科研耗材招标采购工作；推进招投标制度建设，规范运作程序；加快招投标信息化管理系统建设，提高工作效率。

4. 校园信息化 完成校园信息化年度建设项目，基本实现学校主要业务流程管理的信息化；完成网络数据中心建设，初步搭建生物信息学云计算平台；完善设施，争取 10 月前开放图书馆休闲阅读场所。

5. 公房管理改革 制订学校公房管理改革方案和公房使用相关管理政策，完成办公用房信息化管理基础工作。

6. 医疗保障 推进校医院住院部的建设工作，改革大学生医疗管理制度，加强疾病防控，做好上半年教职工健康体检工作。

7. 改善民生 开工建设卫岗青年教师公寓，改善生活条件；提高教职员工收入，按政策做好学校绩效工资改革和退休人员生活补贴规范工作。

8. 后勤服务 做好后勤服务保障，改善师生生活环境。抓好饮食安全，稳定伙食价格，制定伙食质量标准；做好学生二食堂的改扩建工程，启动南苑学生食堂安装空调前期工作；

加强对教学办公楼宇的管理，提高物业管理水平；建设启用校园数字化能耗监控管理系统，深化节约型校园建设。

9. 校办产业 规范资产经营公司管理，突出经营重点，拓展经营范围，大幅度提高经营效益。

10. 平安校园建设 认真做好校园环境综合治理，加强校园秩序及交通管理，维护学校安全稳定；强化安全防范措施和设施，推进消防安全标准化建设；加强安全宣传教育，提高师生安全意识；继续推进平安校园创建工作，迎接"江苏省平安校园"复查验收。

（由校长办公室提供）

南京农业大学

2012—2013 学年第一学期行政工作要点

本学期行政工作的指导思想和总体要求：紧紧围绕建设世界一流农业大学目标，以 110 周年校庆为契机，加快实施"1235"发展战略，全面推进学校各项事业科学发展，以优异成绩迎接中共十八大胜利召开。

一、重点工作

1. 110 周年校庆 完成 110 周年校庆前的各项准备工作，隆重举行 110 周年校庆庆典活动。完善教育发展基金会和发展咨询委员会规章制度建设与组织建设。

2. 白马教学科研基地建设 完成白马教学科研基地整体修建性规划设计，加快基础设施建设，实现年底部分实验基地搬迁进驻。

3. 协同创新中心建设 组织实施"2011 计划"，以人才、学科、科研三位一体的创新能力提升为核心，汇聚校内外多方资源，积极培育组建国家、省级协同创新中心，构建符合学校优势特色的协同创新平台与模式。

二、常规工作

（一）人才培养与教学管理

1. 本科教学 完善本科教学状态数据库，探索建立本科教学质量年度报告制度。深入实施"本科教学工程"。以加强专业建设为抓手推进人才培养模式改革，着力提升新专业办学水平。总结拔尖人才培养模式和经验，做好国家"卓越农林人才培养计划"申报及实施方案准备工作，推动相关学院实施教育部、中国科学院协同育人"菁英计划"。加强国家级和省级精品资源共享课程建设，落实教材建设规划。进一步推进教学信息化，完善多媒体智能教室、教学信息发布与服务管理系统的一体化建设。遴选校级教学成果奖，精心组织新一轮省级和国家级教学成果奖申报工作。继续抓好教风、学风及考风建设。

2. 研究生教育 进一步完善研究生培养机制改革方案，制订研究生毕业、结业、肄业实施办法以及研究生学术不端行为检测系统使用办法。加强全日制专业学位研究生实践基地建设，建立健全全日制专业学位研究生实习实践环节管理体系及考核机制，制定专业学位研究生论文标准。推进兽医专业学位教育综合改革试点工作。

3. 留学生教育 提高导师在留学生教育管理中的参与度，提升留学研究生培养质量。举办国际文化节，打造国际化校园文化氛围，积极组织留学生参与校园文化活动。组织国际教育学院院庆十周年系列活动。

4. 继续教育 积极拓展生源渠道，稳定招生规模，加强干部培训项目的研发和培育，提高办学效益。改革函授教学方法，加强远程教学与培训，扩大数字教学资源共享范围，提升教学质量。全力推进网络教育申办工作。

5. 招生就业 做好招生工作总结，改进本科生招生宣传方法，做好保送生、自主招生、高水平运动员、艺术特长生的招生宣传与选拔工作。制订"申请—审核"博士生招生办法，改革直博生招生办法，完善推荐免试硕士生的选拔办法。加强就业指导和就业市场开拓，努力实现毕业生的充分就业，提高就业质量。进一步完善就业指导课程体系建设，整合创业教育资源，推进大学生创业教育工作。

6. 学生素质教育 完善学生工作"三大战略"实施体系，召开"三大战略"实施三周年总结表彰大会。推进学生工作队伍建设模式改革，继续推行"大学工"体系与"整体流动"机制，筹办首届"辅导员个案分析工作坊"。做好心理健康教育的"课内外一体化"和"立体化"建设。规范各类奖助学金设置与管理办法。深入开展各类主题教育活动，不断提高学生综合素质，立足第二课堂建立课程体系，促进创新、创业、管理等方面杰出人才培养。完善体育和军事理论教育教学体系，建设体育课理论网络考试系统。

（二）队伍建设与人事改革

1. 高水平师资队伍建设 推进"钟山学者"计划，完善"钟山学者"选聘办法。加大引进工作力度，完善高层次人才引进制度。加强国家各类人才计划的举荐工作，力争在国家"千人计划"等高端人才计划上取得新进展。

2. 师资招聘与培养 加强师资招聘宣传，完善招聘办法和程序，提高招聘质量。完善专业技术职务评聘办法，提高教师队伍整体水平。实施"教学名师"工程，筹建学校"教师教学能力发展中心"，实施青年教师本科教学工作量补贴，促进青年骨干教师的科研与教学能力提升。

3. 薪酬制度改革 启动在职人员绩效工资调整，努力建立适合学校发展需要、符合教职工切身利益、与学校地位和水平相适应的薪酬管理制度。探索有利于发挥学院管理主观能动性和积极性津贴包干模式。

4. 岗位设置管理 健全岗位分级分类管理体制，完成专业技术岗位人员的分级聘任。完善职员制度及聘任相关办法，开展第二次职员职级聘任工作，进一步加强管理队伍建设，提高管理能力。

5. 人事制度改革 深入开展现代大学用人制度调研，建立非事业编制的人事代理制度。加强对协同创新平台用人机制和模式的研究，完善多元化的人员管理制度。

（三）科学研究与服务社会

1. 新农村发展研究院建设 完善新农村发展研究院的组织领导和管理机构，健全相应体制机制和管理制度，全面启动新农村发展研究院各类基地建设和农技推广工作，大力提升服务社会的能力和水平。

2. 平台建设 完成"国家肉品质量安全控制工程技术研究中心"建设验收工作，做好国家重点实验室 2013 年上半年评估的准备工作。推进"食品安全与营养协同创新中心"建设，培育组建"大豆油菜棉花生物学协同创新中心"和江苏"高校协同创新中心"，积极做好申报认定工作。申报教育部人文社科基地，跟踪国家发展和改革委员会"国土资源利用与整治国家地方联合工程研究中心"的申报评审情况，组织江苏省发展和改革委员会工程实验室、江苏省科技厅工程技术中心等各类研究机构的申报工作。完成"大型仪器设备共享平台"修购项目（二期）建设验收。

3. 项目申报与成果培养 组织 2013 年国家自然科学基金项目申报，力争项目数有新突破。争取获得 5 个公益性行业科技专项、1 个"973"项目立项。跟踪 2012 年度国家科技奖申报工作和 2013 年度成果奖励申报遴选。

（四）发展规划与校区建设

1. 发展规划 举办第七届建设与发展论坛，进一步推进《关于加快建设世界一流农业大学的决定》和《"十二五"发展规划》的落实。修订《南京农业大学章程（试行）》，不断健全现代大学制度。完成南京农业大学哲学社会科学繁荣计划的编制工作。

2. 校区建设 按照"两校区一园区"的总体规划，做好校区功能定位论证，加大工作力度，在新校区规划和审批方面取得实质性进展。完成与南京理工大学牌楼土地置换工作，启动牌楼建设规划，及早向教育部上报牌楼教师公寓项目可行性研究报告，争取年内获批。积极推进光华路南地块联合开发，加快办理土桥实验基地土地征用手续。

（五）学科建设与国际合作

1. 重点学科建设 推进"985 工程"优势学科创新平台建设、"部省共建"工作，做好"211 工程"三期总结验收后续工作及四期建设申报准备工作，稳步实施江苏高校优势学科建设工程。做好新一轮国家重点学科考核评估准备工作、"十二五"江苏省重点学科建设、第三轮校级重点学科建设工作。跟踪第三轮全国一级学科评估的后续进展。

2. 交叉学科建设 制订生物信息学科的组建方案，加快推进建设。加强设施农业、海洋科学等交叉学科顶层设计，开展新农村发展学科的论证。

3. 国际交流 积极实施国家公派项目及学校境外培训等项目，完善教师在境外学习期间的管理。拓展与国外高校的合作交流，筹划与艾奥瓦州立大学共建"中—美猪病诊断中心"、与加州大学戴维斯分校共建"研究生联合培养中心"等国际化平台。举办"设施园艺模型国际研讨会"等国际学术会议。

4. 国际合作项目 推动 3 个"111 计划"项目的实施，做好"作物遗传与种质创新学科创新引智基地"项目的评估验收，力争以优秀的成绩进入下一轮资助，组织申报第四批"111 计划"项目。组织申报"高端外国专家"和"外专千人计划"项目。

5. 教育援外 在教育部"中非高校 20＋20 合作计划"框架下，加强与肯尼亚埃格顿大学的全方位合作，启动农业孔子学院的建设，力争年底前在肯尼亚举行揭牌仪式。进行非洲农业及国别研究，举办"走非洲，求发展"论坛。承办商务部主办的"发展中国家农业信息技术研修班"等国际培训项目。

（六）公共服务与后勤保障

1. 校园建设 落实卫岗校区青年教师公寓报批手续，力争年内开工建设。推进多功能风雨操场建设工程，完成校友馆建设、图书馆北五楼改造、学校会议中心维修改造以及教十楼维修等工程。探索家属区社会化物业管理新模式，构建和谐、文明、平安社区。做好校园绿化、美化、亮化，开展环境卫生治理，完成原牧场区域环境清理与规划改造。

2. 财务工作 做好资金管理工作，加大筹资力度，提高资金使用效益。做好 2012 年财务预算执行工作和 2013 年预算编制工作，合理安排学校年度预算。加强专项资金管理，强化科研经费管理，推行教育专项经费预算执行绩效奖励暂行办法。提高财务工作信息化水平，进一步推行商务卡运行 POS 终端系统。

3. 审计与招投标 开展财务预（决）算、财务收支等专项审计，对省优势学科建设工程项目开展专项资金审计，做好基建和维修工程项目日常审计。加强招投标制度建设，建设"招标采购管理信息平台"，实现网上招投标，建立和完善评标专家库、诚信企业库。

4. 校园信息化 完成研究生系统、学生管理系统、科研管理系统、资产管理系统、财务管理系统和外事管理系统等校园信息化项目建设，初步实现学校核心业务的信息化管理。完成新数据中心的建设与机房搬迁工作，启动建设生物信息学云计算平台。启动学科服务试点工作。

5. 公房管理改革 推进公房管理改革准备工作，完成公房信息调查数据核对与入库工作，完善公房有偿使用管理改革方案。

6. 医疗保障 全面推进大学生医疗改革及参加城镇居民基本医疗保险工作。建设运行校医院住院部。

7. 后勤服务 保障饮食安全，完善食品安全量化分级管理工作，稳定伙食价格。探索后勤社会化管理改革，做好南苑学生三食堂外包工作。做好迎接"江苏高校标准化食堂检查"准备工作。完成卫岗校区能源监控系统运行管理工作，做好教学区、学生区地下供水管网查漏、维修及电子图绘制工作。

8. 校办产业 以生物种业、生物制品、食品、生物肥料和生物质能等为重点，推进校办企业规模化、特色化发展。完善资产经营公司的管理职能和规章制度，提高经营效益，保证企业经营收益最优化，确保国有资产不受损失。做好校办企业冠用学校全称的取消、更名工作，做好相关企业注销、增资、组建和产权登记等工作。筹措学校产业化研发中试基金，建立企业孵化器型机构（科技园有限责任公司）。

9. 平安校园建设 强化校园安全防范措施，规范安全管理工作。加强消防设施维护检修，扎实做好消防工作，实施消防安全管理标准化建设。认真开展校园治安综合治理，加强校园秩序及交通管理，维护校园安全稳定。

（由校长办公室提供）

［南京农业大学 2012 年工作总结］

2012 年，学校全面学习贯彻中共十八大、中央 1 号文件和教育规划纲要精神，以 110 周年校庆为契机，深入推进"1235"发展战略，加快建设世界一流农业大学。在全校上下的共同努力下，学校发展蒸蒸日上，各项事业再上新台阶。

一、以科学发展观为指导，确立学校"1235"发展战略

（一）加强班子建设，不断提高科学决策能力

坚持以中共教育方针和社会主义办学方向为统领，认真贯彻落实中共十八大、中央 1 号文件和教育规划纲要精神，深入开展中心组学习，不断加强学习型领导班子建设。坚持和完善党委领导下的校长负责制，主要领导以身作则，班子成员团结协作、分工负责，充分发挥了班子的整体合力。严格执行"三重一大"决策制度，推进党务、校务公开。通过教职工代表大会、邀请民主党派负责人和师生代表座谈与列席会议以及"校务信箱"等途径，及时了解师生员工对学校发展的意见和建议，班子决策的科学化、民主化水平不断提高。

（二）加强顶层设计，不断提高科学发展能力

着眼于今后 10 年的发展，学校在总结过去 10 年研究型大学建设成就与经验的基础上，全面分析了发展的机遇与面临的挑战，出台了《南京农业大学关于加快建设世界一流农业大学的决定》，召开了党委十届十四次、十六次全委（扩大）会议，对"1235"发展战略进行了系统的阐述，对建设世界一流农业大学的主要任务进行了部署。着眼于今后 5 年的发展，学校修订了《南京农业大学"十二五"发展规划》，从建设世界一流农业大学的战略高度，提高了建设目标，规划了学校发展的基本举措。着眼于激发新的办学活力和优化学科资源配置，学校成立了农村发展学院、草业学院和金融学院，推动了教育管理体制机制的改革创新；试行"学部制"统筹学术发展与学术评价，充分发挥教授治学的积极性，取得了明显的成效。着眼于农业实践创新人才培养，积极推进国家教育体制改革试点项目的实施。

（三）加强理念提升，不断提高贯彻执行能力

围绕加快推进"1235"发展战略的目标，先后召开党委十届十五次全委（扩大）会议、学校工作会议、建设与发展论坛，深入分析发展形势，明确工作思路、工作重点和发展举措，提高各层认识水平和贯彻执行能力，狠抓工作状态和任务落实。通过一年的宣传和实践，"1235"发展战略已经成为引领学校快速发展的指导思想、工作理念和行动指南。

二、以世界一流农业大学建设目标为引领，学校各项事业发展再上新台阶

（一）人才培养质量显著提升

1. 本科教学　召开了"本科教育教学工作大会"，强化本科教学工作基础地位。首次向

社会公开发布了学校《本科教学质量报告》；首批加入教育部、中国科学院"科教协同育人计划"。深入实施本科教学工程，9个专业计26个专业获"江苏省重点专业"立项建设，3门课程列入2012年"国家精品视频公开课"第一批建设计划，6种教材入选教育部"十二五"第一批规划教材。高标准整合建设了"植物生产国家级实验教学中心"，并以优秀成绩通过教育部验收，"动物科学类国家级实验教学示范中心"获教育部批准建设。学校荣获"江苏省教学工作先进高校"称号。

2. 研究生教育 大力推进研究生培养机制改革、课程体系改革和实习基地建设，研究生培养质量得到保证和提升。加大优秀博士生国际联合培养，推进"五年制"直博生培养，探索拔尖创新人才的培养模式；推进企业研究生工作站建设，促进专业学位和应用型研究生培养。全年授予博士学位374人、硕士学位1 619人；获得全国优秀博士学位论文3篇，居全国农业高校首位；获得江苏省优秀博士学位论文5篇、优秀硕士学位论文13篇。授予肯尼亚副总统名誉博士学位。

3. 留学生教育 留学生教育规模进一步扩大，共招收各类留学生640人，较2011年增长33％，教育质量进一步提高。学校被评为"江苏省外国留学生教育管理先进集体"。

4. 继续教育 全年共录取各类继续教育新生5 011人，较2011年增长15.8％。大力发展非学历教育，举办各类专题培训班40个，培训学员2 358人次，社会效益和经济效益进一步提升。

5. 招生就业 精心做好各类招生工作，生源质量不断提高。全年本科招生4 500人；全日制研究生招生2 435人，其中博士生447人、硕士生1 988人。加强就业指导，不断完善就业服务。2012届本科生和研究生就业率分别达94.7％和90％。学校被评为"江苏省高校毕业生就业工作先进集体"。

6. 素质教育 制定了《关于进一步深入实施学生工作"三大战略"的意见》，完善了"专职为主、2＋3模式和兼职为补充"的辅导员队伍建设，构建了"大学工"工作格局和"一站式"资助体系。加强了第二课堂与第一课堂有效衔接，大学生自我成才意识明显增强，在国际相关联盟组织的案例竞赛中战胜国际著名高校勇得桂冠。心理健康教育工作网络和课程体系进一步完善，全年近万人次参与心理健康教育活动。积极开展"阳光体育运动工程"，学生健康水平不断提高，获"全国高校民族传统体育事业突出贡献奖"和"中国大学生体协排球'优秀院校'"称号。

（二）师资队伍建设获得突破

新增国家"千人计划"专家3人、"长江学者"3人、国家杰出青年科学基金获得者2人，40余人次入选中共中央组织部"特支计划"、教育部新世纪人才、农业部农业科研杰出人才、江苏省特聘教授等人才工程，1个团队入选教育部"创新团队发展计划"。

完善招聘考核制度，加大招聘力度，全年招聘新教师125名。启动了"钟山学者"计划，首批遴选37位"钟山学术新秀"。制定《南京农业大学青年教师本科教学工作量补贴暂行办法》，着力提升青年教师业务能力。改革专业技术职务评聘办法，校级层面以教授评审为重点，副教授及以下职称评审重心下移，以学部制代替学院层评审。

（三）国际交流与学科建设成效显著

1. 国际交流与合作 学校获批建设全球首个农业特色孔子学院；代表中国成为全球农

业与生命科学高等教育协会联盟董事。新签和续签 16 个校际合作协议，全年共接待海外代表团 42 个，包括诺贝尔奖获得者在内的海外专家 510 人次。成功举办"世界一流农业大学建设与发展论坛"等 11 个国际学术会议、17 期援外培训班。

全年获聘专经费 623 万元，较 2011 年增长 17%。2 项"高端外国专家项目"获国家外国专家局重点支持，"作物遗传与种质创新学科创新引智基地"以优秀成绩通过评估。2 位引智项目海外专家分别获得"中国政府友谊奖"和"江苏友谊奖"。

2. 学科建设 "211 工程"三期建设项目以优异成绩通过国家验收，获得国家专项奖励建设资金。江苏高校优势学科建设工程进展良好，2 个学科中期评估获得优秀。组织 16 个学科参加了第三轮全国一级学科评估。生物信息学、设施农业和海洋科学等交叉学科建设有序开展。学校进入 ESI 前 1% 的 3 个学科排名快速提升：农业科学排名第 133 位，较 2011 年同期排名提高 42 位，植物与动物学提高 45 位，环境生态学提高 46 位。

（四）科技创新与服务社会能力持续增强

精心组织"2011 计划"工作，牵头组建 2 个国家级和 5 个省级协同创新中心，作为核心单位参与 3 个国家级和 5 个省级协同创新中心的组建工作，设立专项开展了协同创新的体制机制研究。

科研工作成绩显著。年度立项科研项目 338 项，到位科研总经费 5.14 亿元，其中，纵向经费 4.53 亿元、横向经费 0.61 亿元，分别较 2011 年增长 37.3% 和 117.9%。以第一单位获得省级及以上科技成果奖 9 项，其中国家技术发明及科技进步二等奖各 1 项，国家社会科学基金重大项目阶段性成果获得中央领导重视。以第一通讯作者单位被 SCI 收录学术论文 739 篇，被 SSCI 收录学术论文 7 篇，与 2011 年相比均有明显增幅；获得专利、品种权和软件著作权 225 项；获江苏省哲学社会科学优秀成果奖 16 项，较上一届增加 6 项。编制完成了《南京农业大学哲学社会科学繁荣计划（2012—2020 年）》。学报（自然科学版）综合排名在农业大学学报中居第 1 位，学报（社会科学版）成为全国唯一入选中文核心期刊并获得国家社会科学基金资助的理工农林类高校学报。学校获教育部"高校哲学社会科学研究管理先进集体"、"第四届江苏省科技工作先进高校"称号。

科研平台建设取得新进展。国家肉品质量安全控制工程技术研究中心以优异成绩通过验收；新增农村土地资源利用整治国家地方联合工程研究中心和 3 个省级科研平台。

服务社会能力进一步增强。获建首批高等学校新农村发展研究院，联合地方政府、企业新成立产业研究院 3 个、专家工作站 3 个、技术转移中心 4 个。16 人入选南京领军型创业人才计划，荣获南京市"双百工程"先进集体。

（五）服务保障水平得到进一步提升

1. 财务工作 2012 年全校各项收入约 15.18 亿元，比 2011 年增长 27%；支出约 13.78 亿，比 2011 年增长 30%。做好预算执行监管，切实提高了经费使用效率。完成了 8 000 万元规模的"改善高校基本办学条件"专项。完善金融服务和电子化支付手段，进一步提升财务工作服务水平。加强经费统筹力度，集中财力解决当前学校办学的"瓶颈"问题，保证了高层次人才的引进和白马教学科研基地的建设。

2. 校区发展与基本建设工作 继续做好"两校区一园区"的建设论证。完成白马教学科研基地3 500亩土地的交付，完善了基地总体修建性规划方案，完成600米中心大道建设。加强校园基本建设，完成实验楼、行政楼会议中心、运动场、大学生活动中心和学生宿舍等楼宇的维修与改造。

3. 图书与信息工作 开通省内首家高校移动图书馆。高标准建成的新数据中心，为学校科学研究高性能云计算、学校未来10年信息化发展提供了基础支撑。办公自动化系统和各类信息化管理系统进一步完善，初步构建了全校人财物信息共享管理平台。

4. 资产管理与后勤服务 全年新增固定资产9 200万元，年末全校资产总值达29.3亿元，增长了11%。改造校园水电管网，建设水电能耗监控系统，全年节约用电100多万度、节约用水近20万吨。加强饮食质量标准和定价管理，确保食品安全，力保伙食价格稳定。推进大学生医保覆盖和医疗改革，年度大学生医疗费用节支121万元。整治美化家属区、原牧场等区域环境，校园面貌焕然一新。

推进资产经营公司规范化建设，学校全资、控股和参股公司全年实现利润2 160万元，资产公司年度报告评级由上一年度C⁻级提升为B级（良好），争取到2 000万元中央国有资本经营预算和1 000万元省财政资助。

5. 安全稳定工作 及时排查校园不安全、不稳定因素。改革校园安保模式，改造消防管网和报警系统，建设宿舍门禁系统，实现校园24小时动态监控，发案率较2011年下降近40%。完善智能道闸系统，扩建停车场，校园交通秩序得到明显改善。学校获得"江苏省平安校园"称号。

三、以增强凝聚力为目标，营造和谐奋进的发展氛围

（一）精心组织110周年校庆活动，为学校事业发展凝聚各方力量

围绕"传承、开拓、凝心、聚力"的主题，成功举办110周年校庆活动。隆重召开了庆祝大会，积极开展形式多样、内容丰富的校庆活动，例如，"百名中学校长和百家知名企业进校园"活动、诺贝尔奖获得者报告等高水平学术报告、组织吉尼斯记录"世界最大笑脸"拼图和校庆文艺晚会等，营造了校庆的人文、科技与学术氛围。整个校庆活动取得巨大成功，得到了广泛赞誉。同时，以校庆为契机，加强与海内外校友联系，全年新建北美、欧洲校友会等8个校友会，目前共建成海内外校友会30个。充分调动资源，广泛争取社会支持，获得各类捐赠超过7 000万元。通过110周年校庆，总结回顾了学校办学历史、经验和发展成就，扩大了学校在国际国内的影响，促进了学校与社会各界的交流合作，加强了学校与海内外校友的联系，扩大了办学资源，更重要的是增强了全体师生员工自豪感，增强了发展信心。

（二）切实解决民生问题，不断增强学校凝聚力

兑现了退休教职工生活补贴，调整在职人员岗位绩效津贴，较大幅度提高了教职工收入，全年工资福利支出4.84亿元，比2011年增加50%，其中在职人员3.37亿元、离退休人员1.47亿元。积极筹建卫岗校区青年教师公寓，成功办理牌楼土地权证。重视和关心少数民族学生学习和生活，全力做好贫困学生资助工作。推进校园环境整治、社区停车位、学生食堂和浴室等民生工程建设，努力改进广大师生员工的工作和生活条件。学校被评为"江

苏省高校和谐校园"。

（三）加强大学文化建设，大力弘扬"诚朴勤仁"南农精神

全力打造《南京农业大学发展史》、校友馆、校庆纪念邮册、学校宣传片和视觉形象识别系统等一系列文化精品，有力提升了校园文化品位。充分发挥校报、校园网和微博等媒体的舆论引导作用，广泛宣传学校改革发展新动向，大力弘扬"诚朴勤仁"为核心的南农精神。围绕学校改革发展新成绩，扎实推进对外宣传工作，在各类校外媒体宣传报道 1 700 余次，其中国家级媒体报道 500 余次，有力增强了学校社会美誉度和影响力。学校被评为"江苏省教育宣传工作先进集体"。

四、加强党建和思想政治工作，不断提升党的建设科学化水平

（一）深入开展基层组织建设年活动，全面加强基层党组织建设

加强基层党组织建设。新设院级党委 2 个、党总支 1 个、直属党支部 1 个，调整党支部 31 个，保证了党组织工作的全覆盖。提高党员发展质量，全面推行大学生党员发展工作"三投票三公示一答辩"办法，完成对院级党组织大学生党员发展专项检查。全年共发展各类学生党员 1 752 名、教职工党员 10 名。

开展"创先争优"总结表彰。通过选树典型、宣传典型，在全校形成了学先进、赶先进、争当先进的良好风气，营造了持久推进"创先争优"的良好氛围。2012 年学校党委再次荣获"江苏省高校先进基层党组织"荣誉称号。

成功承办第十五次教育部直属高校暨全国有关高校组织工作研讨会，组织工作获得教育部领导、主管司局的充分肯定和来自全国 103 所高校 200 多位代表的一致好评。

（二）加强思想政治教育，着力提升广大师生员工思想政治素养

充分发挥校院两级党委中心组和党校的作用。全年共举办各类培训班 50 余次，培训人员 4 000 余人次。深入开展中共十八大精神学习宣传活动，充分发挥思想政治理论课在大学生思想政治教育工作中的主阵地作用，积极推进思想政治课的课程教学、实践教学和考核方式改革。加强对哲学社会科学讲座、论坛的组织和管理，全年共举办各类哲学社会科学重要讲座、论坛 350 余次。

（三）加强院级领导班子和干部队伍建设，不断提升中层干部素质和能力

推进学院党政共同负责制的深入实施，不断完善二级单位在执行"三重一大"决策制度过程中的决策程序和议事规则。不断完善干部选拔任用机制，改革民主推荐方式，加大竞争性选拔力度。制定出台《南京农业大学选拔任用中层干部书面征求纪检监察部门意见暂行办法》。全年，共新提任中层干部 7 人，其中正职 2 人、副职 5 人。加强干部选拔和培养，举办第五期中层干部高等教育研修班和第一期中青年干部培训班。注重青年干部的实践锻炼工作，全年共选派援疆干部 2 人、苏北地区挂职干部 3 人、江苏省第五批科技镇长团成员 10 人。

（四）调动和发挥各方面积极性，努力形成促进学校跨越发展的强大合力

做好统战工作，支持各民主党派做好自身建设、参政议政和社会服务工作。协助民盟、九三学校基层委员会完成换届。向省政协推荐民主党派委员 6 人、市政协委员 2 人、区政协委员 2 人。各民主党派向人大、政协等提交议案、建议 12 项，发展成员 10 人。充分发挥工会桥梁纽带作用，不断加强校院两级教职工代表大会制度和内涵建设，维护教职工合法权益，关心青年教职工成长，校工会荣获省级"模范教工之家"称号。加强共青团建设，积极探索提升团支部活力的新机制，完善团务助理、学生会和研究生会等团学干部队伍建设，成功召开共青团南京农业大学第十三次代表大会。积极做好老龄工作，发挥老同志在学校建设发展、关心下一代和构建和谐校园等工作中的积极作用。

五、扎实推进反腐倡廉工作，维护学校改革发展稳定大局

（一）加强反腐倡廉教育和制度建设，筑牢思想道德和法纪防线

召开年度党风廉政建设工作会议，开展反腐倡廉教育。加强党员干部作风、教师师德师风及教育行风建设，努力营造风清气正的校园环境。落实党风廉政建设责任制，严格执行"三重一大"决策制度，加强"惩防体系"建设和检查，开展廉政风险防控试点工作。在教育部"三重一大"决策制度执行情况专项检查中，学校工作获得检查组的好评。做好信访监督，全年受理纪检监察信访 8 件，处理其他信访 64 件。加强法制建设，积极开展普法宣传教育活动，保障依法治校。

（二）加强监察、审计和招投标工作，做好对重点领域的监督管理

强化行政监察，严把工作重要关口。推进干部经济责任审计，加大离任审计和任期中审计力度；积极做好财务、工程审计工作，完成审计项目 279 项，审计总金额 23.1 亿元。完善招投标制度和程序，扩大招标范围，全年完成各类招标、跟标及谈判金额总计 1.6 亿元，节约（核减）经费约 1 500 万元。

（由校长办公室提供）

［教职工和学生情况］

单位：人

教职工情况											离退休人员
在职总计	专任教师			行政人员	教辅人员	工勤人员	科研机构人员	校办企业职工	其他附设机构人员		
	小计	博士生导师	硕士生导师								
2 732	1 560	312	872	511	226	163	16	7	249		1495

专任教师										
职称	小计	博士	硕士	本科	本科以下	30岁及以下	31～40岁	41～50岁	51～60岁	61岁以上
教授	343	295	22	25	1	2	42	187	93	19
副教授	470	267	101	102		3	220	199	48	
讲师	584	173	316	94	1	111	329	135	8	1
助教	51	0	23	23	5	21	25	4	1	
无职称	112	91	20	1		79	33	0		
合计	1 560	826	482	245	7	216	649	525	150	20

学生规模							
类　型	毕业生	招生数	人数	一年级(2012)	二年级(2011)	三年级(2010)	四、五年级(2009、2008)
博士生（＋专业学位）	436（＋2）	447	1 610	447	440	723	
硕士生（＋专业学位）	1 583（＋292）	1 848（＋377）	5 599（＋2 236）	1 988	1 848	1 763	
普通本科	3 845	4 474	17 130	4 474	4 176	4 170	4 310
普通专科	0	0	1	0	1	0	
成教本科	654	2 065	7 150	2 065	2 115	1 838	1 132
成教专科	1 881	2 015	7 639	2 015	2 805	2 819	
留学生	25人授予学位	90	210	90	40	32	48
总　计	8 424（＋294）	10 939（＋377）	39 339（＋2 236）	11 079	11 425	11 345	5 490

注：截止时间为2012年11月16日。

（撰稿：蔡小兰　审稿：刘　勇）

三、机构与干部

[机构设置]

机 构 设 置

(截至 2012 年 12 月 31 日)

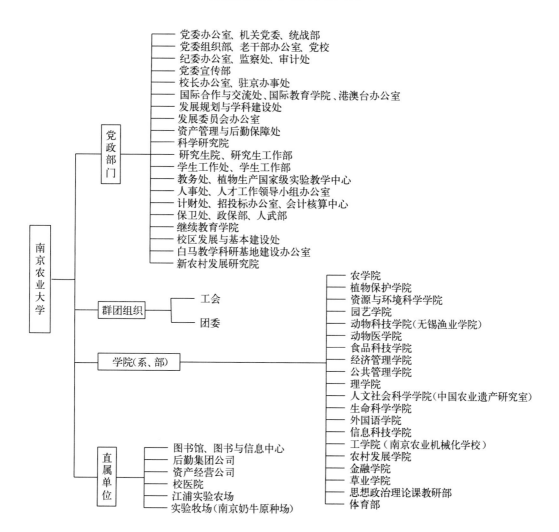

机构变动如下：

增设机构

（一）行政

南京农业大学发展委员会办公室（正处级建制，2012 年 2 月）

南京农业大学植物生产国家级实验教学中心（正处级建制，与教务处合署，2012 年 4 月）

南京农业大学农村发展学院（2012 年 10 月）

南京农业大学草业学院（2012 年 10 月）

南京农业大学金融学院（2012 年 10 月）

（二）党委

中共南京农业大学资产经营公司直属支部委员会（正处级建制，2012 年 2 月）

中共南京农业大学农村发展学院委员会（正处级建制，2012 年 12 月）

中共南京农业大学草业学院总支部委员会（正处级建制，2012 年 12 月）

中共南京农业大学金融学院委员会（正处级建制，2012 年 12 月）

（撰稿：丁广龙　审稿：吴　群）

［校级党政领导］

党委书记：管恒禄

党委常委、校长：周光宏

党委副书记：花亚纯　盛邦跃

党委常委、副校长：徐　翔　沈其荣　胡　锋　陈利根　戴建君　丁艳锋

校长助理：董维春

[处级单位干部任职情况]

处级单位干部任职情况一览表

（截至 2012 年 12 月 31 日）

一、党政部门

序号	工作部门	职务	姓名	备注
1	党委办公室、机关党委、统战部	主任、书记、部长	刘营军	
		副主任、副部长	全思懋	
2	组织部、老干部办公室、党校	部长、主任、党校常务副校长	王春春	
		副部长	刘 亮	
		副主任、离休直属党支部副书记	张 鲲	
		副主任	陈明远	2012 年 4 月任职
3	纪委办公室、监察处、审计处	纪委副书记、纪委办公室主任、监察处处长、审计处处长	尤树林	2012 年 4 月任职（纪委副书记）
		审计处副处长	顾兴平	
4	宣传部	部长	万 健	
		副部长	丁晓蕾	
5	校长办公室、驻京办事处	主任、机关党委副书记	闫祥林	
		副主任、驻京办主任	陈如东	
		副主任	李 勇	
		副主任	刘 勇	2012 年 5 月任职
6	人事处、人才工作领导小组办公室	处长、主任	李友生	
		副处长	毛卫华	
		副处长	杨 坚	
		副处长、人才工作领导小组办公室副主任	郭忠兴	
7	发展规划与学科建设处	校长助理、处长	董维春	2012 年 1 月任职（校长助理）
		副处长	宋华明	
8	学生工作处、学生工作部	处长、部长	方 鹏	
		副处长	王录玲	
		副处长、副部长	姚志友	

（续）

一、党政部门

序号	工作部门	职务	姓名	备注
9	研究生院、研究生工作部	常务副院长、副部长、学位办公室主任	罗英姿	
		部长、副院长	刘兆磊	
		副院长、院长办公室	李献斌	
		招生办公室主任	孙 健	
		培养处处长	陈 杰	
10	教务处、植物生产国家级实验教学中心、教师发展中心	处长、主任、主任	王 恬	2012年4月任职（主任）
		副处长	李俊龙	
		副处长	高务龙	
		植物生产国家级实验教学中心副主任	吴 震	2012年5月任职
11	计财处、招投标办公室、会计核算中心	处长、招投标办公室主任	张 兵	
		副处长	郑 岚	
		副处长、会计核算中心主任	陈庆春	
		招投标办公室副主任	肖俊荣	
12	保卫处、政保部、人武部	处长、部长、部长	刘玉宝	
		副处长、副部长、副部长	何东方	
13	国际合作与交流处、国际教育学院、港澳台办公室	直属党支部书记、处长、院长、主任	张红生	
		副处长、副院长、副主任	游衣明	
		副院长	石 松	
		副处长、副院长、副主任	李 远	
14	科学研究院	常务副院长	刘凤权	
		副党总支书记、副院长、人文社科处处长	刘志民	2012年12月任职
		副院长	陈 巍	
		重大项目处处长	俞建飞	
		实验室与平台处处长	张晓东	
		成果与知识产权处处长	朱世桂	
15	发展委员会办公室	主任	张海彬	2012年4月任职
		副主任	杨 青	2012年5月任职
16	继续教育学院	党总支书记	钱贻隽	
		院长	单正丰	
17	校区发展与基本建设处	处长、直属党支部书记	王勇明	2012年2月任职（书记）
		副处长	孙仁帅	
		副处长	倪 浩	
18	资产管理与后勤保障处	处长	钱德洲	
		书记、副处长	顾义军	
		副书记、副处长	石晓荣	

（续）

一、党政部门				
序号	工作部门	职务	姓名	备注
19	白马教学科研基地建设办公室	副主任、直属党支部副书记	桑玉昆	2012 年 2 月任职（书记）
二、群团组织				
1	工会	主席	丁林志	
2	团委	书记	夏镇波	
		副书记	王 超	
三、学院（系、部）				
1	农学院	党委书记	戴廷波	
		党委副书记	庄 森	
		农业部大豆生物学与遗传育种重点实验室、国家大豆改良中心常务副主任、副院长	邢 邯	
		作物遗传与种质创新国家重点实验室常务副主任、副院长	王秀娥	
		国家信息农业工程技术中心常务副主任、副院长	朱 艳	
		副院长	姜 东	2012 年 5 月任职
2	植物保护学院	党委书记	董立尧	
		院长	吴益东	
		党委副书记	许再银	
		副院长	高学文	
		副院长	王源超	
3	资源与环境科学学院	党委书记	李辉信	
		院长	徐国华	
		党委副书记	崔春红	
		副院长	邹建文	
		副院长	郑金伟	
4	园艺学院	党委书记	陈劲枫	2012 年 5 月任职
		院长	侯喜林	
		党委副书记	韩 键	
		副院长	陈发棣	
		副院长	房经贵	
5	动物科技学院	党委书记	景桂英	
		院长	刘红林	
		党委副书记	於朝梅	
		副院长	杜文兴	
		副院长	毛胜勇	
		副院长	朱伟云	

（续）

三、学院（系、部）

序号	工作部门	职务	姓名	备注
6	动物医学院	党委书记	胡正平	
		院长	范红结	
		党委副书记	周振雷	
		副院长	雷治海	
		副院长	马海田	
7	食品科技学院	党委书记	董明盛	
		院长	陆兆新	
		副院长	徐幸莲	
		副院长	屠康	
		国家肉品质量安全控制工程技术研究中心常务副主任、副院长	李春保	
8	经济管理学院	党委书记	陈东平	
		院长	周应恒	
		党委副书记	卢忠菊	
		副院长	应瑞瑶	
		副院长	朱晶	
9	公共管理学院	党委书记	吴群	
		院长	欧名豪	
		党委副书记	胡会奎	
		副院长	石晓平	
		副院长	于水	
10	理学院	党委书记	程正芳	
		院长	杨春龙	
		党委副书记	刘照云	
		副院长	张良云	
11	人文社会科学学院	党委书记	杨旺生	
		院长	王思明	
		党委副书记	屈勇	
		副院长	付坚强	
12	生命科学学院	党委书记	夏凯	
		院长	沈振国	
		党委副书记	吴彦宁	
		副院长	张炜	
		副院长	赵明文	

（续）

三、学院（系、部）

序号	工作部门	职务	姓名	备注
13	外国语学院	党委书记	韩纪琴	2012 年 5 月任职
		院长	秦礼君	
		党委副书记	姚科艳	
		副院长	王宏林	
14	信息科技学院	党委书记	梁敬东	
		院长	黄水清	
		党委副书记	白振田	
		副院长	徐焕良	
15	农村发展学院	党委书记	李昌新	2012 年 12 月任职
		院长	陈 巍	2012 年 12 月任职
		副院长	姚兆余	2012 年 5 月任职
		副院长	周留根	2012 年 12 月任职
16	金融学院	党委书记、院长	张 兵	2012 年 12 月任职
		党委副书记	孙雪峰	2012 年 12 月任职
17	草业学院	党总支书记	景桂英	2012 年 12 月任职
		院长	张英俊	
		副院长	朱伟云	
18	思想政治理论课教研部	主任、党总支书记	余林媛	
		副主任、党总支副书记	王建光	
19	体育部	直属党支部书记	段志萍	
		主任	张 禾	
20	工学院	党委书记	蹇兴东	
		院长、农业机械化学校校长	丁为民	
		党委副书记、纪委书记	张维强	
		副院长、农业机械化学校副校长	缪培仁	
		副院长、农业机械化学校副校长	孙小伍	
		党办主任	张 斌	
		纪委办主任、监察室主任、机关党总支书记	王建国	
		院长办公室主任	李 骅	
		校团委副书记、学工处处长	夏拥军	
		人事处处长	何瑞银	
		计财处处长	张和生	
		科技与研究生处处长	汪小旵	
		总务处处长	李中华	
		培训部主任	杨 明	
		农业机械化系、交通与车辆工程系党总支书记	薛金林	
		农业机械化系、交通与车辆工程系系主任	姬长英	
		机械工程系党总支书记	康 敏	
		机械工程系主任	朱思洪	
		电气工程系党总支书记	沈明霞	
		电气工程系主任	尹文庆	
		管理工程系党总支书记	周应堂	
		管理工程系主任	张兆同	
		基础课部党总支书记	刘智元	
		基础课部主任	施晓琳	
		图书馆馆长	姜玉明	

（续）

四、直属单位

序号	工作部门	职务	姓名	备注
1	图书馆、图书与信息中心	党总支书记	倪 峰	
		馆长、主任	包 平	
		副馆长、副书记、副主任	查贵庭	
		副馆长、副主任	龚义勤	
2	后勤集团公司	书记	陈礼柱	
		总经理	陈兴华	
		副书记、副总经理	姜 岩	
		副总经理	乔玉山	
3	资产经营公司	总经理、直属党支部书记	许 泉	2012年2月任职（书记）
4	江浦实验农场	党总支书记	洪德林	
		场长、党总支副书记	刘长林	
		副场长	赵 宝	
		副场长	高 峰	
5	实验牧场	牧场直属党支部书记、场长	蔡虎生	

五、调研员

序号	职别	姓名
1	正处级调研员	高 翔
2	副处级调研员	宫京生

（撰稿：李云锋　审稿：吴　群）

[常设委员会（领导小组）]

南京农业大学"2011 计划"领导小组

组　　长：周光宏

副组长：丁艳锋　戴建君

组　　员：万　健　王春春　李友生　刘凤权　刘志民　张　兵　张红生
　　　　　罗英姿　俞建飞　董维春

学校科技工作领导小组

组　　长：丁艳锋

副组长：刘凤权

成　　员：万　健　包　平　刘志民　陈　巍
　　　　　张　兵　郭忠兴　顾义军

学校白马教学科研基地建设领导小组成员

组　　长：陈利根

副组长：戴建君　丁艳锋

成　　员：王　恬　王勇明　尤树林　刘凤权　许　泉
　　　　　闫祥林　张　兵　桑玉昆　钱德州　董维春

落实教育部经济责任审计意见工作领导小组

组　　长：盛邦跃

副组长：戴建君

成　　员：尤树林　王勇明　包　平　刘凤权　孙小伍
　　　　　许　泉　闫祥林　张　兵　陈兴华　钱德洲

党风廉政建设工作领导小组

组　　长：管恒禄　周光宏

副 组 长：盛邦跃

成员单位：党委办公室　校长办公室　纪委办公室　组织部
　　　　　宣传部　工会　监察处　审计处　人事处　计财处
　　　　　教务处　科学研究院　学生工作处　研究生院
　　　　　校区发展与基本建设处　资产管理与后勤保障处

（撰稿：吴　玥　审稿：刘　勇）

[南京农业大学民主党派成员统计]

南京农业大学民主党派成员统计一览

（截至 2012 年 12 月）

单位：人

党派	民盟	九三	民进	农工	民革	致公党
负责人	马正强	陆兆新	王思明	邹建文		
人数	155	152	11	7	7	2
总人数	334					

注：1. 民革现有在职人员 3 人、在职在岗人员 2 人，党派组织未正常活动。

2. 致公党未成立组织，2 名致公党员现挂靠致公党省直工委。

3. 民主党派省级以上委员：民盟中央委员（马正强）、九三学社省委常委（陆兆新）、九三学社省委委员（陆兆新、潘剑君）、民进省委委员（王思明）。

（撰稿：文习成　审稿：全思懋）

［学校各级人大代表、政协委员］

全国第十二届人民代表大会代表：万建民

江苏省第十二届人民代表大会常委：郭旺珍

南京市第十五届人民代表大会代表：朱　晶

玄武区第十七届人民代表大会代表：潘剑君　王源超　朱伟云

浦口区第三届人民代表大会代表：康　敏

江苏省政协第十一届委员会常委：陆兆新（界别：农业和农村界）

江苏省政协第十一届委员会委员：周光宏（界别：教育界，教育文化委员会委员）

江苏省政协第十一届委员会委员：王思明（界别：社会科学界，文史委员会委员）

江苏省政协第十一届委员会委员：邹建文（界别：中国农工民主党江苏省委员会）

江苏省政协第十一届委员会委员：马正强（界别：中国民主同盟江苏省委员会）

江苏省政协第十一届委员会委员：张天真（界别：农业和农村界）

江苏省政协第十一届委员会委员：赵茹茜（界别：农业和农村界）

南京市政协第十三届委员会委员：姜卫兵（界别：农业和农村界）

玄武区政协第十一届委员会常委：严火其（医卫组）

玄武区政协第十一届委员会委员：沈益新（科技组）

浦口区政协第三届委员会委员：何春霞

（撰稿：文习成　审稿：全思懋）

四、党建与思想政治工作

宣传思想文化工作

【概况】2012 年，宣传部以 110 周年校庆为契机，以大学文化建设和对内对外宣传为重点，大力加强思想理论建设、大学文化建设、舆论引导能力建设和对外宣传工作，努力为世界一流农业大学建设提供精神动力、舆论支持和文化支撑。学校被评为"江苏省高校和谐校园"、"江苏省教育宣传工作先进单位"。荣获全国高校校园文化建设优秀成果一等奖 1 项，全国高校校报好新闻奖一等奖 1 项、二等奖 2 项，江苏省高校校报好新闻一等奖 2 项、二等奖 3 项。宣传部党支部荣获机关党委"创先争优"先进集体称号。

以校庆 110 周年为契机，打造了一批文化精品，推动大学文化建设迈上新台阶。2012 年，宣传工作部门精心打造了南京农业大学校友馆、《农兴华夏——南京农业大学纪念邮册》、《南京农业大学形象宣传片》、《南京农业大学报 110 周年校庆特刊》、南京农业大学视觉形象识别系统和校园环境导示系统等一批文化精品，获得海内外广大校友、在校师生员工和社会各界的一致好评，大大提升了学校的文化软实力与社会影响力。此外，宣传部设计制作校庆专题网站，征集并确定"弘扬诚朴勤仁百年精神，建设世界一流农业大学"的校庆口号及标识。先后完成校庆 110 周年、第十五次教育部直属高校暨全国有关高校组织工作研讨会等 130 余场次大型会议和重要活动的环境宣传、新闻报道、摄影摄像。全年累计审核、协调并联系悬挂横幅 348 条，制作橱窗 5 期。

创新形式，丰富内容，着力加强思想理论建设。2012 年，宣传部以校院两级理论学习中心组为重点，以点带面，点面结合，深入推进学校政治理论学习。全年全校各中心组集中学习 156 次，举办各类学习辅导报告 350 余场次。深入开展大学文化学习宣传教育活动，大力弘扬"诚朴勤仁"南农精神。组织新教师和新生学唱校歌、参观校友馆，举办校史校情讲座，努力增强师生员工的文化自觉与文化自信。开展第三届"师德标兵"、"师德先进个人"评选表彰与学习宣传教育活动。按照《南京农业大学关于加强和改进哲学社会科学课堂教学、报告会、研讨会、讲座、论坛、网络和接受境外基金资助等管理的暂行办法》精神，规范哲学社会科学讲座、论坛和报告会等的管理，严格执行"一会一报"制度。

注重导向，强化阵地，着力提升舆论引导能力。充分利用校报、新闻网、微博、校园网公告栏、LED 显示屏、橱窗和横幅等舆论阵地加强宣传，为深入实施"1235"发展战略，加快建设世界一流农业大学营造了良好的舆论氛围。坚持"导向、深度、高度"的办报宗旨，努力办好校报，全年共出版校报 23 期、146 版、103 万字。遵循"精确、及时、新颖"的原则，建设南农新闻网，做到了重要新闻不过夜，全年累计编辑各类新闻 5 000 余条，累计编辑 100 余万字。按照"贴近、及时、权威"的要求，建设南京农业大学新浪官方微博，粉丝数从 7 月 31 日的 8 256 人增长到 12 月 31 日的 14 797 人。校庆当天，官方微博第一时间向海内外校友和社会各界传递学校 110 周年校庆盛况，全方位、多角度、零距离地再现新闻现场。积极推进数字化信息发布平台建设，建设户外 P10 显示屏 2 块、室内显示器 2 块，并在原有发布系统的基础上添加了电视信号定时发布功能。

选准重点，跟踪策划，着力加强对外新闻宣传工作。2012 年，学校外宣工作紧紧围绕"月月有重点、周周有亮点、天天有精彩"的目标，积极推进"大宣传"格局建设，加强新闻宣传策划，丰富外宣内容与形式，取得了显著成效。2012 年，学校各类对外宣传报道1 700 余次（不含转载），创历史之最！中央级媒体报道 500 余次，省级媒体报道 400 余次。其中，中央电视台报道 6 次，新闻联播报道 1 次；光明日报、中国教育报、农民日报和科技日报等中央级媒体报道 70 余次、头版头条 5 次、头版 9 次；新华日报、江苏电视台和江苏教育电视台等省级主流媒体报道 100 余次、头版 12 次；南京日报、南京电视台等市级媒体报道 100 余次、头版 18 次。

提升能力，创先争优，着力加强队伍建设。充分发挥宣传思想文化工作领导小组组织、领导、决策和协调作用。加强对外新闻宣传策划团队建设，定期举行联谊、交流和采访活动，增进了解，促进工作。加强学习型党支部建设，构建宣传支部内部知识共享平台，着力提升能力和素质。全年宣传部撰写新闻稿件、各类报告、文件和经验交流材料 300 余篇（份）、75 余万字，人均写稿 6 万余字。编辑稿件 1 000 万余字，人均编辑 90 余万字。

【建设校友馆】校友馆由宣传部牵头，图书馆、校区发展与基本建设处、中华农业文明博物馆、校友会等部门配合建设而成。校友馆厚重浓郁的人文气息，精简质朴的设计风格，展示了南京农业大学的文化底蕴。

【编写并出版《农兴华夏——南京农业大学纪念邮册》】南京农业大学纪念邮册集校史、画册与纪念品于一体，既是南农百年历史的简明读本，也是百年南农重大历史画面的再现。纪念邮册采用线装书形式，以 110 年办学历史为脉络，分为薪火传承、砥砺奋进和跨越发展 3 个篇章，定稿 70 页。图文并茂地展示了学校 110 年的光辉历史和发展成就。

【建设并启用视觉形象识别系统】南京农业大学视觉形象识别系统分为基础系统及应用系统两大部分。基础系统包括校徽、标准字、校训、标准色、辅助图形及各种组合方式；应用系统包括办公系统、旗帜系统和导示系统。视觉形象识别系统的设计应用，对于更好地树立和维护学校形象，传承和弘扬"诚朴勤仁"的南农文化具有重要意义。

【建成校园环境导示系统】校园环境导视系统主要包括路牌、楼宇牌和楼内分布图等。按照学校视觉形象识别系统要求，按照科学、规范、合理、美观的总原则，对卫岗校区校园环境导示系统进行了重新设计和施工。校园环境导视系统准确、醒目、清新、精美，方便来访，成为校园的一道风景线。

（撰稿：黄文昕　　审稿：夏镇波）

组 织 建 设

【概况】2012 年，全校共有院级党组织 32 个，其中党委 18 个、党总支 8 个、直属党支部 6 个。全校共有党支部 431 个，其中教职工党支部 125 个、学生党支部 287 个、离退休党支部 19 个。

全校组织工作坚持以邓小平理论、"三个代表"重要思想和科学发展观为指导，贯彻落实第二十次全国、全省高校党建工作会议精神，坚持以改革创新为动力，巩固"创先争优"活动成果，统筹推进干部、人才、基层组织建设，为学校建设世界一流农业大学提供组织、人才和政治保障。

为加强院级党组织领导班子建设，不断完善院级党组织的领导体制机制，大力推进学院、部（处）党政共同负责制实施。组织学习贯彻《基层组织工作条例》，充分利用党校、党课平台，不断创新学习方式方法，确保学习效果。推动各院级党组织研究制定"三重一大"决策制度具体的实施细则，完善议事规则和决策程序，强化民主管理和科学决策。不断创新党建工作活动载体，开展"弘扬三创三先，争当校园先锋"主题教育活动，引导大学生党员活动与学习交流、社会实践、志愿服务相结合，提高大学生党建工作的针对性和实效性。开展"最佳党日活动"评比，引导广大师生党员开展主题鲜明、形式新颖的党日活动，2012 年共评选"最佳党日活动"一等奖 2 项、二等奖 3 项、三等奖 7 项、组织奖 18 项，其中农学院学生党支部开展的"追忆党建历程 铸就校园先锋"等 2 个党日活动获江苏省"最佳党日活动"优胜奖。

【基层组织建设年】按照"抓落实、全覆盖、求实效、受欢迎"要求，全面加强基层组织建设，有效巩固和扩大了"创先争优"活动成果。一是夯实基础，切实增强基层党组织生机活力。按照优化结构、突出特色、提高效能的原则，先后设立发展委员会、植物生产国家级实验教学中心、农村发展学院、金融学院和草业学院 5 个正处级机构。支持学院积极探索新形势下党支部设置形式，大力推进教职工党支部与教学、科研、管理、服务组织对应设置。根据《关于做好党支部整改提高晋位升级工作的通知》要求，研究设立 133 个先进党支部、258 个较好党支部、19 个一般党支部。二是整改提高，扎实推进党支部晋位升级。通过对标整改，全校党支部优好率达到 100%，形成了"四个一"结对帮扶等 19 项基层党组织务实管用制度，"党群零距离"工作法等 23 项党支部工作优秀范例。三是规范程序，建立大学生党员发展保障体系。建立发展党员工作检查机制，通过听取汇报、召开座谈、查阅档案和问卷调查的方式对全校 17 个学院党组织大学生党员发展工作进行专项检查考核，经济管理学院等 5 个学院党委获考核优秀。四是总结表彰，营造持久推进"创先争优"的良好氛围。及时提炼"创先争优"实践中的好经验、好做法，大力选树工作中有实绩、群众中有影响、可信可学可比的先进模范人物，并对先进组织和个人进行大力表彰。在江苏省"创先争优"专项表彰活动中，学校党委获江苏省高校先进基层党组织荣誉称号，生命科学学院理科基地学生第二党支部获省高校"创先争优"先进党支部荣誉称号，滕年军获省"创先争优"优秀共产党员荣誉称号，吴群获省高校优秀党务工作者荣誉称号，钟甫宁、刘璎瑛获省高校优秀共产党员称号，迟航获省优秀大学生共产党员荣誉称号。6 月底，结合建党 91 周年开展"创先争优"专项表彰，全校表彰"创先争优"先进院级党组织 8 个、"创先争优"先进党支部 38 个、"创先争优"先进个人 92 人。

【干部工作】全校共有中层干部 181 人、正处级干部 67 人、副处级干部 114 人，平均年龄 44 岁，女同志占 12%，具有高级职称的占 80.4%，具有研究生学历的占 74.6%。科级及科级以下干部 313 人。2012 年新提任中层干部 7 人，其中正处级干部 2 人、副处级干部 5 人。公开选拔 201 名优秀中青年干部和骨干教师作为处级后备干部。全年选派援疆干部 2 人、苏北地区挂职干部 3 人、江苏省第五批科技镇长团成员 10 人。

【党校工作】举办第五期中层干部高等教育研修班，组织 18 名中层干部参训。举办第一期中青年干部培训班，21 名副处级干部、30 名科级干部以及 14 名骨干教师共 65 名同志参训。积极选派干部参加中央党校、教育部海外培训项目、国家教育行政学院、省委教育工委、省委党校等干部教育培训基地和培训项目的学习。指导各分党校制订年度培训计划，积极开展各级各类教育培训工作。一年来，校院二级党校共举办各类培训班 50 余次，培训新党员、入党积极分子 4 000 余人次。

【老干部工作】以老干部身心健康为宗旨，组织老干部集中学习、观看形势政策录像、外出参观学习活动、学唱爱国主义歌曲和举行各种纪念活动，丰富、充实老干部的晚年生活。

【承办第十五次教育部直属高校暨全国有关高校组织工作研讨会】来自全国 103 所高校的 182 名校级领导和党委组织部长参加会议，盛邦跃代表学校在会上做了题为"大力加强干部实践锻炼　努力提高干部能力素质"的交流发言。

（撰稿：丁广龙　审稿：吴　群）

[附录]

附录1　学校各基层党组织、党员分类情况统计表

（截至2012年12月31日）

序号	单位	党员人数（人）							在岗职工人数	学生总数	研究生数	本科生数	党员比例（%）			
		合计	在岗职工	离退休	学生党员			流动党员					在岗职工党员比例	学生党员比例	研究生党员占研究生总数比例	本科生党员占本科生总数比例
					总数	研究生	本科生									
合计		10 646	1 425	536	8 685	4 053	3 459	340	2 456	23 241	6 069	16 831	58.02	37.37	66.78	20.55
1	农学院党委	699	74	16	609	443	166		121	1 691	783	908	61.16	36.01	56.58	18.28
2	植保学院党委	613	61	24	528	401	127	87	92	1 223	626	597	66.3	43.17	64.06	21.27
3	资环学院党委	687	50	15	622	511	111		91	1 252	668	584	54.95	49.68	76.50	19.01
4	园艺学院党委	1 775	52	16	1 707	368	176	108	107	1 707	604	1 103	48.60	31.87	60.93	15.96
5	动科学院党委	415	45	20	350	241	109	85	77	970	410	560	58.44	36.08	58.78	19.46
6	动医学院党委	610	61	24	525	361	164	10	95	1 423	531	892	64.21	36.89	67.98	18.39
7	食品学院党委	516	49	8	459	277	182		66	1 160	421	739	74.24	39.57	65.80	24.62
8	经管学院党委	762	56	12	694	293	401		87	2 508	469	2 039	64.37	27.67	62.47	19.67
9	公管学院党委	603	56	4	543	220	323	1	66	1 180	291	889	84.85	46.02	75.60	36.33
10	理学院党委	185	36	22	127	56	71		76	539	78	461	47.37	23.56	71.79	15.40
11	人文学院党委	324	40	6	278	85	193		61	1 001	114	887	65.57	27.77	74.56	21.76
12	生科学院党委	646	50	13	583	435	148		104	1 307	564	743	48.08	44.61	77.13	19.92

（续）

序号	单位	党员人数（人）							在岗职工人数	学生总数	研究生数	本科生数	党员比例（%）			
		合计	在岗职工	离退休	学生党员			流动党员					在岗职工党员比例	学生党员比例	研究生党员占研究生总数比例	本科生党员占本科生总数比例
					总数	研究生	本科生									
13	外语学院党委	251	52	5	194	70	124		87	750	99	651	59.77	25.87	70.71	19.05
14	信息学院党委	219	29	4	186	71	115		49	827	87	740	59.18	22.49	81.61	15.54
15	工学院党委	1 613	261	97	1 255	196	1 049	49	415	5 663	284	5 038	62.89	22.16	69.01	20.82
16	机关党委	240	175	65					243				72.02			
17	科研院党总支	43	30	13					45				66.67			
18	思政部党总支	50	19	6	25	25			29	40	40		65.52	62.50	62.50	
19	继教院党总支	15	12	3					17				70.59			
20	后勤集团党总支	91	58	33					127				45.67			
21	资产与后勤党总支	51	41	10					82				50.00			
22	图书馆党总支	50	36	14					81				44.44			
23	实验农场党总支	67	26	41					140				18.57			
24	体育部直属党支部	24	22	2					36				61.11			
25	国教院直属党支部	15	13	2					14				92.86			
26	离休直属党支部	49	4	45					4				100.00			
27	牧场直属党支部	16	3	13					24				12.50			
28	基建处直属党支部	14	11	3					15				73.33			
29	资产公司直属党支部	3	3						5				60.00			

注：1. 以上各项数据来源于2012年党内统计；2. 2012年10月20日校庆110周年之际，成立金融学院、因学院初建，草业学院、农村发展学院，未统计相关数据。

（撰稿：李云锋 审稿：吴 群）

附录2 学校各基层党组织党支部基本情况统计表

（截至 2012 年 12 月 31 日）

序号	基层党组织	党支部总数	学生党支部数			教职工党支部数		混合型党支部数
			学生党支部总数	研究生党支部	本科生党支部	在岗职工党支部数	离退休党支部数	
	合计	452	299	152	147	131	19	3
1	农学院党委	32	26	14	12	6	0	
2	植保学院党委	23	17	12	5	4	1	1
3	资环学院党委	37	31	26	5	5	1	
4	园艺学院党委	37	32	22	10	4	1	
5	动科学院党委	18	12	7	5	4	1	1
6	动医学院党委	17	13	11	2	3	1	
7	食品学院党委	20	15	9	6	4	1	
8	经管学院党委	27	21	11	10	5	1	
9	公管学院党委	21	16	10	6	5		
10	理学院党委	14	9	3	6	4	1	
11	人文学院党委	23	15	6	9	7	1	
12	生科学院党委	20	14	6	8	4	1	1
13	外语学院党委	15	8	2	6	6	1	
14	信息学院党委	17	14	4	10	3		
15	工学院党委	80	55	8	47	24	1	
16	机关党委	15				14	1	
17	科研院党总支	2				2		
18	思政部党总支	5	1	1		3	1	
19	继教院党总支	3				2	1	
20	后勤集团党总支	7				6	1	
21	资产与后勤党总支	6				5	1	
22	图书馆党总支	4				3	1	
23	实验农场党总支	3				2	1	
24	体育部直属支部	1				1		
25	国教院直属支部	1				1		
26	离休直属支部	1				1		
27	牧场直属党支部	1				1		
28	基建处直属党支部	1				1		
29	资产公司直属党支部	1				1		

注：1. 以上各项数据来源于 2012 年党内统计；2. 2012 年 10 月 20 日校庆 110 周年之际，成立金融学院、农村发展学院、草业学院，因学院初建，未统计相关数据。

（撰稿：李云锋 审稿：吴 群）

附录 3　学校各基层党组织年度发展党员情况统计表

（截至 2012 年 12 月 31 日）

序号	基层党组织	总计	学生			在岗教职工	其他
			合计	研究生	本科生		
	合计	1 870	1 852	275	1 567	8	10
1	农学院党委	94	94	23	61		
2	植保学院党委	79	79	24	55		
3	资环学院党委	87	87	31	56		
4	园艺学院党委	96	96	29	67		
5	动科学院党委	71	71	23	48		
6	动医学院党委	92	92	32	60		
7	食品学院党委	78	78	3	75		
8	经管学院党委	200	200	13	187		
9	公管学院党委	158	158	32	126		
10	理学院党委	45	45	6	39		
11	人文学院党委	85	85	6	79		
12	生科学院党委	93	92	34	58	1	
13	外语学院党委	64	64	2	62		
14	信息学院党委	70	70	7	63		
15	工学院党委	554	539	8	531	5	10
16	机关党委	2				2	
17	科研院党总支						
18	思政部党总支	2	2	2			
19	继教院党总支						
20	后勤集团党总支						
21	资产与后勤党总支						
22	图书馆党总支						
23	实验农场党总支						
24	体育部直属支部						
25	国教院直属支部						
26	离休直属支部						
27	牧场直属支部						
28	基建处直属党支部						
29	资产公司直属党支部						

注：1. 以上各项数据来源于 2012 年党内统计；2. 2012 年 10 月 20 日校庆 110 周年之际，成立金融学院、农村发展学院、草业学院，因学院初建，未统计相关数据。

（撰稿：李云锋　审稿：吴　群）

党 风 廉 政 建 设

【概况】2012年，南京农业大学党风廉政建设工作以科学发展观为指导，推进以"三重一大"制度为核心的各项制度的落实，保持对重点部门、关键岗位的监督力度，为学校持续、健康发展提供了坚强保证。

开展党风廉政教育，筑牢思想道德防线。通过各种形式，对各类人员进行教育。一是进行大会教育。2012年年初，纪检监察部门召开党风廉政建设工作会议，传达中央纪委全会、教育部党风廉政建设工作会议精神，部署学校年度党风廉政建设工作任务，进行党性党风党纪和廉洁从政教育。二是加强作风建设。开展党员干部作风建设、教师师德师风建设，号召全校干部和教职员工弘扬"诚朴勤仁"南农精神，爱岗敬业，立德树人。开展学风建设，引导全校师生崇尚学术、端正态度、规范行为，营造积极向上的学习、学术氛围。开展教育行风建设，进一步规范各类收费活动。三是开展廉洁文化创建活动。组织"校园廉洁文化活动周"，通过警示教育大会、廉洁诗词吟诵、廉洁话剧观摩、廉洁教育书籍阅读征文和廉洁文化创新项目评选等活动，营造风清气正的校园环境。

完善反腐倡廉制度，形成惩防体系基本框架。重视管理工作的规范化、制度化和法制化建设，强调靠制度管事、管人、管钱、管物。一是落实党风廉政建设责任制。明确学校各级领导在党风廉政建设和反腐败工作方面所负有的领导、教育、监督、检查和指导责任，形成谁主管、谁负责，一级抓一级、层层抓落实的责任体系。二是建立健全反腐倡廉制度。按照废改立原则，对现有制度进行梳理，制定《党务公开暂行办法》、《预算执行与决算审计实施办法》等规章制度，完善反腐倡廉制度体系，形成学校惩防体系基本框架。三是对制度落实情况进行检查。先后进行"三重一大"决策制度执行情况检查和推进惩防体系建设情况检查，在各单位全面自查基础上，重点抽查9个单位。通过检查，增强领导干部民主意识、法制意识和党风廉政建设"一岗双责"意识，促进二级单位党风廉政建设。在教育部开展的"三重一大"决策制度执行情况专项检查中，学校的做法获得检查组的好评。

加强管理和监督，推进各项工作规范有序。认真贯彻《关于加强高等学校反腐倡廉建设的意见》，积极组织实施对权力运行的制约和监督。一是加强干部管理和监督。落实民主生活会制度，各级领导班子按规定召开党员领导干部专题民主生活会。落实诚勉谈话制度，对有轻微违纪行为的领导干部进行谈话提醒和告诫。推进干部经济责任审计工作，加大对领导干部的经济监督力度。二是强化重点领域和关键环节管理和监督。纪检监察部门组织协调有关职能部门，严把招生录取、基建项目、物资采购、财务管理、科研经费、校办企业和学术诚信"七个关口"；参与有关职能部门管理工作，在参与中监督，全年共参与基建修缮工程招标88项，招标金额2.08亿元；参与采购招标229项，采购金额9 800万元；参与招聘面试347人次。三是与检察机关合作，开展预防职务犯罪共建活动。针对多功能风雨操场建设，与南京市玄武区人民检察院联合开展"创'工程优质、干部优秀'工程"专项预防活动。校检双方共同召开预防会议，签订备忘录，成立监督小组，与工程参与单位签订廉政协议，向工程参建人员发放《预防职务犯罪告知书》，学校有关工作人员签订《廉洁自律责任状》。年内还邀请南京市人民检察院预防职务犯罪宣讲团来校开展专题宣讲活动，用鲜活的事例，特别是教育系统近年来职务犯罪案例，告诫大家廉洁自律。四是开展廉政风险防控工作。按照中纪委《关于加强廉政风险防控的指导意见》及教育部相关要求，在科学研究院等6个二级单位和工学院有关部门开展廉政风险防控试点工作。

加强法制建设，促进依法治校。2012年，学校在监察部门设立法制科，着力加强和改进校内法制建设，促进和深化依法治校工作。为优化校园法制环境，整合校内法学资源，聘请校内相关专家、机关工作人员组建了学校法律顾问团，开展法律服务；按照学校"六五"普法工作领导小组部署开展法制宣传教育活动，增强师生员工的法制观念。全年共审查各类合同和招标文件39项，合同标的共计9 900余万元，提供法律建议150余项；代理学校对外诉讼4起，其中胜诉3起、在诉1起，胜诉金额330余万元；为学校顺利收回"龙舒泰"项目技术转让费（含利息）280余万元。

加强信访举报工作，严肃查处违纪违法案件。纪委对群众来信来访依纪依法审慎处理，做到件件有落实，署名有反馈。积极开展信访监督，促进党员领导干部改进作风，廉洁从政。对信访反映的违纪违法线索，进行认真细致的摸排调查、分析研判，严肃查处党员干部违纪违法行为。纪检监察部门全年共受理纪检监察信访12件。在省教育纪工委纪检监察信访达标检查中，学校信访工作获得检查组好评。

加强纪检监察队伍建设，提高干部素质能力。纪检监察部门积极组织开展学习培训和理论研讨活动，提高干部队伍的政治业务素质。承办江苏省教育纪检监察学会南京第三片区协作会。同志们积极撰写文章，探讨业务问题，交流工作经验，促进业务水平不断提高。纪检监察干部做到恪尽职守、清正廉洁，充分展示了纪监审干部的良好形象。

【党风廉政建设工作会议】2012年3月28日，南京农业大学2012年党风廉政建设工作会议在校学术交流中心举行。会议由校长周光宏主持，校党委书记管恒禄讲话，校党委副书记、纪委书记盛邦跃做工作报告。全校科级以上干部、特邀党风廉政监督员共300余人参加会议。会议传达了第十七届中央纪委第七次全会和教育系统党风廉政建设工作会议精神，管恒禄代表学校党委和行政提出工作要求。他指出，学校党风廉政建设和改革发展整体上呈良好态势，但要清醒地认识到学校发展进程中所面临的反腐败严峻考验。学校各级领导干部必须切实担负起党风廉政建设责任，认真履行"一岗双责"，对照学校2012年度党风廉政建设工作任务分解，完成校内惩防体系基本框架。同时，要把严明党的政治纪律作为贯彻执行党风廉政建设责任制的重要内容。要认真贯彻执行"三重一大"决策制度，大力开展阳光治校工作，开展廉政风险防控工作。盛邦跃回顾学校2011年党风廉政建设和反腐败工作时指出了问题和不足，总结经验和启示，部署2012年工作任务。会上，学生工作处、校区发展与基本建设处、计财处、科学研究院等单位和部门结合工作实际，交流了党风廉政建设工作情况，对下一阶段工作提出思路。

【校园廉洁文化活动周】2012年10～11月，学校组织开展"校园廉洁文化活动周"活动，组织各单位集中1～2周时间，开展以反腐倡廉为内容的校园文化活动。活动由学校纪委牵头组织，相关部门配合，各单位结合实际积极参与。活动内容：① 廉洁文化展演竞赛创作活动：参观展览、文艺表演、知识竞赛、主题演讲、影视展播和作品创作等；②廉洁教育书籍阅读征文活动：学校组织发放一批廉洁教育读本，各单位组织干部师生阅读并撰写读书心得；③警示教育活动：各单位通过召开警示教育大会、观看警示教育片等形式，教育、提醒党员干部对照反面典型，开展自查自纠；④廉洁文化创新项目申报活动：各单位对开展的廉洁文化特色活动进行总结，形成创新项目申报材料，参加学校评选。学校各单位、各部门精心组织，周密安排，充分调动师生员工的积极性和创造性，全校师生员工踊跃参加，共创作廉洁文化作品575篇（件），营造了"以廉为荣、以贪为耻"的良好氛围。

【"校检共建"预防职务犯罪】2012年，学校主动与驻地检察院联系，相互配合，积极开展校检合作，研究制定从源头上预防和治理腐败的措施。2012年6月，与南京市玄武区人民检察院就学校多功能风雨操场建设项目联合开展预防职务犯罪、创"工程优质、干部优秀"工程单体预防工作。2012年11月21日，学校举办预防职务犯罪宣讲会，联合南京市预防职务犯罪宣讲团对学校党员干部、教学科研骨干开展反腐倡廉教育活动。学校党委副书记、纪委书记盛邦跃主持宣讲会。学校机关及直属单位科级以上干部、学院教工党支部书记、系主任和学科点负责人300余人到场聆听宣讲。

【廉政风险防控试点工作】2012年，学校在科学研究院、校区发展与基本建设处、计财处（招投标办公室）、学生工作处（招生办公室）、继续教育学院和后勤集团公司6个二级单位以及工学院相对应的所属部门组织开展廉政风险防控试点工作。3～4月间，校纪委组织纪检监察干部深入重点单位开展廉政风险防控知识宣讲。3月6日，校纪委印发《关于开展廉政风险防控试点工作的通知》，结合学校工作实际，从指导思想、工作目标、工作原则、工作内容、工作步骤与方法、时间安排等方面全面部署了廉政风险防控试点工作。3月8日，学校召开廉政风险防控试点工作会议，要求各试点单位高度重视廉政风险防控工作，落实责任到人，认真排查风险，实施防控管理，逐步形成"一级管一级，层层抓落实"的廉政风险防控长效机制。学校纪检监察部门协调各职能部门认真履行职责，推动廉政风险防控工作任务落实。各试点单位按照学校工作方案的有关要求，4～5月间组织开展了单位、科室和岗位的廉政风险排查，6月制定防控措施，7～10月间实施防控管理，分阶段向校纪委报送廉政风险排查表和防控措施表等材料。校纪委在深入调查研究、加强理论思考的基础上，注重加强对各单位廉政风险防控的检查和指导，切实解决工作中存在的问题，着力提高预防腐败成效。5月和11月，校纪委领导先后到工学院、学生工作处（招生办公室）、校区发展与基本建设处、后勤集团公司等单位调研指导，推进廉政风险防控工作。11月，校纪委对各试点单位报送材料进行审阅，将审阅意见书面反馈各试点单位。试点单位共排查可能导致廉政风险因素826个，绘制职权行使流程图87张，制定防控措施299条。

（撰稿：章法洪　审稿：尤树林）

统 战 工 作

【概况】2012年，民主党派服务社会和参政议政工作成效显著，受到政府和社会的肯定。校九三学社荣获九三省级"优秀基层组织"和"2012年度社会服务先进集体"。校民进支部被民进省委评为"为全面建设小康社会作贡献先进集体"。

指导民主党派加强组织建设。深入贯彻 2012 年中发四号文件《中共中央关于新时期加强党外代表人士队伍建设的意见》，通过指导民主党派加强班子建设、制度建设等，不断提高民主党派组织的凝聚力和战斗力。完成民主党派成员信息统计工作，编印了学校民主党派通讯录。校民盟、九三基层委员会成功换届。全年共发展民主党派成员 10 人，其中九三学社 5 人、民盟 4 人、农工党 1 人。

协助民主党派加强自身建设。定期召开统战工作座谈会，邀请各民主党派和无党派人士代表列席学校有关会议，积极开展学校大政方针宣传，及时通报学校建设发展情况和收集各民主党派对学校工作的意见和建议。加强民主党派代表人士的教育和培养工作，推荐民主党派成员参加省、市级培训 4 人次。完成省政协委员（党外）第十一届成员的推荐和玄武区人大代表选举工作。

支持民主党派参政议政、服务社会。通过下拨经费、指导活动和参加会议等多种形式，为民主党派和无党派人士参政议政、服务社会提供条件和保证。学校各民主党派向各级人大、政协、民主党派省委提交议案、建议 12 项。校民盟成功组织"学科发展论坛"；九三学社派员参与百名专家进乡村和送科技服务"三农"活动，成功承办九三省委"'春之声'教授合唱团 2012 年高雅艺术进南农"演出活动。致公党成功承办"海外学子江苏行——引凤工程"南京农业大学考察联谊活动。

（撰稿：文习成　审稿：全思懋）

安 全 稳 定

【概况】2012 年，保卫处（政保部）坚持以创建"江苏省平安校园"为契机，以"规范管理、优质服务、创新教育和全校共创平安"为主线，努力营造"齐抓共管安全事，师生同创平安校"的工作局面，顺利通过"江苏省平安校园"考核验收，并获得"江苏省平安校园"荣誉称号。

强化信息情报工作，结合涉日维稳、中共十八大召开等敏感节点，深入挖掘深层次信息；探索并强化民族学生特别是维吾尔族学生管理，撰写《对南京三所高校维族学生的调查与思考》；抓好信息收集和舆情监控，形成《信息快报》26 期。认真梳理排查与整治影响稳定的不安定、不稳定、不安全因素，落实重点敏感时期控管措施，及时消除突发性、苗头性事端。

积极研究阶段性、多发性案件发生特点和规律，通过加强治安巡逻、检查盘问、蹲点守候和调查询问等措施，进一步压降案件，减少师生财物损失和人身伤害，年均发案率由 2011 年的 4.09‰下降为 2.6‰。年内共处理各类矛盾纠纷 20 余起、突发性事件 10 起、打架斗殴 5 起，报警求助百余起，协助公安机关查破各类案件 20 余起，追回手机 5 部、现金万元。

建立安全检查常态化。形成寒暑假、法定节假日开展综合性安全检查，每月对安防重点部位详查，新学期开学连续进行拉网式、重叠反复查，结合部、省、市、学校阶段工作专项查，检查与整改并重的常态机制。年内大规模安全检查 7 次，专项检查 10 余次，整改隐患 20 多处。

创新宣教重特色，着力互动质量高，变普及教育为层次教育，变被动接受为积极参与，不断提高学生的主动参与意识。开展消防趣味运动会、安全知识有奖竞赛、安全漫画大赛等竞赛活动；在宣教对象上，针对校园人群庞大、安全宣传教育资源有限问题，坚持安全宣传教育时点前移，重点定位在新生。

加强道路交通安全管理，切实维护校园交通秩序。利用智能道闸系统，通过使用电子工号办理车辆通行证、临时停车收费、扩建停车区、组建停车秩序维护执勤队四大措施，持久开展校园违停整治，有效阻止无关社会车辆进入校园，彻底改变教学区车辆乱停乱放无序现象，减少校园交通安全隐患，提高了师生自觉遵守校园停车秩序、主动接受监督管理意识。

投入近 200 万元，新建校园主要建筑消防管网水压监测系统，续建校园火灾自动报警集中控制系统。通过多年建设，编织起校园电子监控、防盗报警、交通道闸、宿舍智能门禁、火灾自动报警联网控制、消防管网水压监测立体技防天网，密布校园的各类监视器、探测器和传感器，实现 24 小时动态监控。消防管网水压监测系统建成，开创消防水系统管理智能化的先河，发现了多项人工无法检测的隐患顽疾。

做好户籍、身份证和出国手续办理，活动场地审核，办理户籍借用手续 3 000 余次，户口迁入 1 500 余人，户口迁出 2 000 余人，办理身份证 1 000 余张，审批场地 298 次。

【开展校园安全宣传教育活动】 5 月初，学校下发《关于开展"2012 年校园安全宣传月"活动的通知》，拉开安全宣传活动的序幕。宣传教育活动包括 5 月的安全宣传月、11 月的消防宣传周以及新生入学安全宣传教育等。开展消防趣味运动会、安全知识有奖竞赛和安全漫画大赛等竞赛活动；针对学生最关心的校园安全问题开展问卷调查，创设校园防盗、防骗、自行车防盗等治安顽疾治理"你提议，我选择"选项，广泛征集学生"金点子"；借助南京市中级人民法院庭审直播，联合监察处开设校园法律讲堂等。

【承担校内重大活动安保服务】 10 月，学校 110 周年校庆安保工作"跨度长、任务重、要求高"，从"江苏省百名中学校长进校园"活动开始，到"风雨兼程百十载，诚朴勤仁铸华章"庆典晚会散场结束，保卫处圆满完成数十场重大活动及校庆庆典大会、庆典晚会秩序维护、现场安保与交通管理任务，基本实现了"有序、安全"的工作目标。

（撰稿：洪海涛　审稿：刘玉宝）

人 武 工 作

【概况】 2012 年，人武部以邓小平理论和"三个代表"重要思想为指导，深入贯彻落实科学发展观，认真执行中共中央、国务院、中央军委下发《关于加强新形势下国防教育工作意见》精神，紧紧围绕做好军事斗争准备和学校实际开展人武工作。精心组织实施大学生军事训练，全面推进国防教育工作。加强军校共建，全面做好双拥工作。做好基层武装建设，深入推进大学生应征入伍工作等。

【组织学生军事技能训练】 9月10～25日，人武部组织开展2012级学生军训工作。9月11日下午，校党委副书记、军训工作领导小组组长花亚纯做新生军训动员报告。9月19日下午，在省教育厅体卫艺教处时文山调研员的陪同下，南京军区学生军训工作办公室常务副主任崔本乐大校一行5人来到学校检查调研学生军训工作。学校共4 424余名本科新生参加，卫岗校区和浦口工学院同时进行，南京军区临汾旅98名官兵担任教官，各院系21名辅导员担任政治指导员。11月，南京农业大学被江苏省军区司令部授予"2010—2011年度江苏省学生军训工作先进单位"，人武部副处级调研员宫京生获省教育厅"2010—2011年度江苏省学生军训工作先进个人"。

【组织学校国防教育活动】 4月1日，人武部全体党员干部到句容茅山新四军纪念馆开展党建教育参观学习。4月12日下午，校学生纠察队举办第三届"阳光运动"活动，活动项目包括花样跑步、经典热身和班级竞技三部分，活动口号为"享受阳光，享受生活"，旨在号召全校学生走出教室、走出宿舍、走到操场，提高青年学生体育运动意识，鼓励广大同学积极锻炼，享受体育运动带来的快乐，从而以饱满的热情迎接学校110周年华诞。4～6月根据省军区政治部、省教育厅、省国防教育办公室苏国教〔2012〕2号文件要求和统一安排，认真组织开展"热爱人民军队，共筑钢铁长城"演讲知识竞赛活动宣传动员与选拔工作，推荐光盘获南京赛区第7名。11月27日，东南大学军事教研室李有祥副教授前往校图书馆报告厅做题为"理性爱国、实力保钓"的国防形势讲座。

【组织学生应征入伍】 4月12日，教务处向各学院下发教教〔2012〕35号函件《关于部队复员本科生入伍当学期课程考核成绩认定的意见》，具体落实文件（〔2002〕参联字1号）要求：在校大学生入伍前，学校应尽可能安排他们参加本学期所学课程的考试，也可以根据其平时的学习情况，对本学期所学课程免试，直接确定成绩和学分，并保留学籍到退役后一年内。9月27日，玄武区人民政府召开征兵工作会议后，校人武部立即召开会议，开始部署，制定细致严密的工作安排，下发通知，悬挂横幅，利用学校党委宣传部大型电子屏幕打出征兵宣传广告，在校内各公告点和学生宿舍广泛张贴南京市人民政府征兵办公室公告，散发在校大学生应征入伍优抚政策传单，通过走访学院、学生宿舍等活动，广泛进行征兵宣传鼓动，指定专人从事征兵工作。2012年冬季征兵，学校共有6名应届毕业生、7名在校生光荣入伍。

【组织开展双拥共建工作】 10月，临汾旅领导应邀参加学校110周年校庆活动，并赠予学校大型苏绣纪念品。12月14日下午，人武部召开在校大学生应征入伍欢送会。孝陵卫街道人武部部长汤永锦，孝陵卫派出所警官白光银，校人武部部长刘玉宝，相关学院党委副书记、辅导员、班主任和人武部工作人员参加会议。会上，刘玉宝部长总结2012年学校征兵工作，向新兵颁发入伍通知书及发放慰问金。新兵代表、学院领导代表和街道领导代表先后发言。刘玉宝部长向为学校征兵工作做出贡献的相关单位和街道人武部门表示感谢，对7名同学报效祖国、投笔从戎的志向给予高度赞扬，并提出殷切的希望。同时，还按常规给烈军属，转业、复员、退伍军人发放慰问金。

（撰稿：洪海涛　审稿：刘玉宝）

工 会 与 教 代 会

【概况】2012 年，南京农业大学工会贯彻落实科学发展观，以"创先争优"活动为契机，紧紧围绕学校发展目标和中心工作，服务学校发展改革大局，全心全意为教职工服务。组织第五届教职工代表大会执委会和第十届工会委员会全体委员集中学习、研讨教育部第 32 号令《学校教职工代表大会规定》。召开执委会会议，会议审议通过《南京农业大学在职教职工岗位绩效津贴调整方案》。参加学校 110 周年校庆的各项筹备和庆典工作。完成第十七届玄武区人大代表换届选举工作。加强工会工作调查研究，开展青年教师思想状况调查，发放调查问卷 400 多份，分批组织行政人员和学生召开青年教师思想状况访谈会、参与省妇联组织的"江苏女科技人才发展状况及需求调查"、与高校间探讨学校非编人员入会和权益维护经验。组织优秀青年教师赴江西参加省教科工会社会实践活动。

切实关注教职工权益与文化生活，积极开展形式多样的活动。举办健康教育专题讲座、幼儿教育讲座和家政服务人员技能培训班，组织全校女教职工观看电影，组织青年教师参加在宁高校、科研院所间的联谊会；参加江苏省在宁高校棋类比赛、高校师生书画摄影展、集邮展。举办教职工运动会、乒乓球赛、扑克牌比赛、钓鱼比赛和羊山公园健身行等群众性体育运动，教职工羽毛球协会、足球协会分别参加第二届全国农林高校教职工羽毛球联谊赛、江苏省首届"汇农杯"足球友谊赛，营造和谐氛围，增强教职工的凝聚力。

坚持开展"送温暖"活动，全年共慰问重大疾病住院的教职工及有其他特殊困难的教职工 30 多人次。组织劳模、先进教职工赴南京汤山等地的疗休养活动。会同学校有关部门做好教职工重大节日福利品的组织和发放工作。继续做好大病医疗互助会工作，及时组织新进教职工入会，修订《南京农业大学教职工大病医疗互助基金管理办法（暂行）》部分条款，切实帮扶和缓解教职工因生大病引起的困难，2012 年全校共有 80 名因病住院的会员获得大病医疗互助基金补助 24.6 万元。

巩固"创先争优"成果，继续抓好创建"模范职工之家"和"职工小家"工作。把教职工是否满意作为衡量建家活动成效的主要标准。2012 年，校工会获得江苏省总工会授予的"模范教工之家"称号，园艺学院获江苏省教科系统"模范职工小家"称号，后勤集团幼儿园、资产与后勤保障处综合科和图书馆信息教育中心获得江苏省教科系统"工人先锋号"称号。

（撰稿：姚明霞 审稿：胡正平）

共 青 团 工 作

【概况】2012 年，学校共青团在学校党委和共青团江苏省委的领导下，紧紧围绕学校建设世界一流农业大学的奋斗目标，按照"一建设、两支撑、三育人"的思路，狠抓团学组织建设，构建队伍和制度两大支撑体系，深化思想育人、实践育人、文化育人工作，充分尊重和发挥团员青年主体作用，推动全校共青团工作迈上新的台阶。坚持党建带团建，将"创先争优"活动、"青春燎原计划"和学生工作"三大战略"结合起来，提升了青年师生思想引领和成才服务能力；服务学校中心工作，开展建校 110 周年庆典专题活动，充分发挥学生主人翁精神，参与校庆各项活动的组织和服务工作；重点开展"与信仰对话"活动和"社会主义核心价值体系"教育引导，引领青年学生牢固树立跟党走中国特色社会主义道路的坚定信念；以校园文化、社会实践、科技竞赛、创业实践和志愿服务活动为载体，积极服务不同青年群众个体化发展需求，培养学生热情奉献、勇于担当的可贵品质；自强拼搏、奋发成才的精神追求；爱校荣校的感恩意识。加强对校级学生组织的指导，改革学生组织设置，强化学生会、研究生会的引领作用，发挥社团联合会、志愿者协会和大学生科协等功能作用，为推动学校中心工作、服务学生成长成才做了大量有效工作，较好发挥了学生自我教育、自我管理、自我服务的作用。

【召开共青团南京农业大学第十三次代表大会】共青团南京农业大学第十三次代表大会于 2012 年 12 月 22~23 日召开。出席大会应到正式代表 247 人，因事、因病请假 10 人，实到 237 人。大会听取和审议了共青团南京农业大学第十二届委员会工作报告，采用无记名投票方式差额选举产生了共青团南京农业大学第十三届委员会。共青团南京农业大学第十三届委员会于 2012 年 12 月 23 日召开了第一次全体委员会议，29 名委员全部与会，会议选举产生了共青团南京农业大学第十三届委员会常务委员、书记和副书记，并选举产生参加共青团江苏省第十四次代表大会代表。

【举办"世界最大笑脸"吉尼斯挑战活动】2012 年 4 月 27 日 13：20，3 110 名志愿者在南京农业大学运动场组成直径 44 米、眼睛直径为 8 米的"世界最大笑脸"，376 名志愿者组成"NAU110"，全场师生齐呼"弘扬诚朴勤仁百年精神，建设世界一流农业大学"的校庆口号，同祝母校 110 岁生日快乐，万名师生共同见证。参加此次活动的 3 486 名志愿者来自卫岗校区 14 个学院，整个过程仅耗时 1 分 31 秒，成功地超越了原吉尼斯"世界最大笑脸"纪录。活动在校内外反响热烈，中央电视台国际频道、东方卫视、江苏卫视、辽宁卫视等多家电视台，新华日报、CHINA DAILY、21CN、香港早报、澳门日报等多家报纸，新华网、中国新闻网、新浪、腾讯、搜狐、网易等 100 余家网络媒体对活动进行了报道。活动有关动态通过人人网、微博等大学生社交平台广泛传播，在其他高校同学中也引起较大反响。

【开展纪念建团 90 周年系列活动】以纪念建团 90 周年为契机，以"高举团旗跟党走"为主题，在全校团员青年中采用青年喜闻乐见的形式，广泛开展各类教育活动，引导青年学生深刻认识和全面了解建团 90 周年的光辉历程，增强爱党爱国爱民的情感，坚定始终跟党走中国特色社会主义道路的理想信念；举办以"践行青春的誓言"为主题的校园演讲比赛，鼓励团员青年发现自我、展现自我，引导青年学生增强责任意识，树立远大理想，在实践与奉献中实现人生价值；举办"五月的花海"主题晚会，用丰富新颖的节目、生动有趣的形式增强活动感染力，加深青年学生对党对团的信赖，传承和发扬共青团精神。

【启动"百个先锋支部培育工程"和"百个社团品牌建设工程"】在全校启动"百个先锋支部

培育工程", 首批遴选 36 个团支部给予 2 000 元经费支持, 鼓励团支部在自身建设和作用发挥方面积极探索; 启动"百个社团品牌建设工程", 首批立项资助 10 个重点项目, 引导社团把握学校、学生和社会细微需求, 设计门槛低、参与性强的"微项目", 建立一批素质拓展平台。

（撰稿：翟元海　审稿：王　超）

五、人才培养

研究生教育

【概况】2012年，围绕学校建设世界一流农业大学的发展目标，研究生院坚持"以质量为核心、以创新为灵魂、以改革为动力"的发展方针，以吸引优秀生源、推动研究生国际化培养为突破口，重点推进"研究生培养机制改革"、"研究生课程体系改革"、"研究生实践基地建设"和"研究生综合素质提升计划"等项目的建设，进一步提升研究生培养质量。

共录取博士生447名、硕士生1988名、在职攻读专业学位研究生392名，完成2013级665名推免生推荐和571名推免生接收工作。授予374名研究生博士学位、1619名研究生硕士学位。新增90位学术型硕士研究生指导教师、31位全日制专业学位研究生指导教师、46位博士生指导教师。

【研究生培养机制改革】调整研究生收费政策，实行对学术型硕士生和推荐免试专业学位研究生免学费，同时提高博士生的生活待遇。专门针对优秀推荐免试硕士生和硕博连读生设立优秀研究生生源奖学金。制定《南京农业大学国家研究生奖学金管理办法》，完成87个博士生、147个硕士生的国家研究生奖学金发放工作。

博士生名额向国家重点学科、重点实验室、杰出人才以及科研经费充足且产出高的导师倾斜。进一步提高硕博连读生和直博生比例，让这两类学生成为学校博士生生源的主体。

【研究生教育国际化】本年度有42人入选"国家建设高水平大学公派研究生项目"，其中攻读博士学位研究生13人、联合培养博士生29人。学校成为国家留学基金管理委员会（China Scholarship Council）与美国堪萨斯州立大学（Kansas State University）动物医学合作领域的项目单位，培养执业兽医师；与美国加利福尼亚大学戴维斯分校（University of California, Davis）开展联合培养博士生。依托农业与生命科学直博生学术论坛，遴选优秀直博生，组团赴境外进行短期学术交流访问活动。

【研究生课程体系建设】完成学术型研究生课程体系改革，全部按一级学科设置课程体系，研究生课程总数848门，开设214门小学分选修课，提高对研究生参加学术交流的要求。完成20门研究生核心课程的立项建设，3门课程被评为江苏省优秀研究生课程。完成立项建设的83门专业学位研究生核心课程的中期检查。完成全校11种全日制专业硕士学位实践教学大纲制订工作。

【专业学位研究生实践基地建设】召开全校全日制专业学位研究生实践教学与基地建设现场交流会，全面总结、部署并推进学校全日制专业学位研究生实践教学与基地建设，新增江苏省企业研究生工作站12个（总28个），立项建设了19个首批校级企业研究生工作站，形成不同层次的研究生实践实习基地。制定了《南京农业大学企业研究生工作站建设与管理实施细则》、《南京农业大学全日制硕士专业学位研究生实习实践管理暂行规定》等一系列文件。

【研究生教育质量保障体系建设】获 3 篇全国百篇优秀博士学位论文、1 篇第四届全国兽医博士优秀学位论文（全国共 2 篇）、5 篇江苏省优秀博士学位论文和 13 篇江苏省优秀硕士学位论文。国务院学位委员会办公室抽检的 20 篇博士学位论文全部合格。修订《南京农业大学关于研究生学位论文答辩及学位申请工作的规定》和《南京农业大学学位论文相似度检测办法》，进一步提高学位授予的量化指标，保证学校研究生学位论文质量。制定《南京农业大学关于研究生毕业、结业、肄业实施细则》，进一步完善学籍管理制度。制定《专业硕士学位论文要求及指标体系》，进一步规范专业硕士学位论文的要求。

【研究生教育管理】实施队伍发展战略，加强研究生辅导员队伍建设。组织每月辅导员工作例会，交流工作经验；组织 4 场研究生辅导员专题培训讲座；召开第二届研究生思想政治教育与事务管理工作研讨会，推进校院二级管理；2 名研究生辅导员发表会议论文并获奖。研究生工作部在第二届全国农林院校研究生教育管理工作研讨会上获组织奖。

实施素质拓展战略，全面提高研究生综合素质。组织 2012 级新生参加教育厅和学校学术道德宣讲会，实现 2012 级研究生全覆盖。举办"研究生神农文化节"活动，搭建"校、院、学科"三级学术交流平台。历时一年的第八届神农文化节共举办 189 场学术报告、11 场"我与博士面对面"、16 场学术辩论赛、4 期自然科学学术沙龙及一系列文体活动，20 000 多人次参与活动。组织 54 名研究生参加"百名博士广西防城港行"、"研究生江苏行"暑期社会实践，学生撰写实践报告 54 篇，2 支团队均被评为学校 2012 年暑期社会实践优秀团队。研究生辩论队荣获在宁高校辩论赛冠军。

充分发挥"三助"和研究生奖助学金对学生成长成才的激励促进作用。设置助教岗位 608 个、助管岗位 91 个，600 多名研究生获资助；336 名研究生被评为优秀毕业生，115 名研究生被评为优秀研究生干部，234 名研究生获得国家研究生奖学金。发挥校研究生会桥梁纽带作用，增强研究生"三自"能力。按章程成立校 28 届研究生会并对新一届研究生会干部进行了系统培训。校研究生会被评为"江苏省十佳研究生会"。加强研究生心理健康教育。组织 2012 级新生心理健康普查并举办 3 场研究生干部专题培训讲座。

规范就业指导服务，促进研究生就业。开展研究生辅导员就业技能专题培训；举办 30 余场专场招聘会，研究生年终就业率在 90% 以上。2012 年派遣应届毕业生 1 102 名、往届毕业生 513 人。完成 2013 届 2 318 名毕业研究生的生源审核和就业推荐表及协议书核发。

【全国兽医教指委秘书处工作】主办第三届全国兽医专业学位研究生教育指导委员会第三次会议暨全国兽医专业学位第五次培养工作会议。开展兽医硕士培养单位培养管理与教学实施情况专项调研。组织评选第四届全国兽医专业学位优秀学位论文。制定全国兽医专业学位 2013 年统一录取建议分数线，召开全国兽医博士录取工作会议。改版兽医秘书处的网站。

此外，研究生院主办华东片农林学科研究生教育学术会议。1 篇论文获第五届《学位与研究生教育》优秀论文二等奖，2 篇论文分别获中国学位与研究生教育学会农林工作委员会 2012 年学术年会优秀论文一等奖、二等奖。1 人次获全国在职专业学位研究生考试考务工作先进个人，1 人次获《学位与研究生教育》杂志优秀兼职编辑。配合学校 110 周年校庆，在《学位与研究生教育》第十期做了宣传专刊，并完成校庆的捐赠任务。

（撰稿：林江辉 审稿：陈 杰）

［附录］

附录 1 南京农业大学授予博士、硕士学位学科专业目录

表 1 全日制学术型学位

学科门类	一级学科名称	二级学科（专业）名称	学科代码	授权级别	备　注
哲学	哲学	马克思主义哲学	010101	硕士	硕士学位授权一级学科
		中国哲学	010102	硕士	
		外国哲学	010103	硕士	
		逻辑学	010104	硕士	
		伦理学	010105	硕士	
		美学	010106	硕士	
		宗教学	010107	硕士	
		科学技术哲学	010108	硕士	
经济学	理论经济学	政治经济学	020101	硕士	硕士学位授权一级学科
		经济思想史	020102	硕士	
		经济史	020103	硕士	
		西方经济学	020104	硕士	
		世界经济	020105	硕士	
		人口、资源与环境经济学	020106	硕士	
	应用经济学	国民经济学	020201	博士	博士学位授权一级学科
		区域经济学	020202	博士	
		财政学	020203	博士	
		金融学	020204	博士	
		产业经济学	020205	博士	
		国际贸易学	020206	博士	
		劳动经济学	020207	博士	
		统计学	020208	博士	
		数量经济学	020209	博士	
		国防经济学	020210	博士	
法学	法学	经济法学	030107	硕士	
	社会学	社会学	030301	硕士	硕士学位授权一级学科
		人口学	030302	硕士	
		人类学	030303	硕士	
		民俗学（含：中国民间文学）	030304	硕士	
	马克思主义理论	马克思主义基本原理	030501	硕士	
		思想政治教育	030505	硕士	

（续）

学科门类	一级学科名称	二级学科（专业）名称	学科代码	授权级别	备　注
文学	外国语言文学	英语语言文学	050201	硕士	硕士学位授权一级学科
		日语语言文学	050205	硕士	
		俄语语言文学	050202	硕士	
		法语语言文学	050203	硕士	
		德语语言文学	050204	硕士	
		印度语言文学	050206	硕士	
		西班牙语言文学	050207	硕士	
		阿拉伯语语言文学	050208	硕士	
		欧洲语言文学	050209	硕士	
		亚非语言文学	050210	硕士	
		外国语言学及应用语言学	050211	硕士	
历史学	历史学	专门史	0602L3	硕士	
理学	数学	应用数学	070104	硕士	硕士学位授权一级学科
		基础数学	070101	硕士	
		计算数学	070102	硕士	
		概率论与数理统计	070103	硕士	
		运筹学与控制论	070105	硕士	
	化学	无机化学	070301	硕士	硕士学位授权一级学科
		分析化学	070302	硕士	
		有机化学	070303	硕士	
		物理化学（含：化学物理）	070304	硕士	
		高分子化学与物理	070305	硕士	
	地理学	地图学与地理信息系统	070503	硕士	
	海洋科学	海洋生物学	070703	硕士	硕士学位授权一级学科
		物理海洋学	070701	硕士	
		海洋化学	070702	硕士	
		海洋地质	070704	硕士	
	生物学	植物学	071001	博士	博士学位授权一级学科
		动物学	071002	博士	
		生理学	071003	博士	
		水生生物学	071004	博士	
		微生物学	071005	博士	
		神经生物学	071006	博士	
		遗传学	071007	博士	
		发育生物学	071008	博士	
		细胞生物学	071009	博士	
		生物化学与分子生物学	071010	博士	

（续）

学科门类	一级学科名称	二级学科（专业）名称	学科代码	授权级别	备 注
理学	生物学	生物物理学	071011	博士	博士学位授权一级学科
		生物信息学	0710Z1	博士	
		应用海洋生物学	0710Z2	博士	
	科学技术史	科学技术史	071200	博士	博士学位授权一级学科分学科可授予理学、工学、农学、医学学位
	生态学		0713	博士	博士学位授权一级学科
工学	机械工程	机械制造及其自动化	080201	硕士	硕士学位授权一级学科
		机械电子工程	080202	硕士	
		机械设计及理论	080203	硕士	
		车辆工程	080204	硕士	
	控制科学与工程	检测技术与自动化装置	081102	硕士	
	计算机科学与技术	计算机应用技术	081203	硕士	硕士学位授权一级学科
		计算机系统结构	081201	硕士	
		计算机软件与理论	081202	硕士	
	化学工程与技术	应用化学	081704	硕士	
	轻工技术与工程	发酵工程	082203	硕士	硕士学位授权一级学科
		制浆造纸工程	082201	硕士	
		制糖工程	082202	硕士	
		皮革化学与工程	082204	硕士	
	农业工程	农业机械化工程	082801	博士	博士学位授权一级学科
		农业水土工程	082802	博士	
		农业生物环境与能源工程	082803	博士	
		农业电气化与自动化	082804	博士	
		环境污染控制工程	0828Z1	博士	
	环境科学与工程	环境科学	083001	硕士	硕士学位授权一级学科，可授予理学、工学、农学学位
		环境工程	083002	硕士	
	食品科学与工程	食品科学	083201	博士	博士学位授权一级学科，可授予工学、农学学位
		粮食、油脂及植物蛋白工程	083202	博士	
		农产品加工及贮藏工程	083203	博士	
		水产品加工及贮藏工程	083204	博士	
		食品质量与安全	083220	博士	自主设置

（续）

学科门类	一级学科名称	二级学科（专业）名称	学科代码	授权级别	备 注
工学	风景园林学		0834	硕士	硕士学位授权一级学科
农学	作物学	作物栽培学与耕作学	090101	博士	博士学位授权一级学科
		作物遗传育种	090102	博士	
		农业信息学	0901Z1	博士	
		种子科学与技术	0901Z2	博士	
	园艺学	果树学	090201	博士	博士学位授权一级学科
		蔬菜学	090202	博士	
		茶学	090203	博士	
		观赏园艺学	0902Z1	博士	
		药用植物学	0902Z2	博士	
		设施园艺学	0902Z3	博士	
	农业资源与环境	土壤学	090301	博士	博士学位授权一级学科
		植物营养学	090302	博士	
	植物保护	植物病理学	090401	博士	博士学位授权一级学科，农药学可授予理学、农学学位
		农业昆虫与害虫防治	090402	博士	
		农药学	090403	博士	
	畜牧学	动物遗传育种与繁殖	090501	博士	博士学位授权一级学科
		动物营养与饲料科学	090502	博士	
		动物生产学	0905Z1	博士	
		动物生物工程	0905Z2	博士	
	兽医学	基础兽医学	090601	博士	博士学位授权一级学科
		预防兽医学	090602	博士	
		临床兽医学	090603	博士	
	林学	园林植物与观赏园艺	090706	硕士	硕士学位授权一级学科
		林木遗传育种	090701	硕士	
		森林培育	090702	硕士	
		森林保护学	090703	硕士	
		森林经理学	090704	硕士	
		野生动植物保护与利用	090705	硕士	
		水土保持与荒漠化防治	090707	硕士	
	水产	水产养殖	090801	博士	博士学位授权一级学科
		捕捞学	090802	博士	
		渔业资源	090803	博士	
	草学		0909	博士	博士学位授权一级学科

（续）

学科门类	一级学科名称	二级学科（专业）名称	学科代码	授权级别	备 注
医学	中药学	中药学	100800	硕士	硕士学位授权一级学科
管理学	管理科学与工程	不分设二级学科	1201	硕士	硕士学位授权一级学科
	工商管理	会计学	120201	硕士	硕士学位授权一级学科
		企业管理	120202	硕士	
		旅游管理	120203	硕士	
		技术经济及管理	120204	硕士	
	农林经济管理	农业经济管理	120301	博士	博士学位授权一级学科
		林业经济管理	120302	博士	
		农村与区域发展	1203Z1	博士	
		农村金融	1203Z2	博士	
	公共管理	行政管理	120401	博士	博士学位授权一级学科，教育经济与管理可授予管理学、教育学学位
		社会医学与卫生事业管理	120402	博士	
		教育经济与管理	120403	博士	
		社会保障	120404	博士	
		土地资源管理	120405	博士	
		信息资源管理	1204Z1	博士	
	图书情报与档案管理	图书馆学	120501	硕士	硕士学位授权一级学科
		情报学	120502	硕士	
		档案学	120502	硕士	

表 2 全日制专业学位

专业学位代码、名称	专业领域代码和名称	授权级别	招生学院
0852 工程硕士	085227 农业工程	硕士	工学院
	085229 环境工程	硕士	资源与环境科学学院
	085231 食品工程	硕士	食品科技学院
	085238 生物工程	硕士	生命科学学院
	085240 物流工程	硕士	经济管理学院、工学院、信息科技学院
	085201 机械工程	硕士	工学院
	085216 化学工程	硕士	理学院

（续）

专业学位代码、名称	专业领域代码和名称	授权级别	招生学院
0951 农业推广硕士	095101 作物	硕士	农学院
	095102 园艺	硕士	园艺学院
	095103 农业资源利用	硕士	资源与环境科学学院
	095104 植物保护	硕士	植物保护学院
	095105 养殖	硕士	动物科技学院
	095106 草业	硕士	动物科技学院
	095108 渔业	硕士	渔业学院
	095109 农业机械化	硕士	工学院
	095110 农村与区域发展	硕士	经济管理学院、农学院
	095111 农业科技组织与服务	硕士	人文社会科学学院
	095112 农业信息化	硕士	信息科技学院
	095113 食品加工与安全	硕士	食品科技学院
	095114 设施农业	硕士	园艺学院
	095115 种业	硕士	农学院
0953 风景园林硕士		硕士	园艺学院
0952 兽医硕士		硕士	动物医学院
1252 公共管理硕士（MPA）		硕士	公共管理学院、人文社会科学学院
1251 工商管理硕士		硕士	经济管理学院
0251 金融硕士		硕士	经济管理学院
0254 国际商务硕士		硕士	经济管理学院
0352 社会工作硕士		硕士	人文社会科学学院
1253 会计硕士		硕士	经济管理学院
0551 翻译硕士		硕士	外国语学院
20952 兽医博士		博士	动物医学院

表 3　非全日制专业学位

专业学位名称	专业领域名称	专业领域代码	授权级别	备 注
工程硕士	农业工程	430128	硕士	
	环境工程	430130	硕士	
	食品工程	430132	硕士	
	生物工程	430139	硕士	
	物流工程	430141	硕士	
	机械工程	430102	硕士	
	化学工程	430117	硕士	

（续）

专业学位名称	专业领域名称	专业领域代码	授权级别	备　注
农业推广硕士	作物	470101	硕士	
	园艺	470102	硕士	
	农业资源利用	470103	硕士	
	植物保护	470104	硕士	
	养殖	470105	硕士	
	草业	470106	硕士	
	渔业	470108	硕士	
	农业机械化	470109	硕士	
	农村与区域发展	470110	硕士	
	农业科技组织与服务	470111	硕士	
	农业信息化	470112	硕士	
	食品加工与安全	470113	硕士	
	设施农业	470114	硕士	
	种业	470115	硕士	
兽医硕士		480100	硕士	
兽医博士			博士	
公共管理硕士		490100	硕士	
风景园林硕士		560100	硕士	

附录2　江苏省2012年普通高校研究生科研创新计划项目名单

表1　省立省助44项

项目编号	申请人	项目名称	项目类型	研究生层次
CXZZ12_0264	郭　攀	月见草原位修复铜污染土壤的研究及合理化利用	自然科学	博士
CXZZ12_0265	穆大帅	基于内源URA3基因的灵芝多基因沉默系统的建立及应用	自然科学	博士
CXZZ12_0266	谷　涛	细菌 Sphingobium sp. YBL2 降解异丙隆关键基因的克隆	自然科学	博士
CXZZ12_0267	朱　渊	玉米微管结合蛋白MAP65在BR诱导的抗氧化防护系统中的作用	自然科学	博士
CXZZ12_0268	韩　斌	拟南芥HY1缓解镉毒害的分子机理	自然科学	博士
CXZZ12_0269	郭文文	细菌作用下碳酸盐矿物形态的控制机制研究	自然科学	博士
CXZZ12_0270	汪德飞	多学科视野中知识地方性研究	人文社科	博士
CXZZ12_0271	王兴盛	复杂光学曲面超精密车削关键技术研究	自然科学	博士
CXZZ12_0272	申宝营	温室光照环境调控及其对室内作物形态发育的影响	自然科学	博士
CXZZ12_0273	郑朝成	城市污泥的昆虫转化及资源化利用研究	自然科学	博士
CXZZ12_0274	张　鑫	茶叶儿茶素及其衍生物与肠道微生物相互作用的研究	自然科学	博士

（续）

项目编号	申请人	项目名称	项目类型	研究生层次
CXZZ12_0275	张 伟	基于高光谱透射图像的鸡种蛋的早期孵化检测	自然科学	博士
CXZZ12_0276	翟立公	实时荧光 RNA 恒温扩增沙门氏菌检测技术的研究	自然科学	博士
CXZZ12_0277	蒯 婕	花铃期短期土壤渍水影响棉纤维发育及纤维品质形成的生理生态机制研究	自然科学	博士
CXZZ12_0278	李向楠	返青期低温锻炼提高小麦倒春寒抗性的机理研究	自然科学	博士
CXZZ12_0279	陈婷婷	抗白粉病基因 $Pm6$ 候选基因的功能验证	自然科学	博士
CXZZ12_0280	方慧敏	E3 泛素连接敏 $ZFRG1$ 在水稻抗逆应答反应中的功能研究	自然科学	博士
CXZZ12_0281	刘春晓	一对部分同源的棉花 ERF 基因功能分化的基因组学研究	自然科学	博士
CXZZ12_0282	张英虎	大豆高蛋白资源的遗传解析和超亲种质创新研究	自然科学	博士
CXZZ12_0283	庄维兵	GA4 促进果梅季节性休眠解除的分子机理	自然科学	博士
CXZZ12_0284	上官凌飞	葡萄 $WKBP$（FK506 - BindingProtein）基因家族的预测与鉴定分析	自然科学	博士
CXZZ12_0285	曹 雪	番茄耐低温特异 miR319 及其靶基因的克隆和功能分析	自然科学	博士
CXZZ12_0286	孙 静	菊花 $FT - like$ 基因功能与开花机理研究	自然科学	博士
CXZZ12_0287	马 超	外来微生物入侵土壤生态系统的影响因素及作用机理研究	自然科学	博士
CXZZ12_0288	曹 越	水稻种参与早起缺磷信号转导基因 $OsPDR2$ 和 $OsLPR1/2$ 的功能研究	自然科学	博士
CXZZ12_0289	谢珊珊	枯草芽孢杆菌促生基因克隆和功能研究	自然科学	博士
CXZZ12_0290	严 芳	AR156 生防基因功能验证	自然科学	博士
CXZZ12_0291	金 琳	棉铃虫田间种群 $Cry1A1c$ 抗性等位基因的分离及其抗性演化潜力评价	自然科学	博士
CXZZ12_0292	徐 曙	申嗪霉素对水稻白叶枯病菌作用机制的蛋白质组学研究	自然科学	博士
CXZZ12_0293	于莎莉	甜菜碱对朗德鹅肝脏细胞脂肪沉积影响及作用机制	自然科学	博士
CXZZ12_0294	魏全伟	PARP1 与 SIRT1，2，6 在猪卵泡发育过程中的相互作用机制研究	自然科学	博士
CXZZ12_0295	李 伟	IUGR 猪的脂肪沉积规律及胆碱的营养调控研究	自然科学	博士
CXZZ12_0296	张 伟	β-酪啡肽 7 对糖尿病肾病肾小管上皮细胞转分化及肾素-血管紧张素系统的影响	自然科学	博士
CXZZ12_0297	刘广锦	应用基因组学研究鱼源无乳链球菌跨种感染的相关基因	自然科学	博士
CXZZ12_0298	蔺辉星	PEDV 和 TGEV 二联重组猪痘活载体疫苗的研制	自然科学	博士
CXZZ12_0299	胡志华	不同硒蛋白在调节猪免疫功能中的作用研究	自然科学	博士
CXZZ12_0300	徐 虹	我国合作金融机构缓解农村金融排斥的机制研究	人文社科	博士
CXZZ12_0301	徐 斌	社会化服务与水稻生产农药施用行为研究	人文社科	博士
CXZZ12_0302	林大燕	我国主要农产品结构、地域平衡及国际市场协调利用研究	人文社科	博士
CXZZ12_0303	陈 昕	基于虚拟耕地的农产品贸易战略研究	人文社科	博士
CXZZ12_0304	黄俊辉	农村养老服务供给研究——基于政府责任的视角	人文社科	博士

（续）

项目编号	申请人	项目名称	项目类型	研究生层次
CXZZ12＿0305	徐自强	高校毕业生就业政策变迁研究——基于倡议联盟框架的视角	人文社科	博士
CXZZ12＿0306	张俊凤	农村土地整治生态风险管理研究	人文社科	博士
CXZZ12＿0307	唐鹏	土地财政与地方财政收支关系研究——以江苏省为例	人文社科	博士

表 2 省立校助 43 项

项目编号	申请人	项目名称	项目类型	研究生层次
CXLX12＿0266	姜涛	鮈属鱼类耳石微化学特征研究	自然科学	博士
CXLX12＿0267	陈永	酿酒酵母中小 G 蛋白 Ypt51 参与细胞自噬机理研究	自然科学	博士
CXLX12＿0268	李怡	Sphingobiumsp. DC－2 降解丁草胺途径中相关基因的克隆与表达	自然科学	博士
CXLX12＿0269	黄婧	大豆疫霉抗性基因 RpsLu4 的精细定位	自然科学	博士
CXLX12＿0270	李莉	水稻磷脂酶 C 转导盐胁迫信号的分子机理研究	自然科学	博士
CXLX12＿0271	李岩	Exocyst 亚基 SEC3A 在花粉管生长中的功能研究	自然科学	博士
CXLX12＿0272	陈圆圆	Hom－Hopf 代数上模范畴的研究	自然科学	博士
CXLX12＿0273	董晓弟	低值海参活性物质功能研究及应用	自然科学	博士
CXLX12＿0274	黄颖	民国时期国外农作物引种与推广研究	人文社科	博士
CXLX12＿0275	叶磊	近世日本暖地稻作的技术特色及其生态价值研究	人文社科	博士
CXLX12＿0276	徐大华	黄瓜生长期磷素含量与其电信号相关性的测定与建模	自然科学	博士
CXLX12＿0277	付丽辉	基于表面等离子效应的水体可溶解有机物测定方法研究	自然科学	博士
CXLX12＿0278	裴斐	双孢菇片联合干燥技术及加工过程中风味变化机制	自然科学	博士
CXLX12＿0279	田梦雨	增温和氮肥对小麦穗粒数形成的影响及生理机理	自然科学	博士
CXLX12＿0280	侯朋福	秸秆还田对稻田甲烷排放的影响极其机理研究	自然科学	博士
CXLX12＿0281	梁俊超	抗白粉病基因 Mlm2033 的物理定位及候选基因功能分析	自然科学	博士
CXLX12＿0282	钱怡松	大豆活性成分 Genistein 的脑缺血保护活性研究和遗传改良	自然科学	博士
CXLX12＿0283	孙成振	不结球白菜 BcWRKY1 转录因子抗霜霉病功能研究	自然科学	博士
CXLX12＿0284	贾利	黄瓜种间渐渗系群体的构建和鉴定	自然科学	博士
CXLX12＿0285	郑金双	FISH 应用于不结球白菜分型及进化亲缘关系研究	自然科学	博士
CXLX12＿0286	宋爱萍	菊花连作土壤微生物区系变化研究	自然科学	博士
CXLX12＿0287	张令	外来植物水花生入侵对生态系统碳氮过程的影响研究	自然科学	博士
CXLX12＿0288	宋修超	蚯蚓堆肥优化土壤生物群落结构和功能及改善蔬菜生产的机制研究	自然科学	博士
CXLX12＿0289	蔡锦	利用 Macroarray 分析水稻钾吸收转运基因的表达及 Os-HAK1 基因的功能研究	自然科学	博士
CXLX12＿0290	张晓	水稻磷酸盐转运蛋白基因功能鉴定及其与根系根毛发生发育关系研究	自然科学	博士

（续）

项目编号	申请人	项目名称	项目类型	研究生层次
CXLX12_0291	周冬梅	蜡质押宝杆菌 AR156 及其复合制剂防治作物青枯病菌机理研究	自然科学	博士
CXLX12_0292	侯洋旸	灰飞虱休眠的分子信号转导途径	自然科学	博士
CXLX12_0293	杨现明	入侵生物西花蓟马在不同气候环境下的适应性机制的研究	自然科学	博士
CXLX12_0294	唐秀云	管氏肿腿蜂合作行为研究	自然科学	博士
CXLX12_0295	周峥嵘	氧化应激对山羊卵母细胞和转基因克隆胚胎体外发育的影响	自然科学	博士
CXLX12_0296	李蛟龙	基于组学技术的猪肉糖酵解和宰前营养干预研究	自然科学	博士
CXLX12_0297	李根来	猪短链脂肪酸受体 GPR41 和 43 的鉴定及其表达规律研究	自然科学	博士
CXLX12_0298	唐姝	Hsp27 在氧化应激 H9C2 细胞中的表达变化及信号转导途径研究	自然科学	博士
CXLX12_0299	秦涛	禽流感灭活病毒复合苗高效诱导口服免疫应答机制研究	自然科学	博士
CXLX12_0300	林焱	犬流感病毒江苏分离株基因特性及致病特性分析	自然科学	博士
CXLX12_0301	马汝钧	CIRBP 对猪卵母细胞和早期胚胎的冷冻保护作用及机理研究	自然科学	博士
CXLX12_0302	宋玉兰	不同经营体制的新疆棉花增长因素的差异研究	人文社科	博士
CXLX12_0303	张宁	农村非正规金融对农户福利的影响及其规范发展研究	人文社科	博士
CXLX12_0304	贺群	农业供应链金融理论与实证研究——以生猪产业链为例	人文社科	博士
CXLX12_0305	黄博	乡村精英的权力再生产行为研究——以 S 县若干村庄为例	人文社科	博士
CXLX12_0306	上官彩霞	城乡建设用地增减挂钩拆迁补偿模式比较研究——以江苏省为例	人文社科	博士
CXLX12_0307	吉登艳	集体林权制度改革对农户林地利用决策影响研究——以江西为例	人文社科	博士

附录 3 江苏省 2012 年研究生教育教学改革研究与实践课题

表 1 省立省助

项目编号	课题名称	主持人	备注
JGZZ12_021	农业与生命科学直博生创新中心建设模式和运行机制研究	沈振国	
JGZZ12_022	农科研究生分层、分类培养模式改革研究与实践	罗英姿	重点
JGZZ12_023	基于农业科技创新的农科博士创新型人才培养模式的研究与实践	宋华明	
JGZZ12_024	生物学一级学科研究生课程设置改革与建设的研究与实践	夏凯	

表 2 省立校助

项目编号	课题名称	主持人
JGLX12_025	来华留学研究生培养模式研究	刘爱军

（续）

项目编号	课题名称	主持人
JGLX12_026	全日制专业学位研究生实习基地建设现状调查与实证研究	李献斌
JGLX12_027	研究生创新能力培育的生态化模式探索与实践——以图书馆学和情报学专业为例	郑德俊
JGLX12_028	农科类全日制专业学位研究生人才培养模式的研究	王 恬
JGLX12_029	作物学研究生课程教学改革与实践	洪德林

附录 4 2012 年江苏省企业研究生工作站

学院	认定申请企业名称	负责人
资源与环境科学学院	江苏大丰盐土大地农业科技有限公司	刘兆普
园艺学院	镇江瑞繁农艺有限公司	侯喜林
园艺学院	昆山市城区农副产品实业有限公司	吴 震
园艺学院	徐州金冠农业开发有限公司	房经贵
园艺学院	吴江东之田木农业生态园	张绍铃
园艺学院	连云港振兴实业集团有限公司	陈发棣
园艺学院	常州绿州百菜园农业投资有限公司	侯喜林
动物科技学院	华寅水产科技有限公司	刘文斌
动物科技学院	太仓安佑生物科技有限公司	周岩民
动物医学院	南京福斯特牧业科技有限公司	杨德吉
食品科技学院	苏州大福外贸食品有限公司	郑永华
生命科学学院	南通飞天化学实业有限公司	沈文飚

附录 5 2012 年获全国优秀博士学位论文名单

年 份	作者姓名	题 目	导师姓名	学 科
2012	郭 敏	转录因子 Moap1 及其相关基因在稻瘟病菌生长发育和致病中的功能分析	郑小波	植物病理学
2012	王春雷	梨花柱 S-RNase 介导自花花粉管死亡特点和路径研究	张绍铃	果树学
2012	纪月清	非农就业与农机支持的政策选择研究——基于农户农机服务利用视角的分析	钟甫宁	农业经济管理

附录 6 2012 年获全国优秀博士学位论文提名论文名单

年 份	作者姓名	题 目	导师姓名	学 科
2012	周时荣	水稻花粉半不育基因 PSS1 的图位克隆与功能研究	万建民	作物遗传育种

附录 7　2012 年江苏省优秀博士学位论文名单

序号	论文题目	作者姓名	导师姓名	学院
1	血红素加氧酶/一氧化碳信号系统介导拟南芥和小麦对盐、渗透和 UV-C 胁迫适应性的分子机理	谢彦杰	杨　清 沈文飚	生命科学学院
2	梨花粉管超极化激活钙通道的调控机制研究	吴巨友	张绍铃	园艺学院
3	土壤微生物群落结构及动态随水稻品种和生育期的变化及其农田温室气体释放意义	Qaiser Hussian	潘根兴	资源与环境科学学院
4	稻瘟病菌 G 蛋白及 MAPK 信号途径相关基因的功能分析	张海峰	郑小波	植物保护学院
5	我国县域农村金融市场结构与绩效研究——以江苏为例	黄惠春	褚保金	经济管理学院

附录 8　2012 年江苏省优秀硕士学位论文名单

序号	论文题目	作者姓名	导师姓名	学院
1	地方性知识研究——基于格尔兹阐释人类学和劳斯科学实践哲学的视角	汪德飞	严火其	人文社会科学学院
2	农村土地金融问题研究——以浙江省宁波地区为案例	王　军	林乐芬	经济管理学院
3	大豆（*Glycine max* L. Merr.）籽粒大小和形状的 QTL 定位和驯化研究	徐　宇	章元明	农学院
4	紫花苜蓿 HO1/2 基因克隆、原核表达及 HO1 诱导剂 β-CD-Hemin 缓解镉诱导的苜蓿根部氧化损伤	付广青	聂　理 沈文飚	生命科学学院
5	利用作物秸秆制备高性能吸附材料并用于水中多环芳烃治理	何　娇	高彦征	资源与环境科学学院
6	茶树花多糖的提取、分离纯化、结构及其生物活性	徐人杰	曾晓雄	食品科技学院
7	利用 EST 预测苹果的 microRNA 并用 miR-RACE 验证其精确序列	于华平	房经贵	园艺学院
8	猪粪堆肥中的物质变化及其腐熟度评价研究	唐　珠	沈其荣 余光辉	资源与环境科学学院
9	甜菜夜蛾和斜纹夜夜蛾对氯虫苯甲酰胺的抗性风险评估	赖添财	苏建亚	植物保护学院
10	β-酪啡肽 7 和酪蛋白水解肽对糖尿病大鼠血糖和氧化应激的影响	印　虹	张源淑	动物医学院
11	猪链球菌 2 型感染小鼠腹腔巨噬细胞基因表达谱差异分析	荣　杰	姚火春	动物医学院
12	菊花 C2H2 型锌指蛋白基因 *CgZFP1* 的克隆与功能鉴定	高海顺	陈素梅	园艺学院
13	土地换保障前后农户福利变化的模糊评价——以苏州、无锡为例	徐烽烽	李　放	公共管理学院

附录9　2012年校级优秀博士学位论文名单

序号	学院	作者姓名	导师姓名	二级学科名称	论文题目
1	农学院	何小红	章元明	遗传学	应用遗传交配设计检测数量性状上位性QTL方法的研究
2	植物保护学院	张海峰	郑小波	植物病理学	稻瘟病菌G蛋白及MAPK信号途径相关基因的功能分析
3	植物保护学院	王群青	王源超	植物病理学	RxLR效应分子协同互作控制大豆疫霉对寄主的侵染过程
4	植物保护学院	李丹丹	董双林	农业昆虫与害虫防治	家蚕基因组中50-500 nt非编码RNA的发现鉴定及表达谱研究
5	资源与环境科学学院	李勇	郭世伟	植物营养学	氮素营养对水稻光合作用与光合氮素利用率的影响机制研究
6	资源与环境科学学院	Qaiser Hussian	潘根兴	土壤学	土壤微生物群落结构及动态随水稻品种和生育期的变化及其农田温室气体释放意义
7	园艺学院	吴巨友	张绍铃	果树学	梨花粉管超极化激活钙通道的调控机制研究
8	动物科技学院	戴兆来	朱伟云	动物营养与饲料科学	猪小肠微生物氨基酸代谢的生态学分析
9	生命科学学院	谢彦杰	杨清 沈文飚	生物化学与分子生物学	血红素加氧酶/一氧化碳信号系统介导拟南芥和小麦对盐、渗透和UV-C胁迫适应性的分子机理
10	经济管理学院	黄惠春	褚保金	农业经济管理	我国县域农村金融市场结构与绩效研究——以江苏为例

附录10　2012年校级优秀硕士学位论文名单

序号	学院	作者姓名	导师姓名	二级学科名称	论文题目
1	农学院	徐宇	章元明	遗传学	大豆（Glycine max L. Merr.）籽粒大小和形状的QTL定位和驯化研究
2	农学院	王端飞	丁艳锋	作物栽培学与耕作学	栽培方式及株行距配置对超级稻宁粳3号产量形成和群体均衡性的影响
3	植物保护学院	赖添财	苏建亚	农药学	甜菜夜蛾和斜纹夜夜蛾对氯虫苯甲酰胺的抗性风险评估
4	植物保护学院	于明志	洪晓月	农业昆虫与害虫防治	内共生菌Wolbachia对中国二斑叶螨自然种群mtDNA多样性及其进化的影响

（续）

序号	学院	作者姓名	导师姓名	二级学科名称	论文题目
5	资源与环境科学学院	唐 珠	沈其荣 余光辉	植物营养学	猪粪堆肥中的物质变化及其腐熟度评价研究
6	资源与环境科学学院	何 娇	高彦征	环境科学	利用作物秸秆制备高性能吸附材料并用于水中多环芳烃治理
7	园艺学院	高海顺	陈素梅	园林植物与观赏园艺	菊花 C2H2 型锌指蛋白基因 $CgZFP1$ 的克隆与功能鉴定
8	园艺学院	于华平	房经贵	果树学	利用 EST 预测苹果的 microRNA 并用 miR－RACE 验证其精确序列
9	动物科技学院	张淑敏	陈 杰	动物遗传育种与繁殖	靶向奶山羊 BLG 的慢病毒 RNAi 表达载体的构建及转基因细胞系的建立
10	动物医学院	荣 杰	姚火春	预防兽医学	猪链球菌 2 型感染小鼠腹腔巨噬细胞基因表达谱差异分析
11	动物医学院	印 虹	张源淑	基础兽医学	β-酪啡肽 7 和酪蛋白水解肽对糖尿病大鼠血糖和氧化应激的影响
12	食品科技学院	徐人杰	曾晓雄	食品科学	茶树花多糖的提取、分离纯化、结构及其生物活性
13	工学院	仇金宏	沈明霞	检测技术与自动化装置	数字图像处理技术在牛肉品质分级中的应用研究
14	生命科学学院	付广青	聂 理 沈文飚	生物化学与分子生物学	紫花苜蓿 HO1/2 基因克隆、原核表达及 HO1 诱导剂 β-CD-Hemin 缓解镉诱导的苜蓿根部氧化损伤
15	理学院	丁 青	杨 红	应用化学	低分子量有机酸和可溶性有机质对异丙隆在两种土壤中迁移的影响
16	经济管理学院	王 军	林乐芬	金融学	农村土地金融问题研究——以浙江省宁波地区为案例
17	公共管理学院	徐烽烽	李 放	社会保障	土地换保障前后农户福利变化的模糊评价——以苏州、无锡为例
18	人文社会科学学院	解安宁	应瑞瑶	经济法学	转基因农产品安全监管制度研究
19	人文社会科学学院	汪德飞	严火其	科学技术哲学	地方性知识研究——基于格尔兹阐释人类学和劳斯科学实践哲学的视角
20	信息科技学院	冯英华	刘 磊	图书馆学	基于需求的高校图书馆 2.0 个性化服务模式研究

附录 11 2012 级全日制研究生分专业情况统计

学 院	学科专业	总计（人）	录取数（人）					
			硕士生			博士生		
			合计	计划内	计划外	合计	计划内	计划外
南京农业大学	全校合计	2 288	1 988	1 460	528	447	395	52
农学院（278人）（硕士生202人，博士生76人）	遗传学	17	11	11	0	6	6	0
	★生物信息学	2	0	0	0	2	2	0
	作物栽培学与耕作学	79	60	60	0	19	16	3
	作物遗传育种	147	100	100	0	47	43	4
	★作物信息学	2	0	0	0	2	1	1
	作物	24	24	8	16	0	0	0
	种业	7	7	0	7	0	0	0
植物保护学院（229人）（硕士生183人，博士生46人）	植物病理学	75	55	55	0	20	20	0
	农业昆虫与害虫防治	77	58	58	0	19	16	3
	农药学	32	25	25	0	7	5	2
	植物保护	45	45	3	42	0	0	0
资源与环境科学学院（230人）（硕士生183人，博士生57人）	海洋科学	18	18	18	0	0	0	0
	生态学	22	17	17	0	5	4	1
	★应用海洋生物学	2	0	0	0	2	2	0
	环境科学	13	13	13	0	0	0	0
	★环境污染控制工程	8	0	0	0	8	7	1
	环境工程	17	17	17	0	0	0	0
	环境工程（专业学位）	20	20	10	10	0	0	0
	土壤学	46	33	33	0	13	11	2
	植物营养学	70	41	41	0	29	27	2
	农业资源利用	24	24	6	18	0	0	0
园艺学院（241人）（硕士生202人，博士生39人）	风景园林学	10	10	10	0	0	0	0
	果树学	41	30	30	0	11	11	0
	蔬菜学	66	51	51	0	15	11	4
	茶学	6	5	5	0	1	1	0
	★观赏园艺	7	0	0	0	7	7	0
	★药用植物学	2	0	0	0	2	2	0
	★设施园艺	3	0	0	0	3	3	0
	园林植物与观赏园艺	29	29	29	0	0	0	0
	园艺	39	39	6	33	0	0	0
	风景园林硕士	27	27	11	16	0	0	0
	中药学	11	11	11	0	0	0	0

（续）

学　院	学科专业	总计（人）	录取数（人）					
			硕士生			博士生		
			合计	计划内	计划外	合计	计划内	计划外
动物科技学院 （131人） （硕士生 101人， 博士生 30人）	动物遗传育种与繁殖	54	41	41	0	13	12	1
	动物营养与饲料科学	53	38	40	0	15	14	1
	草学	9	7	7	0	2	1	0
	草业	3	3	0	3	0	0	0
	养殖	12	12	2	10	0	0	0
经济管理学院 （265人） （硕士生 228人， 博士生 37人）	金融学	20	15	15	0	5	4	1
	区域经济学	1	0	0	0	1	1	0
	产业经济学	17	13	13	0	4	4	0
	国际贸易学	9	8	8	0	1	1	0
	金融硕士	22	22	0	22	0	0	0
	国际商务硕士	9	9	0	9	0	0	0
	农村与区域发展	4	4	0	4	0	0	0
	会计学	9	9	9	0	0	0	0
	企业管理	9	9	9	0	0	0	0
	旅游管理	1	1	1	0	0	0	0
	技术经济及管理	11	11	11	0	0	0	0
	农业经济管理	30	12	12	0	18	17	1
	★农村发展	2	0	0	0	2	2	0
	★农村金融	6	0	0	0	6	3	3
	工商管理硕士	90	90	0	90	0	0	0
	会计硕士	25	25	0	25	0	0	0
动物医学院 （190人） （硕士人 155人， 博士生 35人）	基础兽医学	47	35	35	0	12	11	1
	预防兽医学	62	47	47	0	14	13	1
	临床兽医学	39	31	31	0	8	8	0
	★动物检疫与动物源	1	0	0	0	1	0	1
	兽医硕士	42	42	21	21	0	0	0
食品科技学院 （152人） （硕士生 119人， 博士生 33人）	发酵工程	5	5	5	0	0	0	0
	食品科学与工程	119	86	86	0	33	29	4
	食品加工与安全	4	4	0	4	0	0	0
	食品工程	24	24	15	9	0	0	0
公共管理学院 （184人） （硕士生 156人， 博士生 28人）	人口、资源与环境经济学	5	5	5	0	0	0	0
	地图学与地理信息系统	8	8	8	0	0	0	0
	行政管理	17	13	13	0	4	3	1
	教育经济与管理	15	7	7	0	8	8	0

（续）

学　院	学科专业	总计（人）	录取数（人）					
			硕士生			博士生		
			合计	计划内	计划外	合计	计划内	计划外
	社会保障	7	5	5	0	2	1	1
	土地资源管理	57	43	43	0	14	12	2
	公共管理硕士	75	75	0	75	0	0	0
人文社会科学学院（76人）（硕士生65人，博士生11人）	经济法学	6	6	6	0	0	0	0
	社会学	5	5	5	0	0	0	0
	社会工作硕士	36	36	8	28	0	0	0
	★专门史	6	6	6	0	0	0	0
	科学技术史	18	7	7	0	11	11	0
	农业科技组织与服务	5	5	2	3	0	0	0
理学院（27人）（硕士生26人，博士生1人）	数学	7	7	7	0	0	0	0
	生物物理学	2	1	1	0	1	1	0
	化学	9	9	0	0	0	0	0
	化学工程	9	9	3	6	0	0	0
工学院（104人）（硕士生91人，博士生13人）	机械制造及其自动化	4	4	4	0	0	0	0
	机械电子工程	3	3	3	0	0	0	0
	机械设计及理论	7	7	7	0	0	0	0
	车辆工程	5	5	5	0	0	0	0
	检测技术与自动化装置	3	3	3	0	0	0	0
	农业机械化工程	15	8	8	0	7	5	2
	农业生物环境与能源工程	8	6	6	0	2	2	0
	农业电气化与自动化	10	5	5	0	5	5	0
	机械工程	19	19	15	4	0	0	0
	农业工程	18	18	9	9	0	0	0
	物流工程	9	9	8	1	0	0	0
	管理科学与工程	4	4	4	0	0	0	0
渔业学院（44人）（硕士生37人，博士生7人）	水生生物学	3	2	2	0	1	1	0
	水产	4	0	0	0	4	2	2
	水产养殖	21	19	19	0	2	1	1
	渔业	16	16	0	16	0	0	0
信息科技学院（32人）（硕士生32人）	计算机应用技术	6	6	6	0	0	0	0
	农业信息化	16	16	4	12	0	0	0
	图书馆学	5	5	5	0	0	0	0
	情报学	5	5	5	0	0	0	0

（续）

学　院	学科专业	总计（人）	录取数（人）					
			硕士生			博士生		
			合计	计划内	计划外	合计	计划内	计划外
外国语学院（37 人）（硕士生 37 人）	外国语言文学	7	7	7	0	0	0	0
	翻译	30	30	12	18	0	0	0
生命科学学院（194 人）（硕士生 159 人，博士生 35 人）	植物学	50	40	40	0	10	8	2
	动物学	6	5	5	0	1	1	0
	微生物学	62	49	49	0	13	13	0
	发育生物学	8	7	7	0	1	1	0
	细胞生物学	14	12	12	0	2	2	0
	生物化学与分子生物学	29	21	21	0	8	5	3
	生物工程	25	25	0	25	0	0	0
思想政治理论课教研部（12 人）（硕士生 12 人）	科学技术哲学	5	5	5	0	0	0	0
	马克思主义基本原理	4	4	4	0	0	0	0
	思想政治教育	3	3	3	0	0	0	0

附录 12　2012 年在职攻读专业学位研究生报名、录取情况分学位领域统计表

学位名称	报名和录取数（人）	领域名称	报名数（人）	录取数（人）
工程硕士	报名 59 人录取 34 人	环境工程	24	15
		食品工程	22	10
		生物工程	2	2
		机械工程	5	3
		物流工程	6	4
农业推广硕士	报名 317 人录取 198 人	作物	18	10
		园艺	30	17
		农业资源利用	9	5
		植物保护	9	6
		养殖	25	11
		渔业	10	9
		农业机械化	8	7
		农村与区域发展	151	98
		农业科技组织与服务	18	10
		农业信息化	15	10
		食品加工与安全	18	13
		设施农业	1	1
		种业	5	1

（续）

学位名称	报名和录取数（人）	领域名称	报名数（人）	录取数（人）
风景园林硕士		无	39	17
兽医硕士		无	60	33
公共管理硕士（MPA）		无	232	75
兽医博士		无	37	28
合　计（人）			744	385

附录13　2012年博士研究生国家奖学金获奖者名单

序号	学生姓名	学院	专业	学号
1	文　佳	农学院	作物遗传育种	2009201060
2	杨春艳	农学院	遗传学	2010201002
3	陈明江	农学院	遗传学	2010201007
4	周坤能	农学院	遗传学	2010201009
5	刘敬然	农学院	作物栽培学与耕作学	2010201028
6	陈　金	农学院	作物栽培学与耕作学	2010201030
7	陈婷婷	农学院	作物遗传育种	2010201051
8	钱贻崧	农学院	作物遗传育种	2010201055
9	张　锐	农学院	作物遗传育种	2010201068
10	张文盼	农学院	作物遗传育种	2010201069
11	宋利茹	农学院	遗传学	2011201001
12	李向楠	农学院	作物栽培学与耕作学	2011201021
13	徐晓洋	农学院	作物遗传育种	2011201043
14	程金平	农学院	种子科学与技术	2011201072
15	张夏香	农学院	作物栽培学与耕作学	2012201016
16	王　斌	农学院	作物栽培学与耕作学	2012201017
17	常圣鑫	农学院	作物栽培学与耕作学	2012201024
18	林秋云	农学院	作物遗传育种	2012201043
19	段亚冰	植物保护学院	植物病理学	2010202024
20	戴婷婷	植物保护学院	植物病理学	2010202021
21	王锦达	植物保护学院	农业昆虫与害虫防治	2010202028
22	姚　敏	植物保护学院	植物病理学	2010202015
23	杨现明	植物保护学院	农业昆虫与害虫防治	2010202030
24	叶文武	植物保护学院	植物病理学	2010202018
25	邹保红	植物保护学院	植物病理学	2010202004

（续）

序号	学生姓名	学院	专业	学号
26	田艳丽	植物保护学院	植物病理学	2011202012
27	刘振江	植物保护学院	农药学	2010202045
28	田 雯	植物保护学院	农业昆虫与害虫防治	2010202041
29	陈 岳	植物保护学院	植物病理学	2011202019
30	阴伟晓	植物保护学院	植物病理学	2011202022
31	杨 瑛	资源与环境科学学院	植物营养学	2012203055
32	袁 军	资源与环境科学学院	植物营养学	2012203041
33	朱 震	资源与环境科学学院	植物营养学	2012203033
34	王化敦	资源与环境科学学院	植物营养学	2011203040
35	徐志辉	资源与环境科学学院	植物营养学	2011203036
36	曹 越	资源与环境科学学院	植物营养学	2010203044
37	王 敏	资源与环境科学学院	植物营养学	2010203034
38	黄增荣	资源与环境科学学院	应用海洋生物学	2010203008
39	王金阳	资源与环境科学学院	土壤学	2011203027
40	程 琨	资源与环境科学学院	土壤学	2010203023
41	马煜春	资源与环境科学学院	土壤学	2010203027
42	郭文文	资源与环境科学学院	生态学	2010203004
43	宋永伟	资源与环境科学学院	环境污染控制工程	2010203014
44	阳燕娟	园艺学院	蔬菜学	2010204013
45	徐 良	园艺学院	蔬菜学	2010204019
46	张彦苹	园艺学院	果树学	2011204004
47	侍 婷	园艺学院	果树学	2011204005
48	宋爱萍	园艺学院	观赏园艺	2011204027
49	袁凌云	园艺学院	设施园艺	2010204034
50	李向飞	动物科技学院	动物营养与饲料科学	2010205016
51	李 莲	动物科技学院	特种经济动物饲养	2010205026
52	周峥嵘	动物科技学院	动物遗传育种与繁殖	2010205009
53	孙文星	动物科技学院	动物遗传育种与繁殖	2010205003
54	申 明	动物科技学院	动物遗传育种与繁殖	2011205003
55	孔一力	动物科技学院	动物营养与饲料科学	2011205018
56	刘 丹	经济管理学院	农村金融	2011206028
57	杨小丽	经济管理学院	农村金融	2010206032
58	金 媛	经济管理学院	农村金融	2010206034
59	徐 虹	经济管理学院	农村金融	2010206030
60	李润生	动物医学院	基础兽医	2010207007

（续）

序号	学生姓名	学院	专业	学号
61	潘士锋	动物医学院	基础兽医	2011207009
62	王晓晔	动物医学院	预防兽医	2010207017
63	孙明霞	动物医学院	预防兽医	2010207027
64	李 晨	动物医学院	预防兽医	2010207026
65	秦 韬	动物医学院	临床兽医	2010207031
66	张 靖	动物医学院	临床兽医	2010207033
67	蔺辉星	动物医学院	预防兽医	2011207012
68	庞茂达	动物医学院	预防兽医	2012207020
69	叶可萍	食品科技学院	食品科学	2010208025
70	张 鑫	食品科技学院	食品科学	2010208018
71	宋尚新	食品科技学院	食品科学	2011208030
72	王虎虎	食品科技学院	食品科学	2011208020
73	杨润强	食品科技学院	食品科学	2010208006
74	肖丽群	公共管理学院	土地资源管理	2010209033
75	徐自强	公共管理学院	教育经济与管理	2010209012
76	黄俊辉	公共管理学院	行政管理	2010209003
77	李 鑫	公共管理学院	土地资源管理	2010209022
78	汪德飞	人文社会科学学院	科学技术史	2011210013
79	张美娜	工学院	农业电气化与自动化	2010212018
80	倪 岚	生命科学学院	植物学	2010216003
81	杨 丽	生命科学学院	植物学	2010216006
82	赵江哲	生命科学学院	植物学	2010216010
83	卫 林	生命科学学院	微生物学	2010216013
84	曹 礼	生命科学学院	微生物学	2010216015
85	穆大帅	生命科学学院	微生物学	2010216018
86	金奇江	生命科学学院	生物化学与分子生物学	2010216030
87	宋剑波	生命科学学院	生物化学与分子生物学	2010216035

附录 14 2012 年硕士研究生国家奖学金获奖者名单

序号	学生姓名	学院	专业	学号
1	付 央	农学院	遗传学	2010101005
2	韩美玲	农学院	遗传学	2010101007
3	张 悦	农学院	作物栽培与耕作学	2010101025
4	徐晶晶	农学院	作物栽培与耕作学	2010101039

（续）

序号	学生姓名	学院	专业	学号
5	田一丹	农学院	作物栽培与耕作学	2010101042
6	徐娇	农学院	作物栽培与耕作学	2010101057
7	褚旭	农学院	作物栽培与耕作学	2010101058
8	李兴杰	农学院	作物遗传育种	2010101081
9	郜忠霞	农学院	作物遗传育种	2010101107
10	苏秀红	农学院	作物遗传育种	2010101108
11	王明霞	农学院	作物遗传育种	2010101133
12	浦静	农学院	遗传学	2011101010
13	李丹	农学院	遗传学	2011101019
14	耿婷	农学院	作物栽培与耕作学	2011101031
15	张明懿	农学院	作物遗传育种	2011101084
16	王迪	农学院	作物遗传育种	2011101133
17	陶涛	农学院	作物遗传育种	2011101166
18	许秀莹	植物保护学院	农药学	2010102151
19	金琳	植物保护学院	农业昆虫与害虫防治	2011202038
20	张矛	植物保护学院	农药学	2010102159
21	孔广辉	植物保护学院	植物病理学	2011202018
22	肖玉	植物保护学院	农药学	2010102158
23	卫其巍	植物保护学院	植物病理学	2010102014
24	吴桂春	植物保护学院	植物病理学	2011102034
25	孙海娜	植物保护学院	农业昆虫与害虫防治	2011202027
26	韩笑	植物保护学院	农业昆虫与害虫防治	2010102081
27	苗珊珊	植物保护学院	农药学	2011102157
28	周景	植物保护学院	农业昆虫与害虫防治	2011102117
29	武霓	植物保护学院	农药学	2010102150
30	李浩森	植物保护学院	农业昆虫与害虫防治	2011102123
31	翟素	植物保护学院	植物病理学	2010102060
32	刘莹	植物保护学院	农业昆虫与害虫防治	2011102133
33	胡中泽	植物保护学院	植物病理学	2010102053
34	徐晶	植物保护学院	植物病理学	2010102051
35	翁君	资源与环境科学学院	植物营养学	2011103165
36	赵军	资源与环境科学学院	植物营养学	2011203034
37	黄炎	资源与环境科学学院	植物营养学	2011203035
38	魏嘉	资源与环境科学学院	植物营养学	2011203047
39	罗轶红	资源与环境科学学院	植物营养学	2010103141

（续）

序号	学生姓名	学院	专业	学号
40	赵娜娜	资源与环境科学学院	海洋生物学	2010103009
41	金善钊	资源与环境科学学院	海洋生物学	2010103002
42	刘祖香	资源与环境科学学院	土壤学	2010103095
43	李 燕	资源与环境科学学院	土壤学	2010103110
44	李 露	资源与环境科学学院	生态学	2011103028
45	庄 云	资源与环境科学学院	生态学	2010103041
46	刘丹青	资源与环境科学学院	环境科学	2010103053
47	路 璐	资源与环境科学学院	环境科学	2010103054
48	孙 青	资源与环境科学学院	环境科学	2010103063
49	蒋田雨	资源与环境科学学院	环境工程	2010103083
50	姚佳佳	资源与环境科学学院	环境工程	2010103077
51	于洪娟	园艺学院	园艺学专业硕士	2011804141
52	张馨韵	园艺学院	风景园林专业硕士	2011804154
53	董家田	园艺学院	城市规划与设计	2010104007
54	罗晓燕	园艺学院	果树学	2010104019
55	王培培	园艺学院	果树学	2010104021
56	文习成	园艺学院	果树学	2010104023
57	刘 鹏	园艺学院	园林植物与观赏园艺	2010104102
58	黄至喆	园艺学院	园林植物与观赏园艺	2010104119
59	王秀云	园艺学院	园林植物与观赏园艺	2011104137
60	李彦肖	园艺学院	蔬菜学	2012104052
61	蒋 倩	园艺学院	蔬菜学	2011104063
62	戴 薇	园艺学院	蔬菜学	2010104062
63	陈新斌	园艺学院	蔬菜学	2010104056
64	王雪花	园艺学院	蔬菜学	2010104067
65	李 红	园艺学院	中药学	2010104142
66	周 琳	园艺学院	茶 学	2011104101
67	熊 锴	动物科技学院	动物遗传育种与繁殖	2010105005
68	李黎明	动物科技学院	动物遗传育种与繁殖	2010105009
69	王 奇	动物科技学院	动物营养与饲料科学	2010105058
70	崔秀妹	动物科技学院	草业科学	2010105087
71	李 晔	动物科技学院	动物遗传育种与繁殖	2010105040
72	张 丽	动物科技学院	动物遗传育种与繁殖	2010105008
73	吴亚男	动物科技学院	动物营养与饲料科学	2011105062
74	姚 勇	动物科技学院	动物遗传育种与繁殖	2011105015

（续）

序号	学生姓名	学院	专业	学号
75	张 昆	经济管理学院	金融学	2010106012
76	吴丽芬	经济管理学院	产业经济学	2010106036
77	姚倩茹	经济管理学院	产业经济	2011106028
78	陈 亮	经济管理学院	产业经济学	2010106029
79	程欣炜	经济管理学院	金融硕士	2011806044
80	欧真真	经济管理学院	技术经济及管理	2010106076
81	李桂安	经济管理学院	金融硕士	2011806053
82	沈荣海	经济管理学院	企业管理	2012106083
83	任芃兴	经济管理学院	金融学	2011106001
84	章 棋	经济管理学院	国际贸易学	2010106043
85	吕凤霞	动物医学院	基础兽医	2010107004
86	陈轶雯	动物医学院	预防兽医	2010107066
87	李彦哲	动物医学院	兽医硕士	2011807154
88	赵康宁	动物医学院	兽医硕士	2012807116
89	贾媛媛	动物医学院	基础兽医	2010107010
90	张树坤	动物医学院	基础兽医	2010107028
91	骆婧文	动物医学院	临床兽医	2010107126
92	赵晓娟	动物医学院	临床兽医	2010107114
93	孟 刚	动物医学院	预防兽医	2011107038
94	翟志鹏	动物医学院	兽医硕士	2011807155
95	于亚玲	动物医学院	预防兽医	2010107078
96	王丽敏	动物医学院	预防兽医	2011107072
97	林小琴	动物医学院	预防兽医	2011207021
98	郝 澍	动物医学院	临床兽医	2011207030
99	王思丹	食品科技学院	食品科学	2010108064
100	葛云芝	食品科技学院	食品科学	2010108059
101	李伟峰	食品科技学院	食品科学	2010108036
102	章栋梁	食品科技学院	食品科学	2010108028
103	郭向莹	食品科技学院	食品科学	2010108041
104	华晓南	食品科技学院	食品科学	2010108060
105	顾颖娟	食品科技学院	食品科学	2010108013
106	朱 易	食品科技学院	食品科学	2010108034
107	雷华威	食品科技学院	食品科学	2010108007
108	沈 洁	公共管理学院	行政管理	2010109023
109	丁晓虎	公共管理学院	行政管理	2010109030

（续）

序号	学生姓名	学院	专业	学号
110	帖 明	公共管理学院	行政管理	2010109027
111	王 蕊	公共管理学院	教育经济与管理	2010109039
112	肖锦成	公共管理学院	土地资源管理	2010109068
113	褚彩虹	公共管理学院	土地资源管理	2010109069
114	王思易	公共管理学院	土地资源管理	2010109064
115	胡育荣	人文社会科学学院	经济法	2010110009
116	殷小霞	人文社会科学学院	专门史	2010110030
117	王诗露	人文社会科学学院	社会学	2011110014
118	杨丽姣	理学院	化 学	2012111010
119	李 惠	理学院	应用化学	2011111011
120	常亚磊	工学院	机械设计及理论	2010212010
121	常江雪	工学院	车辆工程	2010112013
122	邓丽君	工学院	农业生物环境与能源工程	2010112035
123	王迎迎	工学院	农业电气化与自动化	2010112049
124	柏广宇	工学院	检测技术与自动化装置	2011112017
125	郑 奎	工学院	农业工程	2011812072
126	丁 旬	工学院	物流工程	2011812085
127	万金娟	无锡渔业学院	水产养殖	2010113008
128	王 璐	无锡渔业学院	水产养殖	2010113015
129	魏广莲	无锡渔业学院	水产养殖	2011113021
130	付玲玲	信息科技学院	图书馆学	2011114022
131	张星星	信息科技学院	情报学	2010114024
132	张 丽	外国语学院	日语语言文学	2011115010
133	雷 宇	外国语学院	英语语言文学	2010115009
134	苏娜娜	生命科学学院	植物学	2010116010
135	李小艳	生命科学学院	植物学	2010116028
136	聂王星	生命科学学院	植物学	2010116034
137	刘代喜	生命科学学院	动物学	2010116040
138	浦传亮	生命科学学院	微生物学	2010116049
139	王 晗	生命科学学院	微生物学	2010116086
140	林 峰	生命科学学院	细胞生物学	2010116126
141	林玉婷	生命科学学院	生物化学与分子生物学	2010116133
142	杨婷婷	生命科学学院	生物化学与分子生物学	2010116150
143	冯志航	生命科学学院	植物学	2011116005
144	邓诗凯	生命科学学院	微生物学	2011116061

（续）

序号	学生姓名	学院	专业	学号
145	毛 宇	生命科学学院	生物化学与分子生物学	2011116135
146	郑 琪	生命科学学院	生物化学与分子生物学	2011116144
147	宋梦吟	思想政治理论课教研部	科学技术哲学	2011110002

附录15 2012年各类校级名人、企业奖助学金名单

序号	奖学金名称	学号	学生姓名	专业	导师姓名
1	金善宝奖学金	2010205016	李向飞	动物营养与饲料科学	刘文斌
2	金善宝奖学金	2011207022	林 焱	预防兽医	刘永杰
3	金善宝奖学金	2010112001	孔 贤	机械制造及其自动化	康 敏
4	金善宝奖学金	2010209006	黄 博	行政管理	刘祖云
5	金善宝奖学金	2010106036	吴丽芬	产业经济学	周应恒
6	金善宝奖学金	2011811025	张雅琴	应用化学	章维华
7	金善宝奖学金	2010201005	于兴旺	遗传学	麻 浩
8	金善宝奖学金	2011210010	黄 颖	科学技术史	王思明
9	金善宝奖学金	2010216014	闫宏丽	微生物学	赖 仞
10	金善宝奖学金	2011108015	郭强晖	食品科学	顾振新
11	金善宝奖学金	2010115025	张 娟	日语语言文学	秦礼君
12	金善宝奖学金	2010114012	陈 伟	图书馆学	高荣华 郑德俊
13	金善宝奖学金	2011204006	庄维兵	果树学	汪良驹
14	金善宝奖学金	2010102053	胡中泽	植物病理学	陶小荣
15	金善宝奖学金	2012203049	廖汉鹏	植物营养	徐阳春
16	陈裕光奖学金	2012205027	杨宇翔	动物营养与饲料科学	朱伟云
17	陈裕光奖学金	2012207027	朱立麒	预防兽医	杨 倩
18	陈裕光奖学金	2012212005	方会敏	农业机械化工程	姬长英
19	陈裕光奖学金	2012209004	武小龙	行政管理	刘祖云
20	陈裕光奖学金	2012206007	郑微微	产业经济学	胡 浩
21	陈裕光奖学金	2012211001	宋大杰	生物物理学	杨宏伟
22	陈裕光奖学金	2012201031	李曙光	作物遗传育种	盖钧镒
23	陈裕光奖学金	2012216023	孙丽娜	微生物学	洪 青
24	陈裕光奖学金	2012204004	孙 欣	果树学	房经贵
25	陈裕光奖学金	2012202043	李 明	农药学	王鸣华
26	陈裕光奖学金	2012203032	张凤革	植物营养	冉 炜
27	陈裕光奖学金	2011205022	李根来	动物营养与饲料科学	姚 文
28	陈裕光奖学金	2011207019	谢 青	预防兽医	李祥瑞

（续）

序号	奖学金名称	学号	学生姓名	专业	导师姓名
29	陈裕光奖学金	2011209035	陈伟	土地资源管理	吴群
30	陈裕光奖学金	2010206032	杨小丽	农村金融	董晓林
31	陈裕光奖学金	2010206030	徐虹	农村金融	董晓林
32	陈裕光奖学金	2010201021	葛耀相	作物栽培学与耕作学	戴廷波
33	陈裕光奖学金	2010201066	谢尚潜	作物遗传育种	章元明
34	陈裕光奖学金	2010210001	李琦珂	科学技术史	曹幸穗
35	陈裕光奖学金	2010216029	韩斌	生物化学与分子生物学	沈文飚
36	陈裕光奖学金	2010208022	王晓莉	食品科学	郑永华
37	陈裕光奖学金	2011204028	孙静	观赏园艺	蒋甲福
38	陈裕光奖学金	2010202030	杨现明	农业昆虫与害虫防治	洪晓月
39	陈裕光奖学金	2011203011	孙冰清	土壤有机污染	高彦征
40	陈裕光奖学金	博士后	刘馨秋	科学技术史	王思明
41	陈裕光奖学金	博士后	阮世良	科学技术史	王思明
42	大北农励志助学金	2010205019	温超	动物营养与饲料科学	王恬
43	大北农励志助学金	2011205012	李蛟龙	动物营养与饲料科学	高峰
44	大北农励志助学金	2010105058	王奇	动物营养与饲料科学	邵涛
45	大北农励志助学金	2011105062	吴亚男	动物营养与饲料科学	王恬
46	大北农励志助学金	2011107093	易方	临床兽医	刘家国
47	大北农励志助学金	2010107053	邹海涛	预防兽医	姜平
48	大北农励志助学金	2011107033	叶平生	基础兽医	张源淑
49	大北农励志助学金	2010107034	刘维婷	预防兽医	陈溥言
50	大北农励志助学金	2012201040	刘强明	作物遗传育种	洪德林
51	大北农励志助学金	2010201037	杨红燕	作物遗传育种	盖钧镒
52	大北农励志助学金	2010201040	田亮亮	作物遗传育种	郭旺珍
53	大北农励志助学金	2010201052	赵仁慧	作物遗传育种	王秀娥
54	大北农励志助学金	2010201058	段敏	作物遗传育种	张红生
55	大北农励志助学金	2010201060	梁文化	作物遗传育种	张天真
56	大北农励志助学金	2011216020	刘洪明	微生物学	洪青
57	大北农励志助学金	2010216034	李华	生化与分子	杨志敏
58	大北农励志助学金	2010116094	俞徐斌	微生物学	于汉寿
59	大北农励志助学金	2010216029	韩斌	生物化学与分子生物学	沈文飚
60	大北农励志助学金	2010102159	张矛	农药学	叶永浩
61	大北农励志助学金	2010102152	闫旭	农药学	王鸣华
62	欧诺—罗氏奖学金	2011207034	马汝钧	临床兽医	芮荣
63	欧诺—罗氏奖学金	2010107062	马培培	预防兽医学	李玉峰

（续）

序号	奖学金名称	学号	学生姓名	专业	导师姓名
64	欧诺—罗氏奖学金	2011107016	董海波	基础兽医学	倪迎冬
65	欧诺—罗氏奖学金	2010201013	吕 佳	遗传学	翟虎渠
66	欧诺—罗氏奖学金	2010101125	曹玉洁	作物遗传育种	王 凯
67	欧诺—罗氏奖学金	2011101056	刘丽平	作物栽培与耕作学	孟亚利
68	欧诺—罗氏奖学金	2010101031	付 伟	作物栽培学与耕作学	陈长青
69	欧诺—罗氏奖学金	2010203012	杨 峰	环境污染控制工程	兰叶青
70	欧诺—罗氏奖学金	2010103056	王 楠	环境科学	凌婉婷
71	欧诺—罗氏奖学金	2010103030	武小净	生态学	胡 峰

附录 16　2012 年优秀博士毕业生名单

学 院	毕业生姓名	学 号	导师姓名
农学院	李慧敏	2009201005	唐灿明
农学院	杨永庆	2009201009	智海剑
农学院	张 瑾	2009201011	章元明
农学院	田中伟	2009201015	戴廷波
农学院	王 笑	2009201019	姜 东
农学院	刘蕾蕾	2009201030	朱 艳
农学院	赵 亮	2009201037	郭旺珍
农学院	张云辉	2009201043	万建民
农学院	贾新平	2009201045	王秀娥
农学院	王 琦	2009201052	翟虎渠
植物保护学院	牛冬冬	2009202010	郭坚华
植物保护学院	李 硕	2009202018	周益军
植物保护学院	贺 鹏	2009202019	董双林
植物保护学院	姚香梅	2009202030	刘泽文
植物保护学院	王兴亮	2009202033	吴益东
植物保护学院	仇剑波	2009202038	周明国
资源与环境科学学院	张 雷	2009203009	周治国
资源与环境科学学院	王 琳	2009203010	刘兆普
资源与环境科学学院	刘奋武	2009203016	周立祥
资源与环境科学学院	张阿凤	2009203024	潘根兴
资源与环境科学学院	刘树伟	2009203029	邹建文
资源与环境科学学院	凌 宁	2009203031	沈其荣
资源与环境科学学院	陈赢男	2009203044	徐国华

（续）

学　院	毕业生姓名	学　号	导师姓名
资源与环境科学学院	杨剑波	2009203052	李辉信
园艺学院	顾春笋	2009204024	陈发棣
园艺学院	束　胜	2009204015	郭世荣
园艺学院	杨学东	2009204018	侯喜林
园艺学院	刘同坤	2009204016	侯喜林
园艺学院	李晓颖	2009204001	房经贵
动物科技学院	姜保春	2009205002	刘红林
动物科技学院	王泽英	2009205008	王根林
动物科技学院	张宝乐	2009205011	徐银学
动物科技学院	蒋广震	2009205013	刘文斌
经济管理学院	潘　丹	2009206020	应瑞瑶 曲福田
经济管理学院	虞　祎	2009206008	胡　浩
经济管理学院	向　晶	2009206023	钟甫宁
经济管理学院	唐　力	2009206003	陈　超
经济管理学院	张晓敏	2009206009	姜长云 周应恒
经济管理学院	王二朋	2009206026	周应恒
动物医学院	马　喆	2009207020	范红结
动物医学院	陈兴祥	2009207034	黄克和
动物医学院	白　娟	2009207015	姜　平
动物医学院	范云鹏	2009207032	胡元亮
动物医学院	杨　平	2009207002	陈秋生
动物医学院	王　莹	2009207038	张海彬
食品科技学院	甘　聃	2009208002	曾晓雄
食品科技学院	刘　明	2009208011	屠　康
食品科技学院	许　凤	2002908020	郑永华
食品科技学院	黄　峰	2009208022	周光宏
公共管理学院	黄文昊	2009209006	刘祖云
公共管理学院	张振华	2009209014	刘志民
公共管理学院	罗志文	2009209020	郭忠兴
公共管理学院	郑华伟	2009209023	刘友兆
公共管理学院	王　婷	2009209024	欧名豪
人文社会科学学院	殷志华	2009210003	惠富平
人文社会科学学院	范虹珏	2009210006	盛邦跃

（续）

学 院	毕业生姓名	学 号	导师姓名
工学院	马 然	2009212009	朱思洪
工学院	熊迎军	2009212012	沈明霞
渔业学院	陈修报	2009213001	杨 健
生命科学学院	马芳芳	2009216001	蒋明义
生命科学学院	邹珅珅	2009216019	梁永恒
生命科学学院	任 昂	2009216020	赵明文
生命科学学院	曹泽彧	2009216033	沈文飚
生命科学学院	武明珠	2009216035	沈文飚
生命科学学院	曾后清	2009212038	杨志敏

附录 17　2012 年优秀硕士毕业生名单

学院名称	学号	毕业生姓名	专业方向	导师姓名
农学院	2010101005	付 央	遗传学	郭旺珍
农学院	2010101008	牛 娟	遗传学	麻 浩
农学院	2010101016	邓洁琼	遗传学	张天真
农学院	2010101017	陈新刚	遗传学	张文伟
农学院	2010101021	王 婷	遗传学	周宝良
农学院	2010101025	张 悦	作物栽培学与耕作学	卞新民
农学院	2010101027	贾雯晴	作物栽培学与耕作学	曹卫星
农学院	2010101035	张微微	作物栽培学与耕作学	戴廷波
农学院	2010101039	徐晶晶	作物栽培学与耕作学	丁艳锋
农学院	2010101042	田一丹	作物栽培学与耕作学	江海东
农学院	2010101045	吴柯佳	作物栽培学与耕作学	姜 东
农学院	2010101052	汤开磊	作物栽培学与耕作学	罗卫红
农学院	2010101057	徐 娇	作物栽培学与耕作学	孟亚利
农学院	2010101076	葛 帅	作物遗传育种	曹爱忠
农学院	2010101081	李兴杰	作物遗传育种	盖钧镒
农学院	2010101084	李纪杰	作物遗传育种	管荣展
农学院	2010101087	王新华	作物遗传育种	江 玲
农学院	2010101101	王 娇	作物遗传育种	刘 康
农学院	2010101107	郜忠霞	作物遗传育种	马正强
农学院	2010101119	王 建	作物遗传育种	万建民
农学院	2010101123	储瑞珍	作物遗传育种	王建飞
农学院	2010101126	张忠鑫	作物遗传育种	王 凯

（续）

学院名称	学号	毕业生姓名	专业方向	导师姓名
农学院	2010101127	卞能飞	作物遗传育种	王秀娥
农学院	2010101133	王明霞	作物遗传育种	邢邯
农学院	2010101137	李萌	作物遗传育种	杨守萍 喻德跃
农学院	2010101143	康海燕	作物遗传育种	翟虎渠
农学院	2010101155	齐志静	作物遗传育种	张政值 马正强
农学院	2010101159	殷静	作物遗传育种	赵团结
农学院	2010101164	王成坤	作物遗传育种	智海剑
植物保护学院	2010102001	邓亚岷	植物病理学	范加勤
植物保护学院	2010102002	杜硕	植物病理学	范加勤
植物保护学院	2010102006	崔润芝	植物病理学	董汉松
植物保护学院	2010102014	卫其巍	植物病理学	窦道龙
植物保护学院	2010102034	宋志强	植物病理学	李红梅
植物保护学院	2010102040	周奕景	植物病理学	刘凤权
植物保护学院	2010102049	刘莉	植物病理学	窦道龙
植物保护学院	2010102051	徐晶	植物病理学	王克荣
植物保护学院	2010102053	胡中泽	植物病理学	陶小荣
植物保护学院	2010102058	滕文君	植物病理学	张正光
植物保护学院	2010102060	翟素	植物病理学	张正光
植物保护学院	2010102063	刘界文	植物病理学	郑小波
植物保护学院	2010102065	党志浩	农业昆虫与害虫防治	陈法军
植物保护学院	2010102069	祝向钰	农业昆虫与害虫防治	陈法军
植物保护学院	2010102070	金俊彦	农业昆虫与害虫防治	董双林
植物保护学院	2010102080	王莹	农业昆虫与害虫防治	韩召军
植物保护学院	2010102081	韩笑	农业昆虫与害虫防治	洪晓月
植物保护学院	2010102089	李航	农业昆虫与害虫防治	李飞
植物保护学院	2010102097	周立涛	农业昆虫与害虫防治	李国清
植物保护学院	2010102100	潘登	农业昆虫与害虫防治	李元喜
植物保护学院	2010102106	张超	农业昆虫与害虫防治	刘向东
植物保护学院	2010102111	姚静	农业昆虫与害虫防治	刘泽文
植物保护学院	2010102117	伍绍龙	农业昆虫与害虫防治	孟铃
植物保护学院	2010102120	秦春燕	农业昆虫与害虫防治	王备新
植物保护学院	2010102123	黄家美	农业昆虫与害虫防治	吴益东
植物保护学院	2010102139	卢慧明	农药学	高聪芬
植物保护学院	2010102144	李佳	农药学	苏建亚
植物保护学院	2010102151	许秀莹	农药学	王鸣华

（续）

学院名称	学号	毕业生姓名	专业方向	导师姓名
植物保护学院	2010102152	闫 旭	农药学	王鸣华
植物保护学院	2010102159	张 矛	农药学	叶永浩
植物保护学院	2010102162	贾晓静	农药学	周明国
资源与环境科学学院	2010103002	金善钊	海洋科学	刘兆普
资源与环境科学学院	2010103006	孙晓娥	海洋科学	刘兆普
资源与环境科学学院	2010103009	赵娜娜	海洋科学	刘兆普
资源与环境科学学院	2010103014	武传兰	海洋科学	王长海
资源与环境科学学院	2010103015	赵 龙	海洋科学	王长海
资源与环境科学学院	2010103024	韩新忠	生态学	卞新民
资源与环境科学学院	2010103025	查良玉	生态学	卞新民
资源与环境科学学院	2010103027	徐 敏	生态学	洪晓月
资源与环境科学学院	2010103030	武小净	生态学	胡 锋
资源与环境科学学院	2010103053	刘丹青	环境科学	葛 滢
资源与环境科学学院	2010103054	路 璐	环境科学	姜小三
资源与环境科学学院	2010103063	孙 青	环境科学	蒋静艳
资源与环境科学学院	2010103064	汪张懿	环境科学	宗良纲
资源与环境科学学院	2010103068	周 超	环境科学	邹建文
资源与环境科学学院	2010103076	倪 雪	环境工程	高彦征
资源与环境科学学院	2010103082	刘玉娇	环境工程	王世梅
资源与环境科学学院	2010103083	蒋田雨	环境工程	徐仁扣
资源与环境科学学院	2010103085	易 修	环境工程	占新华
资源与环境科学学院	2010103092	吕利利	环境工程	周立祥
资源与环境科学学院	2010103095	刘祖香	土壤学	陈效民
资源与环境科学学院	2010103105	张 静	土壤学	李辉信
资源与环境科学学院	2010103110	李 燕	土壤学	李兆富
资源与环境科学学院	2010103115	陈 琳	土壤学	潘根兴
资源与环境科学学院	2010103116	付嘉英	土壤学	潘根兴
资源与环境科学学院	2010103120	朱凌宇	土壤学	潘剑君
资源与环境科学学院	2010103137	哈丽哈什·依巴提	植物营养学	黄启为
资源与环境科学学院	2010103140	李 蕊	植物营养学	冉 炜
资源与环境科学学院	2010103141	罗轶红	植物营养学	余光辉
资源与环境科学学院	2010103142	吴敏杰	植物营养学	余光辉
资源与环境科学学院	2010103144	王洪梅	植物营养学	沈 标
资源与环境科学学院	2010103164	戚冰洁	植物营养学	徐阳春
园艺学院	2010104004	符步琴	城市规划与设计	郝日明

（续）

学院名称	学号	毕业生姓名	专业方向	导师姓名
园艺学院	2010104007	董家田	城市规划与设计	姜卫兵
园艺学院	2010104011	唐娟	果树学	常有宏
园艺学院	2010104020	邵静	果树学	高志红
园艺学院	2010104022	彭丽丽	果树学	姜卫兵
园艺学院	2010104023	文习成	果树学	姜卫兵
园艺学院	2010104027	都贝贝	果树学	渠慎春
园艺学院	2010104030	任俊鹏	果树学	陶建敏
园艺学院	2010104032	郑焕	果树学	陶建敏
园艺学院	2010104044	颜少宾	果树学	俞明亮
园艺学院	2010104049	郭勤卫	蔬菜学	陈劲枫
园艺学院	2010104050	宁宇	蔬菜学	陈劲枫
园艺学院	2010104060	张钰	蔬菜学	郭世荣
园艺学院	2010104062	戴薇	蔬菜学	侯喜林
园艺学院	2010104067	王雪花	蔬菜学	李英
园艺学院	2010104068	赵晓嫚	蔬菜学	李英
园艺学院	2010104076	马政	蔬菜学	钱春桃
园艺学院	2010104078	袁稳	蔬菜学	王述彬
园艺学院	2010104086	袁伟	蔬菜学	杨悦俭
园艺学院	2010104098	尹盈	茶学	房婉萍
园艺学院	2010104102	刘鹏	观赏园艺	陈发棣
园艺学院	2010104107	顾菁	观赏园艺	陈素梅
园艺学院	2010104119	黄至喆	观赏园艺	滕年军
园艺学院	2010104127	董春兰	观赏园艺	徐迎春
园艺学院	2010104129	高悦	观赏园艺	杨志民
园艺学院	2010104132	缪宇春	观赏园艺	杨志民
园艺学院	2010104142	李红	中药	向增旭
园艺学院	2010104143	朱丽娟	中药	郭巧生
动物科技学院	2010105005	熊锴	动物遗传育种与繁殖	陈杰
动物科技学院	2010105008	张丽	动物遗传育种与繁殖	韩兆玉
动物科技学院	2010105009	李黎明	动物遗传育种与繁殖	杭苏琴
动物科技学院	2010105012	刘吉英	动物遗传育种与繁殖	李齐发
动物科技学院	2010105033	邢慧君	动物遗传育种与繁殖	王锋
动物科技学院	2010105034	游济豪	动物遗传育种与繁殖	王锋
动物科技学院	2010105036	蒋小强	动物遗传育种与繁殖	王根林
动物科技学院	2010105037	李倩倩	动物遗传育种与繁殖	王根林
动物科技学院	2010105040	李晔	动物遗传育种与繁殖	徐银学
动物科技学院	2010105056	王东升	动物营养与饲料科学	毛胜勇 朱伟云
动物科技学院	2010105061	董文超	动物营养与饲料科学	王恬

（续）

学院名称	学号	毕业生姓名	专业方向	导师姓名
动物科技学院	2010105063	张 腾	动物营养与饲料科学	王 恬
动物科技学院	2010105070	李 婧	动物营养与饲料科学	颜培实
动物科技学院	2010105073	阮剑均	动物营养与饲料科学	周维仁 周岩民
动物科技学院	2010105076	陈跃平	动物营养与饲料科学	周岩民
动物科技学院	2010105077	倪红玉	动物营养与饲料科学	周岩民
动物科技学院	2010105079	张严伟	动物营养与饲料科学	周岩民
动物科技学院	2010105087	崔秀妹	草业科学	李志华
经济管理学院	2010106006	单筱竹	金融学	董晓林
经济管理学院	2010106011	丁 鹏	金融学	林乐芬
经济管理学院	2010106012	张 昆	金融学	林乐芬
经济管理学院	2010106025	贾佳丽	产业经济学	韩纪琴
经济管理学院	2010106029	陈 亮	产业经济学	李祥姝
经济管理学院	2010106030	严 雪	产业经济学	李祥姝
经济管理学院	2010106033	陈小磊	产业经济学	周应恒
经济管理学院	2010106036	吴丽芬	产业经济学	周应恒
经济管理学院	2010106043	章 棋	国际贸易学	应瑞瑶
经济管理学院	2010106044	李 琳	国际贸易学	朱 晶
经济管理学院	2010106046	姚 丹	国际贸易学	朱 晶
经济管理学院	2010106055	洪灿洁	会计学	吴虹雁
经济管理学院	2010106078	王筠菲	技术经济及管理	周 宏
经济管理学院	2010106086	虞雯翔	农业经济与管理	林光华
经济管理学院	2011106014	姚玉婷	金融学	刘荣茂
动物医学院	2010107004	吕凤霞	基础兽医学	江善祥
动物医学院	2010107009	殷复建	基础兽医学	马海田
动物医学院	2010107010	贾媛媛	基础兽医学	倪迎冬
动物医学院	2010107018	高君恺	基础兽医学	杨 倩
动物医学院	2010107028	张树坤	基础兽医学	张源淑
动物医学院	2010107034	刘维婷	预防兽医学	陈溥言
动物医学院	2010107038	武存霞	预防兽医学	范红结
动物医学院	2010107039	虞 凤	预防兽医学	范红结 何孔旺
动物医学院	2010107040	郑君希	预防兽医学	范红结
动物医学院	2010107043	唐名艳	预防兽医学	费荣梅
动物医学院	2010107052	朱月华	预防兽医学	姜 平
动物医学院	2010107057	杨占娜	预防兽医学	李祥瑞
动物医学院	2010107062	马培培	预防兽医学	李玉峰
动物医学院	2010107069	曾旭健	预防兽医学	刘永杰
动物医学院	2010107077	王 蕊	预防兽医学	茅 翔
动物医学院	2010107078	于亚玲	预防兽医学	茅 翔

（续）

学院名称	学号	毕业生姓名	专业方向	导师姓名
动物医学院	2010107087	王晓晖	预防兽医学	姚火春
动物医学院	2010107088	吴文浩	预防兽医学	姚火春
动物医学院	2010107100	刘旭	临床兽医学	胡元亮
动物医学院	2010107102	李俊娴	临床兽医学	黄克和
动物医学院	2010107105	石秀丽	临床兽医学	黄克和
动物医学院	2010107111	郑应婕	临床兽医学	侯加法
动物医学院	2010107114	赵晓娟	临床兽医学	王德云
动物医学院	2010107115	梁芳	临床兽医学	杨德吉
动物医学院	2010107126	骆婧文	临床兽医学	周振雷
食品科技学院	2010108001	姚树林	发酵工程	别小妹
食品科技学院	2010108007	雷华威	食品科学	董明盛
食品科技学院	2010108013	顾颖娟	食品科学	韩永斌
食品科技学院	2010108015	朱泉	食品科学	韩永斌
食品科技学院	2010108016	单楠	食品科学	胡秋辉
食品科技学院	2010108020	何玮玲	食品科学	黄明
食品科技学院	2010108021	冷雪娇	食品科学	黄明
食品科技学院	2010108028	章栋梁	食品科学	陆兆新
食品科技学院	2010108035	毛淑波	食品科学	屠康
食品科技学院	2010108039	赵育卉	食品科学	辛志宏
食品科技学院	2010108042	胡忠良	食品科学	徐幸莲
食品科技学院	2010108053	田甜	食品科学	章建浩
食品科技学院	2010108054	陈自来	食品科学	郑永华
食品科技学院	2010108059	葛云芝	食品科学	周光宏
食品科技学院	2010108061	李雪	食品科学	周光宏
公共管理学院	2010109006	赵冰雪	土地信息系统	夏敏
公共管理学院	2010109023	沈洁	行政管理	谭涛
公共管理学院	2010109025	任燕姮	行政管理	于水
公共管理学院	2010109026	孙金华	行政管理	于水
公共管理学院	2010109027	帖明	行政管理	于水
公共管理学院	2010109030	丁晓虎	行政管理	郑永兰
公共管理学院	2010109031	耿婷婷	行政管理	谭涛
公共管理学院	2010109039	王蕊	教育经济与管理	李献斌
公共管理学院	2010109041	瞿落雪	教育经济与管理	罗英姿
公共管理学院	2010109042	吴睿	教育经济与管理	庄娱乐
公共管理学院	2010109048	朱金楠	社会保障	李放

（续）

学院名称	学号	毕业生姓名	专业方向	导师姓名
公共管理学院	2010109050	石宇	社会保障	谭涛
公共管理学院	2010109051	朱垒	社会保障	谭涛
公共管理学院	2010109053	张蕾	社会保障	姚兆余
公共管理学院	2010109055	王琴	土地资源管理	陈利根
公共管理学院	2010109064	王思易	土地资源管理	欧名豪
公共管理学院	2010109068	肖锦成	土地资源管理	欧维新
公共管理学院	2010109069	褚彩虹	土地资源管理	曲福田
公共管理学院	2010109077	高明媚	土地资源管理	唐焱
思想政治理论课教研部	2010110005	陶李艳	科学技术哲学	阎莉
思想政治理论课教研部	2010110019	杜静	马克思主义基本原理	吴国清
思想政治理论课教研部	2010110020	谭寅寅	思想政治教育	花亚纯
人文社会科学学院	2010110009	胡育荣	经济法学	曾玉珊
人文社会科学学院	2010110013	王锋	社会学	姚兆余
人文社会科学学院	2010110030	殷小霞	专门史	曾京京
人文社会科学学院	2010110031	曹颖	科学技术史	惠富平
理学院	2010111002	周春俊	应用数学	吴清太
理学院	2010111010	朱成科	生物物理学	杨宏伟
理学院	2010111014	于长远	应用化学	兰叶青
理学院	2010111024	尹强	应用化学	章维华
理学院	2010111025	周游	应用化学	杨红
工学院	2010112001	孔贤	机械制造及其自动化	康敏
工学院	2010112003	董朝盼	机械电子工程	康敏
工学院	2010112004	于孝洋	机械电子工程	康敏
工学院	2010112006	侯人鸾	机械设计及理论	何春霞
工学院	2010112010	常亚磊	机械设计及理论	朱思洪
工学院	2010112012	白学峰	车辆工程	鲁植雄
工学院	2010112013	常江雪	车辆工程	鲁植雄
工学院	2010112020	路顺涛	检测技术与自动化装置	沈明霞
工学院	2010112047	杜娟	农业电气化与自动化	尹文庆
工学院	2010112049	王迎迎	农业电气化与自动化	尹文庆
渔业学院	2010113002	孙超	渔业生态环境监测与保护	杨健
渔业学院	2010113005	马庆男	水产动物遗传育种	董在杰
渔业学院	2010113012	刘道玉	渔业生态环境监测与保护	吴伟
渔业学院	2010113013	夏飞	水产动物疾病防治	谢骏

（续）

学院名称	学号	毕业生姓名	专业方向	导师姓名
信息科技学院	2010114003	马 超	计算机应用技术	任守纲
信息科技学院	2010114012	陈 伟	图书馆学	高荣华 郑德俊
信息科技学院	2010114015	王 贤	图书馆学	刘 磊
信息科技学院	2010114022	崔 静	情报学	黄水清
信息科技学院	2010114024	张星星	情报学	黄水清
外国语学院	2010115002	李 莉	英语语言文学	高圣兵
外国语学院	2010115009	雷 宇	英语语言文学	侯广旭
外国语学院	2010115011	刘素惠	英语语言文学	顾飞荣
外国语学院	2010115022	刘晔森	日语语言文学	秦礼君
外国语学院	2010115023	孙笑逸	日语语言文学	秦礼君
生命科学学院	2010116010	苏娜娜	植物学	崔 瑾
生命科学学院	2010116012	邬 奇	植物学	崔 瑾
生命科学学院	2010116014	许 晅	植物学	甘立军
生命科学学院	2010116015	刘燕培	植物学	蒋明义
生命科学学院	2010116022	杨 莹	植物学	沈振国
生命科学学院	2010116028	李小艳	植物学	夏 凯
生命科学学院	2010116034	聂王星	植物学	於丙军
生命科学学院	2010116036	王龙超	植物学	於丙军
生命科学学院	2010116040	刘代喜	动物学	赖 仞
生命科学学院	2010116045	王 莹	动物学	张克云
生命科学学院	2010116049	浦传亮	微生物学	曹 慧
生命科学学院	2010116052	崔利霞	微生物学	崔中利
生命科学学院	2010116056	高 媛	微生物学	顾向阳
生命科学学院	2010116064	胡 钢	微生物学	洪 青
生命科学学院	2010116086	王 晗	微生物学	王志伟
生命科学学院	2010116092	郄卫那	微生物学	何 健
生命科学学院	2010116094	俞徐斌	微生物学	于汉寿
生命科学学院	2010116096	刘青海	微生物学	赵明文
生命科学学院	2010116102	苏 萌	微生物学	钟增涛
生命科学学院	2010116111	马翠云	发育生物学	张绍玲
生命科学学院	2010116126	林 峰	细胞生物学	章文华
生命科学学院	2010116133	林玉婷	生物化学与分子生物学	沈文飚
生命科学学院	2010116137	邹 曼	生物化学与分子生物学	王伟武
生命科学学院	2010116144	张瑞杰	生物化学与分子生物学	杨 清

附录 18   2012 年毕业博士研究生名单

（合计 423 人，分 13 个学院）

一、农学院（65 人）

陈　磊　吕远大　陈　红　吴玮勋　李慧敏　董　慧　刘　峰　彭　城　杨永庆
刘建雨　张　瑾　史培华　张诗苑　李丹丹　田中伟　毕俊国　丁承强　商兆堂
王　笑　邹芳刚　顾蕴倩　罗德强　郭金瑞　张　艺　陈　吉　侯　敏　蒋光华
张巨松　刘蕾蕾　姚鑫锋　蒋正宁　贺建波　卢江杰　孟　珊　吕芬妮　赵　亮
陈益琳　吴新义　杨郁文　高　赫　张云辉　方宇辉　贾新平　吕国锋　侯金锋
薛晨晨　李春鑫　宋海娜　陈　静　王　琦　吴　寒　罗　佳　吴云雨　徐剑文
曹志斌　方　磊　王　森　文　佳　王　程　徐文绮　郑　蕊　谢　辉　张永会
张玉梅　李林芳

二、植物保护学院（43 人）

邓本良　李宝燕　刘裴清　卢　珊　王春梅　高圣风　王伟舵　谢永丽　陈　云
牛冬冬　肖姗姗　李德龙　盛玉婷　张　鑫　赵志坚　董妍涵　张　萌　李　硕
贺　鹏　张月亮　鞠　倩　徐　鹿　孙荆涛　李　刚　盛　晟　王彩云　王书平
王　耘　鲍海波　姚香梅　张懿熙　韩阳春　王兴亮　张浩男　张荣胜　王红春
张家俊　仇剑波　徐　曙　张　峰　周立邦　常菊花　华修德

三、资源与环境科学学院（51 人）

王　梁　吕尊富　赵　犇　赵秀峰　黄菁华　李学超　薛会英　陈剑东　张　雷
王　琳　朱　明　李　青　柏双友　国　静　刘奋武　徐君君　张胜田　周　俊
柏　祥　徐晶晶　刘永卓　罗　婷　张阿凤　张志春　梁万杰　贾俊香　刘巧辉
刘树伟　秦艳梅　凌　宁　宋文静　董　鲜　商庆银　王秋君　张　楠　罗　毅
李舒清　田　伟　周田甜　丁传雨　黄新琦　雍晓雨　陈赢男　冯慧敏　唐　仲
李依婷　罗　伟　黄建凤　韦　中　张国漪　杨剑波

四、园艺学院（32 人）

李晓颖　梁英海　王西成　黄文江　秦改花　张全军　李　莹　罗昌国　王新卫
张慧琴　薄凯亮　崔　利　束　胜　刘同坤　王金彦　杨学东　姜立娜　孙新菊
刘思辰　王　华　王梦馨　顾春笋　韩　霜　刘瑞侠　原海燕　李　刚　汪　涛
张利霞　王海棠　陆晓民　于　力　苗永美

五、动物科技学院（24 人）

董福禄　姜保春　黄　攀　孙思宇　何东洋　宋　辉　应诗家　王泽英　于　静
顾　垚　张宝乐　李　超　蒋广震　原现军　吕佳琪　王建军　吴秋珏　金　巍

于继英　周利芬　吕东海　张伶俐　荣　辉　渠　晖

六、经济管理学院（38 人）

周小琴　李寅秋　唐　力　赵　彤　李佳佳　闵继胜　陶群山　虞　祎　张晓敏
刘明轩　张迎建　李尽梅　王海涛　张　昆　张　贞　陆　岩　沈思远　代云云
曹洪盛　潘　丹　朱　勇　胡雪枝　向　晶　丁振强　周　桢　王二朋　尹　燕
张　姝　王海员　俞　云　王舒娟　杨鹏程　周　振　刘晓云　童馨乐　吴婷婷
张建军　胡帮勇

七、动物医学院（39 人）

刘志军　杨　平　陈　新　郭永刚　王国永　王明伟　郭　华　郭　锋　蒋　征
邹华锋　顾金燕　黄　丽　姬向波　沈　婷　白　娟　宋艳华　蔺　涛　袁　橙
赵光伟　马　喆　王　娜　张　慧　琚存祥　鲁　岩　邵　靓　王锦祥　高　飞
李新锋　王志胜　陈　跃　江　莎　范云鹏　郭利伟　陈兴祥　胡倩倩　黄　静
罗碧平　王　莹　吴文达

八、食品科技学院（29 人）

邓　阳　甘　聃　马丽苹　余晓红　张丽霞　施　瑛　杨文建　李远宏　王蓉蓉
郭玉宝　刘　明　王　丽　曹莹莹　李　玲　夏天兰　张　丽　李　莹　余　翔
陈学红　许　凤　黄　峰　邵俊花　朱旭东　杨　郁　江海涛　白宝丰　郭军洋
张占军　巴吐尔阿不力克木

九、公共管理学院（35 人）

尹　倩　崔香芬　苏立宁　徐　倩　韩鹏云　黄文昊　马晓东　周银坤　郑家昊
王宏林　张永泽　陈金圣　钟艳君　张振华　张长春　张树峰　朱小静　李　炯
刘海生　罗志文　夏　莲　丑建立　郑华伟　王　婷　王玉军　郑俊鹏　牟　燕
罗小娟　马耘秀　魏显光　王希睿　许　实　杨兴典　马春花　李　震

十、人文学院（13 人）

唐惠燕　陈蕴鸾　殷志华　周　荣　王　燕　范虹珏　亓军红　胡文亮　胡　燕
游衣明　蒋忠华　于广琮　张立伟

十一、工学院（13 人）

孙　鑫　刘金龙　邱　威　肖体琼　马卫彬　袁文胜　张宏文　李晓勤　马　然
程襄武　邹修国　熊迎军　周　伟

十二、渔业学院（4 人）

陈修报　邵仙萍　唐永凯　周传朋

十三、生命科学学院（36 人）

马芳芳	陈国奇	代 磊	张 峥	刘雁丽	王立志	郭 月	马晓玲	刘琳莉
沈 悦	叶嘉敏	冯 丽	李静泉	徐 莉	郑 婕	冯紫艳	邹珅珅	任 昂
陈兆进	黄 静	陈 凯	张 晶	杭宝建	王云端	陈 慧	曹建美	吕艳艳
曹春燕	武健东	吕贝贝	曹泽彧	崔为体	武明珠	冉婷婷	朱文军	曾后清

附录 19 2012 年毕业硕士研究生名单

（合计 1 705 人，分 17 个学院）

一、农学院（193 人）

张鸿睿	杨世佳	朱芳芳	姜 华	常圣鑫	孙怀娟	徐晓洋	赵凯铭	徐兴军
赵绍路	袁洪波	姚良玉	宋利茹	周 岩	张 超	葛晓阳	陈丽萍	孙林鹤
孟祥和	费 菲	宋兆强	孔 星	王 梅	刘海翠	史贵霞	王 佳	余晓文
张禹舜	曾国应	杜 月	闫 宁	周 玲	栗旭亮	聂智星	张 错	扶明英
郭 伟	陈昱利	李 浩	刘 昱	杭晓宁	胡清宇	类成霞	陈 俊	樊永惠
韩慧敏	胡兴川	王方瑞	白 羽	侯朋福	马 丹	张敬奇	张 俊	江巧君
孙秀娟	王小华	邢兴华	张四伟	曹敏旭	金 梅	文廷刚	张 玉	周美华
王宗帅	江德权	李 侠	安东升	高 洁	李 健	睢 宁	卞晓波	陈丹丹
孙啸震	刘美佳	张明乾	薛 林	卞雅姣	宋希亮	任海建	袁学敏	胡 莹
马燕欣	王 悦	田一秀	盖江涛	黄 美	刘 江	向仕华	张孝廉	王 宇
佟祥超	苑冬冬	张 微	党小景	张 红	方慧敏	刘 凯	吴 涛	张 龙
张正尧	王 敬	张晓彤	赖 东	刘少奎	乔淑利	王 晓	张 瑜	朱虹润
申爱娟	郭 杰	刘振乾	冯 娟	胡惠兰	宋昌梅	宋桂成	刘艳玲	骆卫峰
沈雨民	郑 明	董少玲	张颖慧	程金平	陈 炜	郭 娇	李颖波	卞晓春
雷 俊	孙聚涛	王海棠	张 薇	张建红	刘苏芳	陶 银	王 莉	晁毛妮
王 霞	闫洪朗	仇存璞	冯建磊	郭 伟	岳文娣	党亮亮	周 蓉	马田田
刘春晓	王 方	吴怀通	张志远	郑德伟	陈韦韦	侯 健	李其刚	张文杰
代金英	郭呈宇	孔杰杰	栾鹤翔	王 涛	阳小凤	章红运	赵 琳	陈 煜
邓康胜	侯美英	黄 婧	吴 洁	曹梦莹	王 薇	谢 琰	陈 琳	李向楠
王丽丽	蒯 婕	李文龙	刘茜茜	禹 阳	王永丽	陈宗金	王衍坤	卢 超
颜文飞	张 斌	杨 斌	刘 靖	张纪元	林木森	邓善初	贾丰羽	蔡雯雯
王东娟	魏文杰	田 震	阿布都克尤木阿不都热					

二、植物保护学院（153 人）

蒋 欢	李 婷	马晓伟	杨钟灵	姜珊珊	陆 颖	李 燕	吴荷芳	杜文超
孙伟伟	田 珊	陈琳琳	茹艳艳	沈丹宇	宋天巧	孙丽娟	郭佩佩	杨 扬
张 岩	庄振国	申成美	严 芳	郑 丽	周冬梅	邱晓静	王嘉君	王健超

王敏鑫	武 珍	徐恩丽	迟元凯	刘炳良	孙成刚	汪 沛	刘春晖	刘 坤
刘轶儒	孙连波	张 靓	张雁冰	常闪闪	王 光	王秀宇	张秀秀	李 玲
熊 琴	杨 帅	陆 静	马振川	唐君丽	陶 恺	陈 岳	李德青	王佳妹
王健生	李井干	隋阳阳	胡安忆	杜琳琳	张金凤	吴国强	李志毅	隋 贺
徐艳博	金丹娟	刘乃勇	刘世晶	张 婷	张亚楠	韩光杰	蒋琼艳	王成燕
韩 松	鲁鼎浩	张 倩	陈大嵩	李金波	杨 超	张向菲	张艳凯	朱路雨
吴珊珊	陈爱玲	滕晓露	薛 娟	余 论	张 赞	陈瑞瑞	师晓琴	万品俊
杨 露	边文波	董新阳	童蕾蕾	朱 宏	瞿钰峰	梁新利	廖怀建	彭 娟
朱宇波	丁志平	陆海燕	孙 亮	祝晓云	郭文卿	郭 庆	张 鑫	朱 剑
陈 凯	刘朔孺	卢东琪	汤云霞	杜振翠	李甜甜	马喜宁	王 然	殷 伟
李亚鹏	杨妍霏	王 丽	杨 帆	杨海博	张海燕	赵 运	于金凤	罗小娟
汤怀武	班兰凤	陈 宇	施 明	王 玺	李小龙	王增霞	王晓琳	苏 杭
王志伟	杨 焊	张真真	曹猛猛	韩玲娟	胡 敏	金雅慧	苗海生	赵 锋
陈 敏	冯玲玲	王 洋	梁 路	黄婷婷	彭 迪	王春娟	郝振华	朱金声

三、资源与环境科学学院（169 人）

康 健	王 磊	吴泽赢	鲁康乐	董晓弟	胡凡波	王 博	杨 瑛	孟宪法
陈 良	黄玉玲	吴伟伟	蒋和平	刘国红	姚 瑶	刘小川	陆尤尤	徐兴英
张尚清	徐 池	杨 月	李 引	王雪芬	吴 迪	尹海峰	任笑吟	王金平
张 琳	段晓尘	胡妍玢	江 春	王 莹	张 林	吕华军	陈 然	田苗苗
卞荣军	王春梅	陈美丽	王青玲	徐 静	顾 元	封 雪	李长钦	党红交
宋大平	叶佳舒	刘丽娟	魏海苹	郭亚鸽	甘文君	马文亭	孙 瑞	刘东晓
丁广龙	丁 美	籍春蕾	陈海涛	汪润池	王锡贞	张 晨	赵 妍	陈楠楠
宁 军	张 金	鲍习峰	李瑞鹏	李玉春	高晓荔	刘玮晶	刘 烨	张会涓
黄 晶	张 攀	郭起金	张 伟	田齐东	陈 婷	马俊艳	申军强	佟雪娇
丁 科	梁 宵	谭丽超	王 懿	邹碧莹	李丹丹	姜 峰	马 瑞	朱海凤
林 洁	荣井荣	王本伟	王晓洋	杨文亮	孔令雅	阴启蓬	陈 丹	王 方
翟孟源	师焕芝	刘玉明	王 洋	邬 刚	曲晶晶	王 萍	闫 明	张 斌
郝珧存	雷学成	邬明伟	常龙飞	刘贝贝	马 超	宋修超	刘平丽	孙丽英
王金阳	张彩霞	刘莹莹	秦海芝	王浩成	曹炳阁	马田田	安林林	李艳丽
谢 凯	赵化兵	郭九信	任彬彬	周金燕	徐志辉	邓开英	俞 鲁	张坚超
唐晓乐	郑晓涛	王小慧	张 鹏	朱 震	李凌之	孙江慧	韦巧婕	崔亚青
付 琳	高雪莲	姬华伟	柳 芳	廖德华	张 芳	朱静雯	张 平	陈 璐
戴晓莉	王化敦	夏秀东	张 敏	蒋 益	宋晓晖	郁 洁	翟修彩	邹 乐
黄 荣	陈 琳	李 冰	王丽丽	郑新艳	宋 松	吴 凯		

四、园艺学院（182 人）

王 扬	赵维真	高 慧	于艺婧	张 阳	丁 杨	惠梓航	张 璐	周丁丁
张慧君	方振东	李晓丹	黄 雯	张 磊	王 刚	王 敏	初建青	郭 磊

王文艳	张晓莹	张彦苹	李　静	侍　婷	王玉娟	庄维兵	谢智华	陈秀孔
戴　强	杜小丽	王　燕	董瑞奇	黄金凤	余智莹	张　萌	成学慧	谢　荔
陈　宇	侯　岑	肖长城	杨　军	杨志军	吴　慧	包文华	贾晨晨	李桂祥
宋　迪	席　东	张　茜	周宏胜	曹明明	冀　刚	贾　利	刘　佳	孟佳丽
王　东	温天彩	翟璐璐	张彦玉	郭红伟	何立中	李　斌	童　辉	曾清华
孔　敏	刘照坤	宋小明	于文佳	任　君	苏晓梅	姜二花	刘　君	相　菲
王红英	李　翠	孙新娥	于彩云	何继红	胡宏敏	李　彧	任瑞珍	吴汉花
刘　涛	刘梦溪	冯　翠	赵　敬	何　鑫	张永吉	孙成振	郑金双	程　影
黑银秀	王真真	韩瑞娟	沈家洛	闫　闻	郝　姗	张　玥	黄　磊	李孝诚
许益娟	杨平平	张　瑜	楼望淮	宋爱萍	许莉莉	尤燕平	赵　民	朱文莹
安　娟	李佩玲	孙　静	孙祖霞	王红宾	杨冬寅	褚晓晴	李　珊	马晶晶
江晓佟	王　艳	张　燕	杨阿芬	钟培星	朱满兰	陈思思	姜　慧	王春昕
杨　阳	张　林	解建伟	李慧玲	王　璟	张　康	赵　琴	代晓蕾	刘　赛
毛鹏飞	吴雪松	吴正军	余丹丹	周海琴	李灿雯	李同根	罗春红	王雅男
卢魏魏	徐红建	徐非凡	沈　佳	袁玲玲	黄善峤	许高歌	李升科	苏　丹
田　俐	王维红	吴　博	杨　帆	蔡英英	崔晨炜	马　亮	秦　健	王　静
王希雯	张晓煊	朱　娜	邓贺囡	任晓乐	魏　婧	谢卉妍	许　卉	杨　婕
张　楠	赵泽澜	梁　莹	王琳琳	杨晓军	任阿弟	王娟娟	王　婷	杨　婧
张文婷	朱萱颐							

五、动物科技学院（95 人）

苏　磊	张庆晓	李　岩	梁如意	王欢欢	谢周瑞	周　帅	侯钦雷	毛青青
彭　宇	郭江汀	李永双	袁　海	解玉亮	李明桂	张久峰	赵永祥	周　阳
杜长琬	韩　静	卢有德	秦　岭	申　明	翟　乐	陈　芳	陈景葳	弓　彦
惠锋明	赵　芳	杨　岳	张永辉	樊懿萱	贾若欣	聂海涛	宋　洋	王昌龙
陈　静	夏　鹏	丁建华	顾克翠	杨娟娟	李　博	蒋　磊	张　浩	李蛟龙
袁亚利	连　红	李　兴	沈梦城	张　惠	蒋阳阳	李贵锋	夏　薇	张永静
陈　杰	宋晓欣	刘　凡	高　尚	韩　晗	黄雪新	孔令蕊	田金可	张剑峰
商好敏	吴鲁涛	刘海军	刘　杰	洪小华	李晓晓	袁　敏	田书会	田文生
刘　尧	袁　璐	赵　鑫	陈　健	侯晓莹	钱巧玲	吴大伟	张婷婷	艾丽霞
范松伟	何文波	张文洁	孙旭春	张　梅	林园园	赵庆杰	梅小燕	秦梦臻
张　瑜	常盼盼	于海龙	刘一帆	祝溢锴				

六、经济管理学院（142 人）

李信宇	林　茹	马玉娇	顾林琳	冷加燕	王道伟	王　磊	郑宁博	马小茜
王会平	许　譞	易　俊	边　皓	孙青晖	唐　昆	赵　倩	常　青	戴　薇
李稚玲	王　梅	庄　丽	邹佳瑶	程杨春	蒋圣铠	刘　丹	刘素真	崔茂岭
吴颖娴	康　洁	王苗苗	周龙春	刘梅芳	檀祝兵	梁　铖	吴　丹	高　博
陆　雯	申蒙蒙	李丹圆	夏　添	张　菲	林大燕	刘飞霞	田　妍	张　钰

陈筱雯	崇庆华	李艳婷	王楠楠	王丽娟	王 薇	顾 鸣	林 强	黄宏伟
邵 森	奚 超	彭 聪	王彬鑫	肖 潇	伽红凯	徐 珍	张建琳	张 倩
张 静	王进慧	黄 莺	李梅艳	刘 艳	曹兴进	朱思柱	王玲瑜	张聪颖
钱 鑫	汪斯洁	邢亚力	李 博	吴丽云	周鹏升	黄 飞	李 丹	曹淑芳
陈奕山	赵梓皓	张 凯	蔡辰悦	李 熠	尤 慧	胡 越	宫 晶	王子瑞
梁人焯	杨 扬	顾 冯	王 奕	姜 兵	贡意业	张晓艳	梁 潜	刘 东
朱亚萍	钱 琨	孙 妮	张文清	何月红	李保凯	刘晓丽	王 凯	游 嘉
陈晓健	戴林福	葛亚琴	黄慷慨	姜建峰	李 帅	刘秋轩	陆 川	陆 燕
马晓勇	茅 斌	冒海南	秦蔚蔚	汝小伟	施燕燕	宋 鹏	陶 萍	陶 苏
王志强	吴 昊	夏顺继	徐 静	徐 力	徐 澎	徐意龙	许骥骏	杨祥稳
杨玉军	张玉龙	周彩霞	周秋杰	周少卿	周 玮	庄海霞		

七、动物医学院（175 人）

乔飞鸿	张晓裕	邬 丽	曹礼华	董 婷	郭 敏	孙玉花	袁 震	张 洛
刘 晶	于晓明	沈学怀	谢正露	吴 晶	郭 奇	苏利娅	郭士博	王中艳
邓 军	李云锋	李正平	田 琦	潘士锋	郑亚婷	李 晶	王俊丽	李风翠
刘子臣	张秀娟	韩东宁	王艳霞	张春晓	秦风彦	张 玉	邓文蕾	刘 泉
王凤娟	张丽颖	廖学文	侯 昕	蔺辉星	刘婷婷	王春林	王静雅	周 瑾
龚 睿	胡 婷	彭 鹏	邱慧玲	赵彦华	刘彦玲	汪 伟	文世富	叶 青
张文文	张 娣	赵 凯	宗玉霞	蒋康富	刘 捷	陆 琪	杨香林	战晓燕
张长莹	王启宇	姜荣芝	谢 青	张新宇	张择扬	李彤彤	刘 飞	钮慧敏
李学珍	王 飞	李诗焱	田 城	陈荣荣	胡 萌	林 焱	薛玉玲	寇亚辉
李慧琴	杜海霞	顾真庆	缪芬芳	张 亚	陈萌萌	盛 蓉	杨廷亚	臧一天
王 霞	杨竹鸣	袁子彦	申世川	毕振威	朱小翠	吴晓悠	张志凯	高 地
蒙明璐	张露露	张曙俭	尹 扬	张宏彪	马金荣	蒋 晓	张 姝	韩芸婷
李 成	王 欢	郑燕玲	姜 瑜	倪 翔	王华立	姚万玲	刘 瑾	王丽丽
谢勇飞	叶耿坪	赵大维	张玉清	马汝钧	王 晶	张 羽	常广军	唐芬兰
杨 康	高 焕	刘世超	孙金婷	王 爽	吴艳婷	刘 敏	施志玉	吴康年
杨彦琼	赵士侠	陈以意	崔彦召	张艳红	李 锐	何丹妮	王嵩林	沈 璐
谢怀东	黄建华	高晓静	马俊杰	范金莉	涂雅芳	韩其岐	祁 芳	杨秋实
董彦鹏	徐 蓉	靳蒙蒙	陶龙斐	张 梦	石明明	刘晓丹	孙云龙	赵 焱
朱向蕾	花 婷	王 飞	袁 菊	孙 勇	潘美娟	王雪平	刘苗苗	刘亭岐
张东娟	王智群	张广斌	周 勤					

八、食品科技学院（124 人）

何 亮	陈 岑	李金良	续 斐	陈月菊	刘丽霞	刘玉玲	陈 岑	樊 康
吴 阳	张开翔	龙 杰	王玉良	杨 倩	傅亚欣	雷兆静	裴 斐	王 敏
张 亮	赵清秋	陈景宜	邓绍林	郁兴建	牛 力	许 洋	薛 梅	徐 匆
刘文旭	刘 霞	施迎春	毕 华	冯海燕	龚庆伟	应 琦	张竹琳	谌启亮

邵 斌	张雅玮	周长旭	曲春阳	唐 琳	张 伟	畅 阳	邱良焱	孙新生
张文涛	林 涛	陈 菲	黄 伟	李 彬	李胜杰	李 莹	史秋峰	王 翔
杨凌寒	张维益	雷时成	张文芹	王光新	何 静	狄 科	许国宁	刘昌华
申 雷	王 艳	辛莺莺	尹月玲	蔡玉婷	陈京京	陈金彦	姜珊珊	金 鑫
李 贺	马青青	沈旭娇	王晓宇	翁丽华	徐雯雅	于彭伟	李思睿	孟 璐
朱佳娜	张书玉	刘 娟	袁 晔	刘 珂	陈 惠	史晓媛	张引成	代小梅
凌 莉	王利斌	熊 雄	徐 杰	吴定晶	李会会	赵 婧	李爱茹	王翠红
王 聘	宋娇娇	付严萍	谌盛敏	汤春辉	王 锴	张晓丽	李春燕	高菲菲
田锐花	侯耀玲	罗 凯	许皎姣	周海莲	王华伟	张 岩	高 远	吴 静
孙昕祈	何立超	陈智智	李念念	张凯江	张 敏	李作美		

九、公共管理学院（97 人）

张 印	高文斌	李 冉	刘焕金	王力凡	李姗姗	闵静雅	彭 鹏	张海明
陈 黎	仲越群	林 蔚	成 程	范 露	姜 楠	孙 倩	杨文君	孙向媛
陈 明	吕 倩	唐梅宝	唐 茜	周 可	高 卉	汪怡君	吴其阳	兰小晖
申 芳	盛 雁	杨海峰	陈 春	郭 强	姜怜悯	张美慧	周学沛	潘媛媛
吴比强	武昕宇	宋力沁	陈宗丽	陈 晨	李玲萍	向珍菊	夏晓昀	赵 光
陶 璐	唐文浩	李贵周	杨亚楠	孙男男	张 兰	李兴校	曲 艺	王 馨
张瑞平	姜 坤	连 鹏	邵雪兰	唐 娟	王瑞睿	薛慧光	马 妍	孟 娜
尚 华	李 娟	林佳佳	陈小玉	贾春浩	张姗姗	陈 伟	刘穆英	罗 遥
路平山	邵星源	侯为义	卜婷婷	金焱纯	任龙越	沈伟娟	王世梅	李 雪
李 伟	梁炎钢	马韵翔	焦湘凌	诸吴悦	方 兰	卢 奎	宋 焘	樊昌晋
王慧梅	吴 亮	杜正琛	李一景	顿珠罗布	上官彩霞	陈阳君君		

十、人文社会科学学院（33 人）

李抗抗	束丽莉	王莉晓	吴 玥	袁红厂	丁凌凤	贺亚玲	王 鑫	田亚伟
李蓓达	王 丰	郝鹏飞	谢远丹	杨 媛	李媛媛	马 静	许敏蓓	肖先娜
章世明	樊育蓓	秦 琴	刘 洋	孙 斐	赵志花	王 婷	刘成荣	刘旭华
单 婵	朱利振	王思远	王 宇	徐 英	侯梅利			

十一、理学院（27 人）

尹中萍	王志华	翁丽亚	唐蓉蓉	李广虎	许 岩	崔晓芳	王全忠	贠艳霞
高 霞	高英杰	康延云	杨正中	高思国	陈 玮	江丹君	吴 勇	周 培
刘建波	鹿贵花	徐 艳	毕研芳	高艳菲	瞿金荣	逯艳丽	谭建华	端木亭亭

十二、工学院（70 人）

郝鹏君	李 浩	刘 荣	王兴盛	王光明	王艳青	赵雍建	郑 旭	张 乐
朱 剑	梁 泉	靖长亮	吴贺贺	于 旻	于文菡	陈山林	李晓艳	柳 伟
史俊龙	李正浩	赵苗苗	孙江艳	梁 林	吴海娟	郑 斌	李鹏飞	张 祎

王超峰	吴贵茹	刘勇辉	韩秋萍	孙小虎	王延龙	龚万涛	马建永	郭少妮
张麒麟	范海亮	席鑫鑫	贾晓静	朱树平	陈丽欢	刘伟	孙淼	张青
陈慧娟	胡芳芳	陈鲁倩	逄滨	李培庆	任德志	王传鹏	高峰	李莹莹
赵文旻	刘超超	王卫	李聪	史小燕	谢蓓	毛正海	刘静	刘云珠
权晨	曾庆杰	陆超	李红华	万小玲	王妍	张高山		

十三、渔业学院（31 人）

罗永宏	王泽镕	卜宪飞	吕丁	张响	马明硕	王丹婷	杨文斌	黄孝锋
冯天翼	黄昊	张丽丽	刘伟	马良骁	张建桥	慈丽宁	王可宝	张媛媛
张阳	程长洪	胡玉萌	刘越	崔彦婷	贾睿	李灵玲	江苑	王倩
魏可鹏	刘珊	李真真	张宁					

十四、信息科技学院（27 人）

项鹏	王亚华	陈侃	胡文斌	唐晓彧	张艺群	周璟琪	张云	冯甲一
王婷婷	陈骅	董淑凯	苏雨婷	于春	林小娟	王玲玲	魏丹	朱晓霞
谌敏	杨亮	宿瑞芳	张怡	孙娜娜	闫雪	姚小娇	费佳	汪亚

十五、外国语学院（26 人）

石卉	龙成新	陈媛媛	葛颂	马荣荣	黄家欢	李容萍	孙飞红	狄鋆
冯一晗	李晓亮	张纯	朱薇	柏雨薇	戴琳瑶	黄洋	马思	沈钰墅
江昊	蒋璐	李孟欣	王海莲	肖阳	徐建玲	许俊娟	张宵玲	

十六、生命科学学院（150 人）

韦丹丹	夏雪伟	刘丽珠	温祝桂	吴艮宽	马超	张海强	王海婷	李睿
秦婷婷	丛伟	金磊	卢树军	孟阳	陈芳慧	毛婵娟	孟斌	张晶旭
贺艳	刘佳	张炎	张文婷	蒋明敏	强晓霞	段蔚	胡振民	周敬伟
高蓝	郝雪	丁为现	陈磊	李文绪	刘文干	谢海丝	张坤	熊凯祥
丁永明	万鹏	樊盼盼	洪珊珊	李居峰	李周坤	袁艺	蒋俊	张津京
窦培冲	王珠昇	郑志卫	陈青	王成红	谢香庭	周君	陈广波	李娅
刘晓梅	徐军	杨洪杏	刘洪明	刘亚龙	刘远	娄旭	夏亚丽	丁坤双
黄银平	王伟娜	王晓晓	何小芹	张曼曼	金雷	李超	唐超西	徐鹏
赵延福	陈宏宏	陈永	谷涛	叶敏	朱晓萍	席珺	闫亚南	袁锐
张振东	赵恒	潘伟	秦娟	高梦晓	朱文龙	高龙	何迎周	王永
周宝魁	杜文珍	郭英鹏	李霞	刘宝虎	俞英豪	何旭孔	李梦娇	薛俊杰
赵源	曹堃	蒋庆庆	陆成	翟娜娜	张娟	刘文芳	丁帅	崔荣荣
薛亚男	洪长勇	祁祯	吕刚	史策	李发院	李闻博	朱学玮	李莉
马黎明	宋红弟	李岩	罗庆升	吴承云	吴振	王黎娟	李乐	王燕琴
肖笑	徐道坤	张辰	兰艳黎	沈翔	王戬	包黎明	刘全宽	陈晓
顾泉	徐婷婷	张延青	邹艳美	洪杰	张柳伟	朱灿灿	刘骋	刘彦岐
邱阳	胡燕花	陆佳佳	孙茜	裴彬	周丹			

十七、思想政治理论课教研部（11 人）

王雄鹰　刘志萍　汤小苗　崔文一　何　平　高　峻　徐　康　宋林霞　朱　琳
刘　敏　张　璐

本 科 生 教 学

【概况】2012 年，南京农业大学根据教育部《普通高等学校本科专业目录（2012 年）》、《普通高等学校本科专业设置管理规定》等相关文件和通知要求，对学校 60 个本科专业和 1 个第二学士学位专业进行了整理，对照新旧专业目录，有 53 个专业名称、学制、学位不变，5 个专业学位进行调整，3 个专业更名（其中 1 个专业既更名又涉及学位调整）。整理过后，学校设有本科专业 60 个，涵盖了农学、理学、管理学、工学、经济学、文学、法学、艺术学 8 个大学科门类。其中，农学类专业 12 个、理学类专业 8 个、管理学类专业 14 个、工学类专业 19 个、经济学类专业 2 个、文学类专业 2 个、法学类专业 2 个、艺术学类专业 1 个。新整理的专业目录自 2013 年开始执行。

表 1　2012 年本科专业目录

学院	专业名称	专业代码	学制（年）	授予学位	设置时间	备注
生命科学学院	生物技术	071002	4	理学	1994	
	生物科学	071001	4	理学	1989	
农学院	农学	090101	4	农学	1949	
	农村区域发展	120302	4	管理学	2000	
	统计学	071201	4	理学	2002	
	种子科学与工程	090105	4	农学	2006	
植物保护学院	植物保护	090103	4	农学	1952	
	生态学	071004	4	理学	2001	
资源与环境科学学院	农业资源与环境	090201	4	农学	1952	
	环境工程	082502	4	工学	1993	
	环境科学	082503	4	理学	2001	
园艺学院	园艺	090102	4	农学	1974	
	园林	090502	4	农学	1983	
	中药学	100801	4	理学	1994	
	设施农业科学与工程	090106	4	农学	2004	
	风景园林	082803	4	工学	2010	更名
动物科技学院（含渔业学院）	动物科学	090301	4	农学	1921	
	草业科学	090701	4	农学	2000	
	水产养殖学	090601	4	农学	1986	

（续）

学院	专业名称	专业代码	学制（年）	授予学位	设置时间	备注
经济管理学院	金融学	020301K	4	经济学	1984	
	国际经济与贸易	020401	4	经济学	1983	
	农林经济管理	120301	4	管理学	1920	
	会计学	120203K	4	管理学	2000	
	市场营销	120202	4	管理学	2002	
	电子商务	120801	4	管理学	2002	
	工商管理	120201K	4	管理学	1992	
动物医学院	动物医学	090401	5	农学	1952	
	动物药学	090402	5	农学	2004	
食品科技学院	食品科学与工程	082701	4	工学	1985	
	食品质量与安全	082702	4	工学	2003	
	生物工程	083001	4	工学	2000	
信息科技学院	信息管理与信息系统	120102	4	管理学	1986	
	计算机科学与技术	080901	4	工学	2000	
	网络工程	080903	4	工学	2007	
公共管理学院	土地资源管理	120404	4	管理学	1992	
	人文地理与城乡规划	070503	4	管理学	1997	更名，学位调整
	行政管理	120402	4	管理学	2003	
	人力资源管理	120206	4	管理学	2000	
	劳动与社会保障	120403	4	管理学	2002	
外国语学院	英语	050201	4	文学	1993	
	日语	050207	4	文学	1995	
人文社会科学学院	社会学	030301	4	法学	1996	
	旅游管理	120901K	4	管理学	1996	
	公共事业管理	120401	4	管理学	1998	
	法学	030101K	4	法学	2002	
	表演	130301	4	艺术学	2008	学位调整
理学院	信息与计算科学	070102	4	理学	2002	
	应用化学	070302	4	理学	2003	
工学院	机械设计制造及其自动化	080202	4	工学	1993	
	农业机械化及其自动化	082302	4	工学	1958	
	农业电气化	082303	4	工学	2000	更名
	自动化	080801	4	工学	2001	
	工业工程	120701	4	工学	2002	学位调整
	工业设计	080205	4	工学	2002	

（续）

学院	专业名称	专业代码	学制（年）	授予学位	设置时间	备注
工学院	交通运输	081801	4	工学	2003	
	电子信息科学与技术	080714T	4	工学	2004	学位调整
	物流工程	120602	4	工学	2004	
	材料成型及控制工程	080203	4	工学	2005	
	工程管理	120103	4	工学	2006	学位调整
	车辆工程	080207	4	工学	2008	

　　学校申报的金融学类、生物科学类、农业工程类、食品科学与工程类、植物生产类、自然保护与环境生态类、动物医学类、农业经济管理类、公共管理类9个专业类和园艺、动物科学2个专业获批江苏省重点专业立项建设；学校被批准为省卓越工程师（软件类）教育培养计划试点高校，计算机科学与技术专业被确定为江苏省卓越工程师（软件类）教育培养计划试点专业。根据教育部新公布的专业目录，对学校60个现设专业进行整理，着力推进新专业的建设工作，进一步明确办学定位、构建教师队伍、优化课程体系、提高办学水平。

表2　江苏省"十二五"高等学校重点专业

序号	专业（类）名称	专业名称	所属学院	备注
1	金融学类	金融学	经济管理学院	
		国际经济与贸易		
2	生物科学类	生物科学	生命科学学院	
		生物技术		
3	农业工程类	农业机械化及其自动化	工学院	
		农业电气化与自动化		
4	食品科学与工程类	食品科学与工程	食品科技学院	
		食品质量与安全		
5	植物生产类	农学	农学院	
		种子科学与工程		
		植物保护	植物保护学院	
6	自然保护与环境生态类	农业资源与环境	资源与环境科学学院	
		环境工程		
		环境科学		
7	动物医学类	动物医学	动物医学院	
		动物药学		
8	农业经济管理类	农林经济管理	经济管理学院	
		工商管理		
		市场营销		
		会计学		

（续）

序号	专业（类）名称	专业名称	所属学院	备注
9	公共管理类	土地资源管理	公共管理学院	
		行政管理		
		劳动与社会保障		
10	园艺	园艺	园艺学院	按专业申报
11	动物科学	动物科学	动物科技学院	按专业申报

积极开展"国家精品开放课程"建设。开展了校级精品视频公开课建设暨国家精品视频公开课遴选工作，6门课程被列为2012年校级精品视频公开课，3项选题被遴选列入2012年国家精品视频公开课第一批建设计划，强胜教授讲授的《植物与生活》已制作完成并通过教育部审核，成功上线；组织了学校27门国家精品课程的升级建设工作，其中12门课程已获教育厅批准推荐参加国家首批精品资源共享课程的评审。

表3　国家精品视频公开课程

推荐形式	课程名称	课程负责人	所属学科	学院	备注
选题	十五亿人的粮食安全	周应恒	农林经济管理	经济管理学院	
选题	植物与生活	强　胜	植物学	生命科学学院	2012年4月批准建设
选题	茶叶品鉴艺术	黎星辉	茶学	园艺学院	

表4　校级精品视频公开课程

选题名称	负责人	类别	学院
植物与生活	强　胜	校级立项	生命科学学院
昆虫与人类生活	洪晓月	校级立项	植物保护学院
茶叶品鉴艺术	黎星辉	校级立项	园艺学院
中药资源与健康生活	郭巧生	校级立项	
动物福利	颜培实	校级立项	动物科技学院
十五亿人的粮食安全	周应恒	校级立项	经济管理学院

开展本科生科研训练项目，加大力度提升学生创新能力。2012年，南京农业大学立项建设国家级大学生创新创业训练计划85项、江苏省大学生实践创新训练计划40项、校级SRT 403项、创业项目8项。对2011年立项的校级SRT 473项、创业项目15项、江苏省大学生实践创新训练计划项目38项、国家及大学生创新创业计划项目65项进行中期检查及结题验收。学生参与科研积极性高涨，参与面广，过程管理不断加强，本科生的科学素养、

创新意识和科研创新能力得到进一步提升。

2012年，南京农业大学制定了《南京农业大学"十二五"教材建设规划》，学校有6种教材入选教育部第一批"十二五"普通高等教育本科国家级规划教材，14种教材入选农业部"十二五"教材建设规划选题，2个研究项目获中华农业科教基金教材建设研究项目立项建设。

表5 "十二五"国家级规划教材

教材名称	主编	学院
作物育种学各论（第二版）	盖钧镒	农学院
普通植物病理学（第四版）	许志刚	植物保护学院
兽医传染病学（第五版）	陈溥言	动物医学院
农产品运销学	周应恒	经济管理学院
植物学	强胜	生命科学学院
植物学数字课程	强胜	

表6 "十二五"农业部规划教材

教材名称	主编	学院
种子加工与贮藏（第二版）	麻浩	农学院
基因分析和操作技术原理	吕慧能	
土壤农化分析（第四版）	徐国华	资源与环境科学学院
土壤资源调查与评价（第二版）	潘剑君	
农业资源利用研究法	李辉信	
动物解剖学实验教程（第二版）	雷治海	动物医学院
动物生理学实验指导（第五版）	倪迎冬	
小动物临床诊断学	张海彬	
货币银行学	张兵	经济管理学院
食品科学与工程概论（第二版）	周光宏	食品科技学院
食品包装学（第四版）	章建浩	
行政管理学	于水	公共管理学院
高等数学	张良云	理学院
汽车拖拉机学实验指导（第二版）	鲁植雄	工学院

表7 农业部中华农业科教基金教材建设研究项目

项目名称	主持人	单位
数字化实验实践教材建设与应用的研究	王恬 高务龙	教务处
"十二五"期间高等农林院校教材建设与管理新模式的研究与实践	阎燕	教务处

为深入贯彻《国家中长期教育改革和发展规划纲要》精神，总结全校在创新人才培养方面具有创新性和推广价值的成果，学校组织了 2012 年南京农业大学校级成果奖评审活动，评出特等奖 8 项、一等奖 8 项、二等奖 16 项。

表8　2012 年校级教学成果奖

单位	成果名称	第一完成人	等级
生命科学学院	《植物学》立体化教材及数字化资源的建设与应用	强　胜	特等奖
园艺学院	"产学研结合、农科教一体化"培养高素质创新型园艺人才的探索与实践	侯喜林	特等奖
动物科技学院	基于"学研产"结合的动物繁殖学教学改革实践	王　锋	特等奖
食品科技学院	食品质量与安全专业课程体系及教学内容改革整体优化研究与实践	陆兆新	特等奖
公共管理学院	农林高校公共管理拔尖人才能力提升的探索与实践	于　水	特等奖
工学院	以提升实践创新能力为目标的农业工程师培养模式构建	姬长英	特等奖
学生工作处（部）	学生工作"三大战略"教育管理模式的设计与实施	花亚纯	特等奖
教务处	农科特色"一主两翼"文化素质教育网络化课程体系的建构与实践	胡　锋	特等奖
农学院	基于第二课堂的农学类创新型人才培养体系的探索与实践	庄　森	一等奖
植物保护学院	昆虫学课程及教材新体系的构建与实践	洪晓月	一等奖
经济管理学院	管理学原理课程改革研究与实践	陈　超	一等奖
动物医学院	动物医学卓越人才培养的探索与实践	范红结	一等奖
信息科技学院	基于计算思维的计算机导论课程教学改革与创新	朱淑鑫	一等奖
外国语学院	英语专业笔译教学 PBL 模式改革实践	顾飞荣	一等奖
人文社会科学学院	国家精品课程引领下的立体化公共艺术课程教育教学创新与实践	胡　燕	一等奖
理学院	基于学生差异性发展的化学教学模式的改革与实践	兰叶青	一等奖
生命科学学院	农业院校生命科学类相关专业大学生实验实践能力培养模式改革	沈振国	二等奖
	植物生理学课程教学体系建设与改革	蔡庆生	二等奖
农学院	作物育种学实验技术（教材）	洪德林	二等奖
植物保护学院	植物保护特色专业建设的探索与实践	高学文	二等奖
经济管理学院	中级财务会计课程教学改革与实践	吴虹雁	二等奖
动物医学院	动物生物化学实践教学改革与实践	张源淑	二等奖
信息科技学院	科技文献检索课程教学内容及方法改革	彭爱东	二等奖
公共管理学院	土地资源管理专业学生参与式科研创新能力培养模式研究	欧名豪	二等奖
	SRT、文献综述与毕业论文三位一体培养土地资源管理专业创新人才模式研究	陈会广	二等奖
外国语学院	"多模块、个性化、可持续"的大学英语课程体系建设探索与实践	王菊芳	二等奖
人文社会科学学院	塔式艺术教育体系下的艺术实践平台构建	沈　镝	二等奖
工学院	电子与电气类专业立体式自主探究能力人才培养体系的构建与实践	丁永前	二等奖
	管理科学与工程类拔尖创新人才培养模式构建与实践	张兆同	二等奖
体育部	地方性知识视野下传统舞龙运动的活态传承	孙　建	二等奖
思想政治理论课教研部	参与式方法在思政课教学中的应用	朱　娅	二等奖
教务处	科教融合培养创新创业人才的探索与实践	吉东风	二等奖

积极推进实验教学中心建设，将"植物生产国家级实验教学中心"分散在农学院、植物保护学院、园艺学院 3 个学院的 20 多个功能实验室进行资源整合，优化管理，构建了 6 个不同方向的实验教学平台、18 个功能实验室，更新了部分实验设施和仪器设备，增加了环境安全指示标识和应急处理设备，实施"实践育人、协同创新、开放共享、高效运行"，并顺利通过教育部评审验收。

组织新一轮国家级和省级实验教学示范中心申报，"动物科学类实验教学中心"获教育部批准为"十二五"国家级实验教学示范中心，"动物医学实践教育中心"被批准为江苏省实验教学与实践教育中心。加强农科教合作人才培养基地建设工作，"南京农业大学常州农科教合作人才培养基地"和"南京农业大学—徐州市蔬菜研究所徐州大宗蔬菜农科教合作人才培养基地"被教育部批准为国家级大学生校外实践教育基地。南京农业大学大学徐州梨农科教合作人才培养基地等 6 个农科教人才培养基地获教育部、农业部批准立项建设。

表 9　国家级农科教合作人才培养基地一览表

基地名称	建设时间	批准建设单位
南京农业大学—徐州市蔬菜研究所徐州大宗蔬菜农科教合作人才培养基地	2013	教育部
南京农业大学常州市农科教合作人才培养基地	2012	教育部
南京农业大学徐州梨农科教合作人才培养基地	2012	教育部、农业部
南京农业大学济南生猪农科教合作人才培养基地	2012	教育部、农业部
南京农业大学郑州大豆农科教合作人才培养基地	2012	教育部、农业部
南京农业大学南京水稻农科教合作人才培养基地	2012	教育部、农业部
南京农业大学徐州大宗蔬菜农科教合作人才培养基地	2012	教育部、农业部
南京农业大学南京葡萄农科教合作人才培养基地	2012	教育部、农业部

截至 2012 年 12 月 31 日，全校在校生 16 890 人，2012 届应届生 3 914 人，毕业生 3 799 人，毕业率 97.06%；学位授予 3 770 人，学位授予率 96.32%。

【召开本科教育教学工作大会】 为贯彻落实教育部全面提高高等教育质量工作会议精神，深入推进本科教育教学改革，全面提高本科人才培养质量，精心组织召开"南京农业大学本科教育教学工作大会"。会议前期召开多次教务处会议和学院负责人会议，起草大会工作报告和总结报告 1.5 万字，编印会议材料 13.7 万字。大会对 2011 年度教育教学先进集体和个人进行了表彰。校党委书记管恒禄和校长周光宏分别对进一步加强本科教学和人才培养工作提出了新要求。副校长胡锋代表学校做了本科教育教学工作报告。会上，教务处处长、学工处处长分别通报与解读有关本科教育教学工作，理学院、生命科学学院、经济管理学院、工学院以及资源与环境科学学院进行了经验交流发言。大会对学校加快本科教育教学改革，努力形成教育教学新特色新优势，全面提升人才培养质量，有十分重要的意义。

【南京农业大学荣获"江苏省教学工作先进高校"】 10 月 16 日，校长周光宏、副校长胡锋、教务处处长王恬参加江苏高校全面提高高等学校人才培养质量工作会议，周光宏代表学校在大会上做经验交流报告。南京农业大学荣获"江苏省教学工作先进高校"表彰。

（撰稿：赵玲玲　审稿：王　恬）

[附录]

附录1 2012届毕业生毕业率、学位授予率统计表

学 院	应届人数（人）	毕业人数（人）	毕业率（%）	学位授予人数（人）	学位授予率（%）
生命科学学院	207	202	97.58	202	97.58
农学院	199	196	98.49	195	97.99
植物保护学院	136	131	96.32	130	95.59
资源与环境科学学院	134	132	98.51	131	97.76
园艺学院	210	205	97.62	205	97.62
动物科技学院	118	111	94.07	110	93.22
经济管理学院	389	383	98.46	382	98.20
动物医学院	161	156	96.89	153	95.03
食品科技学院	171	162	97.01	162	97.01
信息科技学院	195	184	94.36	183	93.85
公共管理学院	205	203	99.02	202	98.54
外国语学院	176	171	97.16	170	96.59
人文社会科学学院	226	223	98.67	221	97.79
理学院	102	100	98.04	99	97.06
工学院	1 249	1 205	96.48	1190	95.28
渔业学院	36	35	97.22	35	97.22
合 计	3 914	3 799	97.06	3 770	96.32

注：食品科技学院4位赴法留学生未计入该院毕业率及学位授予率。

附录2 2012届毕业生大学外语四、六级通过情况统计表（含小语种）

学院	毕业生人数（人）	四级通过人数（人）	四级通过率（%）	六级通过人数（人）	六级通过率（%）
生命科学学院	207	201	97.1	155	74.88
农学院	199	178	89.45	109	54.77
植物保护学院	136	122	89.71	76	55.88
资源与环境科学学院	134	130	97.01	75	55.97
园艺学院	210	183	87.14	100	47.62
动物科技学院（含渔业学院）	154	131	85.06	54	35.06
经济管理学院	389	377	96.92	300	77.12
动物医学院	161	152	94.41	94	58.39
食品科技学院	171	161	94.15	97	56.73
信息科技学院	195	184	94.36	84	43.08

（续）

学院	毕业生人数（人）	四级通过人数（人）	四级通过率（％）	六级通过人数（人）	六级通过率（％）
公共管理学院	205	199	97.07	116	56.59
外国语学院（英语专业）	80	76	95	50	62.5
外国语学院（日语专业）	96	94	97.92	72	75
人文社会科学学院	226	191	84.51	82	36.28
理学院	102	92	90.2	47	46.08
工学院	1 249	1 066	85.35	553	44.28
合　计	3 914	3 537	90.37	2 064	52.73

注："英语专业"四级通过人数和六级通过人数分别指"英语专业四级"和"英语专业八级"。

本 科 生 教 育

【概况】2012年，学校学生工作在校党委、行政的领导下，围绕建设世界一流农业大学的发展目标，深入贯彻学校"1235"发展战略，坚持"以学生为中心，以育人为核心，切实提高学生素质，积极促进学生充分就业和人的全面发展"的工作理念，深入实施和总结学生工作"三大战略"，不断提高学生工作科学化水平，切实为学生成长成才提供优质高效的管理和服务。

开展主旋律主题教育活动，促进学生全面发展。组织开展新生入学、毕业生离校、"崇尚学术　勤学慎思"、素质拓展等系列主题教育活动。开展首届"明星优博会"教育活动，通过选树身边先进典型，强化榜样教育的作用，营造奋进成才的氛围。围绕110周年校庆开展《"最美中国　光影南农"大学生摄影及微电影创作大赛》、《读校史　践校训　勇创新共创母校新辉煌——进一步弘扬践行校庆精神倡议书》等活动。学校层面组织开展"钟山讲坛"4次，学院层面共举办各类讲坛、讲座322场，46 898人次参与，评选出"南京农业大学优秀文化素质讲座"15个，受到学生们的广泛欢迎。

扩大心理健康教育覆盖面，帮助学生健康成长。加强心理健康教育课程规划建设，建立了以1门必修课为主，辅以16门公共选修课的课程体系。通过网络对全体新生进行心理健康普查，普查有效率达98％，建立心理健康档案，对符合一类问题本科生进行逐一访谈。开展心理咨询服务与危机干预，全年咨询时间800小时，总受益1 200余人次。策划7项主题23场活动，受益10 000余人。举办"亲情友情爱情"、"适应大学"等主题团体辅导26期，参与人数500余人次。举办冬、夏令营3期，参与人数140人。成立学院心理信息员工作站，构建"学校、学院、班级"三级心理健康教育工作网络，有效预防心理危机事件的发生。

构建"一站式"服务体系，促进学生事务管理精细化。整合校、院两级资源，成立学生事务管理中心（学生资助管理中心），为学生提供"一站式"服务。2012年，共认定家庭经济困难学生 6 672 人，占全体在校生比例 39.44％；发放各类奖助学金近 2 918.21 万元，其中国家级奖、助学金 1 529.5 万元，校级奖、助学金 1 211.69 万元，社会级奖、助金 177.02 万元。发放助学贷款 732.11 万元，受资助人数 1 342 人。5 000 人次参与勤工助学，发放勤工助学费 180 余万元。推进"爱心书库"建设，共发放各类书籍、刊物共 8 000 余册，资助学生 600 名，总价值 10.58 余万元。加强资助类社团建设，从社团目标、机构设置、社团活动、品牌建设和发展路径等方面整合社团资源，促进社团之间、兄弟高校社团之间的合作与交流。

精心开展招生宣传工作，生源一志愿满足率稳步提升。通过自主招生、艺术特长生、高水平运动员、艺术类等特殊类型招生、中学生校园行、金善宝夏令营等活动，打造良好的招生宣传平台。开展"百所著名中学校长校园行活动"，邀请 100 余名重点中学校长来校交流。一年来，面向全国 1 000 所高中邮寄祝贺喜报 2 800 份，面向全国 5 000 余所重点中学邮寄招生简章。招募在校生 1 766 人参与"优秀学子回访中学母校"活动，回访全国 31 个省（自治区、直辖市）1 000 余所中学，采集中学信息 927 份；派出 50 余支招生宣传队伍，对省内外 200 所中学进行走访、驻点宣传，参与省内外招生咨询会 60 场。2012 年，学校本科录取 4 424 人，院校一志愿率为 98.5％。28 个省份实现了理科一志愿率 100％，占理科计划总数的 97.7％；18 个省份实现文科一志愿率 100％，占文科计划总数的 95.3％。江苏省专业计划完成率一次性达到 100％。

完善就业创业服务体系建设，促进毕业生充分就业。完成《大学生就业与创业指导》课程模块化建设试行方案，组织 20 人次参加高校职业指导工作人员职业资格培训、PTT 国际专业讲师培训、TTT 培训及江苏省大学生创业教育师资培训。全年走访 290 家用人单位，参加 15 场校企见面会；举办毕业生大型双选会 2 场，用人单位达 685 家，提供 11 000 余条岗位信息。超过 300 家用人单位到学校召开宣讲会，就业实习基地数量达 175 家。2012 年本科毕业生合计 3 915 人，根据教育部就业率统计口径，年终就业率达 94.7％，其中直接就业 68.33％、国内升学 25.08％、国外留学 3.91％。获江苏省 2012 年高校毕业生就业工作先进集体，通过江苏省大学生创业教育示范校建设评估验收，《高校创业教育模式探索——南京农业大学项目参与式创业教育实践与探索》获江苏省高校学生教育管理创新奖一等奖，李梦婕同学参加全国大学生职业生涯规划获一等奖和最佳个人风采奖，黄梦杭同学获江苏省第七届大学生职业规划大赛"职业规划之星"称号。

推进队伍建设模式改革与创新，优化学生工作队伍素质结构。着力建设"专职为主、2＋3 模式和兼职为补充"的学生工作队伍，招聘专职辅导员 14 人、"2＋3 模式"辅导员 2 人。选送参加高校辅导员出国培训 1 人，部、省级专题培训 13 人，全部专兼职辅导员接受校内培训。开展"优秀学生教育管理工作者"、"优秀辅导员"等评优工作，20 人次获各类表彰。举办全校"学生工作论坛"，围绕进一步深入推进实施"三大战略"、提高学生工作科学化水平、建设世界一流农业大学要求等主题进行广泛的探讨与交流。立项教育与管理研究课题 13 项，资助金额 4 万元。获全国高校学生工作优秀学术成果一等奖 1 项、二等奖 3 项。

【完善心理健康与就业创业课程体系建设】2012 年学校推动实现心理健康教育课程体系建设，初步构建了"1 门必修课为主、16 门选修课为辅"的心理健康课程体系，面向大一新生开设公共必修课大学生心理健康教育，1 学分、18 学时，16 门公选课分为心理学通识课程、心理健康应用课程和综合应用课程三类，供其他年级学生选修。完成大学生就业与创业指导课程模块化建设试行方案，构建了以职业认知与生涯规划、职业素质训练与培养、就业创业分类指导与准备和就业创业政策解读与当前就业形势分析 4 个模块组成的改革方案。

【推进思想政治教育进网络、进社区】 全面改版"学生之家"网站，努力将"学生之家"网站培育打造成为正确引导大学生的有效载体。开通"南农学生之家"官方新浪微博，增强师生之间的网络互动，引领网络思政建设制高点。充分发挥学生的主体意识，创新社区文化组织形式，丰富社区文化活动内容，举办春、秋季两次社区文化节，报名人数突破 5 000 人，营造良好的社区生活文化氛围。

【开展辅导员基本业务技能竞赛】 首次举办全校辅导员基本业务技能竞赛，25 名辅导员参赛，充分展示了自己的特长、良好的综合素质以及娴熟的业务技能，同时也营造了广大辅导员加强学习、增强素质和推动工作的良好氛围。比赛充分利用新媒体功能，整场比赛进行了微博直播，受到了江苏教育电视台、南京电视台、南京日报、现代快报、金陵晚报、南京晨报、人民网和中国江苏网等 10 余家新闻媒体的关注与报道。

（撰稿：赵士海　审稿：刘　亮）

[附录]

附录1　本科按专业招生情况

序号	录取专业	人数（人）
1	农学	144
2	种子科学与工程	63
3	植物保护	133
4	农业资源与环境	56
5	环境工程	32
6	环境科学	64
7	生态学	30
8	园艺	116
9	园林	30
10	设施农业科学与工程	32
11	中药学	64
12	景观学	63
13	动物科学	120
14	水产养殖学	63
15	国际经济与贸易	32

（续）

序号	录取专业	人数（人）
16	农林经济管理	46
17	市场营销	38
18	电子商务	30
19	工商管理	33
20	动物医学	128
21	动物药学	29
22	食品科学与工程	64
23	食品质量与安全	63
24	生物工程	61
25	信息管理与信息系统	60
26	计算机科学与技术	60
27	网络工程	58
28	土地资源管理	75
29	资源环境与城乡规划管理	50
30	行政管理	62
31	人力资源管理	67
32	劳动与社会保障	30
33	英语	97
34	日语	92
35	旅游管理	58
36	法学	66
37	公共事业管理	32
38	表演	44
39	信息与计算科学	61
40	应用化学	66
41	生物科学	51
42	生物技术	50
43	生物学基地班	32
44	生命科学与技术基地班	43
45	社会学	33
46	农村区域发展	31
47	草业科学	29
48	金融学	153
49	会计学	86
50	机械设计制造及其自动化	174

（续）

序号	录取专业	人数（人）
51	农业机械化及其自动化	93
52	交通运输	128
53	工业设计	41
54	农业电气化与自动化	57
55	自动化	181
56	工业工程	143
57	车辆工程	119
58	物流工程	122
59	电子信息科学与技术	117
60	材料成型及控制工程	118
61	工程管理	111
合计		4 424

注：2012年学校本科招生计划4 500人，面向全国31个省（自治区、直辖市）招生，完成计划4 424人（卫岗校区3 020人、浦口校区1 404人）。

附录 2 本科生在校人数统计

序号	学院	专业	合计
1	农学院	种子科学与工程	224
		金善宝实验班（植物生产）	123
		农学	475
2	植物保护学院	植物保护	495
3	资源环境与科学学院	农业资源与环境	230
		环境科学	231
		环境工程	137
		生态学	106
4	园艺学院	园艺	448
		园林	165
		设施农业科学与工程	104
		中药学	224
		风景园林	—
		景观学	236
5	动物科技学院	动物科学	361
		水产养殖	188

（续）

序号	学院	专业	合计
6	经济管理学院	国际经济与贸易	178
		农林经济管理	261
		市场营销	131
		电子商务	134
		工商管理	151
		金善宝实验班（经济管理类）	100
7	动物医学院	动物医学	652
		动物药学	142
		金善宝实验班（动物生产类）	142
8	食品科技学院	食品科学与工程	275
		食品质量与安全	278
		生物工程	220
9	信息科技学院	计算机科学与技术	301
		网络工程	225
		信息管理与信息系统	233
10	公共管理学院	土地资源管理	346
		资源环境与城乡规划管理	136
		行政管理	149
		劳动与社会保障	122
		人力资源管理	172
11	外国语学院	英语	325
		日语	336
12	人文社会科学学院	旅游管理	233
		法学	258
		公共事业管理	118
		表演	166
13	理学院	信息与计算科学	215
		应用化学	230
14	生命科学学院	生物科学	200
		生物技术	208
		生物学基地班	120
		生命科学与技术基地班	219
15	农村发展学院	社会学	115
		农村区域发展	109
16	金融学院	金融学	736
		会计学	435

（续）

序号	学院	专业	合计
17	草业学院	草业科学	95
18	工学院	机械设计制造及其自动话	721
		农业机械化及其自动化	341
		交通运输	372
		工业设计	212
		农业电气化与自动化	284
		自动化	575
		工业工程	430
		车辆工程	393
		物流工程	468
		电子信息科学与技术	496
		材料成型及控制工程	431
		工程管理	374
总数			17 310

附录3　各类奖、助学金情况统计表

奖助项目					全校	
类别	级别	奖项	等级	金额（元/人）	总人数（人）	总金额（万元）
奖学金	国家级	国家奖学金		8 000	165	132
		国家励志奖学金		5 000	485	242.5
	校级	三好学生	一等	1 000	1 463	146.3
		三好学生	二等	500	2 000	100
		三好学生	单项	200	1 563	31.26
		金善宝		1 500	52	7.8
		邹秉文		2 000	12	2.4
		过探先		2 000	2	0.4
		先正达		3 000	15	4.5
		南京二十一世纪	一等	4 000	3	1.2
		南京二十一世纪	二等	3 000	6	1.8
		超大		1 000	100	10
		江阴标榜		1 000	15	1.5
		亚方		1 000	12	1.2
		谷歌公益		1 000	5	0.5

（续）

类别	级别	奖助项目 奖项	等级	金额（元/人）	全校 总人数（人）	总金额（万元）
助学金	国家级	国家助学金	一等	4 000	1 347	538.8
		国家助学金	二等	3 000	1 156	346.8
		国家助学金	三等	2 000	1 347	269.4
	校级	学校助学金（本部）			11 777	654.4
		学校助学金（工学）			5 060	279.73
		唐仲英奖助学金		4 000	101	40.4
		姜波助学金		2 000	50	10
		爱德基金		4 000	2	0.8
		香港思源助学金		4 000	60	24
		江苏慈善总会超市助学金		1 000	100	10
		中粮福临门助学金		4 600	22	10.12
		伯藜助学金		4 000	100	40
		教育超市助学金		2 000	7	1.4
		张氏助学金		2 000	20	4
		招行一卡通		2 000	25	5
合计				总计	27 072	2 918.21
				人均获资助		0.108

附录 4　2012 届参加就业本科毕业生流向（按单位性质流向统计）

毕业去向	本科 人数（人）	比例（%）
企业单位	2 459	91.75
机关事业单位	174	6.49
基层项目	38	1.42
部队	4	0.15
自主创业	3	0.11
其他	2	0.08
总计	2 680	100.00

附录 5　2012 届本科毕业生就业流向（按地区统计）

毕业地域流向		合计 人数（人）	比例（%）
派遣	北京市	51	1.90
	天津市	59	2.20

（续）

毕业地域流向		合计	
		人数（人）	比例（%）
派遣	河北省	80	2.99
	山西省	33	1.23
	内蒙古自治区	22	0.82
	辽宁省	63	2.35
	吉林省	27	1.01
	黑龙江省	21	0.78
	上海市	51	1.90
	江苏省	1 280	47.76
	浙江省	116	4.33
	安徽省	83	3.10
	福建省	59	2.20
	江西省	25	0.93
	山东省	97	3.62
	河南省	76	2.84
	湖北省	26	0.97
	湖南省	47	1.75
	广东省	93	3.47
	广西壮族自治区	46	1.72
	海南省	10	0.37
	重庆市	48	1.79
	四川省	46	1.72
	贵州省	40	1.49
	云南省	33	1.23
	西藏自治区	16	0.60
	陕西省	25	0.93
	甘肃省	23	0.86
	青海省	22	0.82
	宁夏回族自治区	14	0.52
	新疆维吾尔自治区	46	1.72
不分		2	0.07
合计		2 680	100.00

附录 6 百场素质报告会一览表

序号	讲座主题	主讲人及简介	讲座时间
1	粮食、食物与种业	盖钧镒 南京农业大学作物遗传育种学教授、国家大豆改良中心主任、中国工程院院士，从事大豆遗传育种和数量遗传研究	2012 年 1 月

（续）

序号	讲座主题	主讲人及简介	讲座时间
2	农业与生命技术	陈增建　美国德克萨斯大学植物分子遗传学 D. J. Sibley 百年讲席教授和南京农业大学特聘教授、"千人计划"专家	2012 年 4 月
3	在实践中培养能力和素质	盖钧镒　南京农业大学作物遗传育种学教授、国家大豆改良中心主任、中国工程院院士，从事大豆遗传育种和数量遗传研究	2012 年 9 月
4	南京农业大学发展种业的思路与举措	丁艳峰　南京农业大学党委常委、副校长，教授，博士生导师，农业部南方作物生理生态重点开放实验室主任，中国作物学会常务理事	2012 年 9 月
5	中国农情和当代大学生责任	洪德林　南京农业大学种业科学系教授，博士生导师，中共南京农业大学江浦实验农场党总支书记	2012 年 11 月
6	农村生活垃圾处理与新农村建设	诸培新　教授，博士生导师，主要研究方向为土地经济与政策，土地可持续利用与管理，资源、环境经济与政策	2012 年 12 月
7	科技创新与南京农业发展	周一波　副教授，南京市农业广播学校校长，主要研究方向为现代农业技术推广和科技支农等	2012 年 12 月
8	植物微生物互作与现代生命科学	窦道龙　植物保护学院教授	2012 年 4 月
9	科学研究中的创新意识培养	王鸣华　植物保护学院教授	2012 年 5 月
10	选择适合自己的毕业去向	韩召军　植物保护学院教授	2012 年 9 月
11	"关爱生命、快乐成长"心理健康讲座	李献斌　思想政治理论课教研部副教授	2012 年 5 月
12	"新农村建设与治理精英"党政讲座	吴国清　思想政治理论课教研部副教授	2012 年 4 月
13	"弘扬传统文化，传承文字精神"为主题的汉语言文化讲座	蓝之中　动物医学院教授	2012 年 9 月
14	绵羊的遗传多样性研究	Juha Kantanen　芬兰农业食品研究院教授	2012 年 5 月
15	Effects of sow's antibiotic treatment on the microbiota of their offspring	Zhang Jing　瓦赫宁根大学微生物学系教授	2012 年 6 月
16	不同方式消费者调查数据的质量比较	胡武阳　教授，SCI/SSCI 期刊《加拿大农业经济》主编、美国农业与应用经济协会中国区主席、美国肯塔基大学农业经济系	2012 年 12 月
17	美国商业文化的体会和认识——工作生活在美国	霍永明　教授，美国新奥尔良 LOYOLA 大学商学院亚洲商业研究中心负责人、美国新奥尔良 LOYOLA 大学工商管理系	2012 年 12 月
18	农业技术进步	朱希刚　教授，中国农业技术经济学会会长	2012 年 11 月
19	当前农业和农村发展形势与问题	陈锡文　中央财经领导小组办公室副主任、中央农村工作领导小组办公室主任，南京农业大学中国新农村建设研究院名誉院长、经济管理学院兼职教授、博士生导师	2012 年 9 月
20	宠物医院设计与管理及动物实际诊疗流程	张海彬　动物医学院临床兽医学教授	2012 年 4 月

（续）

序号	讲座主题	主讲人及简介	讲座时间
21	国际动物医学专业的发展趋势	James 教授，著名兽医学家、美国动物科技主席、前家畜内分泌学主编	2012 年 4 月
22	小动物腹部疾病的 X 诊断	周振雷 教授，动物医学院党委副书记	2012 年 5 月
23	营养疗法在小动物临床上的运用	黄克和 动物医学院临床系主任	2012 年 9 月
24	宠物医院的设计与管理	张海彬 南京农业大学动物医学院临床兽医学教授	2012 年 4 月
25	Enterotoxigenic E. coli infections in pigs and cattle：pathogenesis and mechanisms of protection	Francis 教授，美国南达科他大学传染病研究中心和疫苗中心主任	2012 年 11 月
26	Pervasive Informatics in Intelligent Spaces for Living and Working	刘科成 英国雷丁大学教授	2012 年 1 月
27	Pervasive Informatics in Intelligent Spaces for Living and Working	刘科成 英国雷丁大学教授，院长	2012 年 1 月
28	泛在信息社会和泛在图书馆	朱强 北京大学教授，图书馆馆长	2012 年 2 月
29	Hold 住未来——社群网络与行动科技下的图书馆服务	林光美 台湾大学教授，图书馆副馆长	2012 年 2 月
30	浅淡图书馆新领域：研究资料、管理和服务	李欣 康奈尔大学教授，图书馆副馆长	2012 年 4 月
31	数据洪流的警示与机遇	周晓英 中国人民大学教授	2012 年 5 月
32	Wi-Fi 技术的机遇与挑战	罗军舟 东南大学教授	2012 年 9 月
33	可信软件的若干问题研究	李宣东 南京大学教授	2012 年 9 月
34	阅读与经典同行——网络与数字时代的阅读学	王余光 北京大学教授	2012 年 9 月
35	引文索引与科学评价	苏新宁 北京大学教授，"长江学者"	2012 年 9 月
36	竞争情报与竞争模拟	王知津 南开大学教授	2012 年 10 月
37	图书情报学的实证研究方法	曹树金 中山大学教授	2012 年 10 月
38	Interactions Between Journal Attributes and Authors' Willingness to Wait for Editorial Decisions	Ronald Rousseau 比利时工业科技学院教授，国际科学计量学与信息计量学大会主席	2012 年 11 月
39	拥有完美形体，灿烂青春之路	孙飙 南京体育学院运动健康科学系系主任、系党总支书记、运动健康科学研究中心主任、教授、硕士生导师，运动人体科学学科带头人	2012 年 3 月
40	美丽女性讲座	郭春华 副教授	2012 年 3 月
41	如何实现公共政策科学化、民主化和法制化	胡宁生 教授	2012 年 3 月
42	优化社会福利，共建"大部制"	周沛 南京大学教授	2012 年 4 月
43	公务员考试培训讲座	王强 南京大学政府管理学院教授	2012 年 5 月

（续）

序号	讲座主题	主讲人及简介	讲座时间
44	规划人生	王万茂　教授，土地资源管理学科界的权威	2012 年 9 月
45	中国人的行为逻辑	屈勇　副教授，人文社会科学学院的党委副书记	2012 年 10 月
46	现代化，经济增长与人口变迁	钟甫宁　教授	2012 年 11 月
47	"理性爱国，实力保钓"国防形势教育讲座	李有祥　教授，东南大学军事教研室副主任	2012 年 11 月
48	坚持以人为本，全面建成小康社会	吴国清　思想政治理论课教研部副教授	2012 年 12 月
49	SCI 论文撰写与发表举要	顾飞荣　外国语学院英语系教授	2012 年 4 月
50	知国情、看世界	程正芳　南京农业大学理学院党委书记	2012 年 5 月
51	正义的天使——张纯如	梁柏华　美国新泽西州西东大学语言文学文化研究系教授，曾经担任新泽西日战争史维会会长，并荣获美国全国族裔联盟颁发的"2007 年度爱丽丝岛移民荣誉奖"	2012 年 6 月
52	青年学生对话大学院长	秦礼君　外国语学院院长，江苏省日语教学研究会会长，中国日语教学研究会常务理事 王宏林　外国语学院副院长，副教授	2012 年 9 月
53	MTI 的名与实	曹新宇　外国语学院英语系副教授	2012 年 10 月
54	Constructing a Life in ELT	Jill Burton　澳大利亚南澳大学教授、应用语言学家	2012 年 10 月
55	可译与不可译——翻译的艺术	刘军　美国加州州立大学洛杉矶分校英语系终身教授，著名文学评论家、翻译家	2012 年 10 月
56	文学与思辨	刘军　美国加州州立大学洛杉矶分校英语系终身教授，著名文学评论家、翻译家	2012 年 10 月
57	站在理论前沿，展望外语教学——二论应用认知语言学	王寅　四川外语学院外国语文研究中心教授，认知科学研究所所长，四川大学和苏州大学英语语言文学专业兼职博士生导师，中国英汉语比较研究会副会长，全国语言符号学研究会副会长，中国认知语言学研究会副会长，广东外语外贸大学外国语言学及应用语言学研究中心兼职研究员	2012 年 10 月
58	从日语的角度看汉语	古川裕　日本大阪大学教授	2012 年 10 月
59	中日汉字比较研究的现状与突破	何华珍　浙江财经学院教授	2012 年 10 月
60	参考消息的翻译问题剖析	端木义万　解放军国际关系学院教授、博士生导师，全国英语报刊研究会会长、资深军事翻译家	2012 年 10 月
61	多元智能理论及其英语教学实践	裴正薇　外国语学院英语系副教授	2012 年 11 月
62	翻译：好玩？不好玩？	杨全红　四川外国语学院教授	2012 年 11 月
63	另一种画面：诗歌与绘画，历史与呈现	樊淑英　外国语学院英语系副教授	2012 年 11 月
64	全面解析十八大内涵、深入学习十八大精神	盛邦跃　南京农业大学党委副书记、纪委书记、教授	2012 年 11 月
65	"卡住荒谬世界的脖子"——黑色幽默文学作品赏析	李震红　外国语学院英语系副教授	2012 年 12 月

（续）

序号	讲座主题	主讲人及简介	讲座时间
66	意大利艺术品的设计与鉴赏	Francesco Veneziano　意大利米兰理工大学时尚学院客座教授	2012 年 12 月
67	"供应链经营与管理"讲座	钱志新　博士，博士生导师，南京大学教授、高级工程师，盐城师范学院兼职教授，江苏沿海开发研究院首席专家，江苏省证券研究会会长，江苏省发改委原主任，南京大学创业投资发展中心主任	2012 年 9 月
68	"学党史、知党情、跟党走"主题教育活动	董连翔　中共江苏省委党校教授	2012 年 11 月
69	人文社会科学研究中的科学主义与人文主义	萧正洪　教授、陕西师范大学副校长、博士研究生导师、农史学家	2012 年 10 月
70	依法治校与大学生法律素养提升	付坚强　人文社会科学学院副院长、法律系副教授	2012 年 11 月

附录 7　学生工作表彰

表 1　2012 年度优秀学生教育管理工作者（按姓名笔画排序）

序号	姓名	序号	姓名	序号	姓名
1	万小羽	11	吴 玥	21	武昕宇
2	王春伟	12	吴菊清	22	宫 佳
3	卢 勇	13	张 杨	23	殷 美
4	刘传俊	14	张秋林	24	盛 馨
5	孙 展	15	张桂荣	25	章世秀
6	孙雪峰	16	张维强	26	章维华
7	朱再标	17	李阿特	27	程伟华
8	朱筱玉	18	杨 博	28	雷 玲
9	严 瑾	19	周月书	29	熊富强
10	何琳燕	20	林桂娟	30	缪小红

表 2　2012 年度优秀辅导员（按姓名笔画排序）

序号	姓名	学院
1	马先明	工学院
2	吕一雷	理学院
3	施雪钢	人文社会科学学院
4	殷 美	农学院
5	郭翠霞	工学院
6	盛 馨	动物医学院
7	黄绍华	植物保护学院

表3　2012年度学生工作先进单位

序号	单位
1	农学院
2	公共管理学院
3	外国语学院
4	人文社会科学学院
5	生命科学学院

附录8　学生工作获奖情况

序号	奖项名称	获奖级别	获奖人	发证单位
1	2012年度全国高校学生工作优秀学术成果一等奖	国家级	屈　勇	中国高等教育学会学生工作研究分会
2	2012年度全国高校学生工作优秀学术成果二等奖	国家级	姚志友	中国高等教育学会学生工作研究分会
3	2012年度全国高校学生工作优秀学术成果二等奖	国家级	李阿特	中国高等教育学会学生工作研究分会
4	2012年度全国高校学生工作优秀学术成果二等奖	国家级	盛　馨　周振雷	中国高等教育学会学生工作研究分会
5	全国高等农业院校"优秀辅导员"	国家级	宫　佳	全国农业院校学生工作研讨会
6	全国大学生职业生涯规划大赛总决赛一等奖、最佳个人风采奖	国家级	李梦婕	教育部高校学生司
7	全国大学生职业生涯规划大赛总决赛优秀指导教师奖	国家级	闫相伟	教育部高校学生司
8	江苏省就业工作先进集体	省级	南京农业大学	江苏省教育厅
9	江苏省学生资助工作绩效评价优秀	省级	南京农业大学	江苏省教育厅
10	江苏省高校学生教育管理创新奖一等奖	省级	南京农业大学	江苏省高等教育学会
11	江苏省第七届江苏省职业生涯规划大赛职业规划之星	省级	黄梦杭	江苏省大学生职业规划大赛组委会
12	江苏省第七届江苏省职业生涯规划大赛一等奖	省级	刘瑞君	江苏省大学生职业规划大赛组委会

附录9　南京农业大学2012年本科毕业生名单

一、农学院

孔　伟　王浙军　王　藩　韦丽华　刘晓菲　孙玉彤　毕　超　许文凯　问　涛
余　志　吴　龙　张颖娜　时甬沁　陆万顺　陈　妍　林舜彬　侯雯嘉　修　明
柯小娟　胡　伟　徐康悦　郭林涛　梅小芳　黄登飞　曾　婷　韩益珍　魏明香

马　艳　方能炎　王　建　王　露　田妃抒　成丽娜　江晨亮　吴　炜　张文凭
张黎妮　李文玲　李福利　李　毅　李　鑫　杜明灿　束文婷　杨　圣　杨玉霞
汪　颖　陈志新　林　强　宫　宇　曾雅青　焦书磊　程　璞　韩玉爽　于　洋
马国耀　毛文丹　王晓婷　王婷婷　丛亚辉　司　彤　刘　扬　刘　璐　孙萍东
齐文骥　张小龙　李浩轩　李　婷　杨双双　陈晓慧　陈璋璋　周小平　胡选江
钟明生　郭　进　顾俊杰　高　旭　曾明亮　管霜怡　马小龙　马建仁　王兆盛
王彩丽　王　蕾　邓清燕　韦玉才　刘世蓉　刘　茜　刘崇昆　刘清燕　许　娜
严宝仪　何旎清　吴明凡　张天龙　张金锋　张政文　张　烨　张寒竹　李晓平
李培清　周小琼　季晨华　梁家骥　谢东江　穆　融　戴　珍　马　妍　王明君
王　波　王　赛　田　锋　龙承元　刘小斐　向永丹　许　宁　吴晓静　吴彬彬
宋云攀　张　玲　张雅君　李小勇　李玉婷　李香非　杜文丽　杨镒铭　陈依露
周　汐　周　鑫　施　超　翁乐羽　李　兰　张胜忠　徐　建　郝晓燕　黄国枫
王晓飞　张　顺　梁　通　顾盼亚　应丰泽　祁孟喆　洪　骏　骆振营　孙　雷
伍　琳　俞　琦　王广龙　蔚建闯　郑志天　林艳玲　荆　欢　冯华威　刘丽媛
梁东明　樊静琳　薛　冬　姜苏育　丁巍巍　王自力　史媛媛　田亚龙　刘贝贝
江　勇　何向洲　何　珍　吴承坚　李永帅　李红玲　李　炜　李　斌　李　骥
陈驰华　陈梦婷　孟　曦　罗东玲　柏蓉蓉　凌　琼　陶春椿　曹诗鑫　梅胜林
盛　晨　赖燕燕　薛丽芳　马　玲　许山河　杨松楠　高亚利　章雅南　齐岩波
包浩然　孙　鑫　买买提·胡吉艾合买提　再努然木·阿巴斯　吐尔安·热艾汗
库里亚什·爱提肯　吐尔逊江·麦麦提　买吐尔送·阿瓦克日　热娜古丽·尤努斯
巴尔那古丽·哈布都马那甫

二、植物保护学院

丁科峰　尹大芳　方亦午　王国宇　刘昕超　向盈盈　回庆昊　孙少丹　何伟伟
吴　宪　宋少杰　张一帆　张浩康　张　捷　张晨悦　杨　耀　谷兴凤　赵　敏
郭静凤　顾鑫鑫　常　杨　梁婷婷　符子阳　程　琦　缪媛媛　丁　宁　亓兰达
尤清云　王子微　王才会　王　莹　王曼曼　王梦雨　古向前　刘晋铭　安志芳
许　静　李乐书　李亚荣　李咏梅　邰　剑　陆圣杰　陈洁琼　季晓峰　袁凯璇
梁晓宇　揭文才　董振起　翟春花　裴俊敏　潘海琳　马梦迪　王星耘　刘晓凤
安清海　张　惠　李　冬　李　成　汪　杨　肖　雨　周宇骋　林　清　武东霞
姚　蓉　夏　静　徐文秀　徐高歌　海　浩　曹　杰　葛赏书　褚丽艳　廖毅斌
谭德龙　丁士殊　兰粉香　刘明明　许梦视　张纬庆　李　佳　李　洋　肖　丹
陆　韵　陈　叶　陈　瑾　岳　青　胡　静　赵诗扬　骆亚琴　徐骋成　董　嵩
蒋雪菲　熊　武　谭利蓉　潘夏艳　蔡旭宏　丁　何　文永莉　兰美静　卢　笛
吴　莹　张东伟　张凯伦　张　林　张娟娟　李　欣　李翌洲　杜　琳　杨　勇
杨春兰　苏明明　谷益安　侯佳丽　侯晓青　姚　慧　唐金华　夏忆寒　聂　婧
黄　奇　龚庆碗　蒋青青　缪林玉　潘　洋　宋海天　李　响　梁镇英　王颢潜
周金成　杜　卓　郭子木　李　辰　王　硕　努尔买买提·阿西木　普布央金
次仁多吉　亚生·阿布来提　夏买尔旦·阿布力米提

三、资源与环境科学学院

马 昊　马彦萍　王冬梅　王 辰　王 佳　王 茹　王倩娣　王 磊　刘传骏
刘冰冰　刘 超　余得意　张园园　张 志　李文豪　李 帆　杨晓倩　汪丁亮
辛华东　陈 杰　林熙芸　苗美君　郑菲菲　姜 玲　夏鷃晏　钱培培　顾 兵
崔鸿飞　章逸哲　曾 俊　蒋海涛　王 宇　史淳星　石雪源　朱晓玥　祁占钰
许妍妍　许 宸　闫 钰　何江川　吴承思　宋一凡　张 思　李永茂　李 丽
李秋霞　杨 敏　陆佳俊　陆鑫达　明小玲　栾日娜　秦怡雯　袁润杰　顾宇磊
梁 奇　盛月慧　靳 瑮　王 淑　王雪晴　王 蕾　付 勇　代金君　石 坤
庄 涛　李玉姣　杨亚洲　杨赛斯　言儒斌　邱晓蕾　陈 玲　陈道祥　武丹桐
武瑾玮　胡 浩　赵 可　栾 婧　桑蒙蒙　顾萌萌　黄驰超　黄凯丽　董如茵
谢双璟　韩根韦　潘玉兰　丁晓勇　王文娟　王 仲　王 珊　王 科　江卢华
王裕琪　邓慧静　刘修元　孙玉明　张常赫　张登晓　李先花　李 娇　李洪姝
杨 军　阿孜古丽·努尔　姬付春　顾小龙　曹 琳　温天龙　戴守政　魏志红
魏 晰　魏解民　马菁华　王登超　王慧敏　乔彦慈　刘小康　刘生辉　曲菲菲
何怡婷　吴 勇　宋海滨　张抒南　张瑞方　李 倩　李 晶　李 静　杨培贤
沈宇力　孟 齐　林永新　郭俊杰　黄 帅　董小伟　董 亚　董媛青　巴特次仁

四、园艺学院

陈秋合　林 晔　安雅文　马昀生　马诗谦　马 静　王未来　代 勇　叶 薇
刘 贝　刘春燕　刘静宜　孙金龙　孙陶然　朱旭东　闫贵梅　张欣欣　李海梅
李梦瑶　陈丽妃　罗 涛　金诗媛　降 昀　俞吉钰　施桂青　袁秀云　陶 元
黄璐璐　董小凤　王筠竹　韦彦伯　孙 陈　吴艳歌　张晓雪　张 嵩　时 良
李万程　李易欢　李春杏　李润儒　周点凡　唐 俊　唐海艳　贾延锋　梅德州
葛少阔　谢 姣　解婧婧　路佳鑫　谭枝群　王明月　王 瑶　刘 川　刘梦叠
孙春燕　朱春琴　许小海　张秀秀　张碧薇　李宁宁　李 鹤　杨华桥　辛 璐
陈忠文　陈春全　施 忆　施旭丽　侯文亚　徐鹏程　莫柳萍　贾 玥　商贵艳
蔡 静　裴徐梨　谭华玮　颜 姮　王萃铂　王颖楠　王德孚　刘 佳　庄一倩
余远翠　宋环宇　张春春　张 琳　张鑫誉　李彦肖　杨 飏　杨晓洁　邹雨平
陈永国　陈 婧　周 颖　徐诗炯　钱 骏　黄 好　彭花朵　管 苇　魏 榕
王红霞　王晓玲　王皓阳　冯春芬　冯媛媛　叶 红　刘钰杰　庄夏菁　曲 丹
闫 迷　陈静姣　周施璋　易 红　林淑梅　贺丽媛　赵书笛　赵海威　徐 华
徐 晗　徐 筝　崔 燕　董 南　詹炳维　蔡星辰　谭木易　霍 源　姚 瑶
牛 翊　王天予　王天慧　叶婉星　任佳宾　安燕尼　朱倩颖　毕 岳　羊 彦
张晓钰　张婉嫣　张 蕾　李小玉　李舒雁　杨丽萍　杨辰雨　汪 越　陈 超
麦子镌　欧晓缘　唐 蕾　徐胜男　黄彩婷　韩 礼　戴昕辰　周元琪　毛桂凤
毛维波　王 宇　王苗苗　王 嘉　仝 藤　冯 杉　宁梓君　刘 佩　朱美瑛
何 琦　张 莎　李 可　李安妮　李 垚　李 鹏　苏 彬　陈孟龙　陈 惠
周 欢　柳 朝　饶琳莉　曹亚悦　龚飞龙　谢 平　于 超　马丽妍　方 金

王志敏　卢永付　史静静　刘　成　宋少华　宋非非　李　萌　陆　伟　陆佳松
周晨楠　孟祥龙　姜淞译　施晓梦　洪忠举　袁颖辉　谢圆圆　楚玲玲　潘长春
金　旭　闫　实　张仲阳　宋升胜　刘晓文　塔吉古丽·阿不拉　刘杨夏溪
佰合提古力·热木吐拉　伊力哈木·阿布迪热合曼　亚地卡尔·阿布力米提
米热吉古丽·吾拉木　吐尼沙古丽·斯马依

五、动物科技学院

郑晓东　任才芳　程　欣　谷义友　杨　婵　彭铭振　王识之　邓海容　闫梦菲
何香玉　何银泉　张华华　张宏鹏　张　爽　张　橙　李　洋　肖　健　邵　帅
周定勇　周德馨　季　倩　郑　贤　郑慧毅　洪　琴　崔　铮　廖　广　熊　灿
穆　甜　戴子淳　尹成平　毛　杰　王书涛　申　强　石青松　安　伟　朱德亮
余　盼　吴重实　宋　欢　张骏捷　李青云　李　茹　杜学海　杨奕辰　杨显强
邹雪婷　林丽娟　林韵涵　赵士杰　奚雨萌　章小婷　普少瑕　马　斌　文　平
王业明　王　欢　邓庆玲　韦小菲　卢　婧　任文娟　刘　宪　刘海彬　许旗兵
张宇霞　张　果　李昆峰　李晨博　李　博　李　璐　杨　宁　陈　兵　秦红英
梁高谦　韩　斌　薛　莹　王相臣　王　腾　刘　鑫　孙国龙　成　琼　江倩倩
佟　玲　李仕松　李袁飞　李　满　杨　雪　肖　惠　周士恒　周　玮　林云财
胡海峰　班　超　秦　江　寇　涛　董易春　赖淑静　马旭龙　尤肖祎　王晓宇
王　曦　刘梦迪　吴华林　吴家全　李洪萍　杨智然　孟定强　姜韶娜　郭亦琼
崔棹茗　崔　鑫　曹有岳　熊雨凤　燕　慧　魏芳芳　刘新义　刘玉洁　王秋宇
姜　雷　叶　平　刘文娟　邱　丹　崔　超　谭　澄　马晓飞　江晓浚　何名积
张亚楠　李丹丹　李泽政　李荣涛　李　顺　杨彬彬　周　梦　罗　胶　柯云锋
夏斯蕾　徐龙彪　莫巧媚　陶旭波　黄浩伟　彭维骁　裘颖莹　熊汉华　万　强
石　凯　刘　向　安艳芳　阮欢欢　宋强亮　张丽慧　张倩颖　陆春云　陈　练
闻　明　徐　剑　殷　燕　梁铸强　符永莹　黄晓飞　曾晔临　赖婉婷　滕　涛
薄其康　魏玉磊　黄柯阳

六、经济管理学院

吴忆凝　岳玲燕　朱国淋　林紫茜　陈　悦　林亚雯　陆五一　李祎雯　张婷婷
梅　超　陆林玲　徐育聪　陈敏敏　倪佳伟　王笑秋　吕丹丹　朱思远　刘建菊
吕　沙　高　骁　刘乃栋　朱红艳　沈荣海　陈　滢　郭　彤　马仁磊　陆凤平
仇胜昔　唐若迪　张雨洁　王　鹏　刘亚婧　张伟楠　朱　慧　李　靖　常译文
胡雯慧　宋士杰　杨　冰　陈　露　肖龙铎　周金凤　张学姣　沈春燕　钟　禾
邵涵欣　李　蓉　接　晋　牛晓宇　尚娟娟　丁　艳　于清远　王　丹　王泽军
史良红　旦　曲　田维芳　刘沛栖　刘思聪　吕欣然　孙英博　朱志新　朱　峰
吴　扬　张亚婷　张鑫云　李天芳　杜雪丽　杨　阳　杨　旸　沈立早　蒋四敏
沈　茹　沙深洁　陈亦悠　陈　艳　陈　晨　周　琦　姚建冬　徐月娥　徐亚媛
徐　榕　徐蔚洁　徐璐颖　章　佳　潘　鑫　薛丽瑶　丁　旺　门雪娇　康泽清
王亚军　王　喆　冯晓蕾　冯爱萍　吕平平　孙沐昀　何玉嘉　张心甜　张晓恒

张　磊　李玉洁　李　杰　杜运生　杨　阳　杨　璐　邹凡龙　周　鹏　姚永烨
费红霞　徐慰钟　徐　蕾　黄　飞　黄建珍　黄皓婧　焦　扬　董文芳　蒋　科
熊　波　魏大维　李翔龙　万馨蔓　刘若愚　吕如子　师经亚　宋伊龄　李烨林
李梦月　李斯洁　杨　婧　邵茜凌　陆宇辰　陈　立　陈　枫　周　颖　欧　楠
武　昕　范　磊　倪　倩　徐苏洁　徐　洁　徐　慧　顾澄龙　顾　灏　高伊甜
储瑈琦　葛东泽　丁　津　丁傑锋　万　千　公绪生　王丹丹　刘　路　刘　璐
成　诚　朱芝谊　朱路迪　纪　元　羊子轶　吴乐园　吴浩乾　张　亚　张佩曦
李诗梦　杨玉洁　杨　旸　杨晶晶　陈迪航　侯德远　施蓉蓉　徐　昕　徐金笛
曹　煜　梁倩敏　谢　运　熊　琳　丁海童　丁　敏　王一非　贝丽巍　叶天智
孙　滉　孙　鑫　许冰茹　吴　卉　张　骁　张晓宁　张　骐　李　雪　李　超
杨　旸　邹逸然　陈　实　陈　韵　周　洁　周黔申　茅　巍　郑　雪　徐静文
晏　雨　袁明飞　梁思月　程　成　蒋荣干　韩　乔　楚　天　魏　甄　王延平
王　绵　王　辉　邓金桦　叶鸿欣　刘成龙　刘维亚　刘　蓉　吕明明　吕洪志
汤楚琳　张　佳　张　颖　张　颖　李国亮　李　鑫　孟春丽　林鹏飞　姚　科
赵　丹　高　晖　高　静　崔英楠　梁一盼　童亚平　廖胜利　裴千慧　潘　斌
戴　婧　王华军　王闻天　王媛媛　王　瑜　刘小建　刘华冰　孙　阳　孙雨乔
孙　斌　何　力　张　谦　李大伟　李汐媛　李　享　李国军　杨　咏　杨　雨
杨　超　苏俊英　邹能芳　陈　琳　陈　馨　罗　方　郑依娜　胡剑峰　赵可可
郝　卉　索曼丽　耿二波　黄斐然　韩桂圆　王　秀　王荣蒙　王　艳　王跃飞
王　婷　兰瑞雪　史洋洋　龙晶晶　刘冬冬　汤　旭　许芳芳　张宏权　张　咪
张照辰　李天元　李　丽　李佳骏　李　青　李海洋　李雯婷　邹佳斌　邹源孟
林　帅　俞春兰　徐玉婷　留　芬　贾　亭　常　远　梁景龙　蒋　玲　谭志娟
谭国金　王炫力　卢　越　任腾云　刘晓萌　刘梦夕　齐一桦　宋丁虹　宋默默
张成凯　张　琳　李织蜜　李梦仙　李　蓉　杨李剑　闵　欣　陈泽坤　陈　俞
陈洁潇　胡珍珍　郝　晨　倪闻华　敖森兰　郭逸娴　韩　超　芮航帆　马雅琳
王　亚　代　君　刘正芬　刘肖霞　刘泽宁　刘培芬　华静森　余书恒　张　磊
时文月　李红云　李　阳　李　源　周子婷　宗　师　徐亚光　郭星璇　章银鑫
黄　宁　曾雅婷　董应劼　韩雪梅　樊晓霞　黄　莹　孙　静　周云珊　江星星
余静怡　孟玲娟　马永魁　江　准　刘竹清　周　南　姜斐然　朱道远　姚　玮
方　颖　王红娟　毕　婧　王佳月　李欢乐　叶　青　郭颖君　徐君湘　朱诗音
李沼龙　王　平　陈立新　周　晨　冯　菲　法　宁　魏　慧　高　俊　徐　巍
林思羽　严　兵　王　月　江小慧　姜凯心　马　鑫　李　娜　李程亮　次仁旺布
普布扎西　艾司艾提江·艾尔肯

七、动物医学院

陈　微　黄春娟　王　超　程　杰　王雪松　雷晓晃　张洪岩　孙雅薇　丁云磊
王凤月　王洪超　王楠楠　付臣雯　刘晓燕　刘鹏刚　孙　婕　孙　雪　许崛琼
邢运青　吴　竞　张　博　李　珂　杨光远　邹　垚　陈　竞　陈耀钦　赵冬雪
赵迎辰　赵陟恒　赵康宁　徐天乐　钱丹萍　钱芳华　崔晓靓　戚　玥　梅　宽

隋煜霞	马继权	王宏宇	王府民	王雪莉	代 伟	包晨艳	史 敏	刘 典
刘彦廷	刘新月	孙盈盈	汤茱超	张林霞	李德志	杨 倩	汪 磊	辛凌翔
周 维	郑 烨	金 笛	俞立凯	姚 静	赵 莉	党全升	徐斯旸	高长松
章启东	董 静	韩 婧	潘华荣	方 鑫	王 彬	丛晓楠	乐 源	刘 蕾
孙 冰	邢少华	何 瑜	余珊珊	张 宇	李 晓	束鸿鹏	周 旋	周 博
赵晨星	徐倩倩	徐 彬	徐 磊	郭峻菲	钱 刚	高 洁	高 琪	龚梦洁
蒋晓芳	甄维维	慕艳娟	蔡雅铨	潘升驰	于晓慧	卢镜宇	刘冠星	刘 堃
孙志勇	吴亚锋	宋浩刚	张孚嘉	李子舒	李信橘	杨金萍	沈剑强	肖龙菲
肖 冰	陈 蕾	周 超	林 琛	姚 冲	姚 俪	徐 蛟	顾逸如	康 健
梁 宁	蔡 梦	霍晓东	戴 超	顾 亘	丁蓉龙	王延映	王雪静	王蓉蓉
叶维沁	刘 洋	孙 敏	朱明霞	张 艳	张 瑜	李 丹	李阳阳	李 萌
邱 芮	陈绵绵	陈逸飞	孟继龙	范 洁	胡弘历	胡志强	唐乃鑫	徐 亮
顾昊旻	商可心	黄 珊	鲁 振	戴玉龙	张挺杰			

八、食品科技学院

李 丹	王 璐	陈汉辉	王晓霞	丁世杰	方东路	王一茹	王雅纯	王 翠
刘美超	吕慕雯	孙萃萃	孙 路	何 博	吴小芳	张向前	张 莉	张敬鲁
李园园	李 颖	苏楠楠	陆 珩	陈艳平	范双双	姜 彬	赵集贤	郝 慧
袁丽佳	龚明明	普 琦	蒋南琪	谢亚娟	魏心如	马思琪	马玲玲	王月飞
王佳秋	王 茜	王璐莎	白亚琼	何紫薇	宋小丹	张小春	张 卓	李志远
汪石明	陈达宏	陈 威	罗 明	姜雯翔	胡世通	赵映红	徐希妍	陶 韬
彭 玲	温斯颖	董席静	韩文庆	樊晓静	尤 涛	王梦嘉	丛芹芹	冯小愿
白晓宇	乔 虹	刘 宇	刘 佳	孙丽双	吴 寒	宋思民	张宏伟	张 佳
张凌逸	张晓萌	李木青	杜松楠	汪 敏	陈 琛	庞之列	林 思	林燕花
胡 波	赵 浩	唐世伟	黄 璐	喻 譞	彭 洁	焦凯秀	蒋林惠	简庆泉
靳 远	于小芹	王 希	王志英	王 佩	史娇智	刘伟杰	刘凌岱	刘漾伦
吴冬晶	吴金城	张哲铭	杨 帆	苏 珂	陈楚芹	和晓彤	若 霖	段晓杰
胡苏季	赵颖颖	徐艾霞	徐然然	翁梅芬	郭 昊	陶 飞	曹泽斌	虞 田
雷 云	翟亚楠	樊力萌	潘昱燕	徐英全	刁含文	马高兴	王 博	王慧力
王慧琴	卢 静	任 仁	刘 骅	邢凯杰	齐培羽	张国洋	张建朝	张 海
时丽霞	李 成	李丽婷	李炫中	李筱筱	陈立国	陈宇婷	陈 斌	高 玲
马晓兵	王 烨	王鹏程	石玉衡	任雅楠	刘来花	刘晓晶	朱 甜	严 璐
余胜星	李 骏	杨 维	杨 雷	沈海伟	陈志钢	陈 钊	陈 林	段鹏辉
钟霜霜	聂佳琦	郭秀风	景莹莹	翟 辉	李 磊	张玉军	袁若皙	邸雅琼

九、信息科技学院

康海蒙	诸小牧	张正林	牛晓璐	王一茹	孙仁晴	寻 欣	朱文斌	张发岚
张 皓	张 璠	李 想	汪 旸	邵小宇	陈艳红	陈钰洁	陈 璐	林 杉
茆 利	金 健	秦开林	高晓静	曾 艳	温志杰	韩杰冰	黎 欢	马骋野

尹　恒	王国硕	王姗姗	王　越	史　菲	孙敬尧	余唯毅	张　冰	张莉颖
张超群	杨　婷	苏伟尧	陈乂宁	陈晓英	陈　涛	陈梦瑶	郑灵灵	唐雅静
高　源	高　燕	黄佳睿	葛淑玲	廖佩清	熊　飞	岳江潮	卜艺林	尹　力
方晓茹	王曲蒙	王慧娟	付　军	田思源	刘　伟	刘　俊	初大伟	吴天天
张　俊	张　雪	张　琴	李如淳	李宏涛	李　超	李　想	陈　东	侍　拓
金　华	姜　红	倪丁香	徐玛丽	秦书磊	曾九伶	鲁　健	熊加喜	蔡佳杰
马成成	王羊羊	王国隆	王政懿	王贵兵	王海慧	王祥熙	王　斌	任静伟
刘成虎	刘迎群	刘姗姗	刘　辉	孙宇飞	庄好涛	朱晨宏	张　玲	张　茜
张　婷	陈　浩	周翔宇	孟凡亮	唐梦洁	袁　艺	袁盛伟	高尤宝	黄思萌
曾　辉	潘　慧	王　衍	王　博	王　鑫	乔澄澍	刘凤林	刘　阳	刘国辉
刘彩虹	华　坚	朱　沛	吴呈亭	张家鸽	李东亮	李晔孜	杨大伟	沈志兵
辛立光	陈开明	岳　圆	林海奇	姚　娅	战鑫玉	施雨萌	骆永生	夏益萍
徐传明	郭润坤	黄新建	龚　玥	唐宏岩	丁　杰	于　琪	方　圆	王　莹
王靖中	厉　翔	刘佼佼	刘　杰	张　圣	李梦甜	杨　薇	陈伟龙	王　钧
尚艳丽	侯　寒	赵　凯	赵　鹏	倪浩男	徐　凯	高　鹏	章晓猛	黄秋红
彭　建	韩　栋	谭志高	潘梦轩	黎　方	魏　岩	王立志	王　强	刘骄阳
刘　鹏	孙　波	孙德峰	朱胜柯	张文馨	张伟乐	张　波	李新旺	苏　培
邱明昊	陈　林	林海玉	姜炜文	胡　蓉	赵　敏	高小钦	梁春琴	储　莹
储　超	韩　通	焦婷婷	池毓兴	李　爽	孙　杨	司马万阳		

十、公共管理学院

陈　腾	顾婉君	张奕凡	刁亚敏	王　晗	王　璇	韦小宇	韦海艳	刘君琪
刘聪敏	孙　祎	朱四斤	朱秋萍	许园园	许　璐	闫晋婷	吴亚萍	张　玮
张婷君	李茹冰	杜　进	杨光辉	杨学升	杨晨岑	陈　峰	周　融	林洁琼
侯一丹	赵梅妍	唐维琪	高　艳	康　鹏	彭玉杰	蒋国静	路莹洁	王　阳
王　君	韦　伟	刘易升	刘　娇	刘　清	许丹阳	许　璐	齐金坛	余忠海
李　若	李香玲	李梦秋	杜　川	杨芳芳	陈　龙	陈露瑶	周媛媛	罗宗阳
郗　健	闻　婷	夏俊霞	徐丽林	徐晓丽	徐森帅	黄轶雯	魏　伟	支筱媛
古芳怡	关长坤	刘记延	刘　艳	刘　彬	吕　洁	朱义霖	朱倩瑶	汤玲兰
宋璐怡	张冰玢	张　松	张宸睿	张海霞	张　强	张智超	张翔宇	张　璐
李庆玲	李鸿飞	杨　帆	杨希越	辛悦明	邵俊元	闵　洁	陆　露	陈丹青
陈　昊	陈　硕	周　艳	党颖毅	贾逸宁	郭亚南	温梦娇	董　晶	谭晓可
马天玉	马　戈	王艺颖	王晓思	王　菲	叶佩瑶	田　诚	任广铖	刘晓梅
刘艳艳	朱路遥	邢　琦	张　帅	张家婧	张　爽	张程程	李月娥	李鹏举
杜　林	沈于宸	沙　亮	陈延红	陈琦月	陈　想	季荣伟	巫玉倩	苗　会
施　毅	赵　微	徐慧金	袁薇锦	郭贵欢	郭婧昕	董泠超	綦海萌	颜玉萍
薛　婷	王　璇	冯振宇	叶洪双	刘婷婷	朱　钰	严建军	吴典典	董梦妍
张军军	李春红	杜贵军	沈　云	苏志刚	苏循航	周　洁	季　勇	武卓平
柏　堃	段春晓	胡　莉	郝　森	凌　杨	高莉雯	虞炎泠	刘　豪	王　珏

黄超威　韩丙帅　潘　贝　颜锦柱　张婷婷　薛　艺　周　蓉　丁群晏　沈　丽
马　倩　王田鑫　王丽艳　史　霖　石书利　艾　茜　刘仲君　吕　伟　何　晔
张　力　张伟坡　张继祖　张照云　李　冉　杨　岚　杨　恒　芮淑萍　周巧林
苗长青　郎俊杰　姬晨曦　徐文慧　钱亚东　高茂力　黄　乐　黄阳涛　储李杰
黄　琦　陈智伟　张　红　索朗旺堆　平措加措　洛松新巴　端木镀洋

十一、外国语学院

丁　超　胡卉玲　李　诗　陈宝英　丁天洋　王　琳　王慧君　叶　伟　白　静
任　晶　刘婷婷　孙小岑　朱霞雪　宋　盟　李若练　李诗娜　杨　阳　罗　冉
赵倩莹　唐　蓉　徐雅雯　殷夫平　崔　岩　黄　磊　程　茜　廖淑华　阚云瑶
濮雨晴　兰　兰　叶笑天　孙　静　庄冬学　闭小婷　李晓琛　李　莹　杨　帆
杨晓敏　沈　翔　邹　怡　陈玉华　陈雨菲　陈惠超　季静晔　徐婧娴　袁　园
曹　敏　隋龙娇　葛梅晔　阙　皓　魏　薇　瞿樱妮　孔玉洁　尹菲菲　王艳辉
王　潞　兰超慧　甘洁云　田　琛　何晓舟　吴晨婷　张　超　李亚辉　李春燕
杨　梦　陆　婧　周　锦　林　琳　范沁沁　姚志宏　赵　婕　徐　荣　徐　萌
黄梦菲　彭晓露　曾　光　董雯雯　韩　旭　万佳乐　仇　杰　勾若娅　王　旭
王　荣　叶芳芳　左建华　石丽娟　孙　杨　孙　畅　汤璐璐　牟思齐　闫梦琪
吴意雯　张金颖　张　鹏　李　平　李　娜　李　娟　杨　骏　苏银凤　周　卫
周　魏　罗　夕　胡佳妮　胥文淑　赵彤晖　徐　谷　顾启鹏　高艳丽　蒋　忠
马晨洋　仇　铮　王书平　王少杰　王灵芝　王　艳　叶　芳　刘　燕　何艾珈
何　珊　张　浩　张　琦　李　昕　李慧娟　杜　静　杨燕语　苏雪娜　陈　彪
陈海龙　周文艾　俞莹滢　施　魏　胡海燕　夏德琳　徐玲玲　顾馨文　商晨希
蒋亚男　谢　超　王艳雯　王　锦　王　静　韦雅琴　仲晴怡　朱秋萍　朱　绚
江俊涛　张　杨　李含嫣　李　俊　李　静　杨　丽　肖文庆　邹　岚　邹积珉
陈艺文　陈思思　陈　雷　罗　晖　郁　青　郑　绰　赵士科　赵祖华　唐　姝
黄庆苹　傅佳晶　程　芳　蒙景超　潘冰冰　王洪刚　张雨帆　何　洁　盛方园
仲　丽　赵　丹　史柳芳　田　莎　邢　悦

十二、人文社会科学学院

姚思慧　尤一栋　王英杰　王梦怡　王琳娜　付　旭　田牧野　刘怀云　邱　敏
刘新浩　孙　璐　朱冠男　朱　攀　吴佳云　吴玲玲　张兆年　张　敏　李　立
李　政　杨　武　杨　鹏　陈　婷　赵　婕　凌　宇　唐　然　贾银坤　谢居俊
蓝　香　熊梅沁　王　治　王　玮　王珊珊　王晨宇　邓剑威　叶　俊　申家栋
刘亚洲　刘妍君　刘　媛　安　盼　张姝悦　张　静　张　蕾　李江峰　李　枭
汪雅琼　陆　菲　陈　洁　周丽丽　罗丹萍　范馨萍　谢亭立　赖泽莉　樊晨亮
黎冬梅　王文龙　王肖潇　冯鹤云　余潇宇　李小双　杨秀秀　沈骆懿　陈江华
季相鑫　林颖娴　郑新星　侯青蜓　俞　敏　姜雷彬　施　歌　荣燕玲　赵京美
唐　婷　徐盛楠　高　蓓　梁桂宾　黄芙蓉　黄　婕　曾令娟　蒋书红　虞家欣
于雨倩　仇　亮　尹龙飞　方　兴　王静思　石　磊　印玉婷　孙　志　朱胡荣

朱缓缓	许宏玥	严汉强	严 星	宋 瑾	张子奇	张为忠	张 伟	张 燕
李文琦	杨文清	杨旭奎	汪 浩	陈洲强	陈 璐	陈颢明	周倩薇	周圆圆
周 银	林祚慧	罗立沙	范林森	郁开艳	赵若言	赵 曼	项妍妍	唐文秋
唐骏丹	徐 超	都 成	陶红梅	陶雯佳	高 婷	童 玲	蒋 睿	谢泽夫
詹 荔	裴汝佳	马 靖	王 俊	王 萌	王 婷	冯瑞霞	卢微微	布尼玛
田 遥	吕靖轩	朱海蛟	朱锦秀	何 川	张云蕾	张爱玉	李念慈	李 昊
杨璇琪	陈 珠	周燕蓉	罗永平	罗 珍	姚宏林	胡玉姗	赵 冰	赵若诗
赵惠娟	黄 聪	童慈玫	潘荫荣	方晓婷	王九荣	程道道	崔凤枝	缪妍妍
王丽君	王陈勤	王 杰	刘 敏	朱柳萍	江正东	吴海涛	宋晓鹏	张龄月
时铭君	李晓慧	李斐斐	杨 勇	沈 骞	陈 刚	林燕婷	侯丽莉	姚硕珉
郭彩玲	顾 霞	崔秋远	曹博然	黄则贤	温娟娟	董倩雯	熊小燕	程雨彤
于若仪	马晓萌	王 广	王明睿	邓丽军	刘 伟	刘雨卉	刘婉婉	后洪啸
孙 尧	巩 欢	许明迪	齐晓雷	严 新	何婉君	吴姗姗	张 欣	张彧卉
李鹏程	李 蕊	谷 帅	谷 雨	陆晨琛	陈玥塑	陈柳汐	周晓霜	唐汝君
夏 磊	徐文瑾	高 媛	崔成旦增	崔苏宁子	格桑尼玛	德吉卓嘎		巴桑央吉
扎西多布拉	德吉卓嘎							

十三、理学院

陈 通	郭安富	马沐野	马京凤	王一珺	王明骁	王俊敏	王 巍	左自俊
田晓路	石圆圆	龙 玲	朱敏杰	何玉龙	张建宇	李 琴	沈志宏	陈初一
陈 睿	郑唤瑜	胡 越	赵艺萱	赵 萌	赵雅琦	黄 鹂	韩 扬	戴 伟
于 敏	毛建华	王 茹	白炳群	刘 畅	庄海琪	吴龙凤	吴俊慧	吴 森
张文君	张 超	张 曦	李大伟	李 鑫	陈志威	陈彬彬	陈端玉	陈翠翠
周 翔	范林林	袁 芳	贾宝林	黄秀川	董文麒	廖秋晓	丁浩然	王毛毛
王舰楠	韦成卫	包男男	史兴达	艾其敏	朱厚军	朱星星	严 炜	张允楠
张立志	张国晋	张 娇	李中平	陈 雪	周凌凌	林贝贝	金茜茜	原文婷
袁辉辉	郭峻峰	蒋卓睿	薛玉姣	于慧敏	王 轩	韦利娜	冯 露	曲 姮
朱 浩	张 宇	张念沁	张战运	张曼琳	张静静	李 勇	李 洋	杜 效
杨丽姣	杨 坤	汪芙蓉	邱博诚	陈禹衡	罗 以	贺宇翔	骆幽萍	葛于豪
董晓臻	甄玩森	魏鲲娇	关彦波					

十四、生命科学学院

王 海	张 奕	郭 茜	王 栋	仲 磊	任中杰	刘有富	刘佳源	吕云斌
孙 娅	张 扬	张 薇	李雅琼	李 聪	陆春华	胡云燕	赵 昕	顾庆康
蒋 琰	冀彦锡	穆 伟	戴长荣	戴竹青	魏晓东	支大雨	王 宇	刘桂超
孙 宾	邢泽南	严粤姣	吴骏伟	张 丹	张 欢	张学晶	李云涛	李泽源
李 薇	杨萨萨	芮郅鹏	陈 云	陈 明	陈 淋	贾飞龙	章丽丽	龚 鑫
谢旻皓	沈嘉澍	王 卉	王 欢	王彤彤	王梦嫄	王晶晶	田 恬	刘红军
刘金星	刘 姜	刘振宇	孙 鹏	吴焱鑫	张德林	李丽媛	李杏辉	李 杰

李 璨	杨天杰	陆 涛	陈正亮	陈呢喃	周 翔	赵传祖	赵博文	唐思阳
徐冉芳	郭洪照	梁若冰	蒋安民	谢夏青	薛 凯	于恩海	于 慧	王勋曜
王 彬	王 斌	王智博	王 超	王 瑶	韦 颖	刘 龙	刘时旸	毕宇宁
江 南	吴彦良	宋永强	张心怡	杨政霖	陈泽鸣	罗 丹	冒寅婷	种星阳
费群勤	钟书堂	唐 浩	聂晓开	钱 斌	顾叶群	康志骞	曹 吉	黄松仁
葛宁奎	潘 笑	丁相卿	马云龙	王丹丹	王苏妍	王荣榕	刘天成	孙长军
朱珂逸	朱 玉	许晓惠	何 洋	何 楚	张 阳	张 驰	张 杰	李秋然
李 浩	李 睿	杨 扬	沈晓磊	谷孝路	陈方圆	陈锐丽	周惠民	周瀚瀛
孟攀攀	金 媛	赵文婷	郭 蓉	顾雅苹	靳德成	廖淡宜	谭皓文	黎敏科
王 凡	王杰玉	王 睿	邓 恺	石兴宇	孙 健	孙 莉	孙湛芘	朱颖异
张 翔	李民玉	李宇露	李 彤	李 明	李晶晶	沈 洁	邹楠叶	陈 丽
宗昕如	竺丽丽	姚 骁	奚 昭	展妍丽	郭兴庭	郭 琦	顾延安	高 健
曹 娅	谢 华	于 涛	王 岑	王 杨	王贵英	韦显思	冯健飞	叶晓倩
刘子敬	刘 辰	张子为	张俊楠	杨 静	肖浏骏	陈晓芳	周日成	岳 芳
庞明瑞	苗 会	姚 昊	夏小龙	徐 江	高 山	韩 巍	谭 昊	柴骏韬
常丽静	张晨璐	周星宇	马 岑	陈建伟	朱佳蕾	刘 杨	李 玥	叶超百慧

十五、工学院

徐鹤峰	孟 利	张 超	华 超	黄佳荣	王元昊	李建忠	周 毅	王林林
王 鑫	刘昊一	刘晓雪	吕汝林	朱玉涛	佘远江	余颖颖	吴玉永	吴国坤
张 鸣	张洪军	张雯雅	李 俊	汪海军	邹 健	周佳彬	周钲昕	郑文娣
金文忻	金 峰	夏 龙	徐亚斌	徐恩兵	徐 琪	贾亚娟	曹亮亮	曾春平
蒋 鑫	仇文强	石 蕾	刘晓勇	刘 琴	刘 鹏	孙 杰	孙 姣	毕道婷
江 飞	吴爱青	张志军	张志顺	李永超	李锦耀	杨裕庆	沈 健	周 权
周梦蛟	宗卫缓	林臻崎	郁军洁	徐善存	钱文涛	顾苗苗	盛 华	蒋莉莉
谢 文	雷月亮	樊 建	于 卓	马立鹏	毛阿宁	王 迪	卯会芳	田 磊
刘 涛	孙一凡	孙诚达	曲洪亮	朱明星	朱校毅	朱霁云	张云益	张 杰
张 林	张 浪	张 聪	李远杰	李 果	陈义洲	陈建辉	陈家东	陈 峰
赵辅群	钟艾丁	徐向丽	徐 廷	徐宏朝	徐勤甲	郭 彤	董盛盛	戴 玉
魏艳东	祁奕皓	商志群	李俊文	王琢践	任俊铭	刘 一	刘成德	刘紫薇
孙兆伟	孙 浩	朱取飞	许辰翔	张 路	李建美	李晓斌	杜文一	苍元玲
陈 阳	范小永	郑凯戎	徐莹莹	秦 超	曹 清	梁晨浩	黄 涛	薛晴婉
马 保	孔德庆	尹钦仕	王会超	王雪妍	付 聪	史焕焕	田 密	孙 凯
曲洪洋	江良栋	岑嘉业	张明璐	杨云华	陈为伟	陈 进	唐 冰	郭长玖
高丽丽	康燕琼	黄子斌	黄 艳	魏 英	马 岚	文盼盼	孙 鑫	许伟杰
宋振朝	宋 焱	岑绪江	张 京	李 陈	李 悦	李雪丹	杨 茜	邵 娟
周晓博	郑春霞	秦 帆	崔 洁	梁辉辉	潘金冲	潘琛琛	王龙生	王冲有
王 强	王 斌	邓涵月	包以凤	史永召	叶选武	闫 丽	应腾飞	张龙龙
李云逸	李珈慧	杜 锴	肖 萌	岳晓楠	金洪钧	钟国庆	袁 昀	高丽英

崔婧	童宇	孔祥东	方浩涛	方赟	王立军	王冰雪	王安琪	王金明
王垒	王鹏	付创	吴彩霞	张永	李文明	李航	杨小峰	杨鹍
沈彦斌	陈伟	陈潭勋	孟凡德	尚广先	姚秋雨	夏银	徐长皓	徐浩
聂巍	袁小波	梁爽	黄凯健	黄高博	丁玉涛	王伟	王腾	刘丁
刘聪	朱晓桦	吴鑫	宋远聪	张永亮	张豪杰	李权	李鸿儒	李琦
杨朱永	陆骏飞	陈洪良	周龙洋	周政	庞博	赵健	徐佳	陶潭池
高文础	菅睿智	彭利平	曾凤	谢惠子	满雪峰	谭科伟	李伟	林芳
尤徐	王军	王侦	包建苗	刘进秋	次世青	李岩	李明	杨澄
沈敏	邱珊	单彬	郑夏子	侯壮壮	荣燕妮	秦义	顾鹏	巢丽珊
龚亮	童霞	潘琦	戴荣炎	魏霞	于静	王若涵	冯源	刘丹
许珊珊	余子祥	张华	张鹏	李龙	杨波	杨俊	邱瑾	陆文华
陆雨蒙	陆潇	陈龙	陈忱	陈海林	陈艳	周梦丹	周铮	季春亮
徐金凯	梅宇婷	程艳兰	董存贵	樊友勇	王小玲	王茂喜	王耀锋	冯晨阳
叶亚军	刘龙涛	刘柱	刘潇	何顿	张华伟	张林	张婷	沈晓林
陈燕龙	陈燕华	周存安	周杰	祖晓菁	胡桂玲	贺召	殷梦雅	崔钟月
谭星祥	潘波	潘浩	孔玥	王文怡	王国平	冉小文	吕元志	纪天聪
张晓勇	张楠楠	李琰琰	李瑛	杨智	陆玉洁	单东怡	郁龙	胡逸文
赵文慧	奚扬	徐文鹏	徐欢欢	柴如佳	贾学昌	顾华俊	黄诗震	龚田华
吴挺	宋海枯	丰立周	王梦颖	韦茜	刘琳玲	朱会敏	许明媚	张腾
李小凡	李军	杨茜	汪明思	迟倩雯	陈凤云	陈宇亭	陈丽玉	陈娇娇
周福斌	林国芳	郁毓	郑凌霄	姚卓	赵晓旭	夏紫薇	盘桂晶	盛晓平
盛琼芬	黄义乔	黄懿	蒋文静	蒋灏	戴雪飞	王素文	王蕊	冯晓霞
卢明慧	刘海玲	华宏升	吉倩	朱蓉	张鑫	杨鸥	汪瑜	沈后龙
孟记永	林颖	赵丹	徐远	高美龙	梁广蕊	梁银香	章农	彭庸
温永佳	韩栋	雷晴	潘文远	戴春银	魏微	刁海龙	牛卫宁	王松伟
王婷婷	冯彦辉	包燕虹	刘明坤	孙敏	孙晨	朱洪彬	权成福	纪杰
阮舒旦	张文策	张婷	张冀琦	李沙磊	李春萍	杨霖	陈丽君	陈祎
陈前威	陈越	陈燕	尚琴琴	郑波	徐影	郭之骁	高亚男	曹丽莹
曾令铣	韩慧荟	马怡聪	王琨	王翔	韦金丽	刘运阳	孙凤娇	孙洋
朱文远	闫子愚	宋程晨	宋静敏	张杰	张莉莉	张灏霖	李印	陈晓雯
陈肇钦	周双双	周倩	周理	罗智清	范昱	金文彬	金杰平	姜舟
赵晴	徐雯	徐霞	贾黎明	黄伟迪	曾巧瑜	鲁阳阳	万媚	王成博
付兴瑞	白洋	石秀姗	刘青	刘信姝	吉慧静	闫岩	吴骥	张静
张慧清	李海平	李瑶瑶	沈春梅	沙娇娇	陈少武	陈思炜	陈泉好	姚玲艳
洪慧敏	胡绪盟	赵一沛	赵晨程	徐攀	殷浩然	袁冶	郭光友	高延坤
高奇	魏榕	卢婷	叶高翔	刘森昕	向清	孙晓亮	许业之	何孝颖
张则宇	张志国	李豪婷	杜洁	杨浩	邹丽华	陈玉莲	陈芸	周雄伟
岳雪峰	郑溧夫	施珺	柏杰	袁瑶瑶	贾笑笑	贾智敏	郭成枝	黄东水
敬青春	曾子晗	蒋文洁	蒋佳佳	蔡海峰	樊玲	丁乐乐	王然	卢蕾

任怡静	刘 坤	孙晓雪	朱 玲	吴金泽	张津君	张 智	杜林勇	沈仁兵
陆 丽	陈小清	陈 钟	陈 楠	孟 华	於 欣	林 通	施 岚	曹永艳
黄宝国	蒋晓龙	雷亚妹	潘亚男	薛四军	戴启明	马晓光	卞文超	尹 凡
车 薇	仲喜龙	刘志男	刘 源	朱丹彤	朱晓玲	何心娜	张永兴	张延龙
张国燕	张科伟	张晓敏	张 敏	张 燕	李佳徽	李昕玥	李雪莲	陈宏宏
陈希平	胡 婷	赵冬琦	贾瑞朴	曹 月	曹 敏	龚庆庆	蒋璐瑶	杨美华
王 旦	王苏苏	王 森	王湘淋	付崇超	刘思瑶	孙苏川	曹海涛	盛成凯
庄秧秧	朱秀军	朱琳玲	张 丽	张 静	李 飞	沈殷涛	狄 娇	陆惠芳
陈传奇	陈蓉蓉	周小云	杭祝俊	夏春燕	钱倩倩	顾真真	曹 林	童秀芳
谢震平	翟 涛	潘亮亮	薛美银	刘娱琴	孙依娜	朱卫峰	汤道胜	邢亮亮
严 兴	张云鹰	张正华	张丽丽	李 婷	杨秦铠	陈 杰	郑吉莉	徐连珍
徐姗姗	钱菲杰	高沪斌	曹仪彪	曹定琴	曹春霞	黄 娟	葛 杨	葛荣艳
虞俊潇	熊 敏	蔡玉霞	文 韬	王文栋	王星薇	卢 布	卢晶晶	田亚会
刘 青	孙宏宇	何 鸣	张 莹	张 滨	李 杨	杨冬生	沈 润	彭 敏
陈 华	陈茂佳	周娟娟	秋 夏	赵非凡	徐 琼	耿园园	郑君慧	郑其云
贾 玮	常绣鳞	董夏林	褚珊珊	梁成辉	耿苏波	王 欢	王进强	王 恺
王 倩	刘广金	刘东升	刘 峰	刘晓扬	孙培博	张玉方	张诗权	张 静
李飞鎏	杜 超	杨慧敏	苏海朋	季金胜	赵婷婷	徐星晨	莫振敏	钱 超
顾 骏	高淮坤	常艳芳	黄功宇	焦 阳	路翠丽	丁双龙	万 强	马鹏鹏
牛 明	王佳琪	王 越	王 颖	邓海军	卢敏怡	叶昌凯	石永林	刘 晨
吕元健	孙鹏坤	安少波	师芩梅	许盼盼	张 利	杨建明	邹浚杰	罗 丁
施 雯	赵志成	徐依婷	黄武杰	彭学飞	董 智	蔡同骏	魏 锁	尹玉琼
王云云	邓惠刚	左 建	吕正元	吴亚岑	张 可	张光彭	张问波	张 潮
李元浩	李永峰	李玉玲	李紫鹏	李 路	李燕春	陈小明	陈 凯	陈 超
陈 超	周翔捷	周 赟	洪恩泽	胡 盼	贺 靖	钟 高	唐 柱	黄 欢
蒋正伟	谢仪明	马 强	王玉兵	王 建	王鑫君	冯诗婧	魏 昊	丁正龙
任正帅	刘 况	何正婷	宋健驰	李传玉	李祥智	李智全	杨潭锡	沈峰宇
邱雪敏	陈玲珑	周 青	金乐娣	柯俊飞	段 彬	屠海斌	梁天娇	黄有财
谢 楠	韩 冰	李晓龙	丁 文	仇志强	方 岳	王红兰	叶宇骋	刘芃旭
刘国庆	刘德胜	孙亚雄	朱奔超	朱 洁	阳 洲	张可心	汪 壮	苏建华
陈燕华	罗美斯	罗梦媚	郁青玲	赵 伟	唐建山	涂 凯	崔 苗	梅朋飞
笪文霆	黄文龙	傅少雷	曾 忠	孔 帅	牛小青	王雷明	刘 俊	刘晓伟
刘晶晶	孙梽航	朱广豫	李光超	李丽林	李壹玲	李舒恬	邱 玲	邹小昱
陈逸铭	岳志桃	金 煜	赵丽媛	赵 斌	郝文欣	徐 伟	顾 波	黄力帅
程汝佳	楼若骋	熊 苗	颜建斌	马 楠	冯兆鹏	许鹤馨	严 磊	何 青
张亚云	张 帆	张 威	肖 念	邰康静	邵常明	闵 钦	陈 峰	孟冠宏
范小波	姜贵丽	骆子玉	凌威龙	徐士淮	桂将林	高 扬	黄 山	黄冬艳
黄建平	龚奕天	曾 月	熊月媛	缪素婷	穆家军	马孟秋	毛燕妮	王 婷
刘 康	张世超	张宗兵	张 挺	李小军	李东阳	李 伟	李慧慧	沈安琪

陈 飞	陈 聪	季玉杰	林 波	姚因杰	姜新丽	倪建树	徐雪霏	高 翔
商春恒	章青国	黄 婕	戴飞霞	山 成	马 恺	马 耀	王金鑫	王高峥
皮 鑫	米 林	许金华	吴正雄	宋亚男	张莹莹	杨诗迁	杨 勇	杨栋梁
陈殿炳	单锋英	周 力	房应坤	郑士林	姚天佑	胡超铭	赵 余	赵德龙
耿 鹏	曹立慧	梁华平	盖 兵	黄铭森	谭邦勇	魏 峰	万佳佳	马广超
王学文	仲 翔	刘昌民	吕 哲	孙金科	孙 鹏	何莲枫	吴智新	张 娟
张 雷	李文跃	李昭龙	杨双昆	杨 浩	苏乐璐	陆海玲	陈 成	陈 良
周孙铜	林姿建	林清沿	范广健	胡建坤	徐冬冬	徐康迪	梁绘昕	梁皓杰
韩远征	黎初阳	丁旻曦	王 宇	王延霖	王国栋	王善珉	付继成	田永平
田景澄	刘 旸	许亚云	何 翔	余秀华	吴 胜	张德贺	李少伟	杜镇志
陈敏敏	周春健	周秋松	周科勇	金云浩	金海丰	赵瑞智	钟亚莉	徐 杨
高才兵	黄 波	潘庆全	马 松	仇晓磊	尹斗星	王 俊	王骁枭	石 军
刘洪伟	吕铁庚	成 功	朱 波	朱慕赟	邢文中	张西陆	张 睛	李坐然
范广铖	金海龙	柏雪莲	赵志燕	赵 银	唐文勇	徐妙挺	秦李浩	莫建东
黄 松	龚 政	舒紫星	雷 璨	熊 伟	马长青	王 刚	王 波	邓华兴
白 华	伍志松	刘 杨	刘 雄	安伟星	许德龙	张成康	张 玖	张 咏
张啸宇	李永建	李 瑶	杜世超	邵国琼	陈映波	陈健华	季海波	俞晓瑜
姜 尧	徐正恺	徐 刚	曹 旭	谢锐淮	谭梦华	丁新才	王健立	王振华
史旭超	孙 雨	朱帅杰	朱 勇	许星如	吴杰隆	张 昊	李春林	李晨明
杨 超	沈冬华	肖严然	陈 平	陈佳南	陈继妱	林振东	林 斌	金世伟
施 利	唐学民	秦 慧	高 寒	黄全卫	黄 攀	舒志超	裴 雷	朱宸均
刁雅文	马 言	王向荣	冯晶晶	白 婷	刘惠芸	刘鹏翔	孙大庆	严宗光
冷 飙	李可扬	李廷龙	李法开	李 博	杜英男	邹松霖	陈如意	郑伊凡
胡 静	夏 月	徐张峰	顾 勍	左 杰	崔闻珊	梁彩婷	程 凯	刁含梅
于娜娜	马红远	王光磊	王西伟	王 洁	王 媛	刘灰光	刘志强	刘 进
刘 洋	吴庆云	张丽晶	张 鹏	王 杨	苏博文	陈 刚	陈晓丹	周夏阳
周跃溪	孟 军	姚 远	姚曼青	赵 珣	索雨竹	钱 驰	颜朝晖	田 然
刘 莎	孙 芹	孙凌崧	朱华清	朱浩然	朱 赫	许 哲	张国军	张 青
张 静	李国胜	李姗姗	李 娜	李新华	杨 青	苏正超	邵 殷	陈骏德
周 康	武爱华	范存伟	胡丽萍	倪 良	倪京京	夏秋池	翁习亮	高 行
盛晓迪	龚翠华	董 伟	靳晓宁	翟久浩	蔡元月	颜 艳	燕 颖	汪雯婷
万珂凌	马 琛	王仕崇	王 灿	王慧莹	东 梅	冯顺治	刘 岩	孙 逊
孙振波	成 斌	张明栋	张 琴	张鹏飞	李小龙	邵旺春	邹立进	陈小玲
陈月月	陈丽霞	陈 彪	陈婷婷	靳紫雄	于 航	毛跃文	王艺凝	王泫鲜
王盼盼	任振业	任智深	伍 刚	刘江丽	刘 哲	朱文博	江喜刚	许晓斌
何雅韵	张王晨	张宝友	李春尧	陈姝姝	陈夏珏	周继添	周 靖	林丽琴
姜鸿涛	柳 杰	赵传军	钟明龙	顾春华	梁利伟	董海琨	方春梅	王 娜
王 恒	邓 涛	冯一鸣	白伟道	刘建涛	刘雅坤	孙家宦	张华国	李长宾
汪 帆	苏 彦	陈一帆	陈海霞	陈郸利	孟 丹	季露阳	练 阳	金洁茹

胡顺武　赵大亮　赵丽梅　袁　洁　尉迟晓桐　衣布拉音・艾克木　宁兆紫薇
阿地力・托乎提

继 续 教 育

【概况】2012 年继续教育学院工作亮点：①圆满完成 110 周年校庆各项工作；②招生规模持续保持高位运行，招生人数再创历史新高；③提高教学质量，规范函授站管理，远程教学与培训手段付诸实施；④培训条件有所改善、培训班次和人数大幅增加，社会效益和经济效益进一步提升。

全力以赴、积极参与建校 110 周年校庆各项活动，组织有继续教育特色的庆祝活动。学院校庆期间共收到捐款 75.1 万元。学院邀请校友及省市有关部门、有关高校继续教育学院和南京农业大学各函授站、教学点的领导参加继续教育发展论坛，共商南京农业大学继续教育发展大计。

严格执行招生政策，积极努力争取生源，圆满完成 2012 年招生录取工作。2012 年面对成人高等教育总生源减少、整个招生市场竞争白热化的不利形势，在严格执行招生政策的基础上，有计划、有步骤、有针对性地进行招生宣传和发动，召开招生专题研讨会，商讨招生大计，积极努力争取生源。2012 年新开辟的艰苦专业推荐考核择优入学和校企合作扶持发展专业招生有新的成效，成为新的增长点。2012 年录取各类新生 5 011 人。

第二学历教育再结硕果，专接本合作规模不断扩大。为培养复合型人才，提高大学生就业能力，学校在普教生中开展的自学考试第二学历教育试点，这批学生学习状况良好，考试通过率在全省居于前列，2012 年的招生人数超过上年达到 197 人，累计在籍学生超过 500人。专接本的学生规模比上年有所增加，在籍学生总数达到 917 人。

严格教学教务管理程序，创新教学手段，提高教学质量。教学质量是学院发展的生命线。加强教学管理，学院对教学情况进行全方位的监督检查，严肃考场纪律，狠抓考风，以考风促学风，教学质量得到大幅提高。

进一步完善综合管理系统和过程，将学生纸质档案材料进行分类、清理、登记、造册、保存。2012 年共有毕业生 3 852 人，所有毕业证书和档案准确无误，无一差错。

干部培训工作有新举措，培训班次、人数和效益均创历史新高。学院培训工作克服种种困难，培训班级和培训人数、培训效益均取得较好成绩。2012 年举办了不同层次的各类专题培训班 40 个，培训学员 2 358 人次。2012 年首次与企业合作办培训，并将培训班办到企业内，送教上门，为江苏南农高科技股份有限公司成功举办了生物制品理论与技术培训班。

学院抓住机遇积极运作远程教学与培训工作项目，建成了远程教学与培训校外学习中心，初步具备现代网络教育所需要的硬件和软件条件，预期能在未来的远程教育中发挥积极的作用。2012 年建设完成 6 门课程，截至 2012 年年底上线课程达到 22 门，直接已实现在家自学部分课程内容。为今后实施远程学历教育打下了良好的基础。

注重开展继续教育研究，不断进行理论研究和探索。2012 年学院首次有 14 项课题被列为校级继续教育研究课题，同时还有 4 项课题向中国成人教育协会、江苏省成教协会、华东农林水本科院校成人/继续教育协作会等组织申请立项。

2012 年 3 月 26 日，召开成人招生工作研讨动员会。会议要求各函授站点进一步规范招生行为，充分挖掘生源，争取 2012 年招生数量超过 2011 年，各函授站、教学点的代表在会上都做了交流发言，各自介绍了成人招生过程中的经验、体会以及在办学过程中遇到的问题。

【学院召开发展咨询委员会 2011 年年会】2012 年 1 月 6 日下午，继续教育学院召开发展咨询委员会 2011 年年会，参加会议的专家有江苏省有关部门的负责人，副校长胡锋、校长助理董维春等，继续教育学院院长单正丰向专家组汇报继续教育学院的工作情况。

【农业部 2014 年农业部第六期农牧渔业大县局长轮训班开班】2012 年 4 月 17 日，来自全国 14 个省市 103 名农牧渔业大县渔业局长和农业部机关部分青年干部开班典礼在南京农业大学学术交流中心举行，此次培训由南京农业大学承办。农业部副部长牛盾、农业部人事劳动司副巡视员魏琦、农业部渔业渔政管理局副局长李彦亮、农业部管理干部学院党委书记、院长魏百刚以及南京农业大学校长周光宏出席典礼。牛盾为培训班做了主题报告。

（撰稿：董志昕　曾　进　章　凡　审稿：顾义军　李友生）

［附录］

附录 1　2012 年成人高等教育本科专业设置

学历层次	专业名称	类别	科别	学制（年）	上课地点
高升本	会计学	函授、业余	文、理	5	校本部、无锡、盐城
	国际经济与贸易	函授、业余	文、理	5	校本部、无锡、盐城
	电子商务	函授、业余	文、理	5	校本部、盐城、扬州
	信息管理与信息系统	函授、业余	文、理	5	南京、无锡、盐城
	物流管理	函授、业余	文、理	5	无锡、盐城、扬州
	旅游管理	业余	文	5	无锡
	酒店管理	业余	文	5	校本部
	农学	函授	文、理	5	校本部、盐城
	园艺	函授	文、理	5	校本部、盐城
	园林	函授	文、理	5	校本部、盐城
	土地资源管理	函授	文、理	5	高邮
	工商管理	函授	文、理	5	苏州
	金融学	函授	文、理	5	校本部
	人力资源管理	函授	文、理	5	常州
	房地产经营管理	业余	文、理	5	浦口校区
	农业水利工程	函授	理	5	盐城
	机械设计制造及其自动化	函授、业余	理	5	扬州、浦口校区
	计算机科学与技术	函授、业余	理	5	扬州
	土木工程	函授	理	5	盐城

（续）

学历层次	专业名称	类别	科别	学制（年）	上课地点
高升本	网络工程	函授	理	5	扬州
	车辆工程	业余	理	5	浦口校区
	化学工程与工艺	函授	理	5	盐城
专升本	金融学	函授	经管	3	校本部、高邮
	工商管理	函授、业余	经管	3	无锡、苏州、高邮
	会计学	函授、业余	经管	3	校本部、无锡、苏州、南通、盐城、泰州
	国际经济与贸易	函授、业余	经管	3	校本部、无锡、苏州、盐城、泰州、南通
	电子商务	函授、业余	经管	3	南京
	信息管理与信息系统	函授、业余	经管	3	南京、扬州、苏州、南通
	物流管理	函授、业余	经管	3	苏州、泰州、扬州
	市场营销	函授、业余	经管	3	校本部、淮安
	行政管理	函授	经管	3	高邮
	酒店管理	业余	经管	3	校本部
	房地产经营管理	业余	经管	3	校本部
	土地资源管理	函授	经管	3	校本部、高邮
	人力资源管理	函授	经管	3	常州
	日语	函授	文学	3	苏州
	园林	函授	农学	3	校本部、盐城、淮安
	动物医学	函授	农学	3	校本部、泰州、镇江、广西
	动物科学	函授	农学	3	校本部
	水产养殖学	函授	农学	3	无锡、泰州、济宁
	园艺	函授	农学	3	校本部、镇江、南通、盐城、苏州
	农学	函授	农学	3	校本部、南通、盐城
	植物保护	函授	农学	3	校本部
	食品科学与工程	函授	理工	3	淮安、泰州、苏州、镇江
	机械工程及自动化	函授	理工	3	泰州、苏州
	网络工程	函授	理工	3	镇江
	车辆工程	函授	理工	3	高邮
	农业水利工程	函授	理工	3	盐城
	土木工程	函授	理工	3	高邮、苏州
	建筑学	函授	理工	3	高邮

附录 2 2012 年成人高等教育专科专业设置

专业名称	类别	学制（年）	科类	上课地点
会计	函授	3	文、理	校本部、苏州、扬州、徐州、盐城、淮安
国际经济与贸易	函授	3	文、理	南京
计算机信息管理	函授	3	文、理	扬州、淮安
经济管理	函授	3	文、理	校本部、苏州、盐城
农业技术与管理	函授	3	文、理	校本部、盐城
畜牧兽医	函授	3	文、理	盐城、广西、淮安
物流管理	函授	3	文、理	苏州、盐城、扬州
园艺技术	函授	3	文、理	校本部、盐城、淮安
园林技术	函授	3	文、理	校本部、盐城
电子商务	函授	3	文、理	校本部、扬州、盐城
建筑工程管理	函授	3	文、理	盐城、高邮
工程造价	函授	3	文、理	无锡、扬州
市场营销	函授	3	文、理	淮安
图形图像制作	函授	3	文、理	扬州
人力资源管理	函授	3	文、理	常州
国土资源管理	函授	3	文、理	高邮
农业水利技术	函授	3	理	盐城
机电一体化技术	函授	3	理	盐城、扬州、淮安
化学工程	函授	3	理	盐城
土木工程检测技术	函授	3	理	盐城
汽车运用与维修	函授	3	理	盐城、淮安
汽车检测与维修技术	函授	3	理	扬州
数控技术	函授	3	理	盐城
电子信息工程技术	函授	3	理	盐城、扬州
动漫设计与制作	函授	3	理	扬州
计算机应用技术	函授	3	理	盐城
计算机网络技术	函授	3	理	扬州
工程测量技术	函授	3	理	扬州
航海技术	函授	3	理	浦口
轮机工程技术	函授	3	理	浦口
船舶工程技术	函授	3	理	高邮
农业机械应用技术	函授	3	理	盐城
酒店管理	业余	3	文	校本部
房地产经营与估价	业余	3	文、理	校本部
电子商务	业余	3	文、理	校本部

（续）

专业名称	类别	学制（年）	科类	上课地点
会计	业余	3	文、理	校本部、无锡
国际经济与贸易	业余	3	文、理	校本部、苏州
计算机信息管理	业余	3	文、理	南京、无锡
机电一体化技术	业余	3	理	浦口校区、无锡校区
旅游管理	业余	3	文	无锡校区
物流管理	业余	3	文、理	无锡校区
汽车运用与维修	业余	3	理	浦口校区
计算机应用技术	业余	3	理	浦口校区

附录3 2012年各类学生数一览表

学习形式	入学人数（人）	在校生人数（人）	毕业人生数（人）
成人教育	4 331	14 789	2 382
自考二学历	198	345	147
专科接本科	376	678	302
总数	4 905	15 812	2 831

附录4 2012年培训情况一览表

序号	项目名称	委托单位	培训对象	培训人数（人）
1	新疆克州州县直部门干部培训班	新疆克州党委组织部	机关干部	50
2	新疆克州乡镇党委书记、乡镇长培训班	新疆克州党委组织部	乡镇干部	50
3	新疆克州财务审计干部培训班	新疆克州党委组织部	财审干部	51
4	新疆克州设施农业干部培训班	新疆克州党委组织部	农业干部	30
5	新疆克州教育管理干部培训班	新疆克州党委组织部	教育干部	30
6	食品安全与健康养身	南京市委组织部	处级以上干部	70
7	新疆克州州县直部门干部培训班	新疆克州党委组织部	机关干部	45
8	生物制品理论与实践技术	南农高科股份有限公司	技术人员	160
9	农业部农牧渔业大县农业局长班	农业部	局长	95
10	房地产市场发展与调控	南京市委组织部	处级以上干部	47
11	食品安全与健康养身	南京市委组织部	处级以上干部	31
12	新疆克州社区干部培训班	新疆克州党委组织部	社区干部	30
13	新疆克州纪组宣干部培训班	新疆克州党委组织部	纪组宣干部	40

（续）

序号	项目名称	委托单位	培训对象	培训人数（人）
14	江苏省"876培训计划"	江苏省委组织部	省级机关处级以上干部	52
15	新疆克州村级干部培训班	新疆克州党委组织部	村级干部	40
16	新疆克州畜牧业专业技术干部培训班	新疆克州党委组织部	技术干部	30
17	新疆克州社区干部培训班	新疆克州党委组织部	社区干部	30
18	新疆克州统战政法干部培训班	新疆克州党委组织部	统战政法干部	40
19	江苏省"876培训计划"	江苏省委组织部	省级机关处级以上干部	107
20	灌云县扶贫工作队及村书记培训班	灌云县扶贫队	村干部	50
21	新疆克州州县直干部培训班	新疆克州党委组织部	机关干部	40
22	新疆克州社区干部培训班	新疆克州党委组织部	社区干部	37
23	食品安全与健康养身	南京市委组织部	处级以上干部	64
24	新疆克州乡镇干部培训班	新疆克州党委组织部	乡镇干部	40
25	新疆克州水利干部培训班	新疆克州党委组织部	水利干部	30
26	新疆克州农业产业干部培训班	新疆克州党委组织部	产业化干部	30
27	新疆克州"创先争优"干部培训班	新疆克州党委组织部	机关干部	40
28	新疆克州州县直干部培训班	新疆克州党委组织部	机关干部	40
29	江苏省农民创业培训	江苏省农业委员会	创业农民	200
30	徐州铜山区"五星"村书记素质提高培训班	徐州铜山区委组织部	村书记	71
31	新疆克州经济管理干部培训班	新疆克州党委组织部	经济管理干部	40
32	新疆克州林果业技术干部培训班	新疆克州党委组织部	技术干部	30
33	新疆克州村级干部培训班	新疆克州党委组织部	村级干部	40
34	新疆克州酒店管理干部培训班	新疆克州教育局	酒店管理人员	10
35	新疆克州乡镇干部培训班	新疆克州党委组织部	乡镇干部	30
36	2012江苏省农技推广省级培训班	江苏省农业委员会	技术人员	534
37	2012江苏省农技推广县级培训班	江苏省农业委员会	技术人员	637

附录5 2012年成人高等教育毕业生名单

南京农业大学继续教育学院2009级旅游管理、会计（专科）

（长江电脑专科学院）

  朱青洁 盛 娟 刘治彤 方莹莹 余倩倩 田 娣 於 璐 杨晓倩 陈吴娟

  董静娜 焦株慧 卜海洁 朱正玉 朱文佳 王亚峰

南京农业大学继续教育学院2009级国际经济与贸易（专升本）

（长江电脑专科学院）

杨　敏

南京农业大学继续教育学院 2009 级会计、经济管理（专科）

（常熟工会学校）

周　菊　陈丽华　黄兰香　徐晓英　徐海涛　王士云　金　叶　陈　洁　王雯霞
周敏芳　周美霞　吴海林　姚爱华　江　玮　张丽花　钱红艳　顾　菊　李　翠
徐　雷　王义军　陆　文　尤美娟　曹雨虹　徐娴佳　庞　健　樊　裕　万佳英
吴依芳　尤美玉　李新远　陈　晨　濮利冬　陈　凯

南京农业大学继续教育学院 2009 级会计（专科）

（高邮市财会学校）

施　芬　查丽华　翁长洋　李　艳　徐　霞

南京农业大学继续教育学院 2009 级会计学（专升本）

（高邮市财会学校）

沈德银　查学华　陈　飞　王素珍　徐安珍　陆广鑫　何　佳

南京农业大学继续教育学院 2009 级农学（专升本）

（高邮农业技术干部学校）

王　平

南京农业大学继续教育学院 2009 级会计、计算机信息管理、工商行政管理（专科）

（高邮农业银行）

禹　琳　颜林兰　袁成华　曹清蕾　张安华　陈　红　王　琴　徐凤香　费恩莲
王晓莉　郭贤娣　吴尔海　宋育东　杨志刚　陈宏芳　徐　阳　汤　娟　戴　丽
周玲玲　赵　燕　丁　艳　铁昌丽　叶正亚　秦龙海　吕五云　王玉琴　何　静
严学芹　卢志慧　施维霞　杨立红　徐荣娟　毛志伟

南京农业大学继续教育学院 2009 级工商管理、会计学、金融学、土地资源管理、信息管理与信息系统、农业水利工程（专升本）

（高邮农业银行）

袁　涛　董　刚　李明晖　李　娜　张文彪　陆庆松　刘　芸　王　娟　冀咏梅
许　磊　周桂云　曹莉莉　朱永久　史　虹　郑梅红　周广阳　闫　佳　侯晓民
曹　震　李　琳　冯梅芬　杨玉娟　王　卉　徐娟娟　杨　杰　尤志夏　王　芳
李震华　胡　容　徐　敬　江　楠　张素红　仇春明　李晓红　何小敏　张弘晶
佘国林　万　伟　赵　晨　李忠平　孙志祥　陈　莹　王中山　段雪松　胡建泉
陈金凤　胡燕燕　施　敏　裴红华　黄　鹏　耿小梅　蔡丽萍　薛　冰　曹　茜
程丹丹　刘　晨　朱天淳　袁　慧　佘松江　方　萍　朱守兰　阚少哲　吴业军
孟克丽　孔令娣　季晓飞　赵学琴　丁　治　洪　涛　徐华平　朱　明　谈晓叶
史美娟　施　勤　徐荣坤　李　炬　詹　玲　杨树伟　吕　晶　耿　磊　朱　帅
孙晓莉　陈登铂　卢　军　吴凤宝　刘　兵　姜　静　宋　蓓　张玲丽　程　艳
徐晓玲　袁　丽　朱培霞　刘　健　徐曙霞　李　剑　扈　毅　何若君　张　华
刘　岩　张　昂　陈　瑞　陈　星　徐丽静　夏　萍　马　娟　卢　雯　王　培
俞正兴　赵明君　李鼎岳　纪海棠　于丹丹　李　星　陈　媛　金传磊　徐晓慧

蒋 沈 李红兵 卞家敏 陈定余 尹金柱 周 震 黄 刚

南京农业大学继续教育学院 2007 级会计学（高升本）

（高邮农业银行）

张 胤

南京农业大学继续教育学院 2009 级电子商务、国际经济与贸易、会计、计算机信息管理（专科）

（南京农业大学工学院）

刘家燕 陈建红 吴慧超 徐凌翔 徐 凯 黄 雄 郑 奕 毛青青 朱淑娟
曹 霞 周文华 王 莉 毕 超 谭云飞 杨 明 张 乔 陈 彪 陈佳峰
汪 洋 王 珂 阙妍妍 杨 洁 陆 恒 田 凯 谢建华 徐舜方 徐悦龙
成 春 徐 旭 陈伟建

南京农业大学继续教育学院 2009 级国际经济与贸易、会计学、信息管理与信息系统（专升本）

（南京农业大学工学院）

袁 蕾 严春花 崔荷秀 曹冰玉 余洋森 魏 勇 黄秋艳 刘 源 杨 坤
曹 贞 吴立红 贺明友

南京农业大学继续教育学院 2009 级会计（专科）

（江苏农林职业技术学院）

陈 雪

南京农业大学继续教育学院 2009 级动物医学、工商管理、会计学、农学、园艺（专升本）

（江苏农林职业技术学院）

程晓晨 吴娟艳 吴 瑕 陈 凯 刘国华 王丽青 王 味 郭 苹 包晓杰
吴 庆 曹 平 周福晚 张红影 范鑫月 杨传松 鹿 松 邰三妹 何 胥
王燕波 肖 玫 潘文燕 林 娟 濮毅东

南京农业大学继续教育学院 2009 级食品科学与工程（专升本）

（江苏食品职业技术学院）

杨云倩 许海燕 邱海龙 张 霞 杨 迪 袁 京 汪嵘钰 杜 清 王 建
陈艳明 帅立海 郁 锋 周 静 史荣荣 徐钱军 周 皓 吴海山 张方嫒
王 萌 郑 璨 王元旦 栾翠华 徐小亮 纪 敏 王泽林

南京农业大学继续教育学院 2009 级畜牧兽医（专科）

（广西水产畜牧学校）

秦宜燕 邓俊琪 熊天令 王超世 梁育钱 李庆春 谢永华 魏良军 王文湘
张云友 王宏华 韦文训 黄慧云 阳志德 曾发荣 高 春 熊昭剑 李永贤
杨 娟 何业华 李志益 马丽艳 梁翠美 黎 丽 麻海毅 何珍秀 杨 娟
王 华 覃丽华 何 毅 农桂芳 甘霞辉 马林明 梁 梅 张云锋 黎 丹
梁恩儿 李东明 张云华 李 植 甘霞静 林东华 黎 敏 李势华 陆仕平
农祥皓

南京农业大学继续教育学院 2009 级动物医学（专升本）

（广西水产畜牧学校）

蒋业斌　黄红梅　覃栋明　潘秀芳　王娟娟　蒋兆强　傅伟文　洪春绘　何成源
梁丽艳　曹显永　周跃军　陈俊桂　唐国明　覃　璇　黄江峰　吴校峰

南京农业大学继续教育学院 2009 级国际经济与贸易、会计、计算机信息管理（专科）

（金陵职教中心）

吴　倩　俞　园　徐晶晶　李　晨　刘　超　朱　勇　赵兴艳　胡登宇　毛玉存
郝馨茹　马　莉　钱松林　朱京慧　周　燕　邬　雯　张　磊　贺玉蓉　张　轶
程徐笑　王　艳　王祝瑾　刘汝娇　干瑶瑶　李高成　陈国栋　申晓雨　谭　震
朱传阳　杨文信　金　潇　李　娟　徐庆文　薛　丰　庞天瑶　钱　坤　张　浩
孟德超

南京农业大学继续教育学院 2009 级国际经济与贸易、会计学、信息管理与信息系统（专升本）

（金陵职教中心）

邵　建　夏伟卿　周　钧　张　路　孙小娟

南京农业大学继续教育学院 2007 级国际经济与贸易、会计学、信息管理与信息系统（高升本）

（金陵职教中心）

方红侠　戚峥晖　王　娟　谢　静　金　晶　张拥霞　丁晓峰　吴正喜

南京农业大学继续教育学院 2009 级计算机信息管理（专科）

（金湖县粮食局粮食职工学校）

梅　佳　张　俊

南京农业大学继续教育学院 2009 级工程造价、会计、建筑工程管理、经济管理、旅游管理（专科）

（溧阳人才中心）

吕　俊　曹立波　施俊良　沙春萍　潘万元　吴　杰　时盛兰　戎丽俊　史建飞
沈　颖　吴佳颖　张　瑜　苗盼盼　赵　莉　孙　翔　蒋美华　钱金花　施紫娟
张　萍　袁东波　徐　珏　史梅萍　王　璐　谢文雅　吴旭华　姜　玲　黄佳玉
欧银银　周利娟　赵　菁　范勤宇　李小娟　朱　萍　陶　婷　陈　瑶　周贞花
陈彩娟　仲　婷　史奕奕　史霄月　王　菲　卢建花　史卫萍　丁妍天　杨云娟
袁玉琴　狄惠松　张小妹　彭　旭　马　涛　卞　云　吴　正　蔡智鑫　张　鹤
史春福　赵本渊　诸锁明　余　峰　姜　彬　缪京涛　徐　伟　谢秀红　周勇超
滕燕萍　许建康　殷全敏　沈志华　钱立锋　黄　巍　钱　勇　周桃华　谢　丽
赵　俊　朱冬萍　史田甜　吴云花　杨朵美　杨　燕　包　萍　郑厚臣　周育忠
葛美钦　潘骎翔　霍春燕　高　燕　费　婧　田露晓　陈　琳　邹　娣　董龙军
姜　璐

南京农业大学继续教育学院 2009 级园艺（专升本）

（连云港职业技术学院）

赵金凤　刘　寅　高　婷　谷礼艳　渠　明　柏　叶　马艳涛　顾　丹　高　星
刘玲玲　丁语嫣

南京农业大学继续教育学院 2009 级农学、园艺、会计学（专升本）

（南通农业职业学院）

肖冠军　孙权星　陈　惠　尹淑瑜　杨和文　陈琴琴　何　琳　章小忠　姜　府
孙　凯　殷丽萍　陈小明　于晴晴　管婷婷　王　良　张　俊　周　晶

南京农业大学继续教育学院 2009 级农学（专升本）

（沛县农业干部学院）

许庆贵　李成沛　张志奎　董亚菲　程玉兰　孙雪梅　王　红　王玉珍　李　永

南京农业大学继续教育学院 2009 级动物医学（专升本）

（山东济宁农业学校）

吴建强

南京农业大学继续教育学院 2009 级会计学、机械工程及自动化、土地资源管理
（专升本）

（扬州资源与环境学院）

杨　云　卢　琳　龚　俊　顾一薇　邵晓虎　乔　圆　李　园

南京农业大学继续教育学院 2009 级农业水利技术（专科）

（射阳兴阳人才培训中心）

冯雪珍　周玉秀　张友齐　陈玥彤　施玉磊　陈万青　仇万钧　王礼海　杨　阳
陈志明　孙怀龙　吴启龙　孙腾飞　陈　龙　孙　权　赵　成　戴启中　程益清
沈荣国　朱晓华　陈　鹏　傅　萍　林　丽　张者华　顾成义　吕顺圣　杨　林
樊友明　张玉根　姜惠华　陈　龙　陈新尧　李　明　杨金发　陈小兵

南京农业大学继续教育学院 2009 级农业水利工程（专升本）

（射阳兴阳人才培训中心）

林方强　杨　飞　陈大荣　王加忠　殷建祥　罗时涛　辛海洋　沈玉勋　沈效操
孟红辉　储启云　李海山　李兵洲　姚　军　夏　兰　汪国峰　祁云峰　王　军
杨胜龙　唐文韬　邱兆军　王　亚　李如华　戴彩同　王　超　邹　祥　张子虎
陈海军　王连春　胡浩东　唐建东　吴文兰　胥开芬　徐荣杰　陈玉荣　姜文魁
庄永华　周智勇　顾华林　吴月明　姚勇军　王进平　乐治中　吴海燕　余国斌
周　斌　吴　昊　王志高　刘桂斌　陈杰喜　朱芝健　彭素红　吕雪梅　陈海霞
丁干兵　徐祥安　季宏祥　陈少忠　朱亚东　陈　剑

南京农业大学继续教育学院 2009 级国际经济与贸易、会计、机电一体化、计算机信
息管理、经济管理（专科）

（苏州市农村干部学院）

庄　虹　何壮丽　单卫平　徐学花　熊　新　陈　翠　肖雄杰　高　莉　吴　晨
周玉花　伏　苗　刘　晖　李帮梅　朱君华　陆荣平　张　英　奚玉兰　王　倩
刘新宇　夏吉彦　胡利花　杨小蓉　施海平　蒋　平　徐　兰　周育芳　苏　影
祝文君　赵　娟　王蓉梅　郭　玲　黄三敏　倪　红　孔六琴　陆倩倩　吴曰霞
赵亚琴　徐丽君　覃凤萍　张　静　金巧丽　王　艳　王文佳　蒋闪闪　李小燕
樊丽芳　唐　云　张冰峰　廖　娟　仲召杭　向美丽　奚海燕　聂国栋　林泽龙
徐冬雷　仲福贵　徐益锋　孙春祥　赵　萌　刘　晨　卜丽娟　钟月红　沈志恩

何剑民　桂英杰　施美林　秦　璇　朱　鋆　黄　娟　朱飞飞　谢　晋　徐　彬
姜　倩　杨　喆　张　松　杨晓飞　梁　凡　李明龙　刘　林　徐　强　张承鼐
朱宇俊　周黎明　杜　运　袁　苑　潘迪飞　杜红梅　薛梦颖　何海峰　杨　鹏
夏文勇　张丽江　魏盼盼　李　财　史宝飞　姜　振　丁东利　余琴芳　郭岳秀
王　玲　张晓艳　蔡定杰　曾　颖　姜　雯　朱育民　张占立　季园园　贾　熳
陈静静　秦惠江

南京农业大学继续教育学院 2009 级物流管理（专科）

（苏州市农村干部学院）

陈燕燕　束小萍　崔倩倩　任卫青　邢红霞　彭林林　季爱林　顾丽华　朱雪清
朱晓栋　项云花　钱　凯　顾宝龙　顾秀芳　虞　强　邹志明　金海燕　孟　婷
徐　莉　陈元治　赵　英　陈亚洲　田　甜　叶　秀　符晓可　潘飞飞　张晓芳
聂凤姣　龙正强　卜昌知　柏叶惠　洪　柳　沈志刚　周　欣　黄　磊　周国华
刘　晶　王　欣　肖丽梅　陈寅艳　胡甜甜　李　容　李少雄　钟　飞　王莉娜
余红娟　周　闯　张海丽　杨　芸　王红莉　王　斌　罗冰波

南京农业大学继续教育学院 2009 级工商管理、国际经济与贸易、会计学、物流管理、信息管理与信息系统（专升本）

（苏州市农村干部学院）

陈文秀　赵小丽　杨　敏　袁春花　唐志祥　谭娉瑜　陆健建　张元华　徐喜伟
朱燕燕　周　超　倪　林　范　旭　马立生　金正邈　沈静华　王东梅　武康婵
张文苑　王巧丽　孙美玲　周建萍　卫秀芳　黄　叶　华德强　陈玉群　刘　珍
王晓倩　张　燕　陈卫芳　曹志华　徐小燕　戈美英　焦燕燕　顾海江　欧应彬
程　彧　杨　纯　刘红丽　赵　娟　吴俊萍　芮菊芬　张　洁　王晓艳　裘秀华
曹春芳　高红伟　张亦萍　汪丽芳　左秀华　李小霞　范冬瑶　周　云　刘同梅
邓秋玉　罗旭峰　莫晓红　俞　蓉　廖庆芳　戈铮铮　宫丽娟　陈燕飞　朱利平
叶　鸣　蒋丽芳　王　彦　朱孝祺　王　瑛　佘　力　朱安琪

南京农业大学继续教育学院 2007 级工商管理、国际经济与贸易（高升本）

（苏州市农村干部学院）

向爱梅　黄萍萍

南京农业大学继续教育学院 2009 级工商管理、国际经济与贸易、会计学、物流管理、园艺（专升本）

（苏州农业职业技术学院）

王　佶　孙　萍　陈　静　方　磊　陆砚珺　朱连森　朱　协　程　亮　詹　喻
史向东　丁　玲　刘尊位　刘华杰　张　甜　张小晶　王　梅　徐继靖　石玉兰
楼　茜　张　凯　傅胡颖　凌燕青　陈　敏　陆钰喆　谢淑贤　严哲婷　吴　茌
龚丽敏　王　磊　钦丽娅　袁春艳　陆天滢　赵　津　高　敏　姜艳丽　蒋　燕
徐晓俊　薛　毅　王　琴　任　燕　邵加平　滕　锐　刘永刚　朱晓兰　戴钧南
李　洁　孔　贤　王春艳　雷　蕾　孟灵惠　李　利　黄　晶　王雪忠　张美琴
徐成杰　徐铭超　孙　凌　宋子昊　罗　鹏　赵继勇　王笑笑　李炜华

南京农业大学继续教育学院 2009 级工商行政管理、会计、计算机信息管理（专科）

（无锡圣贤培训中心）

张　青　骆科红　王爱青　李景军　周本山　钱丽霞　雍爱娟　虞皆雯　沈玉艳
徐霞芳　朱　花

南京农业大学继续教育学院 2009 级工商管理、会计学、信息管理与信息系统（专升本）

（无锡圣贤培训中心）

沈月青　吴露萍　王冬阳　唐　旎　蒋丽妮　赵燕红　周梅芬　严　蓉　张　洁
张璐茜　胡志英　杜佳翎　钱正兰　邹旭磊　周　霖　杨佳燕

南京农业大学继续教育学院 2009 级国际经济与贸易、会计、计算机信息管理（专科）

（无锡现代远程教育）

林历鸿　冯　明　徐　胤　王　琳　华乙力　王雪婷　邵　晴　徐园园　朱　丹
潘明月　周　豪　朱　静　赵　倩　沈夏艳　王韵玲　王　英　孙思思　张定华
黄瑛姣　蔡　燕　朱　莉　何黎佼　蒋　滢　鲍利民　刘　宁　高琴蓝　沈桃红
温星丽　王小萍　吴小丽　殷嘉科　丁　蔚　敬晓娟

南京农业大学继续教育学院 2009 级电子商务、计算机信息管理、会计（专科）

（无锡渔业学院）

李　涛　杨　帆　许祥艳　雍　远

南京农业大学继续教育学院 2009 级国际经济与贸易、会计学、水产养殖学、信息管理与信息系统（专升本）

（无锡渔业学院）

过妮娜　胡　玥　陆丽芳　封海兰　陈家涛　黄　磊　杨小波　王明华　王红卫
冯永江　王德忠　尤凤兰　周日东　张凤翔　张　敏　倪留山　李天阳　方锐敏
钱皓峰　王红伟　郑凤娇

南京农业大学继续教育学院 2009 级机电一体化技术、计算机信息管理、农业技术与管理、物流管理、园艺技术（专科）

（徐州市农业干部学院）

王　杰　董英姿　郑　博　曹千秋　张增强　苗郁蓬　高　超　王　清　朱志萍
张　永　姜红新　耿庆秀　吴志冬

南京农业大学继续教育学院 2009 级会计学（专升本）

（徐州教育学院）

张文涛

南京农业大学继续教育学院 2009 级计算机信息管理（专科）

（泰兴农机学校）

陶　勇　李　佳　胡华伟　杨　丽　高　琳　陈　欢　蒋毅勇　黄　宁　吴冬华
周　力　李　婷　吕　涛　丁　泽　丁美华　王　晔　杨　秀　朱建芬　黄　丹
王冬霞　徐海霞　王　平　季晓琳　吴　娇　吴　红　何　乐　何欢欢　刘　乐
刘　丹　高　洁

南京农业大学继续教育学院 2009 级电子商务、工程造价、建筑工程管理、汽车运用与维修、物流管理（专科）

（扬州技师学院）

钱佳健	吴玲华	钮雯燕	金志浩	周 伟	施晓婷	张飞虹	张振远	王 俊
祝晓琴	宋 健	周 晴	何燕弘	娄 丽	钮逸蕾	陆 萍	吴雅萍	杨 翔
汤莲凤	史斌斌	陈 鸿	沈 雄	杭 于	陆玉玲	李 婷	陈宇鹏	梁洁美
曹云龙	陶雪莲	王芝琦	马丽萍	景 烨	李凯悦	姜 敏	潘学婷	孙 婷
徐 欢	华 丽	宋长虹	季 慰	张银玲	汪 蓓	余 贤	顾开慧	施影影
殷甜甜	孙 雯	韦燕萍	吴 雪	孙亚雯	郑娇娇	陈 娟	程 露	马 晨
李 云	李晨晨	周亚萍	王 霞	刘春苗	范芳萍	姚 澄	胡 娟	韩建美
樊继雪	吴秀峰	周 军	张 婷	於唯唯	姜红霞	陈月婷	倪 菁	王 卿
于 靖	李春军	郑 成	徐日顺	王琛明	万 程	程鹏亮	徐 强	刘 帅
卢菁菁	华 庆	韩 东	陶 洁	陈语砚	陈鹏炜	沈业凯	唐 建	郭 靖
高 翔	陈 丽	沈 婷	章雅勤	周巧荣	王 倩	桑晓尉	谢沈欣	王仁杰
沈晓萍	吴丹凤	倪诗依	沈 杰	宁夏文	倪思能	张 悦	潘 兰	张 婷
徐彩萍	宋丹萍	许 莹	邱颖平	徐夏婷	沈佳冬	沈良华	庞云霞	张 楠
肖 玲	陈超健	钱文文	倪振芳	徐 宾	何 正	金耀强	张雅萍	徐俊逸
潘凯峰	周 涛	黄思艳	印 娟	吴梦璐	魏 薇			

南京农业大学继续教育学院 2009 级计算机信息管理（专科）

（扬州技师学院）

翁贵和	姜小兴	谭 帅	魏媛媛	钱 倩	陈 超	徐 倩	尤 娟	刘 霞
赵 静	李 萍	黄苏扬	崔 芸	翁美玲	张 云	吉蔷薇	葛林青	路婷婷
鞠 阳	向 舒	陈婷婷	尹 欣	陈 婷	孔令琪	林 静	吴凯燕	王 燕
宦晶晶	顾金燕	孙 菲	宋月梅	丁 玲	阚媛媛	唐 颖	刘 欢	郭 蕾
朱 锴	曾 鑫	鲍元盛	朱国成	杨 宇	谭国超	王秀玥	刘晓茜	唐美玲
马 静	秦 成	项佳佳	张 丽	顾 锋	周文龙	丁 杰	陈维萍	陈荣杰
董 浩	沈 魏	周 波	朱 玲	姜 涛	蒋其峥	孟 鑫	赵 波	钱 慧
李小林	周 慧	刘 艳	曹青青	牛晓莉	张俊雅	吕 娟	张盼盼	刘佳棋
陈 杰	张从云	李 玲	李伊婷	周雨婷	王立萌	朱秀凤	韩 笑	宋兆静
陈杰丽	周 玲	王 婷	胡园园	张 玲	吴 丹	薛 晴	杨 玲	王 琪
王 娟	陈雅君	刘晶晶	张诗怡	刘香君	蒋 敏	刘 品	陆金玲	高余娟
韦 洁	余顺飞	杨 鹏	刘美麟	何 伟	焦玮玮	吴长凤	张 颖	张 莹
方 媛	陈 丹	卞洁伟	黄家婧	董仁丹	王 洁	鲁 琳	王 群	周 玲
高 梦	蒋 锐	张 谦	姚 翔	王小梅	徐志丹	郑春云	许太金	乔锦翠
李丹丹	王亮亮	史慧君	崔 玲	景 露	刘 星	丁 莹	叶文艳	王文云
张 宇	陆子豪	秦 汉	陈 阳	朱 慧	赵 逸	刘 娟	张崔颖子	

南京农业大学继续教育学院 2009 级机电一体化技术（专科）

（盐城生物工程高等职业技术学校）

张 辉	夏 跃	王 敏	聂 志	蔡丹丹	王阿龙	刘堂顺	冯金春	张 建

韩波	王涛	马朝	吴楠楠	么素芹	苗全	王定超	胡飞	徐仕胜
陈大浪	刘丽	刘齐	王健	刘小俊	刘晓雷	纪海洲	吴亮	邱欢欢
张程	周强	沈建	邹国尧	孙廷林	李勇华	陆慧宇	孙旺	戴加林
张程翔	顾明荣	成伟	秦延伟	蔡泉霖	司文欢	谷微微	王森恒	刘金衢
周驰	朱海洋	孟强	朱冬冬	庄永	曹威	周小军	樊春海	许姚姚
汤鹏	陈志龙	董翔	陈进	李振	王高线	肖志翔	尤金金	马东
徐海浪	徐萍	刘铁军	范宜成	陈岗	孔令臣	彭凡中	徐高峰	杜文清
庄立	陈志墅	朱号	王鹏	高康	胡聪聪	朱志罗	凌玲	戴雅如
曹青青	陈洋	王令	陈伟	丁磊	曹海东	柏士钧	袁文坤	刘明宇
张程伟	王益达	张金森	王永成	吴九江	徐瑶	程会	陈立森	杜东杰
高飞	冯万超	范园园	蔡立智	向中秋	姚伟伟	杨俊臣	唐丹丹	朱正宏
彭广洲	王爱成	王中庄	徐涛	黄文志	吴云峰	胥亚生	季成	郑尧勇
孙德新	朱林敏	徐兆盛	季留中	谢庆祝	夏玉健	林延康	沈祥祥	郑礼
顾德荣	嵇礼奎	夏欧	黄亚	梁从业	滕阳健	唐新东	刘豪	费从亮
王海军	周春雨	夏梦瑶	戴天宇	喻秀娟	严荣秀	王成林	花苏	柏长青
袁正益	陈小龙	徐慧明	薛成进	曹媛	胡娟	徐旭	陈剑东	王永祥
夏士亚	吴建虎	张显	董升	程侠	周永锋	刁思华	安志勇	杨定龙
陶晨	张玉	周利芹	方朋	单海泉	何石金	陈兰	谷晓月	胡娟
周丹	秦川	董亮	李宁	丁祝景	朱启飞	陈诺	窦健	刘旭辉
史泽源	周庆利	肖万飞	王杰	殷俊	陈宇	王梦杰	徐国荣	赵越
陈朱兵	赵长军	胡正春	陈炼	朱九荣	徐曙光	蔡新磊	徐志祥	孙冬青
仇志亮	李章宵	沈旭东	杨海群	刘中平	刘德军	叶胜利	黄杲	张亚光
孙越	孟德云	杨卫超	杨超	周敏	夏才勇	曹甲南	孟凡正	孙开网
胡锡国	徐习峰	季红军	王昌盛	陈崔立	董盼	张威	沈玉伟	宋春玲
陈娟	曹偶铭	孔庆祝	孙昊	陈志洋	陈宏	陈芝朋	唐康	许毛增
马长山	赵朋	王递博	仝超	张蒙	仝月	孙金春	王敏	史涛
张璐	薛玉	邱忙	蔡金勇	赵国盛	谭波	董秀青	邓强胜	赵刚
纪红普	顾正锋	朱丰华	刘成	朱拥伟	范功勋	徐明	李丹	唐小娟
师雪华	董正舒	田千宪	潘成志	张前程	张东亚	叶冬冬	王蒙蒙	张浩
鲁春雷	李先浪	黄红飞	陈友国	蔡明	周建	夏文书	周文龙	夏文亮
徐登献	沙朝政	花成龙	杨国顺	杜茜	柏青洲	赵得江	房猛	董冠成
葛李敏	耿月海	钱常成	宋传俊	李长东	黄凯	刘云峰	吴社峰	董新军
茆福荣	章亚	张景祥	蔡晶晶	尹耀	颜鑫	刘翠	周前程	王永东
季明冉	李占奎	顾浩	沈东来	张胜	戴德志	沈东升	崔洪万	沈云奇
花建亚	段立杨	费永	刘浩志	杨洋	李长奎	祖浪	毛建青	王永超
孙杰	王海涛	刘永发	李武芒	程仕奎	张春旺	冯文强	王春斌	薛成强
魏其树	许银生	陈春	杜成荣	孙春春	唐洋	董安春	陈宇	徐广存

李园园　左珊珊　邓　群　叶　子　陈　明　王雪峰　张兴林　仇荣剑　胡震东
王春萍　戴　涛　陈景醒　侯　奎　黄龙成　张成勇

南京农业大学继续教育学院 2009 级计算机信息管理（专科）

（盐城生物工程高等职业技术学校）

刘　玲	宋秋灵	张海霞	张丽丽	钱　智	刘大龙	曹锦云	刘　龙	贾宁宁
周东华	卢月平	周文斌	蔡广路	朱艳利	朱小婷	孙慧琴	花荣富	胡　坤
安　子	华广坤	张建云	智培华	王佟妹	单胜男	郁马丽	王振华	乔乐健
孙　健	顾荣扣	刘　鹏	张　松	马　泰	梁　秋	马彬彬	孙若仁	徐　滔
朱晨澄	赵玉娇	章玉芹	徐晓龙	刘彩红	陈　鑫	蒋丹丹	黄腊梅	胡荣艳
陈昌朋	董冰冰	秦　玲	刘慧娴	张大伟	邹　朋	吴　琼	秦铭军	倪良娟
李民栋	卢新洋	吕　鹏	赵辰辰	江春浩	高修华	吕龙翔	高前程	陈剑枫
吉维仁	万成杨	王　娟	吴　敏	徐　芹	方　雪	方　也	秦为跃	张文浩
张希林	王瑞琪	周宏玲	高园园	钱　颖	杨佳伟	吴曼曼	王颖颖	李海峰
刘玉停	吴强强	陈双双	成　辉	李燕军	陈晓列	方　伟	顾水龙	韩金兰
唐　燕	王爱军	夏广强	蒋明跃	李卫霞	张　雨	史艳平	金　鑫	姜　波
张冬雪	张红玉	朱　鸿	周　东	宋振威	陈杰夫	沈　萍	钱兆宣	朱帮郡
朱　灿	朱万朋	王晓凤	王海红	刘兴凤	李我大	童　彦	侍昌礼	孙宝文
张民龙	蓝松春	李文敏	秦海宝	高　波	赵临峰	杨　勇	徐桂文	周玉成
顾小敏	刘德宁	徐海中	陈昌伟	陈钇羽	姜　苏	陆　姗	刘　庆	王银峤
陈高凤	曹应美	刘　艳	张震威	陈伟礼	张　辰	王　伟	夏兆刘	韩倩文
曹云侠	陶　军	朱玲玉	吴登学	李晓燕	陈伟华	徐　吉	许孟华	夏　峰
陆敬科	苏　川	陈　静	宋文明	韩雷华	王丽娜	卢元龙	陈　婷	吉亚男
王　娟	徐宏秀	陈玉荣	孙　蕾	高菲菲	范玲玲	范德玲	吴益民	孟　潭
陆丽丽	谢荣荣	杨　敏	沈小敏	周俊嘉	李海波	王家祥	陈　成	严海明
杨　荣	陈力彬	周淑洋	刘婷婷	冯　凯	王　葵	张新新	史　辉	朱　红
陈玉林	于小杰	尤道洋	黄海军	谭荣荣	赵珊珊	陈祖贤	卞沅沅	王　茜
臧兆燕	张小瑛	马　玉	葛魏魏	王　利	孙海英	王　峰	吴婷婷	张艳芹
沈丽蓉	马　艳	杨晓燕	蔡梦迪	陆林兄	冯小燕	李林生	熊慧杰	张玉凤
乐　悦	许婷婷	冷婷婷	杨　娟	陈　凡	崔　强	蒋　龙	顾陈伟	王金山
吉海兰	梁　霄	陈　玄	姚　川	陈娣娣	陈　羲	徐红娥	王　晶	王兆艳
陈丹丹	李见霞	魏　茹	韩冬梅	沈　翠	马　令	张国飞	卞晓维	王丽娟
赵　园	王　芳	王　震	朱　峰	孙　杨	王春亚	刘嫦凤	蔡志和	朱梅梅
董　刚	徐静静	商晓艳	李兰兰	陈晶晶	张　平	丁伟伟	蔡海洋	杨　明
刘正清	杭　浩	程荣杰	唐　晶	许　楠	应　杉	郑玉莲	崔　虹	潘龙龙
孙　萍	季武二郎							

南京农业大学继续教育学院 2009 级汽车运用与维修（专科）

（盐城生物工程高等职业技术学校）

许亚川	孙 亮	卢光熙	吴卫卫	刘 震	王 政	徐亚运	曾 强	潘凯山
王 刚	徐洋洋	张 超	浦江江	尹传翔	缪星星	吴 强	杨志刚	马通洲
李 成	张照港	张 贤	孟令敏	王广飞	房春苗	侍爱杰	王 越	张亚东
徐 丰	刘景洲	韩 晗	陈 浩	陆 军	刘力宾	于亚伟	唐亚男	蔡二磊
毛文利	王 文	马 顺	张 星	彭 威	宁海波	邵春冬	朱星星	

南京农业大学继续教育学院 2009 级物流管理（专科）

（盐城生物工程高等职业技术学校）

孙海晔	唐光全	石姗姗	徐佳娣	陈廷芳	季会洋	夏玖慧	陆海峰	程增雅
刘 艺	于慧芳	沈蒙蒙	李冰茜	孙 霞	徐仁华	刘尚义	薛树磊	赵海东
汪 尚	秦席席	孙亚平	孟德美	薛婷婷	陆启亚	顾玲玲	朱利丽	张玉栋
杨 柳	谢 雯	刘 丽	朱 玲	王永青	许 洁	胡苏静	鲍 婷	孟媛媛
孙 欢	孙 文	曹育琼	史长坚	葛 磊	王迎迎	冯秀梅	王彦彩	曹 漫
郑丽君	陈雯婧	王遐东						

南京农业大学继续教育学院 2009 级园艺技术（专科）

（盐城生物工程高等职业技术学校）

徐建荣	邵 妍	祖家露	秦中海	孙亚南	马 璐	李文佳	樊中华	王 超
董 媛	李 娟	英丹丹	葛 莉	郝 云	刘婷婷	汤丽琴	王苏叶	黄季伟
陈 婷	范文婷	陆 莉	吕海蒙	刘小燕	吴芸芸	孟文文	徐丽娜	凌 云
胡 兰	王冬洋	赵 剑	孙 祥	王 路	张 磊	周立涛	张 明	吴 霞
卞国权	陈庆余	张 莉	戴敏娜	王一玉				

南京农业大学继续教育学院 2009 级农业技术与管理、农业水利技术（专科）

（盐城生物工程高等职业技术学校）

王益明	孙雪辉	陆立萍	王建刚	张 楠	顾婷婷	王增平	袁以升	宋雅光
施吉祥	陆雷军	万红莉	周冬雪					

南京农业大学继续教育学院 2009 级电子商务（专科）

（盐城生物工程高等职业技术学校）

时子云	朱俊伍	何 锋	吴 慧	曹正香	吴志南	陆春樱	娄连成	陆林娣
陈 萍	顾 微	许海娟	张 旭	崔少峰	马晓凤	陈娟娟	陶国华	陶方圆
曹旦旦	殷 雪	王 洁	蔡伟銮	嬴 琳	曾 琳	孟文娟	卢小方	杨婷婷
王 静	黄押金	还 羚	蔡启平	王彩燕	朱海艳	刘 璐	马瑶瑶	刘 会
刘志鹏	高敬雯	李星星	夏茂萍	戴 洁	钱伟伟	邹晓倩	朱丽婷	吴莹莹
孙 杰	王 旭	朱秀丽	喻秋香	李梦琦	高子红	姜丽平	徐微微	奚玉姣
惠红玲	汤明月							

南京农业大学继续教育学院 2009 级国际经济与贸易、会计、经济管理、物流管理、畜牧兽医（专科）

（盐城生物工程高等职业技术学校）

徐蓉蓉	王业行	陈婷婷	严 安	李雪梅	柏忠兰	高兴玲	倪兴粉	张 艳

赵海韦　刘　静　卞婷婷　夏文军　贾明艳　刘文娟　王子龙　王旭阳

南京农业大学继续教育学院2009级动物医学、国际经济与贸易、会计学、机械工程及自动化、农学、信息管理与信息系统（专升本）

（盐城生物工程高等职业技术学校）

姜长胜　金生智　赵明宇　徐广琴　常　春　孙海平　刘　伟　胡林东　王大荣
刘晶晶　陈蓉蓉　周　军　丁　雷　赵美芹　许　猛　郭彩红　何淑红　李　伟
周　莉　洪　军　边　梁　张守成　季建新　查永强　吴丽华　朱玉白　周　斌
陆文娴　程　珺　张　忠

南京农业大学继续教育学院2009级会计、农业技术与管理、经济管理、国际经济与贸易、畜牧兽医、国土资源管理（专科）

（南京农业大学校本部）

黄荣霞　周　娟　王晓玲　彭　璟　朱正艳　姜莹莹　毛　丽　陈静娴　张文慧
刘玉婷　徐　蕾　樊星星　沈来香　赵夏贤　周新融　苏　圆　徐　超　祁　政
曹　钢　郭丽雯　俞　娟　王小月　包　超　高　兰　薛　磊　朱秀萍　朱立蒙
徐钦慧　黄　红　金学慧　许　超　孙晓玲　李　桃　杨　雁　高　明　庄迎男
周桂桔　张成光　刘桂荣　程　瑶　束　彬　杜正文　侯婷婷　杨本田　马云翔
吉开阳　杨林清　王　瑶　李先绪　朱莉莉　马娟娟　杨　铮　马周民　金光凤
王红飞　张　敏　崔　虹　郑圣莉

南京农业大学继续教育学院2009级动物医学、国际经济与贸易、会计学、土地资源管理、农学、园艺（专升本）

（南京农业大学校本部）

王　敏　王　涛　王　新　李晓峰　孔德坤　卜子俊　甘　源　陆媛媛　茅爱华
周亚俊　周燕红　缪晓辉　王化江　李媛媛　王中梅　陆鑫玉　张　雷　葛继文
林志平　鞠　勇　丁　浩　柏文芳　胡菲菲　周　恒　祝小清　马中波　陈向东
陈小波　李　芹　顾卫东　江伟华　钟荣玲　李定国　袁晓敏　韩　奇　王　军
孟　禹　张晶晶　陈　禹　张茜雯　张　颖　周庆敬　睢　伟　贺瑞喆　肖云峰
吴欢喜　谢　晶　刘青青　陈媛媛　张春宁　夏　茵　何莹强　焦　华　龚佩华
姚誉峰　施　美　孙　鑫　何震宇　彭　雁　周瑞岭　肖从卫　姜　慧　王新超
彭明浪　王红丽　卜　军　吴　琼　戴　莹　程志红　吴景文　吴　娟　杨　梅
孙喜妹　赵　云　陈　冬　陆雪军　康秋玉　高长洲　骆湘玉　周　挺　赵青松
王　佳　张文静　陈子伟　傅冀湘　杨金龙　江心洲　杨飞飞　姜　毅　王亚青

南京农业大学继续教育学院2007级会计学（高升本）

（南京农业大学校本部）

曹　婷

南京农业大学继续教育学院2009级会计、会计学、国际经济与贸易（专科、专升本）、2007级国际经济与贸易（高升本）

（南京农业大学经济管理学院）

居慧华　俞　静　吴　赟　李悦纯　傅首铨

南京农业大学继续教育学院 2009 级信息管理与信息系统（专升本）

（南京农业大学信息科技学院）

张　云

南京农业大学继续教育学院 2009 级农业水利技术（专科）

（射阳兴阳人才培训中心）

彭素红　王　亚　吴文兰　季宏祥

留 学 生 教 育

【概况】2012 年度招收长短期留学生共 640 人，其中长期留学生 167 人，包括学历生 153 人（博士生 86 人、硕士生 45 人、本科生 22 人）和进修生 14 人。毕业留学生共 24 人，其中博士生 11 人、硕士生 8 人、本科生 5 人。2012 年毕业学生共发表 SCI 论文 30 篇。

长期留学生包括中国政府奖学金生 106 人、校级奖学金生 40 人、外国政府奖学金生 19 人、自费生 2 人。留学生分布于动物医学院、农学院、植物保护学院、动物科技学院等 13 个学院，学科专业主要为动物医学、农学、植物保护和动物科学等。在留学生培养过程中，为满足留学生需求，采取"趋同化管理"和"个别指导"相结合的培养模式，突出学校学科优势与特色，开展英语授课课程建设，推进课程国际化和师资国际化建设进程，确保高素质国际化人才培养。

规章制度不断健全完善，其中"院长接待日"制度效益显著，管理逐步规范化和科学化。留学生会组织自我管理与服务意识和能力加强，逐步依靠其自身力量组织和参与丰富多彩的国际文化节等相关活动。

学校组织留学生参加"110 周年校庆庆典大会"、"风雨兼程百十载　诚朴勤仁铸华章校庆晚会"、南京农业大学"第五届国际文化节"、学校第 40 届运动会、到南京"红山外来民工"子弟小学支教等活动，举办了"中国印象"摄影大赛、"微视频"征集世界对南农的祝福、校庆捐款等活动，留学生在活动中取得了多项优异成绩，包括全国第五届"汉语桥"在华留学生汉语大赛组织奖、校第 40 届运动会"优秀组织奖"，有 100 多人次获得省校级荣誉奖项。相关活动得到了江苏教育电视台、南京电视台、中国日报（China Daily）、扬子晚报和中国江苏网等 10 多家媒体报道。

（撰稿：程伟华　审稿：张红生）

［附录］

附录1　2012年外国留学生人数统计表

单位：人

博士研究生	硕士研究生	本科生	进修生	合计
86	45	22	14	167

附录2　2012年分学院系外国留学生人数统计表

单位：人

学部	院系	博士研究生	硕士研究生	本科生	进修生	合计
动物科学学部	动物科技学院	10	9	2	1	22
	动物医学院	17	2			19
	渔业学院	3	2			5
动物科学学部小计		30	13	2	1	46
食品与工程学部	工学院	10	1			11
	食品科技学院	8	1			9
食品与工程学部小计		18	2	0		20
人文社会科学学部	公共管理学院	2				2
	经济管理学院	3	12	9		24
人文社会科学学部小计		5	12	9		26
生物与环境学部	理学院		1			1
	生命科学学院	3	1			4
	资源与环境科学学院	5	6		2	13
生物与环境学部小计		8	8		2	18
植物科学学部	农学院	10	4	11		25
	园艺学院	4	4			8
	植物保护学院	11	2			13
植物科学学部小计		25	10	11		46
国际教育学院					11	11
合计		86	45	22	14	

附录3　2012年主要国家留学生人数统计表

单位：人

国家	人数	国家	人数
埃塞俄比亚	2	美国	4
巴布亚新几内亚	2	沙特阿拉伯	1
巴基斯坦	50	蒙古	1
赤道几内亚	2	孟加拉国	2
多哥	2	莫桑比克	5
多米尼克	1	纳米比亚	2
厄立特里亚	2	南非	1
斐济	1	塞拉利昂	1
阿根廷	1	斯洛文尼亚	2
圭亚那	2	苏丹	15
韩国	4	泰国	4
加纳	1	日本	1
喀麦隆	5	德国	1
肯尼亚	15	印度	2
利比里亚	1	越南	31
卢旺达		几内亚	1
马达加斯加	1	马拉维	1

附录4　2012年分大洲外国留学生人数统计表

单位：人

大洲	人数
亚洲	96
非洲	57
大洋洲	3
美洲	8
欧洲	3

附录5　2012年留学生经费来源

单位：人

经费来源	人数
中国政府奖学金	106
本国政府奖学金	19
校级奖学金（校级交流）	40
自费	2
合计	167

附录 6　2012 年毕业、结业外国留学生人数统计表

单位：人

层次	人数
博士研究生	11
硕士研究生	8
本科生	5
合计	24

附录 7　2012 年毕业留学生情况表

序号	学院	毕业生人数（人）	国籍	类别
1	动物医学院	4	巴基斯坦、越南	博士 4 人
2	动物科技学院	8	巴基斯坦、越南、圭亚那	博士 2 人、硕士 3 人、本科 3 人
3	资源与环境科学学院	1	厄立特里亚	硕士 1 人
4	农学院	3	巴基斯坦、越南	博士 2 人、本科 1 人
5	园艺学院	5	肯尼亚、越南	博士 2 人、硕士 3 人

（续）

序号	学院	毕业生人数（人）	国籍	类别
6	生命科学学院	2	韩国、喀麦隆	硕士 1 人、本科 1 人
7	公共管理学院	1	越南	博士 1 人

附录 8　2012 年毕业留学生名单

一、博士

（一）农学院

　　冉拉 Rashid Mehmood Rana（巴基斯坦）

　　黄金瓒 Hoang Kim Toan（越南）

（二）动物医学院

　　吉米 Jameel Ahmed Gandahi（巴基斯坦）

　　阮世良 Nguyen The Luong（越南）

　　热哈娜 Rehana Buriro（巴基斯坦）

　　马哈力 Mool Chand Malhi（巴基斯坦）

（三）园艺学院

　　克伯瑞 John Kipkorir Tanui（肯尼亚）

　　尼古拉斯 Nicholas Kibet Korir（肯尼亚）

（四）公共管理学院

  邓春英 Dang Xuan Anh（越南）

（五）动物科技学院

  艾哈迈德·海斯木 Ahmad Hussain（巴基斯坦）

  阿立卡 Asghar Ali Kamboh（巴基斯坦）

二、硕士

（一）动物科技学院

  杜沱江 Do Da Giang（越南）

  纳志 Nazim Ally（圭亚那）

  沙易德 Abbasi Saeed Ahmed（巴基斯坦）

（二）园艺学院

  陶清梁 Dao Thanh Luong（越南）

  陈志成 Tran Chi Thanh（越南）

  阮黑显 Nguyen Hac Hien（越南）

（三）资源与环境科学学院

  莫尼尔 Munier Umar Abdulselam（厄立特里亚）

（四）生命科学学院

  金圣务 Kim Seong Mu（韩国）

三、本科

（一）农学院

  陈氏边陲 Tran Thi Bien Thuy（越南）

（二）动物科技学院

  武阮竹篱 Vo Nguyen Truc Ly（越南）

  黎瑞草眉 Le Thuy Thao My（越南）

  胡登苑 Ho Dang Uyen（越南）

（三）生命科学学院

  阿卡 Akateh Tazifua Alfred（喀麦隆）

六、发展规划与学科、师资队伍建设

发 展 规 划

【修订学校"十二五"发展规划】 根据教育部直属高校"十二五"规划审核意见反馈会精神、教育部司局函件《关于反馈"十二五"规划审核意见的函》的建议以及学校确立建设世界一流农业大学发展目标以来的现状,学校对 2011 年编制的《南京农业大学"十二五"发展规划》进行了修订,并经校党委常委会审查同意,于 9 月 21 日将修订后的《南京农业大学"十二五"发展规划》上报教育部直属高校工作司备案。

【完成学校关于章程建设进展情况的报告】 根据教育部政策法规司《关于报送章程建设进展情况的通知》(教政法司〔2012〕1 号)要求,学校组织相关人员对学校章程建设进展情况做了认真梳理和总结,形成《南京农业大学关于章程建设进展情况的报告》(校发〔2012〕83 号)(简称《报告》)。《报告》内容包括《南京农业大学章程(试行)》起草过程及主要内容、《南京农业大学章程(试行)》修订进展情况、下一步工作打算等,并于 3 月 27 日将该《报告》上报教育部政策法规司。

【形成学校关于加快建设世界一流农业大学的决定】 2011 年 7 月以来,学校党政领导班子带领广大教职员工,认真总结过去 10 年研究型大学建设的成就和经验,针对世界高等教育发展的新形势和学校面临的新机遇,审时度势、科学决策,在中共南京农业大学十届十三次全委(扩大)会议上确立了建设世界一流农业大学的发展定位和奋斗目标,并写入《南京农业大学"十二五"发展规划》。为加快世界一流农业大学的建设,学校组织人员撰写《南京农业大学关于加快建设世界一流农业大学的决定》(简称《决定》),并于 2012 年 2 月 21 日以党发〔2012〕1 号文件印发。该《决定》内容包括加快建设世界一流农业大学的战略意义、加快建设世界一流农业大学的总体要求及主要任务,对学校加快建设世界一流农业大学具有战略性指导意义。

【举办学校第七届建设与发展论坛】 为进一步落实学校《关于加快建设世界一流农业大学的决定》,明确"十二五"重点建设任务,学校于 2012 年 8 月 31 日举办第七届建设与发展论坛。论坛主题为加快建设世界一流农业大学,论坛主要分为 4 个大会报告:①世界一流农业大学的概念、特征与路径(报告人:董维春);②核心指标体系下的世界一流农业大学(报告人:包平);③杰出科学家与机构研究水平的关系(报告人:黄水清);④理念、战略与举措:世界一流涉农大学发展对策研究(报告人:刘志民)。本届论坛为学校未来的发展取向和决策提供了依据,对学校今后的发展起到了一定推动作用。

【召开六届学术委员会(扩大)会议】 2012 年 9 月,南京农业大学学术委员会召开六届全委

（扩大）会议，校学术委员会主任周光宏通报了六届学术委员会成立以来的工作运行情况。各位委员根据学校"1235 发展战略"的总体部署，就学校的学术发展方式、学科资源配置和学院结构优化等内容，从不同角度提出了咨询意见。

2011 年 8 月，南京农业大学根据教育部大学章程及教授治学的要求对学术委员会进行了调整，将以往分设的学术委员会、学位委员会、本科教学指导委员会和职称评定委员会统一到南京农业大学学术委员会，下设 4 个专门委员会，在学院设立分会。

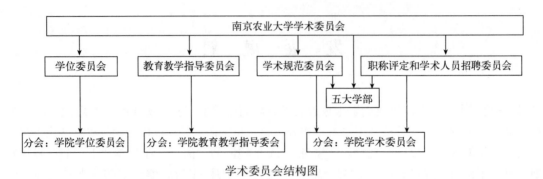

学术委员会结构图

学　科　建　设

【推进江苏省"十二五"重点学科建设】 根据江苏省教育厅《关于开展 2011 年学科目录新增一级学科"十二五"省重点学科遴选建设工作的通知》（苏教研〔2011〕15 号）精神，学校组织相关学科进行申报工作。为保证申报质量，学校聘请校内专家对申报材料进行论证。根据江苏省教育厅《关于公布新增一级学科"十二五"省重点学科名单的通知》（苏教研〔2012〕2 号），学校申报的生态学、草学两个一级学科被遴选为江苏省新增一级学科"十二五"重点学科，获得省立项资助。至此，学校共有科学技术史、畜牧学、公共管理、生态学、草学 5 个一级学科获得江苏省"十二五"重点学科立项建设，为提升学校"十二五"学科建设总体水平、构建三级重点学科体系、拓展学科高原打下良好基础。此外，根据江苏省财政厅、江苏省教育厅《关于下达 2012 年高校重点学科建设专项经费指标的通知》（苏财教〔2012〕83 号）要求，组织相关省级重点学科编制了经费预算表。

【组织第三轮全国一级学科评估】 根据教育部学位与研究生教育发展中心《关于参加第三轮学科评估的邀请函》（学位中心〔2011〕76 号），学校组织生物学、科学技术史、生态学、农业工程、食品科学与工程、作物学、园艺学、农业资源与环境、植物保护、畜牧学、兽医学、水产、草学、农林经济管理、公共管理、图书情报与档案管理 16 个一级学科参与了第三轮学科评估工作，并跟踪评估工作进程，对学位中心反馈的有关异议材料组织相关学科及时补充、调整、上报。

【组织"211 工程"三期建设项目验收】 根据"211 工程"部际协调小组办公室《关于做好"211 工程"三期验收工作的通知》（211 部协办〔2012〕1 号）要求，学校成立以校长周光宏为组长的验收工作领导小组，聘请南京大学、东南大学、江南大学和江苏省学位委员会办公室的专家以及校内专家组成 4 个验收专家组，对"作物基因组学与设计育种"、"农作物有害生物监测与治理"、"现代作物生产理论与技术"、"园艺科学与应用"、"农业资源利用与环境保护"、"动物健康与兽医公共卫生"、"农畜产品加工与食品安全"、"农业经济与管理"、"土地资源管理及公共政策"9 个重点学科建设项目以及"创新人才培养项目"、"队伍建设项目"和 3 个"公共服务体系建设项目"进行校内验收，最终形成《南京农业大学"211 工程"三期总结报告》，全面总结了学校"211 工程"三期建设项目和建设任务完成情况、资金使用管理情况、项目管理情况、建设成效和存在的问题等，提出学校下一步建设的设想和建议。

根据"211 工程"部际协调小组办公室《关于做好"211 工程"三期国家验收工作的通知》（211 部协办〔2012〕4 号）要求，制作了学校"211 工程"三期建设总结的 PPT 作为学校汇报材料。此外，编制了学校"211 工程"三期建设成效宣传画册。

【编制中央奖励资金使用方案】根据《教育部办公厅、国家发展和改革委员会办公厅、财政部办公厅关于对"211 工程"三期建设成效显著的高校给予奖励的通知》要求，学校召集"校 211 工程办公室"成员单位（发展规划与学科建设处、科学研究院、研究生院、教务处、人事处、国际教育学院、监察审计处、计财处）负责人会议，就"211 工程"三期中央奖励资金使用意向进行了专题论证，形成学校《关于"211 工程"三期中央奖励资金用向的初步建议》上报校领导审批。校领导审批后，组织召开了各相关学科负责人会议，布置申报工作，后又召集相关部门对各学科申报材料进行论证，最终形成学校《"211 工程"三期中央奖励资金的项目安排和资金使用方案》报三部委审批。

【推进江苏高校优势学科建设工程一期项目建设】根据江苏高校优势学科建设工程管理协调小组办公室《关于做好江苏高校优势学科建设工程一期项目中期报告工作的通知》（苏学科办〔2012〕2 号）要求，学校召开江苏高校优势学科建设工程一期项目中期报告工作推进会，布置具体工作。组织召开了学校学科建设领导小组工作会议，听取作物学、植物保护、农业资源与环境、食品科学与工程、兽医学、现代园艺科学、农林经济管理、农业信息学 8 个江苏省优势学科带头人关于一期项目建设进展及阶段成果汇报，并对各学科中期报告书内容进行了评议，提出了修改意见。根据各学科材料形成《江苏高校优势学科建设工程一期项目责任高校中期报告书》，与各学科中期报告书一起提交江苏高校优势学科建设工程管理协调小组办公室。

根据江苏高校优势学科建设工程管理协调小组办公室《关于开展江苏高校优势学科建设工程一期项目立项学科中期报告评估工作的通知》（苏学科办〔2012〕3 号）要求，组织各学科带头人对全省高校优势学科建设工程一期项目进行评估。根据江苏高校优势学科建设工程管理协调小组办公室《关于召开高校优势学科建设研讨会的通知》要求，组织各学科带头人参加江苏高校优势学科建设研讨会。在本次评估中，学校的作物学、农业资源与环境 2 个学科中期评估"优秀"，其他 6 个学科中期评估"良好"。

根据江苏省审计厅《对江苏高校优势学科建设工程一期项目绩效情况进行审计的通知》（苏审行通〔2012〕78 号）要求，召开各学科相关人员会议，布置工作，明确要求，并组织各学科填写江苏高校优势学科建设工程一期项目绩效情况相关自查报告材料。在江苏省审计厅派出审计组进驻学校审计期间，积极做好配合工作。审计工作结束后，组织各学科带头人及有关部门负责人参加审计组与学校的口头交换意见会，并根据审计组意见，要求各学科对各自存在的问题进行确认和说明，最终形成学校优势学科审计反馈意见。

根据江苏省学位委员会办公室《关于请提供优势学科建设工程一期项目中期报告相关材料

的函》的要求，组织各优势学科撰写《学科立项建设以来的总体进展情况》。根据江苏省财政厅、江苏省教育厅《关于下达江苏高校优势学科建设工程一期项目 2012 年省财政专项资金指标的通知》（苏财教〔2012〕55 号）要求，组织相关学科编制 2012 年度经费支出预算表。

【推进新兴、交叉学科建设】 为进一步推动学科融合，培育新兴学科，打造学科发展新的增长点，学校提出了建设生物信息学、设施农业和海洋科学 3 大交叉学科的战略构想，并召开校学科建设领导小组工作会议，专门讨论交叉学科组建方案。本次会议上校长周光宏指出，生物信息学组建条件已基本具备，要加快推进；设施农业组建要充分论证，加强顶层设计；海洋科学重在人才队伍建设，扎实推进。

（编撰：江惠云　刘国瑜　潘宏志　审稿：宋华明）

［附录］

附录　2012 年南京农业大学各类重点学科分布情况

所在学院或牵头学院	一级学科国家重点学科	二级学科国家重点学科	国家重点（培育）学科	江苏高校优势学科建设工程立项学科	江苏省重点学科
农学院	作物学			作物学	
				▲农业信息学	
植物保护学院	植物保护			植物保护	
资源与环境科学学院	农业资源与环境			农业资源与环境	
					生态学
园艺学院		蔬菜学			
				▲现代园艺科学	
动物科技学院					畜牧学
草业学院					草学
经济管理学院		农业经济管理		农林经济管理	
动物医学院	兽医学			兽医学	
食品科技学院			食品科学	食品科学与工程	
公共管理学院		土地资源管理			公共管理
人文社会科学学院					科学技术史

注：带"▲"者为交叉学科。

师资队伍建设与人事

【概况】 2012 年，人事处、人才工作领导小组办公室努力贯彻落实南京农业大学"1235"发展战略，继续以高水平师资和人才队伍建设为主线，开拓创新，锐意进取，着力加强高层次人才队伍建设和优秀师资的引进和培养工作，深化人事制度特别是分配激励制度改革，关注民意民生，营造积极向上、高效和谐的良好工作氛围。

一年来，南京农业大学在师资队伍建设上进一步加强领导、注重规范、严格考核、提高质量，在引才用才中确立了突出重点、形式多样、为我所用、不拘一格的思路，多途径、全方位地开展人才引进和培养工作。

构建引才宣传平台，加大宣传力度，扩大学校影响。先后通过学校主页、人民日报（海外版）、China Daily、千人计划网、中国教育与科研计算机网、中国留学人才网等发布高层次人才招聘信息；积极建立海内外校友联系纽带，通过校友宣传学校引才政策，帮助物色杰出人才；积极组织参加致公党江苏省委主办的"海外留学人员江苏行考察联谊"等活动，不断拓展学校引才工作宣传的广度和深度；加强落实，组织海外专场招聘活动，由校长带队在美国康奈尔大学、普渡大学等具有全球影响力的大学举行专场招聘活动。

创新人才引进和培养模式，尝试团队引才模式，支持引进人才组建高水平科技创新团队，高起点地推动新兴学科建设和重点学科的高水平团队建设；加大校内人才队伍资源的发展设计和资源整合，认真组织申报国内各项高层次人才计划，推动学校人才队伍实力的快速增长。

通过不懈努力，南京农业大学高层次人才队伍建设进展明显打开了科技创新团队的引进与建设的新局面。整体引进香港大学理学院梁志清团队，承担学校生物信息学科、生物信息学平台的建设工作；引进"千人计划"专家、"长江学者"罗格斯大学草坪科学中心黄炳茹教授领衔组建团队，负责学校草业学科建设工作；赵方杰教授领衔的科技创新团队成功入选"教育部创新团队"和江苏省"双创计划"团队；成功聘请翟虎渠教授和梁志清教授分别担任农学院和生命科学学院名誉院长；继奥地利 Josef Voglmier 博士（食品科技学院）之后，2012 年相继聘任西班牙 Jorge Paz-Ferreiro 博士（资源与环境科学学院）、加拿大 Gabriel Yedid 博士（生命科学学院）为学校全职教授。

海外高层次人才引进数量和质量大幅度提高。全年通过学校审定拟引进的高层次人才共43 人，年内到岗就职的 22 人。其中，受聘教授岗位 15 人、副教授岗位 5 人、高级研究人员 2 人。引进高层次人才在学院分布状况为：生命科学学院引进 4 人，资源与环境科学学院、食品科技学院、经济管理学院各引进 3 人，农学院、园艺学院各引进 2 人，动物医学院、动物科技学院、植物保护学院、理学院、草业学院各引进 1 人。

高端人才计划申报捷报频传。全年新增"长江学者"奖励计划入选者 3 人、杰出青年科学基金获得者 2 人、基金委优秀青年基金（"小杰青"）2 人；高端外国专家项目入选 2 人；新增农业部农业科研杰出人才及其创新团队 5 个；中共中央组织部"特支计划"青年杰出人才 1 人；教育部新世纪人才 6 人；同时有 30 余人次入选省级重要人才项目：其中，2 人受聘江苏省特聘教授、2 人获得江苏省杰出青年科学基金资助、4 人入选江苏省创新创业人才计划等。初步统计，2012 年各项高层次人才计划入选获得资助项目资助经费约 2 900 万元，获得人才津贴、生活补助等约 1 160 万元。

注重高端人才队伍建设的同时，加强后备人才队伍的招聘及培养。全年共开展 3 次全校性的教学科研岗位考核面试工作，对各学院推荐的 155 名应聘者进行了面试考核，确定了125 位拟聘人选；2012 年招聘的教学科研人员目前到岗毕业生 99 人。教学科研岗位的招聘严格控制质量和比例，具有海外或校外背景的博士毕业生比例均有较大幅度增加。

启动了"钟山学者"学术新秀计划，首批遴选了37位青年博士教师作为学术新秀培养人选。选派28位青年骨干教师依托留学基金委平台及江苏省教育厅青年教师海外留学项目出国研修，并完成了17位拟派出的中青年教师的语言培训工作以及2013年拟派出的21位青年骨干教师的遴选工作。

推进人事、人才管理制度改革创新。从加强教师队伍建设、更为科学合理的开展专业技术职务评聘工作的角度出发，对2012年的专业技术职务评聘办法进行了较大改革。重点推行了以下改革措施：第一，对学校高级专业技术评审委员会职能重新定位，高评委现场评审方式改进。学校高级职称评审委员会只负责对晋升正高级专业技术职务的申请人员进行评审，且要求每一位申请者进行现场答辩。第二，试行"学部制"办法，组建了作物园艺植保、动医动科、理学资环、食品工学、人文社科、教育管理及综合7个学科组，给予副高及以下专业技术职务的评审权限。第三，建立专业技术职务评审过程服务与监督制度，设立秘书组及监督组，以保证评审过程更加公平和公正。第四，恢复机关管理人员职称评审工作，鼓励建立学习型、研究型机关，推动管理人员提高研究和管理水平。

完成《南京农业大学人事代理人员管理暂行办法》（校人发〔2012〕463号）的起草制定工作，于2012年12月14日校长办公会审议通过后实施。引入对非教学科研岗位人员合同制管理的办法，对大部分非教学科研岗位或不具有博士学位的教师实行非事业编制的人事代理制度，有利于学校重点保证师资队伍建设的需要。

根据南京农业大学"十二五"规划确定的关注和改善民生的目标，在分配制度改革与落实方面，人事处主要完成了校内岗位绩效津贴的设计与调整、完成退休教职工生活补贴规范、住房公积金调整等工作。2013年5月，学校按照南京市退休人员绩效工资标准兑现了退休人员生活补贴，补发2010年1月至2012年4月期间工资差额。此项政策落实较2009年12月水平相比，学校年增加工资性支出5 554万元；补发2010年1月以来的差额一次性增加工资性支出6 137万元；全年为退休职工增加工资性支出约9 840万元。在充分调研论证的基础上，学校提出了校内岗位津贴的标准和结构进行了调整方案供学校决策，理顺了岗位津贴与岗位分类分级之间的对应关系。新的津贴方案于2012年12月顺利实施到位。本次校内岗位津贴调整在2011年原标准的基础上总增资额8 000多万元（含2011年9月开始的预发额度和校庆一次性预发额度）。

认真组织第八批博士后流动站申报工作，2012年学校新增草学和生态学2个博士后流动站；全年自主招收博士后26人（其中3名为外籍博士后），与企业、科研院所工作站联合招收博士后13人；进一步拓展与企业工作站的合作，新建与5个工作站的联合招收和培养博士后的合作关系；全年获得国家和江苏省博士后基金资助项目17项，资助金额88万元。

不断推进服务型机关的建设工作，加强内部建设。2012年，人事处、人才工作领导小组办公室荣获省教育厅"教育人才工作先进单位"称号；并获得江苏省医疗保险基金管理中心"2011年度省本级工商保险管理服务先进单位"称号；有1人被评为2012年校立卷归档先进个人；3人次荣获机关党委创建五型机关"服务明星"、"管理能手"以及"创先争优"先进个人称号。

【新增"长江学者"奖励计划入选者3人】全年新增"长江学者"奖励计划入选者，分别是"长江学者"特聘教授王源超、讲座教授金海翎和黄炳茹，打破了南京农业大学持续10余年没有新增"长江学者"的僵局，为学校人才强校战略的实施注入新的动力，为加快世界一流农业大学的建设目标夯实基础。

【启动"钟山学者"学术新秀计划】首批遴选了37位青年博士教师作为学术新秀培养人选，并在8月组织举办首届"钟山学术论坛"暨"钟山学术新秀"论坛，为提高学术新秀的教学科研能力搭建讨论交流平台。

【调整校内岗位津贴的标准和结构】在充分调研论证的基础上，学校提出了校内岗位津贴的标准和结构进行了调整方案供学校决策，理顺了岗位津贴与岗位分类分级之间的对应关系，新的津贴方案于2012年12月顺利实施到位。

【推进专业技术职务评聘制度改革】试行学部制办法，组建了作物园艺植保、动医动科、理学资环、食品工学、人文社科、教育管理及综合7个学科组，给予副高及以下专业技术职务的评审权限；恢复机关管理人员职称评审工作，鼓励建立学习型、研究型机关，推动管理人员提高研究和管理水平。

（撰稿：陈志亮　审稿：包　平）

［附录］

附录1　博士后科研流动站

序号	博士后流动站站名
1	作物学博士后流动站
2	植物保护博士后流动站
3	农业资源利用博士后流动站
4	园艺学博士后流动站
5	农林经济管理博士后流动站
6	兽医学博士后流动站
7	食品科学与工程博士后流动站
8	公共管理博士后流动站
9	科学技术史博士后流动站
10	水产博士后流动站
11	生物学博士后流动站
12	农业工程博士后流动站
13	畜牧学博士后流动站
14	生态学博士后流动站
15	草学博士后流动站

附录 2 专任教师基本情况

表 1 职称结构

职务	正高	副高	中级	初级	未聘	合计
人数（人）	343	470	358	51	102	1 324
比例（%）	25.9	35.5	27	3.9	7.7	100

表 2 学历结构

学历	博士	硕士	学士	无学位	合计
人数（人）	703	408	189	24	1 324
比例（%）	53.1	30.8	14.3	1.8	100

表 3 年龄结构

年龄	30 岁及以下	31～35 岁	36～40 岁	41～45 岁	46～50 岁	51～55 岁	56～60 岁	61 岁以上	合计
人数（人）	116	324	245	202	267	116	34	20	1 324
比例（%）	8.8	24.5	18.5	15.3	20.2	8.8	2.6	1.5	100

附录 3 引进高层次人才

一、农学院

王春明 张文利

二、植物保护学院

赵弘巍

三、资源与环境科学学院

赵方杰 黄朝锋 余 玲

四、园艺学院

李 义 李树海

五、动物科技学院

孙少琛

六、动物医学院

刘　斐

七、经济管理学院

张龙耀　朱战国　易福金

八、食品科技学院

冯治洋　孙兴民　Josef Voglmeir

九、生命科学学院

Gabriel Yedid　梁志清　江经纬　郭可茵

十、理学院

吴　磊

十一、草业学院

黄炳茹

附录4　新增人才项目

一、国家级

（一）教育部创新团队
赵方杰

（二）"千人计划"专家
赵方杰　黄炳茹

（三）"长江学者"奖励计划
王源超　金海翎　黄炳茹

（四）国家杰出青年科学基金
王源超　邹建文

（五）青年拔尖人才支持计划
刘泽文

二、部省级

（一）江苏省"双创"创新团队
赵方杰

（二）青蓝工程科技创新团队
朱　艳　吴　俊

（三）江苏特聘教授

邹建文　朱　艳

（四）江苏省杰出青年科学基金

李　飞　崔中利　窦道龙

（五）"双创"重点学科

李　义　王春明

（六）"双创"重点实验室

李　艳　金海翎

（七）"青蓝工程"中青年学术带头人

周　俊　蒋甲福　陈亚华　诸培新　孙　华　江　玲　李春梅　沈志忠

（八）"青蓝工程"优秀青年骨干教师

余光辉　王德云　周　力　吴　磊　金　鹏　何　琳　李　静　路　璐

（九）六大人才高峰

王秀娥

（十）"333"高层次人才培养工程

万建民　张　炜　徐国华　李　飞

附录5　新增人员名单

一、农学院

谭河林　郭　娜　楚　璞　王　娇　赵文青　李国强　刘蕾蕾　王春明　孙　磊
张　慧　张文利　Imran Haider Shamsi

二、植物保护学院

王利民　孙荆涛　张美祥　吴智丹　牛冬冬　张浩男　邵　敏　赵弘巍

三、资源与环境科学学院

张　隽　凌　宁　韦　中　李长钦　刘东阳　刘树伟　赵方杰　陈爱群　黄朝锋
余　玲　张惠娟　陈　岚　方　迪

四、园艺学院

李　季　韩凝玉　李　梦　王　晨　刘同坤　赵　爽　于景金　谢智华　李　义
庄　静　丁　静　李树海

五、动物科技学院

吴望军　苗　婧　于敏莉　蒋广震　张　林　刘秦华　万永杰　樊懿萱　孙少琛
成艳芬　李　梅

六、动物医学院

白　娟　陈兴祥　马　喆　杨　平　冯秀丽　许媛媛　刘　斐　姚大伟

七、食品科技学院

王雪飞　王　玮　邓绍林　冯治洋　刘　丽　Josef Voglmeir　孙兴民　王　婷

八、经济管理学院

吴承尧　虞　祎　周　琨　易福金　朱战国　熊　航　张龙耀

九、公共管理学院

武昕宇　杨海峰　邹　治　刘红光

十、理学院

陈　敏　吴梅笙　张　瑾　高云龙　吴　磊　吴　华　安红利　高云龙　吴　磊
吴　华　安红利

十一、人文社会科学学院

宋林霞　张爱华　王　华　廖晨晨　何红中

十二、思想政治理论课教研部

孙　琳　孟　凯　赖继年　陆群峰

十三、外国语学院

廖心可　刘恒霞

十四、信息科技学院

于　春　王东波　车建华

十五、生命科学学院

李云锋　黄　彦　叶　敏　苏振毅　师　亮　冉婷婷　邹珅珅　陈　熙
Gabriel Yedid

十六、草业学院

黄炳茹

十七、体育部

徐东波

十八、宣传部

许天颖

十九、计财处

崇小姣　吴　杰

二十、人事处

陈志颖

二十一、审计处

郑　敏　任　阳　孙忠莲

二十二、发展规划与学科建设处

陈金彦

二十三、继续教育学院

周　波

二十四、校区发展与基本建设处

黄　侃

二十五、资产管理与后勤保障处

郁　培　丁嘉妮　秦玉玲　金　巾

二十六、研究生院

杨　亮

二十七、学工处

王剑虹

二十八、团委

贾媛媛

二十九、图书馆

陈　骅　张　倩

三十、工学院

卢　伟　张　祎　葛艳艳　邱　威　罗　慧　孔　倩　冯学斌　陆德荣　王海青
章永年　严晓莺　邓晓婷　王永健　顾家冰　顾宝兴　鲁　杨　尹　茜

附录6　专业技术职务评聘

一、正高级专业技术职务

（一）正常晋升

1. 教授

农学院：亓增军　王建飞

植物保护学院：宋从凤　陈法军　陈长军

资源与环境科学学院：朱毅勇

动物科技学院：李齐发

食品科技学院：辛志宏

经济管理学院：李太平　何　军

公共管理学院：于　水　唐　焱

理学院：章维华

人文社会科学学院：沈志忠

思想政治理论课教研部：王建光　阎　莉

生命科学学院：张阿英　洪　青

信息科技学院：郑德俊　姜海燕

2. 教育管理研究系列研究员

党委办公室：刘营军

（二）破格晋升

农学院：曹爱忠

二、副高级专业技术职务

（一）教学科研系列

副教授

农　学　院：王海燕　刘小军　刘晓英　刘裕强　何小红　胡　艳　赵晋铭　程　浩　蔡　剑

植物保护学院：王云鹏　伍辉军　李　俊　郎志飞　施海燕

资源与环境科学学院：王电站　尹晓明　陈小云　罗朝晖　徐　莉　Waseem

园艺学院：王　健　王玉花　刘　丽　朱再标　陈　暄　蒋芳玲　陶书田

动物医学院：吕英军　苗晋锋　吴宗福　庚庆华

动物科技学院：虞德兵

食品科技学院：金　鹏　潘磊庆

经济管理学院：王翌秋　汤颖梅　周　力　黄惠春

公共管理学院：石志宽　龙开胜　向玉琼　孙怀平　符海月　谢　勇

人文社会科学学院：卢　勇　孙永军　李义波　路　璐

思想政治理论课教研部：朱　娅　李晓广　姜　萍　葛笑如　缪方明

外国语学院：宋　葵　何淑琴　董红梅　樊淑英

信息科技学院：沈　毅　张　琳　谢元澄　谢忠红　薛　卫

理学院：周小燕　杨正豪　潘群星　张　梅

生命科学学院：卢亚萍　闫　新　娄来清　夏　妍

工学院：何扬清　李毅念　杨红兵　杨和梅　胡　飞　姚昊萍　龚红菊　李坤权

　　　　张金明　董井成　张冬青

（二）其他系列

1. 教学科研型副研究员

农学院：倪　军

新农村发展研究院：卢凌霄

2. 教育管理研究系列副研究员

植物保护学院：付　鹏

经济管理学院：颜　进

人文社会科学学院：朱志成

工学院：施菊华　张月群

科学研究院：李玉清

国际合作与交流处：程伟华

发展规划与学科建设处：刘国瑜

3. 思政副教授

工学院：桑运川

组织部：刘　亮

4. 高级实验师

农学院：陈卫平

动物科技学院：刘秀红

食品科技学院：张艳芬　沈　昌

生命科学学院：胡　冰

5. 高级会计师

计财处：张　晖

6. 副研究馆员

图书馆：李恒贝　仓定兰　陈蓉蓉

工学院：师桂芳

7. 副编审

动物医学院：吴开宝

科学研究院：范雪梅

三、中级专业技术职务

（一）讲师

动物医学院：熊富强

植物保护学院：黄绍华

外国语学院：姚科艳

体育部：管月泉　陈　欣

工学院：张晟源

（二）教育管理研究系列助理研究员

工学院：王　雯　张军晖　李　石　陆凌云　孟婷婷　胡如清

党委办公室：李日葵

宣传部：卢忠菊

教务处：刘智勇

科学研究院：赵　珩　蒋大华

学工处：倪丹梅

白马教学科研基地建设办公室：桑玉昆

团　　委：张亮亮

研究生院：朱中超

（三）实验师

动物科技学院：丁立人

食品科技学院：白　云

生命科学学院：陈　军

（四）工程师

工学院：鲜洁宇

（五）馆员

工学院：李爱平

图书馆：林　青　刘　艳

附录7　退休人员名单

张治国　余德琴　施桂珍　孟　英　朱翠华　高　英　崔建农　朱芝敏　陈溥言
陈良萍　孙玉华　张志强　潘月如　张元龙　刘道国　连桂芳　陈水新　邵苏宁
尹显凤　许　勇　陈建华　史晓丽　李宗美　高素琴　骆红萍　赵　惠　朱芳蕥
曹乃林　戴宝林　吴耀清　丁兴萍　孙　进　许胜龙　陈修园　陶　芳　陈则华
汪小琳　马福江　施　珏　朱鸿生　聂　理　刘京琳　廖永萍　吴红根　李顺鹏
徐长宝　黎小梅　王祥珍　王亚东　王乃根　谢　庄　潘小玫　茆泽圣　冯　蕾
赵业海　许春洪　童　红　顾　平　严志明　朱秀芳　钟玉林　章　镇　孙　健
薛　海

附录8　去世人员名单

一、校本部（13人）

李福群*（动物科技学院、小学高级）

谌多仁（植物保护学院、副教授）

万涌泉（后勤集团公司、工人）

刘　骥（人文社会科学学院、副研究员）

陈良栋（经济管理学院、副教授）

阎业芳（校区发展与基本建设处、工人）

张荣铣（生命科学学院、教授）

蒋木庚（理学院、教授）

丁瑞兴（资源与环境科学学院、教授）

朱声金（资源与环境科学学院、副教授）

张　南（科学研究院、副教授）

胡蓉卿*（资源与环境科学学院、副研究员）

王耀庭（外国语学院、教授）

二、工学院（3人）

尚　农（工人）

胡　茉*（高级讲师）

曲钦花*（主管护师）

三、农场（3人）

宋永才（工人）

黄文造（工人）

陈裕风（工人）

四、牧场（1人）

刘以学（工人）

注：带有 * 者为女性。

七、科学研究与社会服务

科 学 研 究

【概况】2012年，学校到位科研总经费5.17亿元，其中：纵向科研到位经费4.56亿元，横向到位经费6122万元（来源于企业合作经费3094万元，政府、科研院所等事业单位合作经费3028万元）。

组织申报自然科学类科研项目903项，获准立项资助334项，立项经费3.57亿元；组织申报人文社科类项目389项，获准立项资助108项，立项经费1823.7万元。横向合作签订合同192项，合同金额4378.83万元。

在纵向立项资助项目中，主持承担农业部公益性行业科技专项6项，立项经费超过1亿元；以朱伟云教授为首席科学家申报的"973"计划项目获得科技部批准立项，前两年资助总经费1688万元；转基因新品种培育重大专项有3项获得滚动资助，立项总经费2816万元。主持申报国家"863"计划、科技支撑计划课题5项，均获得立项。国家自然科学基金获资助126项，资助总经费8838万元。

组织申报各类科技成果奖38项（以南京农业大学为第一完成单位申报奖励25项），其中获奖20项（以学校为第一单位获奖8项）。陈佩度教授课题组研究成果获国家技术发明奖二等奖；周明国教授课题组研究成果获国家科学技术进步奖二等奖；获教育部科技成果奖4项（一等奖1项、二等奖3项）；江苏省科学技术奖一等奖、二等奖各1项。王绍华、丁艳锋分别获"全国粮食生产突出贡献农业科技人员"和"全省粮食生产突出贡献农业科技人员"荣誉称号；柳李旺、张绍铃分别获第十三届江苏省青年科技奖和第十届江苏省优秀科技工作者的表彰。

有16项社科成果获得江苏省人民政府颁发的第十二届哲学社会科学优秀成果奖，其中一等奖1项、二等奖5项。有8项获江苏省高校第八届哲学社会科学优秀成果奖、4项获江苏省哲社联颁发的江苏省"社科应用研究精品工程"奖。

以南京农业大学为第一通讯作者单位的SCI学术论文739篇，被SSCI收录的学术论文7篇，被国家核心期刊收录的人文社科类学术论文291篇。学校共申请国际专利、国内专利、品种权和软件著作权等317项，授权225项。

根据ESI数据显示（2012年1月至2013年1月）：农业科学论文数排名62位，总引用数排名133位；植物学与动物学论文数排名102位，总引用数排名126位；环境生态学论文数排名293位，总引用数排名428位；所有学科论文数排名838位，总引用数排名1286位。

完成了国家肉品质量安全控制工程技术研究中心及杂交棉教育部工程中心相关验收工

作。其中，国家肉品质量安全控制工程技术研究中心以"优秀"通过验收。"大豆生物学与遗传育种重点实验室"等11个农业部重点实验室顺利通过年度评估。

人文社科申报的"江苏省科技思想库"获江苏省科技厅批准建设；新增1个江苏高校人文社会科学校外研究基地：统筹城乡发展与土地管理创新研究基地。此外，学校还与江苏省社科联共建了灌南人文社科与农业科技专家服务站。

在第14届中国国际工业博览会上，学校"基于模型的作物生长预测与精确管理技术"获工业博览会创新奖。学校获"江苏省三下乡活动先进集体"、"江苏省科技促进年先进集体"、"南京市双百工程先进集体"等称号。在"挂县强农富民工程"活动中，与高淳对接项目获得了江苏省一等奖，与射阳对接项目获得江苏省三等奖。23人入选南京领军型创业人才计划项目，其中重点扶持4人，1人入选科技创业家培养计划。

联合学校信息中心完善学校科研管理信息系统，实现科研管理规范化、信息资源共享化、决策依据科学化。首次启动科技成果奖励系统。修订发布《南京农业大学科技成果奖励办法》，完成新老科技成果产出奖励政策衔接、宣传贯彻。邀请 Nature 期刊主编来校做报告，并磋商合作办刊事宜，已形成以学校为主体主办国际期刊的框架性合作协议。开展高级实验技术培训，邀请国内外一流仪器公司专家进行试验技术培训，目前已举办了7期，受训人员约1 000人次。制定实验室科研平台、基地相关管理办法及实施细则7部。开展系列科普活动，被中国科学技术协会评为"全国优秀特色活动"。

校庆期间，科学研究院联合国际教育学院及各学院共同组织、举办203场高水平学术报告、专题论坛，其中院士报告9场，诺贝尔奖获得者、国家杰出青年科学基金获得者、"千人计划"专家等知名学者报告23场，受众师生累计达2万余人次。

围绕"人才、科技、产业、协同创新"主题，科学研究院与资产经营公司共同主办了学校"百家知名企业进南农"活动。活动邀请了128家企业300余人参与活动，并与9家企业代表签署了捐赠、科技合作等协约，合同总额近千万元。新华日报、农民日报、南京日报、扬子晚报等7家新闻媒体对活动给予关注并进行了集中报道。

【学校两项研究成果获国家科技奖】陈佩度教授课题组将簇毛麦优异基因特别是抗病基因转入栽培小麦，对小麦白粉病和条锈病抗源更新贡献突出，新种质在小麦育种中大规模应用产生了重大影响，其研究成果"小麦—簇毛麦远缘新种质创制及应用"获国家技术发明奖二等奖。周明国教授课题组针对中国重大作物病害抗药性预警及治理需求，系统研究水稻恶苗病菌、油菜菌核病菌和小麦赤霉病菌对多菌灵抗药性的发展规律、抗药性机制及检测与高效治理关键技术，其研究成果"重要作物病原菌抗药性机制及监测与治理关键技术"获国家科学技术进步奖二等奖。

【人才与团队】王源超、邹建文2位教授获得国家杰出青年科学基金资助；以赵方杰教授牵头的科研团队获得教育部"科技创新团队"计划资助；丁艳锋、张天真、姜平、赵茹茜和徐阳春5位教授入选"全国农业科研杰出人才"；李艳、陶小荣、蒋甲福、杨晓静、蒋建东和陈含广6人入选"教育部新世纪优秀人才"；窦道龙、李飞和崔中利3人获江苏省杰出青年科学基金资助。钟甫宁教授承担的国家社科基金重大项目在研成果，获得中央农村工作领导小组副组长、办公室主任陈锡文批示，转发中央农村工作领导小组办公室。

【"2011 计划"】学校制订了《南京农业大学推进"2011 计划"工作实施方案》。学校培育组建的国家级协同创新中心有 6 项，其中牵头 2 项，参与 4 项，申报 2 项。牵头培育组建的省级协同创新中心有 5 项，参与 5 项，申报 3 项。牵头组建的"大豆油菜棉花生物学协同创新中心"及作为核心单位参与组建的"食品安全与营养协同创新中心"已进入实质性培育组建阶段，已形成明确的组织架构、运行模式及研究计划与重点任务。

【国家、部省级科研平台】"农村土地资源利用整治国家地方联合工程研究中心"获国家发展和改革委员会批准授牌；"农业部肉及肉制品质量监督检验测试中心（南京）"获农业部批准建设；"现代设施农业技术与装备工程实验室"、"江苏省山羊工程研究技术中心"获江苏省发展和改革委员会、江苏省科技厅批准成立。此外，"奶牛生殖工程实验室"已获南京市科技局批准为市级开放实验室，并获资助运行。

（撰稿：陈　荣　陈　俐　审稿：姜　东　俞建飞　陶书田　周国栋　郑金伟　姜　海）

［附录］

附录 1　2012 年到位科研经费汇总表

序号	项目类别	经费（万元）
1	转基因生物新品种培育国家科技重大专项	6 199.9
2	国家自然科学基金	5 705.5
3	国家"973"计划	2 497.7
4	国家"863"计划	2 049.2
5	国家科技支撑计划	2 892.3
6	科技部其他科技计划	307.6
7	国家公益性行业科研专项	4 849.7
8	现代农业产业技术体系	1 570.0
9	"948"项目	854.3
10	农业部其他项目	742.0
11	教育部人才基金	5 965.0
12	教育部其他项目	1 083.3
13	江苏省科技厅项目	5 877.6
14	江苏省其他项目	2 356.1
15	南京市科技项目	183.5
16	国际合作项目	690.7
17	其他项目	502.8
18	南京"321"计划	1 300.0
合　计		45 627.2

附录 2 2012 年各学院到位科研经费统计表

序号	学院	到位经费（万元）
1	农学院	11 068.8
2	植物保护学院	4 788.4
3	资源与环境科学学院	4 291.1
4	园艺学院	3 395.5
5	动物医学院	3 000.5
6	食品科技学院	2 128.6
7	生命科学学院	1 932.5
8	动物科技学院	1 857.6
9	工学院	956.7
10	理学院	257.5
11	经济管理学院	1 122.5
12	公共管理学院	620.3
13	信息科技学院	287.0
14	人文社会科学学院	187.3
15	思想政治理论课教研部	75.8
16	外国语学院	28.4
17	其他	381.0
合　计		36 379.5

附录 3 2012 年结题项目汇总表

序　号	项目类别	应结题项目数	结题项目数
1	国家自然科学基金	73	73
2	国家社会科学基金	4	4
3	国家"863"计划		2
4	科技部星火计划		1
5	科技部国际科技合作项目	1	1
6	国家农业科技成果转化资金项目	6	6
7	教育部新世纪优秀人才计划	6	6
8	教育部科技重大项目	2	2
9	教育部博士学科点专项基金	36	38
10	教育部人文社科项目	6	6
11	转基因生物新品种培育国家科技重大专项	22	18
12	农业部"948"项目	5	1

（续）

序　号	项目类别	应结题项目数	结题项目数
13	农业公益性行业计划专项	6	6
14	江苏省自然科学基金项目	15	14
15	江苏省农业科技计划	18	16
16	江苏省社会发展计划	3	3
17	江苏省产学研项目	2	2
18	江苏省软科学研究计划	1	1
19	江苏省社会科学基金项目	5	5
20	江苏省教育厅高校哲学社会科学项目	11	11
21	教育厅高校优秀创新团队	1	1
22	教育厅产业化推进项目	2	2
23	江苏省农业综合开发科技项目	7	7
24	校青年科技创新基金项目	33	34
25	校人文社会科学基金	48	30
26	社会科学其他	1	1
27	自然科学其他		1
	合　计	294	292

附录4　2012年各学院发表学术论文统计表

序号	学院	论文		
		SCI	SSCI	CSSCI
1	农学院	73		
2	植物保护学院	86		
3	资源与环境科学学院	94		
4	园艺学院	86		
5	动物科技学院	60	1	
6	动物医学院	141		
7	经济管理学院	2	3	88
8	公共管理学院	1	1	87
9	理学院	31		
10	人文社会科学学院			45
11	食品科技学院	70		
12	工学院	11	1	12
13	生命科学学院	77		
14	信息科技学院	1	1	30
15	外国语学院			8

（续）

序号	学院	论文		
		SCI	SSCI	CSSCI
16	渔业学院	6		
17	思想政治理论课教研部			20
18	体育部			1
合　计		739	7	291

附录5　2012年获国家技术奖成果

序号	成果名称	获奖类别及等级	授奖部门	完成人	主要完成单位
1	小麦—簇毛麦远缘新种质创制及应用	国家技术发明奖二等奖	国务院	陈佩度　王秀娥 刘大钧　黄辉跃 曹爱忠　郭进考	农学院
2	重要作物病原菌抗药性机制及监测与治理关键技术	国家科学技术进步奖二等奖	国务院	周明国　倪珏萍 邵振润　陈长军 陈怀谷　于淦军 王凤云　张洁夫 梁帝允　王建新	植物保护学院

附录6　2012年各学院专利授权和申请情况一览表

学院	授权专利		申请专利	
	件	其中：发明/实用新型/外观设计	件	其中：发明/实用新型/外观设计
农学院	30	26/4	48	42/6 （1件PCT专利）
植物保护学院	19	18/1	21	21/0
资源与环境科学学院	15	15/0	29	28/1
园艺学院	45	44/1	43	38/5
动物科技学院	5	5/0	9	6/3
动物医学院	21	19/2	14	14/0
理学院	2	1/1	6	6/0
食品科技学院	22	21/1	52	52/0
工学院	54	10/44	70	22/38/10
生命科学学院	12	12/0 （1件日本专利）	16	16/0 （1件PCT专利）
信息科技学院			1	1/0
合计	225	171/54	309	246/53/10

附录7　主办期刊

《南京农业大学学报（自然科学版）》

2012年，《南京农业大学学报（自然科学版）》共收文427篇，其中发表32篇，录用98篇，正在处理45篇，退稿252篇，退稿率为59%。2012年刊出文章144篇，其中研究报告116篇，研究简报8篇，综述20篇（均为第5期校庆专辑约稿）。核心影响因子为0.679，比2011年提高0.125，各项学术指标综合排名在农业大学学报中排第1位，并被评为"2012中国国际影响力优秀学术期刊"、"中国百种杰出学术期刊"、"第四届中国高校精品科技期刊"，荣获"中国科技论文在线优秀期刊二等奖"。

《南京农业大学学报（社会科学版）》

2012年，《南京农业大学学报（社会科学版）》共收到来稿2 230篇，其中，校外稿件2 119篇，校内稿件111篇；刊用稿件82篇，用稿率为3.7%；其中，刊用校内稿件29篇，刊用率为26.1%；校外稿件53篇，刊用率为2.5%，校内用稿占35%；基金论文63篇，基金论文比达77%。首次入选全国中文核心期刊，同时也是唯一一家入选中文核心期刊的农业高校社科学报。

社　会　服　务

【概况】2012年，签订横向合作合同192项，合同金额4 378.83万元。横向到位经费6 122万元，来源于企业合作经费3 094万元，政府、科研院所等事业单位合作经费3 028万元。

学校收集、整理近年来具有代表性的科技成果147个、专利224项，编制各类科技成果画册2 000册；组织教授专家等300余人次参加江苏、山东、新疆、云南等20多个地区的会展，展出各类展板及实物展品1 000余次，发放资料3 000余份，达成意向性协议100余项。组织申报江苏省技术转移示范机构，正在申报第六届中国技术市场金桥奖。通过精心组织，在第14届中国国际工业博览会上，南京农业大学"基于模型的作物生长预测与精确管理技术"获工业博览会创新奖。

【新农村发展研究院建设】2012年4月，经过江苏省教育厅和科技厅推荐，江苏省政府同意，南京农业大学在总结"科技大篷车"、"百名教授兴百村"和"专家工作站"等社会服务工作经验的基础上，申报学校高等学校新农村发展研究院建设方案，随后教育部、科技部联合发文，批准南京农业大学等10所高校成立新农村发展研究院。2012年7月，教育部、科技部举行全国高等学校新农村发展研究院建设工作会暨授牌仪式，时任中共中央政治局委员、国务委员刘延东为首批10所高校新农村发展研究院亲自授牌。

学校先后与地方政府、企事业单位等建立了系列合作研发平台、各类新农村发展研究院合作基地。新成立产业研究院3个、专家工作站2个、技术转移分中心4个，与淮安市政府签署了全面战略合作协议，共建南京农业大学淮安研究院。

【创新创业工作】为贯彻"南京科技九条"文件精神，学校专门成立创新创业科，推动创新创业工作。通过与玄武区、建邺区、栖霞区、高淳县、溧水县等区县的对接，2012年，南京农业大学 23 人入选南京领军型创业人才计划项目，其中重点扶持 4 人，1 人入选科技创业家培养计划。建立了高淳、溧水 2 个大学生创新创业基地。经与玄武区政府多次磋商，共建南京钟山生命科学园的工作正在推进中。

【科教兴农】学校继续开动"科技大篷车"模式活动与实施"百名教授兴百村工程"，荣获"江苏省三下乡活动先进集体"、"江苏省科技促进年先进集体"、"南京市双百工程先进集体"等称号。在农民日报头版头条 2 次报道学校"科技大篷车"与"双百工程"等方面的产学研合作及协同创新工作。通过专家工作站调研，组织专家申报项目并认真实施，启东专家工作站被启东市人民政府评为"支持启东科技创新先进合作单位"称号。在《科技与经济》杂志上发表相关论文 1 篇。参加江苏省"挂县强农富民工程"的活动，在 2011 年灌云和射阳两个县绩效为一等奖、二等奖的基础上，2012 年扩大至 4 个县即灌云、射阳、高淳和张家港，其中与高淳对接项目获得了一等奖，与射阳对接项目获得三等奖。

【资产经营】资产经营公司在 110 周年校庆活动中，筹集社会捐赠 590 万元。在学校的统筹部署下，完成"百家名企进南农"活动的接待工作，共接待 121 家企业 230 位来宾。利用学校在农业、生命科学领域的科研优势，组成工作小组分赴广东、浙江、四川、山西等省及江苏泰州、无锡、苏州、连云港等地开展调研走访活动，寻求并加强与地方企业的合作，筹建江苏南农宝祥再生能源研究院有限公司、南京农业大学生物饲料工程中心有限公司。

（撰稿：陈　荣　陈　俐　王胜楠　严　谨　许承保　审稿：姜　东
俞建飞　郑金伟　陈　巍　李玉清　乔玉山）

［附录］

附录 1　2012 年新增对外科技成果转化服务基地一览表

序号	所在学院	名　称	合作方	所在地
1	园艺学院	金坛专家工作站	江苏省上阮现代农业产业园	常州
2	园艺学院	江阴果树专家工作站	江阴市璜土镇人民政府 江苏大自然环境建设集团有限公司	江阴
3	农学院	南京农业大—新疆农业大学荒漠生态产业研究院	新疆农业大学	乌鲁木齐
4	动物科技学院	南京农业大学（神力特）生物凹土产业研究院	江苏神力特生物有限公司	淮阴
5	生命科学学院	南京农业大学（灌南）食用菌产业研究院	灌南县人民政府	灌南
6	科学研究院	南京农业大学技术转移中心溧水分中心	溧水县科技局	溧水
7	科学研究院	南京农业大学技术转移中心如皋分中心	如皋市科技局	如皋
8	科学研究院	南京农业大学技术转移中心高淳分中心	高淳县农业局	高淳
9	科学研究院	南京农业大学技术转移中心苏中分中心	泰州市科技局	泰州

附录 2　2012 年科技服务获奖情况一览表

时间	获奖名称	获奖个人/单位	颁奖单位
2012.02	江苏省挂县强农富民工程先进单位	南京农业大学	江苏省农业委员会 江苏省教育厅 江苏省科技厅
2012.02	农业科技服务明星	刘德辉　郭世荣	江苏省农业委员会 江苏省科技厅 江苏省教育厅等部门联合
2012.09	2012 年全国农产品加工业投资贸易洽谈会科技成果转化先进单位	南京农业大学	2012 年全国农产品加工业投资贸易洽谈会组委会
2012.10	支持启东科技创新先进合作单位	南京农业大学	中共启东市委员会 启东市人民政府
2012.11	第十四届中国国际工业博览会中国高校展区优秀组织奖	南京农业大学	教育部科技发展中心 中国国际工业博览会中国高校展区组委会
2012.11	兴农富民工程优秀科技专家先进个人	汤国辉　陶建敏	江苏省科协和省委农村工作领导小组办公室
2012.12	全国粮食生产先进工作者突出贡献农业科技人员	王绍华	国务院
2012.12	第十届江苏省优秀科技工作者	张绍铃	江苏省科学技术协会

附录 3　2012 年各学院横向合作到位经费情况一览表

序号	学院	到位经费（万元）
1	农学院	704.250
2	植物保护学院	642.096
3	资源与环境科学学院	813.285
4	园艺学院	1 088.250
5	动物科技学院	307.815
6	动物医学院	352.728
7	食品科技学院	164.336
8	生命科学学院	52.334
9	信息科技学院	6.500
10	理学院	25.000
11	公共管理学院	388.340

（续）

序号	学院	到位经费（万元）
12	经济管理学院	520.655
13	人文社会科学学院	66.100
14	工学院	427.275
15	其他部门	562.556
合 计		6 121.520

八、对外交流与合作

外事与学术交流

【概况】2012 年，围绕建设世界一流农业大学发展目标及 110 周年校庆的中心工作，国际合作与交流处和国际教育学院全体人员认真学习党的方针政策和中共十八大文件精神，在推进学校师资队伍建设、学科建设、人才培养和科学研究国际化过程中取得了突出成绩，有效地推进了学校的国际化进程。

全年接待海外高校校际代表团 42 个，协调安排海外友好院校代表团出席 110 周年校庆系列活动，包括美国加州大学戴维斯分校、荷兰瓦赫宁根大学、澳大利亚墨尔本大学、日本东京大学、英国雷丁大学和肯尼亚埃格顿大学等。全年签署了 16 个合作协议，举办 10 个国际会议，包括"世界一流农业大学建设与发展论坛"、"第四届国际小麦赤霉病研讨会"、"设施园艺模型大会国际学术会议"、"农业资源利用和土壤质量控制国际学术研讨会"和"全球化时代中国农业的发展与变迁国际研讨会"等。

2012 年，获得国家外国专家局和教育部等主管部门聘请外国专家经费 623 万元，比 2011 年增长 17%。邀请 510 名海外专家学者来校讲学、合作科研和指导研究生，为学校师生做专题讲座和学术报告 495 场。聘请长期外国专家 25 人，有 2 项"高端外国专家项目"获得国家外专局重点支持。继续执行 3 个"111 计划"项目，其中由农学院盖钧镒院士负责的"作物遗传与种质创新学科创新引智基地"经过 5 年运行，以"优秀"成绩通过教育部组织的考核评估，进入下一轮 5 年支持；该项目的海外学术大师、美国堪萨斯州立大学比克拉姆·吉尔（Bikram Gill）教授获得 2012 年度外国专家"中国政府友谊奖"。由植物保护学院郑小波教授负责的"农业与生物灾害科学学科创新引智基地"海外学术大师、美国俄勒冈州立大学布莱特·泰勒（Brett Tyler）教授获得 2012 年度外国专家"江苏友谊奖"。

2012 年，学校派出 310 名教师赴境外高水平大学学习进修、参加国际会议和学术交流等，完成了"第五期中层干部高等教育管理研修班"赴德国培训的组织工作。通过各类学生交流项目选派 315 名学生赴境外高校学习和研修，其中国家留学基金委资助"国家建设高水平大学公派研究生项目"派出 44 人次，"江苏省优势学科"经费及学校经费资助派出 15 人次，校际间学生联合培养和交换留学项目 54 人次，短期学术进修项目 172 人次。

【授予肯尼亚副总统斯蒂芬·穆西约卡（Stephen Musyoka）名誉博士学位】2012 年 5 月 30 日，肯尼亚副总统斯蒂芬·穆西约卡先生访问学校，周光宏校长向穆西约卡颁发名誉博士学位证书，援正流苏。

【诺贝尔奖获得者尤根·欧勒森（Jorgen E. Olesen）教授报告会】作为学校 110 周年校庆系列活动之一，2012 年 10 月 20 日下午，2007 年度诺贝尔和平奖获得者、丹麦奥胡斯大学农业生态系教授、哥本哈根大学兼职教授尤根·欧勒森应邀为学校师生做题为"全球资源匮乏条件下农业发展的挑战"的报告。欧勒森教授指出，为了应对全球气候变化，农业科学家需要更好地认识气候变化对农业生产的影响，建立新的气候预测模型，研发适应农业生产及资源利用的新技术，并与政策制定者加强合作。报告会由副校长沈其荣主持，来自海内外的 400 多名师生和校友参加报告会。

【倡议设立"世界农业奖"】2012 年 10 月 20～22 日，全球农业与生命科学高等教育协会联盟（Global Confederation of Higher Education Associations for Agricultural and Life Science，以下简称"GCHERA"）主席、法国拉舍尔博韦工程师学校校长菲利普·肖凯（Philippe Choquet）博士应邀来学校参加 110 周年校庆系列活动。10 月 21 日上午，周光宏校长会见肖凯校长，提议依托联盟设立"世界农业奖"。10 月 29 日，这一提案在 GCHERA 执委会上获得通过。

【23 所境外友好院校代表团参加 110 周年校庆系列活动】共计 23 所高校和机构应邀派代表团出席 110 周年校庆系列活动。校庆期间，与美国加州大学戴维斯分校签署全面合作协议，与德国汉诺威兽医大学续签校际协议，与美国康涅狄格大学和韩国国立首尔大学农业与生命科学学院签署合作协议。

（撰稿：石　松　魏　薇　陈月红　杨　梅　童　敏　丰　蓉　蒋苏娅　审稿：张红生）

［附录］

附录 1　2012 年签署的交流与合作协议一览表（含我国台湾地区）

序号	国家（地区）	院校名称（中英文）	合作协议名称	签署日期
1	美国	佛罗里达大学 University of Florida	校际合作备忘录	6 月 28 日
2			本科生双学位项目协议	
3		加州大学戴维斯分校 University of California, Davis	校际合作备忘录	10 月 20 日
4		康涅狄格大学 University of Connecticut	学生联合培养项目协议	10 月 20 日
5	英国	基尔大学 Keele University	校际合作备忘录	2 月 18 日
6		苏格兰农学院 Scottish Agricultural College	校际合作备忘录	5 月 10 日
7	德国	汉诺威兽医大学 University of Veterinary Medicine Hannover	校际合作备忘录（续签）	10 月 20 日
8	澳大利亚	拉筹伯大学 La Trobe University	校际合作备忘录（续签）	9 月 18 日

（续）

序号	国家（地区）	院校名称（中英文）	合作协议名称	签署日期
9	日本	东京大学 University of Tokyo	学术交流协议（续签）	3月21日
10			学生交流协议（续签）	
11		千叶大学 Chiba University	校际合作备忘录（续签）	12月1日
12			学生交流协议（续签）	
13	韩国	国立首尔大学 Seoul National University	学术合作协议	10月19日
14	巴基斯坦	辛德农业大学 Sindh Agricultural University	校际合作备忘录	9月20日
15	台湾	台湾大学	学术合作协议	10月20日
16			学生交流协议	

附录2　2012年举办国际学术会议一览表

序号	时间	会议名称（中英文）	负责学院/系
1	5月24~29日	国际疫霉菌分子遗传年会 The Annual Oomycete Molecular Genetics Network Meeting	植物保护学院
2	9月2~6日	第四届国际小麦赤霉病研讨会 4th International Symposium on Fusarium Head Blight	农学院
3	9月7~16日	生物质炭生产、检验及应用国际培训班 International Training Course on Biochar Production，Testing and Utilisation	资源与环境科学学院
4	10月12~15日	全球化时代中国农业的发展与变迁国际研讨会 International Symposium on Rural Development & Transformation in Modern China	经济管理学院
5	10月20日	世界一流农业大学建设发展论坛 Global Forum on the Development of World-class Agricultural Universities—Focusing on Education，Research and Internationalization	国际合作与交流处
6	10月27~30日	国际果树组学和生物技术研讨会 International Symposium on Omics and Biotechnology in Fruit Crops	园艺学院
7	10月27~31日	农业资源利用和土壤质量控制国际学术研讨会 International Workshop on Biological Approaches to Improving the Nutrient Use Efficiency and Soil Quality	资源与环境科学学院
8	11月1~5日	设施园艺模型国际学术会议 International Symposium on Models for Plant Growth, Environmental Control and Farm Management in Protected Cultivation (Hortimodel 2012)	农学院
9	11月22~26日	2012年第二届亚洲兽医外科学大会 2012，2nd Conference of Asian Society of Veterinary Surgery（AiSVS）	动物医学院
10	12月15~20日	农业起源与传播学术研讨会 The International Conference on the Origin and Diffusion of Agriculture	人文社会科学学院

附录 3　2012 年接待主要外宾一览表（含我国台湾地区）

序号	代表团名称	来访目的	来访时间
1	荷兰驻华大使馆农业参赞	探讨深化南农大与荷兰相关高校、企业合作交流的相关事宜	1 月
2	京都大学农学院院长代表团	商讨进一步深化两校合作事宜	2 月
3	俄罗斯莫斯科土地管理大学副校长代表团	商讨开展学术合作相关事宜	3 月
4	爱尔兰农业、海洋和食品部部长	探讨在农业教育、科研和推广领域开展合作的相关事宜	4 月
5	荷兰北布拉邦省副省长代表团	探讨在农业科研、推广领域开展合作的相关事宜	4 月
6	苏格兰农学院副院长代表团	签署校际合作备忘录，商讨深化两校学术合作相关事宜	5 月
7	肯尼亚副总统代表团	授予肯尼亚副总统斯蒂芬·穆西约卡（Stephen Musyoka）名誉博士学位	5 月
8	康奈尔大学前副校长	商讨进一步深化两校合作事宜	8 月
9	印度尼西亚东爪哇省教育厅代表团	考察印度尼西亚中青年教师生物化学进修班进展	8 月
10	澳大利亚拉筹伯大学校长代表团	续签校际合作备忘录，商讨拓展两校学术合作的相关事宜	9 月
11	加拿大安大略省查特姆肯特市市长代表团	探讨在学生海外学习、合作研究等领域开展合作的可能性	10 月
12	韩国国立首尔大学农学院代表团	参加校庆系列活动，签署合作协议	10 月
13	美国加州大学戴维斯分校副校长代表团	参加校庆系列活动，签署校际合作备忘录	10 月
14	美国康奈尔大学农业与生命科学学院副院长	参加校庆系列活动	10 月
15	美国田纳西大学副教务长代表团	参加校庆系列活动	10 月
16	美国康涅狄狄格大学农学院院长代表团	参加校庆系列活动，签署学生联合培养项目协议	10 月
17	南京农业大学海外校友代表团	参加校庆系列活动，出席北美、欧洲校友会成立大会	10 月
18	英国雷丁大学副校长代表团	参加校庆系列活动	10 月
19	法国拉舍尔博韦综合理工学院校长	参加校庆系列活动，做专场报告会	10 月
20	德国汉诺威兽医大学校长代表团	参加校庆系列活动，续签校际合作备忘录	10 月
21	诺贝尔奖获得者、丹麦奥胡斯大学尤根·欧勒森（Jorgen E. Olesen）教授	参加校庆系列活动，做专场学术报告	10 月

（续）

序号	代表团名称	来访目的	来访时间
22	丹麦奥胡斯大学科技学院副院长代表团	参加校庆系列活动	10月
23	荷兰瓦赫宁根大学尼可·赫令克（Nico Heerink）博士及国际处亚洲事务负责人	参加校庆系列活动	10月
24	荷兰贸促会代表团	参加校庆系列活动	10月
25	澳大利亚墨尔本大学土地与环境学院副院长	参加校庆系列活动	10月
26	日本宫崎大学校长代表团	参加校庆系列活动	10月
27	日本东京大学亚洲生物资源环境研究中心主任代表团	参加校庆系列活动	10月
28	日本土屋育英会会长夫人及女儿	参加校庆系列活动	10月
29	韩国国立庆北大学校长代表团	参加校庆系列活动	10月
30	韩国国立首尔大学农学院院长代表团	参加校庆系列活动，签署合作协议	10月
31	肯尼亚埃格顿大学校长	参加校庆系列活动	10月
32	台湾中兴大学校长代表团	参加校庆系列活动	10月
33	台湾中华科技大学校长	参加校庆系列活动	10月
34	台湾大学农学院院长	参加校庆系列活动	10月
35	美国艾奥瓦州立大学代表团	商讨共建猪病诊断中心相关事宜	10月
36	美国康奈尔大学副校长代表团	商讨共建技术转移中心相关事宜	11月
37	澳大利亚悉尼大学农学院院长	商讨共建粮食安全联合研究实验室相关事宜	11月
38	国际动物卫生学会代表团	参加"第十六届国际动物卫生学会国际会议"执委会会议	12月

附录4 国家建设高水平大学公派研究生项目2012年派出人员一览表

序号	姓名	院系/单位	留学国家	留学院校	出国时间	留学时间	留学身份
1	李兰	农学	法国	巴黎高科农学院	7月	2年	攻读工程师学位
2	郝振华	植保	澳大利亚	新南威尔士大学	7月	4年	攻读博士学位
3	张令	资环	美国	莱斯大学	7月	15个月	联合培养博士
4	熊琴	植保	美国	加州大学河滨分校	8月	2年	联合培养博士
5	张秋勤	食品	美国	美国农业部东部研究中心	8月	14个月	联合培养博士
6	王佳媚	食品	美国	美国农业部农业研究院	8月	18个月	联合培养博士
7	李贺	食品	加拿大	萨斯喀彻温大学	8月	4年	攻读博士学位

（续）

序号	姓 名	院系/单位	留学国家	留学院校	出国时间	留学时间	留学身份
8	靳 远	食品	美国	内布拉斯加—林肯大学	8月	4年	攻读博士学位
9	张 芸	食品	美国	田纳西大学	8月	4年	攻读博士学位
10	吕慕雯	食品	美国	罗格斯大学	8月	5年	攻读博士学位
11	殷从飞	农学	瑞典	歌德堡大学	9月	2年	联合培养博士
12	丁 超	食品	美国	加州大学戴维斯分校	9月	2年	联合培养博士
13	张 丽	农学	美国	北卡罗来纳州立大学	9月	1年	联合培养博士
14	侍 婷	园艺	美国	加州大学河滨分校	9月	2年	联合培养博士
15	应 琦	食品	美国	伊利诺伊大学芝加哥分校	9月	17个月	联合培养博士
16	王 然	植保	美国	康奈尔大学	9月	2年	联合培养博士
17	田 洁	园艺	加拿大	滑铁卢大学	9月	1年	联合培养博士
18	张 建	资环	奥地利	维也纳技术大学	9月	15个月	联合培养博士
19	沈梦城	动科	加拿大	阿尔伯塔大学	9月	4年	攻读博士学位
20	郝珧存	资环	美国	普渡大学	9月	2年	联合培养博士
21	王 烨	食品	澳大利亚	阿德雷德大学	9月	4年	攻读博士学位
22	李根来	动科	美国	弗吉尼亚理工学院	9月	1年	联合培养博士
23	张 艺	农学	美国	北卡罗来纳州立大学	9月	1年	联合培养博士
24	饶芳萍	公管	荷兰	伊拉斯谟大学	9月	2年	联合培养博士
25	刘乃勇	植保	澳大利亚	澳大利亚联合科工委	9月	2年	联合培养博士
26	张 萌	园艺	日本	东京大学	9月	3年	攻读博士学位
27	栾鹤翔	农学	美国	肯塔基大学	9月	1年	联合培养博士
28	周冬梅	植保	美国	科罗拉多州立大学	9月	2年	联合培养博士
29	张 峰	植保	美国	密歇根州立大学	9月	2年	联合培养博士
30	沈丹宇	植保	美国	美国俄勒冈州立大学	9月	2年	联合培养博士
31	谢 青	动医	美国	艾奥瓦大学	10月	2年	联合培养博士
32	郭 兵	食品	澳大利亚	澳大利亚联合科工委	10月	2年	联合培养博士
33	陈 琳	农学	美国	康奈尔大学	10月	2年	联合培养博士
34	姜 涛	动科（渔业）	日本	东京大学	10月	1年	联合培养博士
35	王 翔	食品	比利时	根特大学	10月	4年	攻读博士学位
36	温祝桂	生科	日本	东京大学	10月	17个月	联合培养博士
37	谢 青	动医	美国	艾奥瓦大学	10月	2年	联合培养博士
38	李向楠	农学	丹麦	哥本哈根大学	10月	2年	联合培养博士
39	张 晓	资环	美国	普渡大学	10月	1年	联合培养博士
40	于 旻	工学	美国	路易斯安那州立大学	12月	1年	联合培养博士
41	李 锐	动医	美国	华盛顿州立大学	12月	3年	攻读博士学位

港 澳 台 工 作

【概况】2012 年，接待港澳台团组来访 10 批 39 人次，其中来自台湾大学、中兴大学、中华科技大学和嘉义大学等单位师生 6 批 33 人次；接待香港中文大学专家来访 5 人，香港大学专家做学术报告 1 人；派出教师赴台湾访问 3 人，赴香港访问 10 人，赴澳门访问 1 人；赴台湾高校交换学生 6 人，赴台湾参加暑期短期访学学生 20 人。

【与台湾大学农学院签署合作协议】2012 年 10 月 20 日，副校长沈其荣与台湾大学生物资源暨农学院院长徐源泰代表双方签署"学术交流合作协议"及"学生交换协议"，约定在教师互访、学生交流等方面进一步扩大合作规模和领域。

（撰稿：姚 红 杨 梅 魏 薇 审稿：张红生）

［附录］

附录 2012 年我国港澳台地区主要来宾一览表

序号	代表团名称	来访目的	来访时间
1	中兴大学校长李德财一行 5 人	参加"110 周年校庆"	10 月
	中华科技大学董事长孙永庆一行 4 人		10 月
	台湾大学农学院院长徐源泰		10 月
2	中兴大学师生代表团一行 7 人	参加"两岸大学生新农村建设研习营"	7 月
	嘉义大学师生代表团一行 11 人		7 月
	中华科技大学学生代表团一行 5 人		7 月
3	香港中文大学一行 3 人	商谈蔬菜育种项目	6 月

教育援外、培训工作

【概况】受商务部和教育部委托，学校（含无锡渔业学院）共举办 17 期援外培训班，包括发展中国家农村经济改革与发展高级研修班、发展中国家农业信息技术研修班、发展中国家农业项目管理研修班、非洲国家农产品质量与安全高级培训班等，培训学员 418 人，学员来自肯尼亚、印度尼西亚、柬埔寨、亚美尼亚、委内瑞拉和古巴等 70 多个国家。与往年相比，本年度培训班国别覆盖范围广，学员层次高，培训班质量不断提升，国际影响日益扩大。

执行教育部"中非高校 20＋20 合作计划"项目，在埃格顿大学设立项目办公室，首次选派 2 名研究生和 2 名本科生赴肯尼亚埃格顿大学进行为期 6 个月的毕业实习和调研，向埃格顿大学赠送英文图书 250 本，完成"肯尼亚农业发展报告"和"中非粮食安全战略研究" 2 个研究课题，举办第三届"走非洲，求发展"论坛。

【中国政府非洲事务特别代表钟建华大使来校做报告】2012 年 10 月 26 日，中国政府非洲事务特别代表、学校非洲农业研究中心名誉教授钟建华先生为学校 200 多名师生做题为《非洲热点问题》的学术报告，介绍了非洲大陆复杂的政治局势以及造成这一局势的根源，鼓励年轻一代关注非洲、了解非洲、研究非洲，将来成为中非交流的使者，促进中国与非洲的共同发展。

（撰稿：姚　红　满评评　古　松　审稿：张红生）

［附录］

附录　2012 年教育援外、短期培训项目一览表

序号	培训班名称	培训时间	人数（人）	国别或区域名称
1	日本宫崎大学中国语言文化研修班	3 月 3～9 日	31	日本
2	英国考文垂大学中国语言文化研修班	4 月 10～23 日	19	英国、尼日利亚、保加利亚、罗马尼亚、法国、约旦
3	发展中国家农业管理研修班	5 月 9～29 日	19	埃及、津巴布韦、肯尼亚、莱索托、利比亚、马拉维、纳米比亚、南非、塞拉利昂、苏丹（喀土穆）、坦桑尼亚、乌干达、委内瑞拉、巴勒斯坦、吉尔吉斯斯坦、黎巴嫩、缅甸、尼泊尔
4	美国加州州立大学弗雷斯诺分校师生团来访	5 月 30 日	14	美国
5	农产品质量与安全高级培训班	6 月 23 日至 7 月 6 日	30	卢旺达、肯尼亚、坦桑尼亚、乌干达
6	印度尼西亚玛琅大学生物化学培训班	7 月 2 日至 8 月 31 日	46	印度尼西亚
7	两岸大学生新农村建设研习营	7 月 24～31 日	23	中国台湾
8	日本鹿儿岛县立短期大学中国语言文化研修班	9 月 5～15 日	8	日本
9	发展中国家农业信息技术研修班	9 月 6～26 日	22	利比里亚、卢旺达、马拉维、苏丹（朱巴）、桑给巴尔、乌干达、古巴、委内瑞拉、巴基斯坦、菲律宾、亚美尼亚
10	柬埔寨开发区建设研修班	11 月 28 日至 12 月 11 日	20	柬埔寨
11	发展中国家农村经济改革与发展研修班	11 月 29 日至 12 月 13 日	16	卢旺达、埃塞俄比亚、肯尼亚、印度尼西亚、巴基斯坦、越南
12	发展中国家水产养殖技术培训班	4 月 20 日至 6 月 14 日	45	阿根廷、埃及、巴勒斯坦、朝鲜、几内亚比绍、加纳、喀麦隆、马拉维、莫桑比克、南非、南苏丹、尼泊尔、萨摩亚、塞拉利昂、桑给巴尔、斯里兰卡、苏丹、汤加、瓦努阿图、乌干达、乌拉圭、伊拉克、越南

（续）

序号	培训班名称	培训时间	人数（人）	国别或区域名称
13	渔业发展和管理官员研修班	5月21日至6月14日	25	白俄罗斯、俄罗斯、格鲁尼亚、哈萨克斯坦、吉尔吉斯斯坦、摩尔多瓦、塔吉克斯坦、土库曼斯坦
14	非洲法语国家水产养殖推广官员研修班	6月14日至7月4日	29	阿尔及利亚、贝宁、布隆迪、赤道几内亚、刚果（布）、几内亚、加蓬、喀麦隆、科特迪瓦、摩洛哥、突尼斯、乍得、中非
15	非洲法语国家水产养殖技术培训班	7月4日至8月28日	21	阿尔及利亚、贝宁、布隆迪、赤道几内亚、刚果（布）、吉布提、几内亚、喀麦隆、塞内加尔、突尼斯、中非
16	南非水产养殖技术培训班	7月23日至8月21日	24	南非
17	南非水产养殖推广官员研修班	8月1～20日	26	南非
合计			418	

孔 子 学 院

【概况】2012年7月，学校与肯尼亚埃格顿大学联合申办的孔子学院获得国家汉办/孔子学院总部正式批准，全球首家以农业为特色的孔子学院正式启动建设。2012年10月21日，周光宏校长与埃格顿大学詹姆斯·托涛伊克（James Tuitoek）校长签署了《合作建设埃格顿大学孔子学院的执行协议》，并召开第一届理事会第一次全体会议，提出了孔子学院的发展思路和2013年度工作计划。

（撰稿：李　远　姚　红　审稿：张红生）

校 友 工 作

【概况】2012年，校友会办公室与教育发展基金会办公室一同归属于发展委员会办公室。校领导亲自带队走访各地校友会，加强学校与地方校友联系。

新建欧洲、北美2个海外校友会；成立云南、浙江、广东、广西、黑龙江、江苏常州6个地方校友会；完成四川、上海、福建、内蒙古、江苏无锡5个地方校友会换届工作；年度内学校层面走访宁夏、新疆、福建、四川等地方校友会 30 多次，开展地方校友代表参加的座谈会 50 余场，介绍学校建设发展成就以及重大事件，通报 110 周年校庆筹备情况，邀请知名校友回校参加校庆活动。

校庆期间，邀请到包括 11 位省部级以上校友、7 位院士校友、15 位海外校友等在内的 160 位杰出校友参加校庆；完成 20 余家省外地方校友会为母校 110 周年校庆祝福视频采编任务，视频集锦在校庆庆典大会之前顺利播放；策划不同年代校友代表入场秀，将庆典大会前现场气氛带向高潮；策划、组织《南京农业大学发展史》发行及南京农业大学校友馆开馆仪式；汇总、整理出杰出校友名单；组织、编印《南京农业大学校友录》、《校庆工作简报》；设计、制作各类校庆用证件、礼品袋、明信片、校徽和校庆邀请函等；完成邀请单位、嘉宾、校友的校庆回执统计汇总；培训校庆对外联络组志愿者。

完成南京农业大学校友会网页的改版，建起一个功能完善、结构合理、信息全面的全新版面。编印 3 期《校友通讯》，寄发给校友 4 000 余份。完成南京农业大学校友会法人代表换届、组织机构代码证变更等手续的办理工作。完成校友馆后期建设与管理工作、制订校友馆管理方案、聘请专人管理、组建并培训礼仪讲解队伍、校友馆多媒体中心场地方案设计与布置、温家宝总理题字制作及布置、校友馆内部硬件维护等工作。校庆之后，校友馆接待校外嘉宾、学校离退休老干部、学校教师、本科生、研究生等在内参观人次总数超过 20 000 人次。为进一步拓展工作思路，连续走访山东大学、东南大学和苏州大学等高校专题调研校友工作。校友会不断拓展工作领域与服务内容，通过与学校部门的横向联系与协同作战，广泛利用校友资源在招生宣传、就业招聘、基地建设、产学研合作和平台共建等方面发挥牵线搭桥与积极联络服务功能。

【北美、欧洲校友会成立大会】10 月 19 日，南京农业大学北美、欧洲校友会成立大会在学校国际学术交流中心举行。副校长沈其荣、陈利根，北美校友会会长、1985 届兽医系校友刘胜江，欧洲校友会会长、1981 届资源与环境科学学院校友樊华，发展委员会办公室、国际交流交流合作处等相关领导以及北美、欧洲地区校友代表 13 人出席了成立大会。大会由国际交流与合作处副处长游衣明主持。

副校长陈利根向海外校友们详细介绍了学校近年来的建设发展情况，尤其在国际交流、人才培养、科学研究、师资队伍建设与学院建设等领域所取得的成就，目前正在推进实施的"两校区一园区建设"情况、学校"1235"发展战略，特别是建设世界一流农业大学的战略构想。他希望借助北美、欧洲校友会的平台，吸引更多杰出校友和优秀人才，一起加入到南京农业大学为建设世界一流农业大学的队伍中来。刘胜江和樊华分别介绍了北美、欧洲校友会的筹备情况。

【《南京农业大学发展史》发行、南京农业大学校友馆开馆仪式】10 月 19 日上午，学校举行《南京农业大学发展史》发行、南京农业大学校友馆开馆仪式。中国工程院院士任继周，中共中央候补委员、原中国农业科学院院长翟虎渠，全国农业展览馆原党委书记王红谊，江苏省教育厅厅长沈健及副厅长胡金波，校党委书记管恒禄、校长周光宏及海内外几十名南农校友参加了仪式，仪式由周光宏主持。

翟虎渠、沈健、管恒禄分别代表南农校友、江苏省教育厅、学校全体师生员工发表讲话。翟虎渠说，110 年来南京农业大学一直坚持以人为本、德育为先、弘扬学识的办学理念，围绕我国农业现代化，面向世界农业科技前沿，谱写了我国近代农业高等教育的精彩华章。沈健指出，110年来，无论是金陵大学、中央大学时期，还是南京农学院、江苏农学院时期，直至今天的南京农业大学时代，学校在江苏高等教育中始终具有重要的地位，一直位居全省高校的第一方阵，是江苏省高校培养人才、开展科技创新、服务"三农"的排头兵。南农人在江苏学术界、政界和企业界等领域的各个岗位上发挥了重要力量，在人才培养、科学研究、服务社会和文化传承创新等方面，都为推动江苏乃至全国的经济社会发展做出了突出的贡献。

管恒禄介绍了《南京农业大学发展史》的研究和编撰工作，整套书由《历史卷》、《人物卷》、《成果卷》、《管理卷》4个卷本组成。举行《南京农业大学发展史》的发行和南京农业大学校友馆的开馆仪式，是在追忆学校的110年光辉历程，向为学校赢得无数赞誉的广大海内外南农校友致敬。

（撰稿：李　冰　审稿：杨　明）

九、财务、审计与资产管理

财 务 工 作

【概况】2012 年，学校获得改善基本办学条件专项资金 8 000 万元、中央高校基本科研业务费 2 140 万元、国家重点实验室专项经费 400 万元、社会公益研究经费 1 780 万元。学校加大对专项资金的管理，专项资金的使用效率得到逐步提高。

会计核算工作是计财处的重要工作之一，2012 年度审核复核原始票据 85.45 万张，录入凭证科目笔数 22.08 万笔，编制凭证约 6.27 万张，会计凭证装订成册约 1 680 本。加强资金支付的信息化，电子支付系统日趋成熟，2012 年度通过银校互联系统支付报销金额达到 1.45 亿元。

在学校进行人事分配制度改革的环境下，做好日常工资发放及核对，职工住房公积金、住房补贴的支取等工作。2012 年年底，学校进行岗位绩效津贴改革，计财处配合人事处做好数据测算以及个人标准的重新核定，为做好民生工程服务。根据税法规定，学校实行合并计税，每月按时、准确上报个人所得税。加强与税务部门的沟通，完成 2012 年所得税汇算清缴税务鉴证及申报工作。完成 2011 年全校国产设备退税工作。国产设备累计退税金额 45.77 万元。参加了南京市税务局关于营业税改增值税的培训工作，使学校营业税改增值税工作平稳过渡。

根据物价、财政及主管部门的相关要求，完成了收费许可证备案、年检及非税收入上缴财政专户工作。2012 年，收取学费近 1.2 亿元；接受生源地助学贷款 880 万元；发放各类奖勤助贷金有 40 余项，计 5 500 多万元，近 12 万人次。发放校园卡 10 098 张；接受各类报名收费 20 844 人次（英语、计算机、普通话）。

根据实际工作需要，科学编制了 2012 年全校收支年度预算。在预算执行过程中，不断强化预算执行监管，确保预算的刚性，充分发挥了资金的使用效益。圆满完成 2013 年预算编制的"一上"、"二上"。

2012 年 6 月，江苏省教育会计学会第五届会员代表大会暨第五届一次理事会、南京高校会计学会第七次会员代表大会暨第七届理事会在南京农业大学召开，省内 100 多所高校财务处长参加会议。南京农业大学作为江苏省教育会计学会及南京高校会计学会常务理事和副秘书长单位，在会上做了典型发言。

在南京农业大学 110 周年校庆期间，计财处积极与银行沟通，协助捐赠款项的接收工作。采取了现金、POS 机刷卡、提交汇票、转账汇款等多种形式收取捐赠款并开通了网上到账查询功能，确保了校庆捐赠工作的顺利开展。校庆期间，现场收取捐赠款项共计 683

万元。

【建章立制规范财务管理】 计财处组织开展廉政风险排查工作，结合工作实际，责任到人，从岗位、科室、单位不同层面，开展廉政风险防控试点排查工作。完成教育部关于《南京农业大学会计委派工作实施情况调研报告》的申报等，进一步加强学校科研项目经费管理，确保科研项目间接费用规范合理有效使用，结合学校科研工作实际，经过多方调研和取证，拟定并发布了《南京农业大学科研间接费用经费管理暂行办法》（校计财发〔2012〕171 号）。

【完善财务信息化建设】 计财处与外事办合作，建立了"国际会议网上自助缴费系统"，与继续教育学院合作开发建设了"收费网络系统管理平台"，通过系统运行实现资源共享与各职能部门间的监督与制约，提高工作效率，降低财务风险，为财务分析及决策提供依据。2012年 9 月，在教四楼建成并启用了"金融自助服务区"，提高了学校在金融服务和电子化支付方面的水平，方便使用各种银行自助设备，该服务区内安装了中国银行、工商银行、建设银行、农业银行和招商银行的各种自助服务设备，实现了现金存取款、多媒体查询、银行转账和水电煤气电话费代缴等功能，学校师生员工可"足不出校"完成相关的银行金融服务事项。

【加强财会人员培训】 继 2011 年推出以"勤勉尽责，诚信高效"为主题的财务文化建设后，2012 年继续开展"财务论坛"系列活动，邀请各方面专家为财务工作者做文明服务标准及规范管理的报告，组织会计人员交流学习。通过继续教育、职称学习和学历考试等多种形式，不断提升会计人员整体业务水平，以适应教育会计工作的需要。

【配合学校做好财务检查】 2012 年，接受了相关部门对收费工作的检查并对收费工作进行了重新规范。4 月，接受全国治理教育乱收费部际联席会议办公室教育收费专项检查；10 月，接受财政部票据监管中心对学校票据管理的检查；12 月，开展了票据的年检工作，掌握了单位票据管理的基本情况，达到了"以票管收"、"源头控管"的目的。

【招投标】 全年以公开招标等方式完成教学科研设备的采购共 320 余项，采购金额约 4 054 万元、美元约 410 万元、欧元约 15.4 万元；以公开招标等方式完成基建、维修工程等采购 60 余项，金额约 3 096 万元；完成了中文图书、工学院教材招标；完成了新生公寓标准化行李、校服、军训服装的招标；完成了学生三食堂经营的招标；完成了工学院保安招标；建立了南京农业大学工程建设监理、招标代理和勘探设计预选库。补充制定了建设工程 100 万元以上不具备进入南京市建设工程交易中心的项目、5 万元以下工程建设监理、招标代理、勘探设计服务类项目的招投标管理规定。

（撰稿：李　佳　蔡　薇　朱卢玺　审稿：杨恒雷　陈明远）

［附录］

附录　教育事业经费收支情况

南京农业大学 2012 年总收入为 131 063.72 万元，总支出为 131 836.43 万元。2012 年，南京农业大学总收入比上年增加 10 983.72 万元，增长 9.15%。其中：教育经费拨款增长 7.16%，科研经费拨款增长 11.11%，其他经费拨款增长 16.15%，教育事业收入减少

12.02%，科研事业收入增长86.31%，其他收入增长59.93%。

表1 2011—2012年收入变动情况表

经费项目	2011年（万元）	2012年（万元）	增减额（万元）	增减率（%）
一、财政补助收入	99 981.84	108 529.55	8 547.71	8.55
（一）教育经费拨款	67 658.75	72 501.35	4 842.60	7.16
1. 中央教育经费拨款（含基建）	60 638.08	67 245.06	6 606.98	10.90
2. 地方教育经费拨款	7 020.67	5 256.29	−1 764.38	−25.13
（二）科研经费拨款	29 619.87	32 911.17	3 291.30	11.11
1. 中央科研经费拨款	22 814.83	29 107.75	6 292.92	27.58
2. 地方科研经费拨款	6 805.04	3 803.42	−3 001.62	−44.11
（三）其他经费拨款	2 683.72	3 117.03	433.31	16.15
1. 中央其他经费拨款	2 273.68	2 368.86	95.18	4.19
2. 地方其他经费拨款	410.04	748.17	338.13	82.46
（四）上级补助收入	19.5	0	−19.50	−100.00
二、学校自筹经费	20 098.16	22 534.17	2 436.01	12.12
（一）教育事业收入	14 458.68	12 720.62	−1 738.06	−12.02
（二）科研事业收入	3 010.20	5 608.42	2 598.22	86.31
（三）其他收入	2 629.28	4 205.13	1 575.85	59.93
总计	120 080.00	131 063.72	10 983.72	9.15

数据来源：2011年、2012年报财政部的部门决算报表口径。

2012年，南京农业大学总支出比上年增加26 846.3万元，增长25.57%，其中：教学支出增长29.13%，科研支出增长2.47%，业务辅助支出减少4.44%，行政管理支出增长27.44%，后勤支出增长21.75%，学生事务支出增长0.74%，离退休人员保障支出增加44.87%，其他支出增加771.71%，基本建设支出增长203.76%。

表2 2011—2012年支出变动情况表

经费项目	2011年（万元）	2012年（万元）	增减额（万元）	增减率（%）
（一）事业支出	101 273.47	120 546.54	19 273.07	19.03
教学支出	31 816.72	41 083.5	9 266.78	29.13
科研支出	34 133.78	34 978.27	844.49	2.47
业务辅助支出	1 873.8	1 790.62	−83.18	−4.44
行政管理支出	6 552.34	8 350.45	1 798.11	27.44
后勤支出	7 289.16	8 874.61	1 585.45	21.75
学生事务支出	7 977.43	8 036.6	59.17	0.74
离退休人员保障支出	11 549.94	16 732.51	5 182.57	44.87
其他支出	80.3	699.98	619.68	771.71
（二）经营支出				
（三）对附属单位补助				

（续）

经费项目	2011 年（万元）	2012 年（万元）	增减额（万元）	增减率（%）
（四）基本建设支出	3 716.66	11 289.89	7 573.23	203.76
总计	104 990.13	131 836.43	26 846.3	25.57

数据来源：2011 年、2012 年报财政部的部门决算报表口径。

2012 年学校总资产 293 795.96 万元，比上年增长 11.17%，其中固定资产增长 12.76%，流动资产增长 7.01%；净资产 261 212.52 万元，比上年增加 10.14%，其中事业基金减少 2.41%。

表 3 2011—2012 年资产变动情况表

经费项目	2011 年（万元）	2012 年（万元）	增减率（%）
学校总资产	264 268	293 795.96	11.17
其中：			
固定资产	158 103	178 279.37	12.76
流动资产	100 908	107 980.76	7.01
净资产	237 154	261 212.52	10.14
其中：			
事业基金	27 269	26 612.37	−2.41

数据来源：2011 年、2012 年报财政部的部门决算报表口径。

审　计　工　作

【概况】2012 年，全年共完成审计项目 330 项，审计总金额 9.14 亿元，直接经济效益 2 025.86万元（基建、维修工程结算审减额）。

推进审计制度建设，提供审计理论依据。2012 年 4 月，制定《南京农业大学预算执行与决算审计实施办法》，对开展预算执行与决算审计的目标、原则、审计内容与重点、审计方法与手段、审计结果等方面做了详尽的规定，进一步规范了内部财务管理。

突出审计重点，全面履行审计监督职责。

一是配合教育部审计组完成郑小波校长离任经济责任审计及落实整改工作。

二是完成本年度经济责任审计。共完成校内处级干部经济责任审计 13 项（含离任审计 9 项、任期中审计 4 项），审计金额共计 3.42 亿元，通过审计清理暂付款 37.59 万元，清理设备 10.34 万元。

三是继续推进全过程跟踪审计。理科实验楼工程全过程跟踪审计历时 2 年，于 2012 年 12 月完成工程决（结）算审计，最终审定金额 8 246.94 万元，该项跟踪审计的顺利完成为学校开展工程项目跟踪审计积累了丰富的经验。启动了多功能风雨操场项目跟踪审计工作。2012 年是校庆年，工程项目多，全年共完成工程项目结算审计 168 项（其中：委托外审单位审计 161 项），送审总金额 16 539.52 万元，审定总金额 14 513.66 万元，审减总金额 2 025.86 万元，总审减率 12.25%。

四是开展预算执行与决算审计。2 月 29 日至 3 月 31 日，开展"211 工程"三期建设审计，审计金额达 8 100 万元，学校"211 工程"三期建设资金使用良好。7 月 4 日至 10 月 15 日，采用"内审主导，外审协助"的方式完成对学校 2010 年、2011 年获得教育部资助的 36 个修购项目专项经费预算执行情况进行审计，审计金额达 9 000 万元，针对审计中发现的问题提出了 4 项建议，促进了学校加大预算执行刚性力度、加快资产管理平台建设、修订资产管理实施细则、强化项目绩效考核。11 月 20～26 日，配合江苏省审计厅审计组对学校实施的江苏高校优势学科一期项目绩效审计，重点审计了作物学、农业资源与环境、植物保护、兽医学、农林经济管理、食品科学与工程、现代园艺科学、农业信息学 8 个优势学科专项资金的管理、使用及其绩效情况，审计金额达 9 000 万元，通过审计揭示了资金滞留、预算执行不严格、财务核算不完善等八类问题。

五是开展各项常规审计。本年度顺利完成后勤集团、实验牧场、芳华园艺中心、资产经营公司等 7 家单位的财务收支审计，审计总金额 7 930.84 万元；完成校庆庆典、信访举报专项审计 2 项，审计金额 209.34 万元；完成科研结题审签共 133 项，审计金额达 5 677.20 万元；开展后勤集团、江浦农场、翰苑宾馆和兴农公司 4 家单位的财务报表审计，审计金额 6 712.83 万元。通过审计，有效促进了被审计单位财务收支的合法合规，保障了学校专项资金的专款专用。

加强审计队伍建设，创新工作理念。重视审计人员理想信念教育，组织审计人员通过集中学习、自主学习等形式，学习党和国家各项决策、决议等文件，帮助审计人员树立起强烈的使命感和高度的责任心，弘扬"责任、忠诚、清廉、依法、独立、奉献"的核心价值观，为审计事业发展提供思想基础和精神动力。组织审计人员参加业务培训，开展课题研究，提高工作能力与理论水平。审计人员参加各类会议交流、业务培训和后续教育共计 10 人次，公开发表专业论文 1 篇，承担的《高校廉政建设的新特点与经济责任审计作用的发挥》课题结题报告荣获中国教育审计学会 2011—2012 年科研立项课题结题报告三等奖。

（撰稿：章法洪 审稿：尤树林）

国 有 资 产 管 理

【概况】 截至 2012 年 12 月 31 日，南京农业大学国有资产总额 29.38 亿元，其中固定资产 17.83 亿元，无形资产 49.93 万元（附录 1）。土地面积 888.24 公顷（附录 2），校舍面积 57.37 万米² （附录 3）。学校资产总额、固定资产总额分别比 2011 年 12 月 31 日增长 11.17% 和 12.76%。2012 年学校固定资产（原值）本年增加 2.04 亿元，本年减少 224.47

万元（附录 4）。在学校举办 110 周年校庆之际，共接受登记各界校庆捐赠物品 46 件，价值 2 452 100 元。

按照《教育部直属高等学校国有资产管理暂行办法》要求，逐步规范学校国有资产登记建账、资产使用和处置行为。2012 年向教育部报批一批次报废处置国有资产，包括仪器设备、家具共计 598 台（件），账面原值共计 224.47 万元（附录 5），规范处置了经教育部批复同意的报废资产。按教育部要求，上报《2011 年度中央行政事业单位国有资产决算报告》及《2011 年行政事业单位资产管理信息统计》报表。

【完善资产管理制度建设】严格执行学校财务纪律和资产管理规定，确保学校国有资产保值增值。根据财政部《事业单位国有资产管理暂行办法》（财政部第 36 号令）、财政部财办〔2006〕52 号关于印发《行政事业单位资产清查暂行办法》的通知、教育部教高〔2000〕9 号《高等学校仪器设备管理办法》、教育部《高等学校材料、低值品、易耗品管理办法》，制定学校国有资产管理的规章制度并组织实施。开展全校范围内资产清查、登记工作，加强日常监督检查管理工作，对学校土地、房屋、仪器设备等有形资产的投入、使用进行监督管理。及时对全校各类房屋的统一调配换购、日常管理以及房产资料进行收集、归档。

【加强资产管理体系建设】按照"统一领导、归口管理，分级负责、责任到人"的要求，对资产管理工作体制与运行机制进行了系统优化与整合。学校以资产管理队伍建设为重点，建立健全资产管理组织体系。学校成立了国有资产管理委员会，统一领导全校国有资产管理工作，委员会下设国有资产管理办公室，办公室设在资产管理与后勤保障处，具体组织协调资产管理部门做好国有资产日常管理工作。同时，建立了一支覆盖全校各院系各部门的二级资产管理员队伍，贯彻执行学校资产管理的各项规章制度，明确了各级资产管理人员的责任分工，进一步完善并加强了对学校国有资产的管理，确保了国有资产管理工作的顺利和高效开展。通过不断完善资产管理体制与运行机制，学校资产管理工作初步形成了校资产管理与后勤保障处牵头、相关资产管理部门相互合作、全校上下齐抓共管的良好局面。

【推进资产信息化建设】根据财政部《事业单位国有资产管理暂行办法》（财政部第 36 号令）要求，积极推进资产管理信息化建设。高起点、高水准打造国有资产信息化管理系统，推进管理信息共建共享，实现国有资产实时、动态管理。学校依靠专业软件公司开发全新的国有资产管理信息系统，包含资产服务大厅、设备管理系统和房产管理系统。该系统将资产管理的各个环节囊括在内，将实现对国有资产全生命周期管理，有效防止了学校国有资产流失。同时，网络化的办理方式大大方便了广大教职工，简化了资产业务办理流程，进一步提高了资产管理工作效率。同时，通过资产与财务软件系统的数据对接和互通互连，实现了资产与财务的实时对账，保证了财务账与资产账的一致性。2012 年年底，完成资产信息系统一期开发工作，进入全校试运行阶段。

【改善公房资源配置】2012 年，围绕理科楼启用、原金陵研究院与生科楼用房调整以及实验楼、综合楼、教四楼公房调配，先后完成 3 次较大规模的用房分配方案制订和搬迁接龙实施工作；同时，完成了新成立的金融学院、草业学院和农村发展学院 3 个学院的用房安排。2012 年，共有 15 个学院和大多数职能部门用房紧张状况得到改善。

[附录]

附录 1　2012 年南京农业大学国有资产总额构成情况

序号	项　　目	金额（元）	备注
1	流动资产	1 079 807 638.05	
	其中：银行存款及现金	888 433 640.32	
	应收及暂付款项	188 373 808.28	
	财政应返还额度	0.00	
	库存材料	3 000 189.45	
2	固定资产	1 782 793 650.37	
	其中：土地	—	
	房屋及建筑物	872 643 098.72	
	构筑物	19 051 863.00	
	通用设备	615 860 319.16	
	专用设备	92 453 875.67	
	车辆	13 424 303.58	
	文物、陈列品	1 992 879.41	
	图书档案	77 995 932.30	
	家具用具装具	89 371 378.53	
3	对外投资	74 858 990.00	
4	无形资产	499 300.00	
5	其他资产	—	
	资产总额	2 937 959 578.42	

数据来源：2012 年、2013 年度中央行政事业单位国有资产决算报表口径。

附录 2　2012 年南京农业大学土地资源情况

校区 （基地）	卫岗校区	浦口校区 （工学院）	珠江校区 （江浦实验农场）	白马教学科 研实验基地	牌楼 实验基地	合计
占地面积（公顷）	52.32	47.52	451.20	336.67	0.53	888.24

数据来源：2012 年度中央行政事业单位国有资产决算报表口径及白马教学科研基地用地规划。

附录 3　2012 年南京农业大学校舍情况

序号	项　　目	建筑面积（米²）
1	教学科研及辅助用房	283 537
	其中：教室	61 404

（续）

序号	项 目	建筑面积（米²）
	图书馆	30 532
	实验室、实习场所	123 768
	专用科研用房	65 402
	体育馆	2 431
	会堂	0.00
2	行政办公用房	30 075
3	生活用房	260 136
	其中：学生宿舍（公寓）	171 735
	学生食堂	20 346
	教工宿舍（公寓）	27 907
	教工食堂	3 624
	生活福利及附属用房	36 524
4	教工住宅	0.00
5	其他用房	0.00
	总计	573 748

数据来源：2011—2012学年初高等教育基层统计报表口径。

附录4　2012年南京农业大学国有资产增减变动情况

项目	年初价值数（元）	本年价值增加（元）	本年价值减少（元）	年末价值数（元）	增长率（%）
资产总额	2 642 688 098.68	—		2 937 959 578.42	11.17
1. 流动资产	1 009 085 109.61	—	—	1 079 807 638.05	7.01
2. 固定资产	1 581 030 799.07	204 007 594.30	2 244 743.00	1 782 793 650.37	12.76
（1）土地	0.00	0.00	0.00	0.00	
（2）房屋	782 806 638.21	89 836 460.51	0.00	872 643 098.72	11.48
（3）车辆	11 777 477.58	1 646 826.00	0.00	13 424 303.58	13.98
（4）通用办公设备	133 107 667.21	15 667 636.26	535 440.00	148 239 863.47	11.37
（5）办公家具	69 859 995.15	11 636 337.75	218 282.00	81 278 050.90	16.34
（6）其他	583 479 020.92	85 220 333.78	1 491 021.00	667 208 333.70	14.35
3. 对外投资	52 072 890.00	61 723 800.00	38 937 700.00	74 858 990.00	43.76
4. 无形资产	499 300.00	—		499 300.00	0.0
5. 其他资产	0.00	—		0.00	0.0

数据来源：2012年、2013年度中央行政事业单位国有资产决算报表口径。

附录5 2012 年南京农业大学国有资产处置情况

批次	上报时间	处置金额（万元）	处置方式	批准单位	批准文号
1	2012 年 8 月 1 日	224.474 3	报废	教育部（审批）	教财函〔2012〕69 号
合计		224.474 3			

（撰稿：陈 畅 马红梅 审稿：孙 健）

南京农业大学教育发展基金会

【概况】南京农业大学教育发展基金会秉承"诚朴勤仁"的理念，致力于广泛联系、吸纳海内外的资源和力量，构建社会各界参与学校建设、支持学校发展的平台，对学校的基础设施建设、教学科研、队伍建设、对外交流、学生培养、校园文化建设及其他与学校事业发展有关的项目提供切实有力的资金支持，推动和促进着南京农业大学建设和发展成为世界一流农业大学。

2012 年，学校增设教育发展基金会办公室，与校友会办公室一同归属于发展委员会办公室。这一年，正值学校 110 周年校庆之际，210 余家企业和个人给学校捐赠各类钱、物，基金会办公室专门设计、制作和印发了校庆专用捐赠证书，向前来为学校 110 周年校庆进行捐赠的各地校友会、校友、企业办理协议签订、款项落实、证书发放等相关手续，完成 110 周年校庆纪念银币、徽章和 U 盘套装等校庆礼品的招标及定制，在机场高速、沪宁高速、翰苑宾馆等地竖立高立柱和龙门架的 110 周年校庆宣传广告牌，在南京火车南站和新街口百货商场发布 110 周年校庆动画宣传广告片，扩大学校社会声誉，提高办学知名度。校庆期间，募集到账的助学资金为 2 331.36 万元，年度捐赠到账金额 2 759.772 3 万元，基金会接受捐赠款后，按照基金会《章程》规定，主要开展了"奖励优秀学生"、"奖励优秀教师"、"资助教师出国进修、培训"等资助活动以及支持学校建设事业发展活动。

完成 2011 年基金会财务审计、年检、江苏省非营利公益性社会团体和基金会捐赠税前扣除资格认定，按照相关规定，由理事会议形成决议，完成法人、基金会理事、监事的变更工作，并报送、抄送业务及上级部门。

与中国银联商务有限公司签署在线支付业务协议，申请成为江苏第一个公益类零费率用户。建立南京农业大学教育发展基金会网站、开通南京农业大学教育发展基金会在线捐赠平台。完成发展委员会办公室整体信息化平台的建设工作，平台中设计了校友寻踪、捐赠寄语等特色功能栏目，用于校友信息检索，展示校友对学校发展的美好祝愿和殷切希望等。同时，在线捐赠平台简化了捐赠手续，方便海内外校友、社会各界人士为学校捐资助学，拓宽学校筹措办学资金渠道。

（撰稿：李 冰 审稿：杨 明）

[附录]

附录　2012 年教育发展基金会接受捐赠情况一览表

序号	到账时间	捐赠单位（个人）	负责单位	金额（元）
1	2012 年 7 月 19 日	南京日升昌生物技术有限公司	动物科技学院	10 000
2	2012 年 8 月 24 日	安佑（中国）动物营养研发有限公司	动物科技学院	300 000
3	2012 年 9 月 6 日	江苏立华牧业有限公司	动物科技学院	100 000
4	2012 年 9 月 12 日	江苏省畜产品质量检验测试中心	动物科技学院	50 000
5	2012 年 9 月 14 日	海门市海扬食品有限公司	动物科技学院	100 000
6	2012 年 9 月 21 日	江苏康维生物有限公司	动物科技学院	100 000
7	2012 年 9 月 26 日	江苏金盛山羊繁育技术发展有限公司	动物科技学院	300 000
8	2012 年 9 月 27 日	太仓广东温氏家禽有限公司	动物科技学院	500 000
9	2012 年 9 月 10 日	南京福润德生物技术有限公司	动物科技学院	100 000
10	2012 年 10 月 10 日	江苏华威农牧发展有限公司	动物科技学院	300 000
11	2012 年 7 月 19 日	南京日升昌生物技术有限公司	动物医学院	100 000
12	2012 年 8 月 3 日	南京艾贝尔宠物有限公司	动物医学院	20 000
13	2012 年 9 月 21 日	韩正康	动物医学院	466 853
14	2012 年 9 月 25 日	上海市徐汇区鹏峰宠物诊所（陈鹏峰）	动物医学院	10 000
15	2012 年 9 月 26 日	江六二	动物医学院	5 000
16	2012 年 9 月 8 日	南京福润德动物药业有限公司	动物医学院	100 000
17	2012 年 10 月 16 日	南京仕必得生物技术有限公司	动物医学院	100 000
18	2012 年 10 月 15 日	浙江诺倍威生物技术有限公司	动物医学院	120 000
19	2012 年 9 月 25 日	蔡宝祥	动物医学院	10 000
20	2012 年 10 月 11 日	无锡派特宠物医院	动物医学院	30 000
21	2012 年 9 月 19 日	常州市康乐农牧有限公司	动物医学院	100 000
22	2012 年 9 月 19 日	江苏悦达盐城拖拉机制造有限公司	工学院	100 000
23	2012 年 10 月 11 日	南京创力传动机械有限公司	工学院	100 000
24	2012 年 10 月 10 日	江苏苏欣农机连锁有限公司	工学院	120 000
25	2012 年 9 月 7 日	海外校友会（筹）	国际教育学院	512 000
26	2012 年 10 月 12 日	中国工商银行股份有限公司江苏省分行营业部	计财处	300 000
27	2012 年 6 月 29 日	赵安郎	继续教育学院	200 000
28	2012 年 8 月 20 日	江苏南农高科技股份有限公司	继续教育学院	138 000
29	2012 年 9 月 7 日	周晨阳	继续教育学院	400 000
30	2012 年 9 月 21 日	江苏省儿童少年福利基金会	农学院	10 000
31	2012 年 9 月 21 日	南京两优培九种业有限公司	农学院	20 000
32	2012 年 9 月 28 日	常州市财政局（常州市人民政府办公室）	农学院	200 000
33	2012 年 10 月 12 日	邳州市人民政府办公室	农学院	100 000

（续）

序号	到账时间	捐赠单位（个人）	负责单位	金额（元）
34	2012 年 8 月 20 日	王晓云	生命科学学院	1 000
35	2012 年 9 月 21 日	冯 煦	生命科学学院	2 000
36	2012 年 9 月 21 日	夏 冰	生命科学学院	2 000
37	2012 年 9 月 27 日	李 霞	生命科学学院	5 000
38	2012 年 9 月 28 日	江苏省明天农牧科技有限公司	生命科学学院	10 000
39	2012 年 9 月 28 日	南京赛吉科技有限公司	生命科学学院	20 000
40	2012 年 8 月 30 日	镇江东方生物工程设备技术有限公司	食品科技学院	150 000
41	2012 年 9 月 17 日	连云港东米食品有限公司	食品科技学院	100 000
42	2012 年 10 月 10 日	杭州艾博机械工程有限公司	食品科技学院	100 000
43	2012 年 10 月 10 日	杭州艾博科技工程有限公司	食品科技学院	100 000
44	2012 年 10 月 10 日	吉林精气神有机农业股份有限公司	食品科技学院	250 000
45	2012 年 10 月 10 日	嘉兴艾博不锈钢机械工程有限公司	食品科技学院	100 000
46	2012 年 10 月 17 日	江苏金智教育信息技术有限公司	图书馆	300 000
47	2012 年 10 月 11 日	外语教学与研究出版社有限责任公司	外国语学院	100 000
48	2012 年 10 月 12 日	上海外语教育出版社有限公司	外国语学院	100 000
49	2012 年 11 月 13 日	荷兰瑞安教育基金会	外国语学院	100 383.75
50	2012 年 8 月 29 日	姜 波	学生工作处	100 000
51	2012 年 9 月 19 日	李 菲（中国移动）	学生工作处	480 000
52	2012 年 10 月 15 日	浙江省农业科学院	研究生院	50 000
53	2012 年 8 月 5 日	江苏东方景观设计研究院	园艺学院	100 000
54	2012 年 10 月 15 日	福州超大现代农业发展有限公司	园艺学院	100 000
55	2012 年 7 月 11 日	江阴新锦南投资发展有限公司	资产总公司	1 100 000
56	2012 年 7 月 24 日	江苏宝祥再生能源有限公司	资产总公司	2 000 000
57	2012 年 9 月 30 日	南京利农奶牛育种有限公司	资产总公司	150 000
58	2012 年 9 月 7 日	江阴市联业生物科技有限公司	资源与环境科学学院	100 000
59	2012 年 9 月 11 日	江苏田娘农业科技有限公司	资源与环境科学学院	100 000
60	2012 年 9 月 29 日	无锡新利环保生物科技有限公司	资源与环境科学学院	300 000
61	2012 年 9 月 11 日	南京明珠肥料有限责任公司	资源与环境科学学院	100 000
62	2012 年 9 月 7 日	浙江师范大学（徐 斌）	农学院	2 000
63	2012 年 9 月 12 日	南京畅翔仪器设备有限责任公司	发展委员会办公室	100 000

（续）

序号	到账时间	捐赠单位（个人）	负责单位	金额（元）
64	2012 年 9 月 17 日	南京诺齐生物科技有限公司	动物科技学院	20 000
65	2012 年 9 月 17 日	南京金和黄土地规划设计有限公司	公共管理学院	100 000
66	2012 年 9 月 24 日	南京光禾环保科技有限公司	资源与环境科学学院	100 000
67	2012 年 9 月 24 日	中国水产科学研究院淡水渔业研究中心	研究生院	350 000
68	2012 年 9 月 25 日	溧水天丰食用菌专业合作社	食品科技学院	100 000
69	2012 年 9 月 29 日	泰州市海陵区财政局	发展委员会办公室	200 000
70	2012 年 10 月 8 日	兰邹然	动物医学院	1 000
71	2012 年 10 月 8 日	张君超	动物医学院	10 000
72	2012 年 10 月 9 日	江苏农林生化有限公司	资源与环境科学学院	250 000
73	2012 年 11 月 15 日	江苏艾津农化有限责任公司	植物保护学院	50 000
74	2012 年 9 月 24 日	朱春波	发展委员会办公室	1 000
75	2012 年 9 月 24 日	范徽	发展委员会办公室	300
76	2012 年 9 月 25 日	练玲	动物科技学院	15 000
77	2012 年 9 月 26 日	江苏省农业科学院	生命科学学院	15 000
78	2012 年 10 月 8 日	南京禾嘉牧业有限公司	动物科技学院	100 000
79	2012 年 10 月 8 日	安徽省佳食乐食品加工有限公司	食品科技学院	200 000
80	2012 年 10 月 9 日	宁波市三生药业有限公司	动物科技学院	25 000
81	2012 年 10 月 9 日	江苏景瑞农业科技发展有限公司	园艺学院	100 000
82	2012 年 10 月 9 日	北京中科国通环保工程技术有限公司	资源与环境科学学院	100 000
83	2012 年 10 月 9 日	北京中科国通环保工程技术有限公司	资源与环境科学学院	100 000
84	2012 年 10 月 11 日	江苏耐尔冶电集团有限公司	资源与环境科学学院	200 000
85	2012 年 10 月 9 日	徐州恒基生命科技有限公司	食品科技学院	100 000
86	2012 年 9 月 25 日	南京申特不锈钢有限公司	工学院	100 000
87	2012 年 10 月 10 日	南京南农食品有限公司	食品科技学院	100 000
88	2012 年 10 月 10 日	上海博彩生物有限公司（卢春林）	生命科学学院	20 000
89	2012 年 10 月 10 日	北京百迈客生物科技有限公司	园艺学院	100 000
90	2012 年 10 月 10 日	浙江省农业科学院		10 000
91	2012 年 10 月 10 日	南京润沃药业有限公司	资产总公司	2 000 000
92	2012 年 10 月 10 日	江苏金华隆种子科技有限公司	农学院	100 000

（续）

序号	到账时间	捐赠单位（个人）	负责单位	金额（元）
93	2012 年 10 月 11 日	李 刚	动物医学院	5 000
94	2012 年 10 月 11 日	砀山县水果产业协会	发展委员会办公室	50 000
95	2012 年 10 月 11 日	东海县国土资源局	公共管理学院	20 000
96	2012 年 10 月 11 日	江苏天华大彭会计师事务所有限公司	经济管理学院	200 000
97	2012 年 10 月 11 日	连云港每日食品有限公司	园艺学院	100 000
98	2012 年 10 月 11 日	江苏省农业科学院（兽医研究所）	动物医学院	10 000
99	2012 年 10 月 11 日	江苏大浩科技实业有限公司（农业部南京农业机械化研究所）	发展委员会办公室	50 000
100	2012 年 10 月 11 日	江苏同捷液压气动系统工程有限公司	工学院	200 000
101	2012 年 10 月 12 日	上海康莱国际贸易有限公司	经济管理学院	120 000
102	2012 年 10 月 12 日	北京科为博生物科技有限公司	动物科学院	30 000
103	2012 年 10 月 12 日	天津天士力集团有限公司	经济管理学院	200 000
104	2012 年 10 月 10 日	吉林农业大学		10 000
105	2012 年 10 月 15 日	南京康润蔬菜有限公司	食品科技学院	100 000
106	2012 年 10 月 15 日	青岛农业大学		20 000
107	2012 年 10 月 15 日	南京同建食品科技有限公司	食品科技学院	100 000
108	2012 年 10 月 15 日	青岛田润食品有限公司	食品科技学院	100 000
109	2012 年 9 月 29 日	胡星善	农学院	10 000
110	2012 年 11 月 1 日	南京友邦菊花有限责任公司	园艺学院	100 000
111	2012 年 10 月 16 日	杨知建	农学院	1 000
112	2012 年 10 月 16 日	江苏新沂中凯农用化工有限公司	植物保护学院	100 000
113	2012 年 10 月 16 日	济南旭邦电子科技有限公司	植物保护学院	100 000
114	2012 年 10 月 16 日	江苏三农生态发展有限公司	食品科技学院	200 000
115	2012 年 10 月 16 日	唐惠燕（历届校友捐款）	信息科技学院	100 480
116	2012 年 10 月 17 日	安徽拜尔福生物科技有限公司	资源与环境科学学院	100 000
117	2012 年 10 月 17 日	洪晓月	植物保护学院	300 000
118	2012 年 10 月 17 日	连云港云胜农业开发有限公司（灌云现代农业产业园区）	食品科技学院	50 000
119	2012 年 10 月 17 日	无锡市交通城北机动车驾驶员培训有限公司	发展委员会办公室	200 000
120	2012 年 10 月 17 日	南京宝马彩色制版印刷有限责任公司	人文社会科学学院	150 000
121	2012 年 10 月 17 日	南京擎雷科技发展有限公司	人文社会科学学院	160 000
122	2012 年 10 月 17 日	江苏苏信房地产评估咨询有限公司	公共管理学院	200 000

（续）

序号	到账时间	捐赠单位（个人）	负责单位	金额（元）
123	2012 年 10 月 17 日	南京宁粮生物肥料有限公司	生命科学学院	100 000
124	2012 年 10 月 17 日	赣榆县财政局（赣榆农机局）	资源与环境科学学院	50 000
125	2012 年 10 月 17 日	陕西丰沛农牧科技有限公司	动物科技学院	100 000
126	2012 年 10 月 18 日	江苏刘万福律师事务所	人文社会科学学院	50 000
127	2012 年 10 月 19 日	张家港市现代农业示范园区管理委员会	资源与环境科学学院	100 000
128	2012 年 10 月 19 日	南京新果园生态农业科技有限公司	植物保护学院	100 000
129	2012 年 10 月 18 日	宿迁校友会（宿迁市会计核算中心）	发展委员会办公室	900 000
130	2012 年 10 月 18 日	广东海大集团股份有限公司	动物科技学院	50 000
131	2012 年 10 月 18 日	李晓宁	发展委员会办公室	100 000
132	2012 年 10 月 18 日	张 勇	发展委员会办公室	146 000
133	2012 年 10 月 18 日	江苏奕农生物工程有限公司	动物科技学院	150 000
134	2012 年 10 月 18 日	姜堰市亚方房地产开发有限公司	发展委员会办公室	800 000
135	2012 年 10 月 18 日	苏州欧可罗电子科技有限公司（杨全虎）	工学院	100 000
136	2012 年 10 月 19 日	青岛易邦生物工程有限公司	动物医学院	50 000
137	2012 年 10 月 19 日	江阴市财政局	经济管理学院	500 000
138	2012 年 10 月 19 日	南京宁粮生物工程有限公司	发展委员会办公室	10 000
139	2012 年 10 月 19 日	南京桂花鸭（集团）有限公司	食品科技学院	200 000
140	2012 年 10 月 19 日	江苏丰源生物工程有限公司	生命科学学院	100 000
141	2012 年 10 月 19 日	安徽省农业科学院水稻研究所	农学院	10 000
142	2012 年 10 月 19 日	北京林业大学		10 000
143	2012 年 10 月 31 日	江苏三维园艺有限公司	园艺学院	300 000
144	2012 年 10 月 19 日	江苏省东图城乡规划设计有限公司	公共管理学院	300 000
145	2012 年 10 月 20 日	刘善文	发展委员会办公室	20 000
146	2012 年 10 月 20 日	福建校友会（吕 飞）	发展委员会办公室	15 000
147	2012 年 10 月 22 日	江苏省明天农牧科技有限公司	资源与环境科学学院	200 000

（续）

序号	到账时间	捐赠单位（个人）	负责单位	金额（元）
148	2012 年 11 月 29 日	商丘三利新能源有限公司	资源与环境科学学院	100 000
149	2012 年 10 月 23 日	上海新邦生物科技有限公司	动物科技学院	20 000
150	2012 年 10 月 23 日	江苏里下河地区农业科学研究所	农学院	100 000
151	2012 年 10 月 25 日	杨建中	思想政治理论课教研部	130 000
152	2012 年 9 月 26 日	黄三文	生命科学学院	2 000
153	2012 年 10 月 12 日	张云娟	生命科学学院	1 000
154	2012 年 10 月 25 日	刘怀攀	生命科学学院	2 000
155	2012 年 10 月 25 日	程彦伟	生命科学学院	1 000
156	2012 年 10 月 25 日	史刚荣	生命科学学院	124 950
157	2012 年 10 月 19 日	广州立达尔生物科技股份有限公司	发展委员会办公室	115 300
158	2012 年 10 月 25 日	江苏雨润肉类产业集团有限公司	校长办公室	1 670 000
159	2012 年 10 月 26 日	南京林大农业发展有限公司	资源与环境科学学院	100 000
160	2012 年 10 月 30 日	南京欧诺医疗设备有限公司	研究生院	20 000
161	2012 年 10 月 31 日	上海恒丰强动物药业有限公司	动物医学院	100 000
162	2012 年 11 月 1 日	上海新农饲料有限公司	动物科技学院	35 000
163	2012 年 10 月 8 日	南京北星牧业有限公司	动物科技学院	100 000
164	2012 年 10 月 20 日	江苏省食品集团	食品科技学院	500 000
165	2012 年 11 月 8 日	安博士生物科技贸易（上海）有限公司	发展委员会办公室	30 000
166	2012 年 11 月 9 日	安佑（中国）动物营养研发有限公司	动物科技学院	50 000
167	2012 年 11 月 22 日	赢创德固赛（中国）投资有限公司	发展委员会办公室	22 000
168	2012 年 11 月 30 日	北京大北农科技集团股份有限公司	研究生院	60 000
169	2012 年 12 月 4 日	成都康洁水务有限公司（胡国雄）	工学院	200 000
170	2012 年 10 月 10 日	土屋亮平	国际教育学院	22 482.69
171	2012 年 12 月 21 日	太仓广东温氏家禽有限公司	动物科技学院	50 000
172	2012 年 12 月 21 日	南京赛吉科技有限公司	资源与环境科学学院	20 000
173	2012 年 12 月 24 日	张仁萍	后勤集团	562 973.78
合计				27 597 723.22

十、校园文化建设

校 园 文 化

【概况】2012年，南京农业大学以学生为主体，发挥学生的主动性和创造性，开展了积极向上的校园文化活动。举办了"校庆杯"南京农业大学首届形象大使选拔大赛、百年南农博览会、"南农精神"大讨论、直通校庆晚会歌手大赛、舞蹈大赛、器乐大赛、主题书画摄影大赛和笑脸祝福等活动；聘请世界博览会开闭幕式专业团队，组织协调1 100余名教师、学生和校友演员，举办了以"传承、开拓、凝心、聚力"为主题的南京农业大学建校110周年庆典晚会，晚会"隆重、热烈、简朴、欢庆"，成为爱国爱校传统教育的鲜活课堂。通过举办读书月、高雅艺术进校园和文化素质系列讲座等活动，营造了积极、健康、向上的文化氛围。

【举办110周年校庆庆典晚会】2012年10月20日晚，南京农业大学110周年校庆庆典晚会在学校运动场举办。整场晚会分为《闪光足迹》、《硕果金秋》和《喝彩明天》三大篇章，1 100余名教师、学生和校友演员参加演出，10 000多名师生、校友观看了晚会。晚会用动人的艺术语言全景式地展现了母校110年走过的光辉历程，用动情的演出表达了对母校110周年华诞的深深祝福。

【主办"腹有诗书气自华"读书月活动】2012年4～6月，"腹有诗书气自华"读书月活动由南京农业大学图书馆、团委、经济管理学院主办。读书月活动的开展，极大地激发了广大师生的读书热情。引导广大学生以读书感悟为切入点，感受读书的快乐，丰富知识的储备，激发学习的兴趣。读书月历时近2个月，邀请了学校杰出校友、南京紫金农商行董事长黄维平先生做《企业家之路》讲座，中央电视台百家讲坛主讲人、南京大学教授、博士生导师莫砺锋做《唐宋诗词与现代人生》的专题讲座，学校校友、花旗集团中国区董事总经理沈明高做《用经济学视野解读未来中国转型》的讲座。

（撰稿：翟元海　审稿：王　超）

体 育 活 动

【学生群体活动】2012年早操、早锻炼有2 000多名学生参加。南京农业大学第四十届校级学生运动会由校体育部及各学院承办。共有4 200多名学生参加6个项目的比赛。4月举办篮球赛。5月开展排球赛、太极拳赛、召开体育大会。11月举办足球赛及田径运动会。

【学生体育竞赛】2012年，南京农业大学高水平运动队参加全国、省级各类比赛中获得成绩：田径运动员孙雅薇于2012年2月在南京举行的全国室内田径锦标赛女子60米栏获得第一名；2012年5月在泰国亚洲田径大奖赛、昆山全国田径大奖赛中均获得女子100米栏第一名；2012年9月在天津举行的第九届全国大学生运动会上获得女子100米栏第二名。排球队于2012年10月在浙江大学举行的全国大学生排球超级联赛中获得女子排球第五名；2012年11月在南京信息工程大学举行的江苏省大学生排球比赛中获得女子排球第一名。武术队于2012年6月在上海华东理工大学举行的全国大学生武术锦标赛中获得男子八极拳第一名、女子传统太极拳第二名、女子南刀、南拳、男子太极剑第三名；2012年9月在天津举行的全国大学生运动会上获得女子南刀第二名、女子南拳第三名。网球队于2012年7月在昆明理工大学举行的全国大学生网球锦标赛中获得女子单打第六名。

2012年，南京农业大学普通生组参加省市级各类比赛中获得成绩：2012年4月在南京邮电大学举行的南京市大学生田径比赛中获5银3铜、女子团体第五名、男女团体第八名。2012年5月在南京林业大学举行的南京市大学生足球联赛中获男子足球甲组第五名。2012年11月在江苏师范大学举行的江苏省大学生跆拳道锦标赛中获47公斤级、54公斤级第三名。2012年12月在南京工业大学举行的南京市大学生篮球联赛中获女子篮球甲组第三名，同月在南京师范大学举行的南京市普通大学生健美操比赛中获三等奖。

（撰稿：付光磊　陆东东　审稿：许再银）

【教职工体育活动】积极开展各类面向教职工的体育竞赛活动，活跃校园氛围。2012年4月，南京农业大学教职工参加在宁高校教职工羽毛球赛，获得道德风尚奖。5月，上海海洋大学足球协会与南京农业大学教工足球队在南京农业大学体育场举行了友谊比赛，上海海洋大学教工足球队捧得第二届"快灵杯"。6月，南京农业大学举办教职工乒乓球赛，23个代表队的150多名选手参加，后勤集团勇夺团体赛冠军，徐峙晖、景桂英分别获男女单打冠军。10月，首届"汇农杯"足球联赛在农业部南京农业机械化研究所举行，南京农业大学教工足球队以两胜一平的不败战绩捧杯。11月，南京农业大学第四十届运动会教工部田径、健身项目在体育场举行，22个部门工会的500多人次参加了18个运动项目的角逐，生命科学学院、农学院、后勤集团（一队）分别获得教工部田径、健身项目团体总分第一至第三名。

（撰稿：姚明霞　审稿：胡正平）

各类科技竞赛

【概况】2012年，学校以大学生科技节为龙头，引领学生崇尚学术、崇尚学习。学校各级团组织紧紧围绕学科特点，广泛开展各类特色鲜明的学术活动，引导 1.6 万人次学生参与。学校构建课程培训、实践训练、项目孵化一体化的服务青年创业体系，通过开设 KAB 课程、举办创业面对面活动、组织创业计划竞赛、推动创业项目孵化等途径，服务大学生创业实践。

【第八届"挑战杯"中国大学生创业计划竞赛获银奖】 2012 年 11 月 24～28 日，由共青团中央、中国科学技术协会、教育部、中华全国学生联合会、上海市人民政府共同主办的第八届"挑战杯"中国大学生创业计划竞赛终审决赛在上海举行。由南京农业大学刘向、洪越、余书恒、沈荣海、韩亚静和冷宗阳等同学组成的 BlackBird 创业团队设计的《江苏无菌界农业生物科技有限责任公司》作品荣获大赛银奖及第八届"挑战杯"中国大学生创业计划竞赛"网络虚拟运营"专项竞赛三等奖。学校荣获第八届"挑战杯"中国大学生创业计划竞赛"高校优秀组织奖"。

【获批"大学生 KAB 创业教育基地"】 2013 年 4 月，学校被中华全国青年联合会、国际劳工组织联合授予"大学生 KAB 创业教育基地"，并被 KAB 全国推广办公室授予"大学生 KAB 创业俱乐部"。学校通过开设《大学生 KAB 创业教育基础》公共选修课，举办创业面对面、创新大讲堂和"挑战杯"系列竞赛等，搭建大学生创新创业教育和孵化平台，推动大学生创新创业能力培养。KAB（英文全称为 Know About Business）创业教育是由共青团中央、中华全国青年联合会与国际劳工组织共同在中国实施的项目，旨在通过吸收借鉴国际经验，探索出一条具有中国特色的创业教育之路。

【举办第六届大学生科技节总结表彰大会】 2012 年 6 月 6 日，学校第六届大学生科技节总结表彰大会在大学生活动中心报告厅举行。校党委副书记花亚纯、副校长胡锋、党委办公室主任刘营军、研究生工作部部长刘兆磊、学生工作部部长方鹏和团委书记夏镇波出席大会。各学院党委副书记、团委相关同志和师生代表 400 余人参加会议。会上，花亚纯代表学校讲话，他充分肯定了第六届大学生科技节取得的成绩，并就进一步做好大学生创新创业工作提出三点希望和要求。胡锋宣读了第六届大学生科技节表彰决定。夏镇波代表组委会办公室对第六届大学生科技节做总结。大会安排了获奖单位和个人发言交流经验。第六届大学生科技节以"创新、创业、创优"为主题，先后组织开展校、院层面各类科技竞赛活动 213 项，累计 16 000 余人次学生参与到活动中，335 名教师参与作品评审和指导。各学院利用自身资源吸引校内外资助学生创新创业资金 63.1 万元，其中企业资助 20 余万元。

（撰稿：张亮亮　翟元海　审稿：王　超）

学　生　社　团

【概况】 实施"百个社团品牌建设工程"，首批立项资助 10 个重点项目，引导社团把握学校、学生和社会细微需求，设计门槛低、参与性强的"微项目"，建立一批素质拓展平台，通过多层面、全方位组织引导，促进学生社团健康、稳定发展，提升社团服务大学生的综合能力。学校登记注册学生社团 106 个，其中卫岗校区 79 个、浦口校区 27 个。

【先进社团、优秀社团活动评选】2012 年 5 月 22～23 日，学校社团管理联合会举办了先进社团、优秀社团活动评选大会。本本之家、SIFE 团队、南农之声、农村发展研究会、T－star 街舞社团、悬铃木诗社、春田花花粤语社和博乐相声俱乐部 8 个社团获学校先进社团。本本之家、南农之声、企划同盟、T－star 街舞社团、摄影协会和绿源环协、美术协会和美语协会 8 个社团获优秀社团活动。

（撰稿：翟元海　审稿：王　超）

志 愿 服 务

【概况】坚持以"西部计划"、"苏北计划"为龙头，以志愿者"四进社区"为推手，以志愿服务基地建设为依托，形成了校党政领导、共青团承办、项目化管理、事业化推进的格局。学校各级团组织及广大团员在支农支教、关爱农民工子女、关爱留守儿童、环保宣传、普法宣传、弱势群体帮扶以及各类大型赛会中贡献了力量。

【校庆志愿服务工作】2012 年 10 月，学校团委精心选拔 1 005 名校庆志愿者，承担 110 周年校庆期间联络、接待、服务等工作，全面保障了校庆期间相关工作的顺利进行，得到了海内外校友、嘉宾的一致认可和高度评价。志愿者们秉承"诚朴勤仁"的优良传统，弘扬"奉献、友爱、互助、进步"的志愿者精神，用青春和智慧，向母校 110 华诞献礼，为母校增光。

【"西部计划"、"苏北计划"志愿者招募】学校按照团中央和团省委要求，制订"西部计划"、"苏北计划"实施工作方案，以"八个一"为抓手，加大宣传力度，认真组织落实，扎实做好志愿者选派工作。"西部（苏北）计划"和研究生支教团项目吸引了 95 名学生报名，最终 19 人成行。学校获江苏省大学生志愿服务"苏北计划"优秀组织奖。

（撰稿：翟元海　贾媛媛　审稿：王　超）

社 会 实 践

【概况】学校党委印发了《关于开展 2012 年大学生志愿者暑期文化科技卫生"三下乡"社会实践活动的通知》，对暑期社会实践活动做了全面部署，明确了"科技兴农青春建功"实践主题，阐述和深化了科技支农、国情考察和社会调研等八个方面的实践内容。全校各级团组织 5 000 余名师生广泛深入基层，开展以农业科技服务、关爱留守儿童、科技成果转化和政策法制宣传等为重点的实践活动。学校投入经费 22 万元，服务 188 个镇、334 个村，走访农户 5 495 户，结对帮扶 938 人，发放资料、活动用品 3 万份，新建大学生实践教育基地 14 个，组织开展科技讲座 81 场，受众逾 13 000 人次。社会实践团队中有 5 支为全国重点团队、9 支为省级重点团队。

【推进"科教兴村青年接力计划"】学校各单位在前期与县乡村团组织、农林部门和农业企业等联系及深入调研的基础上，结合地方需求和实际，以一个院级团委结对一个地方团组织的形式，有效推动了学校"科教兴村青年接力计划"的实施。"科教兴村青年接力计划"凸显出集中性、综合性、持久性的特点。校庆前夕，社会实践团队向温家宝总理汇报了赴南京市溧水县孔家村科技支农实践服务团队的活动成果以及学校社会实践活动对促进学生自身成长和地方经济社会发展方面的作用。得到温总理充分肯定，并为学校题词"知国情、懂农民、育人才、兴农业"。

【实践育人工作总结表彰】12 月 16 日晚，"砥砺青春　实践成才——2012 年实践育人工作总结表彰大会"在大学生活动中心举行，校党委副书记花亚纯出席并讲话。大会分"仁者无私，奉献成长"、"智者无畏，创新立业"、"行者无疆，青春建功"3 个篇章进行。优秀团队和个人代表分享了参与实践锻炼的收获体会，展示学校实践育人工作取得的成果。大会对本年度社会实践、志愿服务、创新创业工作中涌现出的先进集体和个人进行了表彰。

（撰稿：翟元海　贾媛媛　审稿：王　超）

十一、办学支撑体系

图 书 情 报 工 作

【概况】全年接待读者 230 万人次，借还图书总量 60 万册，电子资源点击数超过 250 万次（附录 1）；完成新生入馆培训 107 个班，办理毕业生离校 5 000 余人；电子阅览室全年共接待读者近 43 万人次，完成 2012 年度贫困生数据的导入工作，还为本科生心理普查、本科生综合测评、青奥会志愿者网上报名等活动提供场地和技术支持工作 10 余场次，累计 60 多小时。

编写完成了《南京农业大学学位论文分类体系表》和《南京农业大学哲学社会科学发展规划 2012—2020 文献资源建设计划预案》；全年验收审校典藏中文图书 30 000 册，分类编目外文图书 401 册，纸型学位论文 1 839 册、电子 1 903 份，回溯中外文期刊 5 599 册，签到中外期刊 24 347 册，订购电子图书 13 210 种，交换学报 3 800 册，调研和采购数据库 12 个，订购中外文期刊 2 000 种，院系登记图书 15 258 册、软件 78 套（附录 2）。完成 CADAL（大学数字图书馆国际合作计划）项古籍和民国资料的数据加工，其中已完成的数字化资源有古籍 201 种、1 809 册，共 312 055 页；民国图书 631 册，共 110 579 页；民国期刊 148 种、1 409 期，共 101 036 页。

学校图书馆共有 15 部珍贵古籍被列入中国古籍善本书目，其中图书馆珍藏的明嘉靖三年（1524）马纪刻本《齐民要术》11 卷一部入选《第三批国家珍贵古籍名录图录》；明万历刻本《花史左编》二十五卷一部入选《第四批国家珍贵古籍名录图录》，该部古书还被《第三批江苏省珍贵古籍名录》收录。

全年开展培训 44 场，直接参与读者 2 000 余人次，其中电子资源宣传月开展培训 17 场，参与读者 850 人。馆员参与在线 QQ 咨询 30 余次，处理当面咨询 30 次、电话咨询 60 余次，为读者解决各类问题 100 余个。学生咨询台当面受理咨询 519 人次、留言板回复 280 次、微博和人人网咨询 550 条。

2012 年完成查新 412 个，其中国内外 199 个、国内 213 个；完成 63 份收录引用报告，检索引文量达 21 000 条。NSTL 文献传递新增用户 14 人，下载页数 9 000 页；CASHL 文献传递新增用户 6 人，下载页数 2 000 页；江苏工程文献中心发展用户 395 人，下载篇数 284 篇，累计完成文献传递任务共计 1 480 篇次，数据库元数据加工共计 90 500 条。

以农业及农业相关学科为研究对象，采用 ESI、InSites、JCR 及 WOS 等数据库及评价工具，完成一系列世界一流农业大学、一流涉农学科、国内相关高校涉农学科及针对学校发展现状的评估报告，创造性地提出黄金分割法、"百分位"排名等多种方法用于高校或研究机构及其优势学科的现状分析，提出基于 ESI 和 WOS 的潜势学科分析方法用于高校或研究机构潜势学科的对比研究；完成了核心指标体系下世界一流农业大学测评报告、教育部直属农业高校科研竞争力及潜势学科分析、基于文献计量学的全球棉花研究发展态势分析、基于文献计量学的全球大豆研究发展态势分析、世界一流农业大学测评及年度对比分析以及学校40 周岁以下博士科研产出情况分析等数十份研究报告。

开展了鼓励科研的"学术年"活动；举办了 4 期"馆员大讲堂"；邀请了北京大学图书馆馆长朱强、台湾大学图书馆副馆长林光美和康奈尔大学图书馆副馆长李欣等著名专家学者来馆讲座；派遣 8 位骨干馆员到大陆以外国家和地区学习；组织、完成 2010 年度馆内课题结题和 2012 年度馆内课题申报工作，15 项课题获批立项。

学校成为首批全国 66 所本科院校教育信息化试点单位之一，并再次当选全国农业院校教育技术研究会理事长、秘书长单位。全年完成 3 项国家精品视频公开课 45 课时摄制工作，在国家精品视频公开课指定网站"爱课程"网成功上线，通过中国网络电视台、网易同步向社会公众免费公开展示播出；录制合成精品资源共享课 100 余节；参与学校研究生核心课程建设录制课程 20 余节；协助完成学校申报国家科技奖、"985"科研项目等 20 余部，完成学校关于生命科学、动物科学实验机构申报国家重点实验中心的电视专题片 2 部。《提高笼养鸡人工授精率的措施》荣获江苏省第十届党员干部远程教育课件类二等奖；参与策划制作城东高校图书馆五馆联合体视频宣传片《书香校园，阅读无限》。同时，还完成校庆期间各类活动摄制任务 1 000 分钟。

全年组织加工非书资源光盘 1 509 张光盘，上传资源 808 个；根据学校申报精品视频公开课、精品资源共享课建设项目，更新设备 30 万元，购置专业级高清摄像机及相关设备，对非线编辑系统升级与存储更新 7.5 万元。完成第九期教师现代教育技术培训工作，共培训新教师 114 人。

【南京城东高校图书馆联合体扩容】 由学校牵头的"南京城东高校图书馆文献资源共享联合体"扩展至南京农业大学、南京航空航天大学、南京理工大学、南京林业大学和南京体育学院图书馆五校，实现了五校文献资源统一检索和图书通借通还。

扩容后，共有中外文纸质书刊 826 万余册、电子书刊 2 100 万余册、专题数据库 170 种，分别在"航空、航天、民航"、"兵器科学与技术、光学工程"、"农学和生物技术"、"林业"和"体育、运动医学"等学科领域内形成鲜明的馆藏特色。

6 月 21 日上午，学校举办南京城东高校图书馆读者服务工作交流会。会上，来自多校图书馆读者服务一线的老师就工作中的经验和问题，做了专题汇报与深入研讨交流。学校图书馆读者服务部主任陆芹英做了《提高馆员素质、创新服务管理》的专题汇报。

【移动图书馆开通】 5 月 11 日，学校举办全省移动图书馆应用与创新研讨会，并启动"移动图书馆"，来自全省 100 多所大专院校及外省的 10 多所高校图书馆领导及专家同仁共 200 余人参加了会议。

作为江苏省首家开通移动图书馆的高校，"移动图书馆"开通后，读者借助无线网络，利用手机、平板电脑等手持终端设备，通过一次性身份认证后，在任何时间、任何地点，均可访问图书馆网站，获享受图书馆的资源与服务。读者可享受如检索查询图书馆纸本资源、下载阅读图书馆数字资源等服务，还可实现预约借书等。

【启动蔬菜学科服务试点】 6月19日，图书馆启动蔬菜学科服务试点，并为学科服务馆员和学科联络员颁发聘书，蔬菜学科成为学校图书馆开展学科服务的首个试点单位。学科服务是图书馆为了适应学校建设世界一流农业大学的需要，走出图书馆、走进学院，针对国家重点学科开展的深层次服务。

服务试点启动后，服务馆员与学科试点学院全年共开展会议交流座谈 3 场，开展需求调研 1 次，发展学科联络员 10 人，开展相关主题培训 3 场，建立学科服务 QQ 群 1 个，目前加入老师、研究生 79 人，直接受理文献传递 80 余篇，为教师开通 NTSL 文献传递账号 14 个。组织学科师生选购外文原版书籍 17 本。开展蔬菜学科外文文献保障及需求调研并完成需求报告 1 份。

【举办第四届读书月】 4月23日，举办了主题为"崇尚学术，热爱悦读"的第四届"腹有诗书气自华"读书月活动，历时近 2 个月，该活动结合学校 110 周年校庆，开展了"阅读是美丽的"摄影大赛、名家系列读书人文讲座、"移动图书馆"使用技能竞赛、读者培训月、图书馆咖啡厅征名、"五馆"推荐图书联合展和"图书漂流"书库征集 7 个方面的主题活动。先后邀请学校杰出校友、南京紫金农商行董事长黄维平先生做的《企业家之路》，中央电视台百家讲坛主讲人、南京大学教授、博士生导师莫砺锋做的《唐宋诗词与现代人生》，学校校友、花旗集团中国区董事总经理沈明高做的《用经济学视野解读未来中国转型》等讲座，深受读者欢迎。移动图书馆使用技能大赛让更多的同学了解移动图书馆的使用技巧，启动的"图书漂流"也为读者提供了一个图书共享和交流的平台。

【成立校大学生读书协会】 为顺应"崇尚学术"的思想，学校大学生读书协会于"读书月"活动期间开始筹办，经历半年的试运行，完善了协会的章程与相关规章制度，选举出首届负责人及骨干成员，招募了 200 余名首批会员，开展了"学生讲坛"、"图书漂流"、"好书推荐"和"国学论坛"等一系列师生喜闻乐见的学习、学术类活动。

大学生读书协会是由学校广大学生读书爱好者自愿结成的非盈利学习活动类组织。旨在倡导广大学生培养爱读书、多读书、读好书的良好习惯，崇尚学习学术，拓展知识结构，提升综合素质，促进大学生成长成才，同时加强图书馆与读者之间的联系与沟通，促进图书馆与读者的良性互动。

（撰稿：辛　闻　审稿：查贵庭）

［附录］

附录 1　图书馆利用情况

入馆人次	230 万人次	图书借还总量	60 万册
通借通还总量	7 000 册	电子资源点击率	250 万次
高校通用证办理	30 个	接待外校通用证读者	300 人次

附录 2　资源购置情况

纸本图书总量	212 万册	纸本图书增量	45 548 册
纸本期刊总量	223 741 种	纸本期刊增量	3 722 种
纸本学位论文总量	12 393 册	纸本学位论文增量	3 121 册
电子数据库总量	70 个	中文数据库总量	30 个
外文数据库总量	40 个	中文电子期刊总量	466 936 册
外文电子期刊总量	429 228 册	中文电子图书总量	9 071 326 册
外文电子图书总量	161 253 册		
新增数据库或平台	1	新东方口语平台、点睛题库	
	2	超星名师讲坛	
	3	超星百链	
	4	Emerald 管理学期刊库	
	5	Cambridge Journal	
	6	SAGE 回溯库	
	7	Springer　Protocd	

实验室建设与设备管理

【概况】2012 年，学校获建 1 个国家地方联合工程研究中心、3 个省部级重点实验室和 1 个南京市开放实验室，建设 4 个校级科研平台。组织 2 个实验室验收，完成"大型仪器设备共享平台"修购项目（二期）建设验收工作；国家肉品质量安全控制工程技术研究中心及杂交棉创制工程教育部研究中心建设通过验收，其中，国家肉品质量安全控制工程技术研究中心验收结果为"优秀"。

学校与南京汇丰废弃物处理有限公司签订相关合同，定期开展实验室有毒有害废弃物的处理工作，全年处理有毒有害废弃物 4 次。不定期对学校实验室进行安全检查，特别是对实验室重点部位如同位素实验室、动物实验中心、转基因实验室等重点实验室、中心等进行安全检查，先后 4 次配合省农业委员会、南京市和玄武区环保局对学校实验室进行安全检查。

【大型仪器设备共享平台建设】建成具有 11 个大型仪器设备共用平台的全校互联互通的数字化网络体系。所有共用平台设备面向全校及社会开放。该系统可以利用校园网查询设备状态、实现跨越、跨实验室的预约使用和费用结算。

（撰稿：陈　俐　陈　荣　审稿：姜　东　俞建飞　陶书田　周国栋　郑金伟　姜　海）

校园信息化建设

【概况】校园网改造与优化方面，完成理科楼新数据中心与图书馆机房之间 2 根 128 芯光纤互通及对新数据中心网络进行规划配置，完成了新数据中心综合布线的规范建设，优化整合了理科楼数据中心网络结构，实现了与图书馆数据中心的网络交换连接冗余、主干网络互为备份扁平化结构；网络基础建设方面，完成南苑本科生 1～3 舍、北苑研究生 7～9 舍学生宿舍网络改造工作；完成了金陵研究院、生科楼示范实验室、实验楼、食品楼和裕光楼等多个楼宇的网络升级改造，新增校园网接入端口 2 100 多个；完成了校内新电视组播视频直播系统的建设和迁移工作；完成了生科楼、实验楼、逸夫楼和食品楼等楼宇室外光纤的升级改造，调整了这些楼宇网络结构，提升了网络接入性能。完成校园网络出口优化设备和机房 KVM 系统部署；对校园网络出口及网络业务系统的进行层次化管理。

积极开展 IPV6 升级改造项目各系统的部署实施工作，全面优化校园网 IPV6 接入，建立 DHCPV6 和 DNS V6 的实验平台，并实现全国高校之间 IPV6 网络和可控组播互联互通；6 月，圆满完成 IPV6 升级改造项目的验收工作。学校 IPV6 出口高峰流量达到 1Gbps，据教育网 IPV6 用户访问统计，截至 2012 年 11 月，学校 IPV6 用户访问量达到 370 519，在全国 100 多所开通 IPV6 的高校中排名第一。由于原有邮件系统功能不足，4～5 月，信息中心对新邮件系统进行调研和采购，6 月对原有亿邮邮件系统进行替换，部署了盈世信息科技北京有限公司 coremail 企业级邮件系统，9 月完成新旧邮件数据顺利迁移和新邮件系统与学校门户的无缝对接，实现了用户自助开通激活邮箱的功能。

完成本科生宿舍区室外无线的部署和调试，新建了室外无线基站 33 个，并对教学区原有室外无线网络进行升级更换，升级了综合楼、图书馆和生科楼等室外无线基站，针对无线网络使用，建立了专门的无线网络使用帮助专题网页。

对教学区 IT 服务实行外包服务，启用了用户服务大厅，在新服务区新增最新一卡通充值机、自助打印复印机和广告机各 1 台。开展校园网 IP 规范使用工作，并将每一个教育网 IP 地址登记在册；做好理科楼和逸夫楼用户的网络使用跟踪服务。暑期承担了网上招生电脑系统安装调试、网络接入调试等多项任务，顺利地保障了学校网上招生工作的开展；多次配合学校宣传部、校团委和研究生院等多个部门开展组播视频服务，并组织相关人员在组播会议现场进行网络保障工作。

建设了全校科学研究核心系统、全校资产管理核心应用，努力实现各应用系统间及财务管理系统与其他业务系统的信息共享，初步构建全校"人、财、物"的管理信息化与共享化模式，完成了 4 个系统的建设（资产、学工、科研、人才考核），并已上线或将上线试运行。推广了职称评审系统的应用；搭建了 10 个网站（国家重点实验室、科学研究院、思想政治理论课教研部、ISAH 国际会议等）。统一通讯平台试点运行；完成了 38 个信息系统（二级 36 个、三级 2 个）的安全摸底工作，并已开始系统测评工作；完成 5 个建设项目（车辆管理系统、研究生系统、职称评审系统、统一通讯平台和网站群系统）、3 个集成项目（一卡通、门禁管理和大型仪器设备）的系统验收工作；签署了 16 项（资产管理系统软件开发与集成、财务系统集成接口、学工系统等）合同；筹备全校信息化会议 1 次，筹备并参与和业务部门的交流会 46 场次，接待其他院校来访交流 5 次；处理系统数据数万条；负责新数据中心建设中环境监控子项目的督促整改工作。

【财务关系梳理】 全面梳理了各业务系统与财务管理系统间的数据流，并对各系统与财务系统的集成进行了规划和需求调研，目前完成了资产与财务的集成、研究生与财务的集成、科研与财务集成的需求说明书并已进入开发阶段，财务系统工资和经费本的门户集成已进入开发协调阶段；进一步完善公共数据平台的建设，打通了研究生、一卡通、科研系统与人事系统之间的数据流，同时以职称考核为切入点，对各业务系统间的数据共享进行了有效的验证，并推动了科研系统业务的进一步开展；在建设内容上，改变以往的模式，在与业务部门一起深入调研、摸清需求、确定建设思路的基础上进行合同签署与系统开发；在项目建设过程中，协助业务部门进行业务流与数据流的梳理分析，明确数据源头，统一标准，规范并优化业务流程；管理制度与项目建设进度上墙，进一步有效的控制项目的建设进程。

【生物信息共享平台】 规划调研开放网络共享平台和生物信息计算平台，完成了教育部科技发展中心互联网应用创新开放平台示范基地申报材料和申请工作，《生物信息云计算与服务共享平台》获批首批"互联网应用创新开放平台示范基地（筹）"。

【新数据中心建成启用】 12 月 13 日，理科楼新数据中心建成启用，机房总占地面积 437.1 米²。分别由网络核心区、数据存储及服务区、生物云信息服务区、控制中心、UPS 间、钢瓶间五部分组成。部署了机柜 80 个，开通了网络信息点 1 120 个，配备气体自动灭火系统、机房环境监测系统及门禁系统，安装恒温海洛斯精密空调 6 台，UPS 不间断电源主机 2 台。在新机房启用后，生物云计算服务区开始进驻院系高性能服务器，新增服务器 33 台，其中刀片 4 组（其中 3 组是由老数据中心迁移过来的）、工作站 14 台、其他服务器设备 2 台。

（撰稿：韩丽琴　审核：查贵庭）

[附录]

附录 1　校园网基本情况统计表

有线端口 （个）	无线 AP （个）	邮件账号 （个）	上网用户 （个）	出口类型及带宽（Mbps）				
				电信	联通	教育网	移动	IPV6
19 162	120	25 525	12 532	500	300	100	100	1000

附录 2　新数据中心使用情况

分　区	机柜规划用途	可用 机柜	已用机柜	机柜使用 率（%）	现托管设备	
					设备数量	设备用途
网络服务	核心网络及数据设备	8	5	62.5	48	全校核心网络、 网络应用

（续）

分 区	机柜规划用途	可用机柜	已用机柜	机柜使用率（%）	现托管设备	
					设备数量	设备用途
托管服务	重要业务系统托管	13	1	7.6	3	信息应用系统
	公共信息服务托管	13	0	0		预留
科研服务	零散科研单位设备	17	6	35.2	33	分散购置与独自使用的生物运算
	校级科研计算平台	11	0	0		预留
合 计		62	12	19	84	

档 案 工 作

【概况】全校机构合并调整后，归档单位实为 40 个。经过对 2011 年形成文件材料立卷归档工作的布置、指导及督促，综合档案室年内接收、整理档案材料计 2 636 卷（件）。其中：党群、行政、外事和财会管理等类 168 卷；教学管理类 85 卷、学籍类 1 973 卷；学院管理类 7 卷；科研、基建等类 297 卷，奖状、证书 106 件。另有机要文件 19 卷；照片档案 460 张。本年度没有接收学校会计档案移交。至 2012 年 12 月，库藏档案总数为 44 284 卷。

全年共接待查档人次超过 900，查阅案卷 2 688 卷。2012 年档案利用重点是学校发展史研究、离任审计、工程专项审计及毕业生学籍档案利用服务。

年内配合全国学位与研究生教育发展中心、江苏省高校毕业生就业指导中心等 9 家单位，对 42 位毕业生进行了成绩单、毕业证书、学位证书的书面认证工作，查证了 4 起假证书。

为扩大档案资源建设，保存学校建筑历史，档案室 2012 年自行拍摄了学校现有建筑照片 380 张，进行编目归档。

【档案工作队伍建设】3 月中旬，组织召开全校 2011 年归档工作总结表彰会，对 3 个先进集体和 8 个先进个人进行表彰；安排继续教育学院、科学研究院兼职档案员参加省档案局的档案基础业务培训。7 月，组织专兼职档案员参加国家档案局举办的"飞狐灵通杯"档案法制知识有奖竞赛活动。

【档案信息化建设】继续库藏档案的数字化建设，进行 1979—1981 年学校部分重要档案文件的翻拍工作，380 页翻拍档案已经加工处理上传档案数据库。目前，学校档案数据库条目达 146 429 条，校发文件等电子文件上传总数达 5 213 件。基本实现 1952 年以来库藏档案文件检索的电子化以及 2000 年以来学校发文利用的电子化，纸质目录基本作为备用查询。

【档案编研】参与编著的《南京农业大学发展史》（历史卷、管理卷）由中国农业出版社出版，续编 2011 年学校大事记，还着手进行了《2000—2010 年学校大事记》内容补充及审核修订。

（撰稿人：顾　珍　审稿人：刘　勇）

十二、后勤服务与管理

基 建 建 设

【概况】2012年，完成基本建设投资1.183亿元，推进续建工程2项，新建项目2项，各项工程进展顺利。4.275万米²的理科实验楼进入竣工验收、审计阶段；白马国家农业科技园区管委会加快推进学校白马园区土地征用拆迁工作，陆续向学校交付3 800亩*土地；9月白马园区中心大道开工建设，12月完工交付使用，为下一阶段园区建设奠定了坚实的基础；多功能风雨操场7月正式开工建设，工程进度快速推进，如期基本用完年度国拨经费，目前工程主体即将封顶。一系列在建工程快速推进，将有力改善学校的教学科研、办公和生活条件。

拟建项目取得重大进展，青年教师公寓项目12月获教育部可行性研究报告批复，即将开工，预计2013年年底前竣工使用。

此外，校园环境建设与综合整治是备战校庆的重点之一，本年度完成维修改造任务30项，投资5 700余万元，一系列维修修购工程项目如期交付，有力改善了师生工作学习和生活条件，提升了家属区与教学区环境质量，为校庆庆典增色添彩。

【江苏南京白马国家农业科技园区揭牌暨项目集中开工奠基仪式隆重举行】2月15日，南京白马国家农业科技园区揭牌暨项目集中开工奠基仪式在南京农业大学白马园区隆重举行。江苏省副省长徐鸣出席揭牌仪式并讲话。江苏省、南京市和溧水县各级80多个有关政府部门的领导出席仪式。南京农业大学校长周光宏应邀出席并讲话。

【教育部发展规划司调研学校"十二五"基本建设规划】6月7日上午，教育部发展规划司直属基建处副处长叶加宁一行到南京农业大学专题调研"十二五"基本建设规划编制和调整情况，重点检查"十二五"基建规划执行情况及中央预算内投资项目进展情况。

（撰稿：张洪源　郭继涛　审稿：钱德洲　桑玉昆）

---

* 亩为非法定计量单位。1亩＝1/15公顷。

[附录]

附录 1 南京农业大学 2012 年主要在建工程项目基本情况

项目名称	建设内容	进展状态
理科实验楼	42 750 米²	进入竣工验收、审计阶段
白马园区中心大道	600 米	竣工投入使用
多功能风雨操场	15 900 米²	工程主体即将封顶

附录 2 南京农业大学拟建工程报批及前期工作进展情况

项目名称	建设内容	进展状态
卫岗青年教师公寓	11 000 米²	获教育部可研批复，即将开工
白马园区环湖道路	3 000 米	正在进行方案设计
白马园区东区主供水	铺设东区 3 500 米自来水管网	正在进行方案设计
白马园区水利工程一期	灌排面积约 113 公顷	正在进行方案设计
白马园区西区主干道路	1 600 米	正在进行方案设计

社 区 学 生 管 理

【概况】2012 年，学校南苑本科生社区共有宿舍楼 14 栋（男生 7 栋、女生 7 栋），合计住宿人数 11 369 人（男 4 229 人、女 7 140 人），全部床位数 12 257 个，实际用床位数为 11 908 个，剩余空床位数 349 个；本科生共配备 15 名管理员（女 10 名、男 5 名），全部由退休返聘人员组成，平均年龄 60 岁。研究生社区共有宿舍楼 12 栋（男生 6 栋、女生 6 栋），合计住宿人数 5 282 人（男 2 335 人、女 2 947 人），全部床位数 5 969 个，剩余空床位数 687 个；在岗社区辅导员（宿舍管理员）12 人，包括男管理员 2 人、女管理员 10 人，全部为退休返聘人员，平均年龄 59 岁。

巩固完善了宿舍楼安全巡查制度、管理员例会制度、学生宿舍卫生及安全通报等制度，加强了管理员队伍的考核和检查，及时掌握信息，及时通报信息。加强学生自管组织建设，建立健全学生宿舍自管体制。目前，学生社区自我管理委员会拥有 1 个中心、8 个部门、14 个分会，近 300 名成员的学生自管组织。实行了楼长和层长夜间巡查制度，建立健全"社委会"会长、楼长、层长、室长的学生宿舍自管体制，充分发挥"自我教育、自我管理、自我服务"功能。

根据《南京农业大学学生住宿管理规定》及《南京农业大学学生宿舍供电暂行办法》有关规定，学校于 5 月 1 日至 10 月 7 日期间在学生宿舍实行通宵供电制度。进一步完善了

《学生宿舍实行通宵供电须知》和《关于加强学生宿舍通宵供电秩序管理的说明》。组织开展了"学生宿舍消防安全教育宣传活动",通过讲座提高学生消防安全法制意识和自我防护能力,同时发动学院组建和完善学院、班级、宿舍三级安全体系,一年来共组织月检查10次、周检查40次,重点检查宿舍内使用明火、大功率或劣质电器、乱拉乱接电线、随意放置易燃易爆危险品等行为,消除学生宿舍各种消防安全隐患。

2012年评选出2011—2012学年度校级文明宿舍254个、卫生"免检宿舍"869个;通过宿舍区的宣传板、宣传栏、学生工作简报、生活服务网、《社缘》和社委会宣传栏等方式加大宣传,开创学生思想政治工作新领地;对公告栏进行了规范整治,建立了"一周一事"和"本月最佳宿舍"的栏目,对宿舍内的好人好事及时进行公布,对表现优秀的宿舍提出表扬,激发了学生的自豪感和集体荣誉感;对违反管理规定的学生以宿舍楼内批评教育为主,对于影响面广、性质恶劣的果断查处,一年来共计查处迟归学生126人次、宿舍违纪事件6起、处理违反通宵供电宿舍189间。

本科学生社区开展了春季和秋季2次"社区文化节"活动,分为校园吉尼斯、最"家"综艺、预防春季传染病宣传、寝室音乐情景剧大赛和宿舍形象大赛等,为同学们展示各自宿舍的特色和个人才华提供了良好的平台。据不完全统计,社区文化节参与率超过20%,间接参与人数5 000人次以上,是创建和谐社区的重要组成部分。研究生社区举办了首届社区文化节,包含"搭建心灵桥梁,共建和谐社区"主题座谈会、棋牌大赛、趣味运动会、文明宿舍评比和才艺大赛等多项丰富多彩的活动。

（撰稿：闫相伟　王梦璐　审稿：李献斌　姚志友）

后　勤　管　理

【概况】2012年,后勤集团公司以"师生满意、学校满意、员工满意"为后勤工作目标,举办服务规范、岗位技能、食品安全、消防知识与灭火演练以及物业精细化操作规范等培训,组织厨艺技能等比赛。全年安全无事故。

参加江苏高校伙食原料集中招标采购,对自采鲜活原料坚持货比三家、择优供应的原则,采用合理的饭菜定价标准,保持伙食价格基本稳定;严把食品安全和质量关,被南京市玄武区卫生局授予"食品卫生等级A级单位"称号;公开招标,引进社会优质餐饮企业合作经营第三食堂。

认真履行"24小时服务热线"承诺,做好监督检查与回访;全年完成24小时日常零星维修1 020项、学校部门报修2 175项;加强锅炉、压力容器、仪表及电梯等维修年检,更换煤气报警器7只;完成学生宿舍床上用品洗涤、邮件报纸杂志征订和收发工作,开办代收固定电话费、零星干洗和自助洗衣业务;设立"南京农业大学教育超市新生特困生助学金",组织特困学生参加勤工助学,开展大型义卖捐赠活动;顺利通过"全国教育超市样板店"复评检查工作。

2012年,14人分别获得学校、地方和行业协会等先进个人称号,1人获玄武区技能大赛二等奖；幼儿园获"南京市支持学前教育发展有功单位提名奖"，3 篇论文获奖，获得省级、市级课题各 1 个、区级课题 2 个。

【校庆后勤服务】在学校 110 周年校庆中，清理教学区楼宇内的实验遗弃杂物 90 车次，完成逸夫楼等 7 幢教学楼宇外墙玻璃清洗和公共部位整治以及校园道路冲洗；突击完成校庆维修 90 项，修建临时停车场 3 处，维修清洗路灯、泛光灯和地灯 580 套；外借社会车辆 40 辆，圆满完成校庆期间 60 多辆客车调度工作；组织校庆主会场、领导嘉宾休息场所的桌椅租赁及摆放，悬挂横幅，铺设地毯 2 142 米²；完成校庆当日中餐供应任务，其中本科生、研究生 17 042 人，校友、校庆嘉宾 2 782 人。

【物业精心化服务工作试点】修订物业服务规范，制订精细化服务考核细则，逐一将教学区、学生宿舍楼宇纳入物业精细化服务试点；按照精细化管理、标准化服务的原则，通过高配员工、硬件投入、规范制度、检查考核、整改提高和落实待遇等制度措施，试点楼宇、宿舍和教室基本达到了"十无"标准和常态化高水平服务的目标。

【加强后勤服务条件建设】在南苑一、二、三食堂安装空调；扩建二食堂后场，对操作间、备菜间进行改造，更新灶具、厨具及油烟净化设备；在教学楼宇安装门禁系统，北苑研究生宿舍安装夜间门禁系统；与有关部门分工协作，在 19 舍新建女生浴室，在北苑学生宿舍安装开水炉；维修幼儿园户外场地和门厅，新增监控设备，更新音响、计算机和厨房设备，达到了"平安幼儿园"验收条件。

（撰稿：钟玲玲 审稿：姜 岩 孙仁帅）

医 疗 保 健

【概况】医院现有房屋建筑面积 3 780 米²，配置 500mAX 光机、全自动生化仪、全自动血流变仪、彩色 B 超、心电图、口腔综合治疗椅以及多种理疗康复治疗仪等医疗设备。医院设有诊疗科室：内科、外科、妇科、儿科、全科、口腔科、药剂科、理疗科、医技科、检验科、影像科、护理部和预防保健科，5 月又增设耳鼻咽喉科，病房床位 20 余张。护理组、妇科、医保办和挂号室各新进 1 人，现有职工 44 人，其中高级职称 5 人、中级职称 18 人。

全年临床门诊工作量达 50 780 人次；全年完成教职工体检 2 359 人次，本科生、研究生新生入学体检 5 000 人次，研究生复试体检 2 300 人次，保研学生体检 550 人次；配合校庆、学生体能测试及运动会、学校各类重要会议校医院派出医务人员进行医疗保障共计 100 多人次。

本年度全校报销 6 238 人次，报销经费达 1 104 多万元；6 月 28 日，与市医保中心签订《南京市城镇基本医疗保险和生育保险定点医疗机构医疗服务协议书》，成功申请为医保定点医院；大学生参保人数 10 083 人，约占在校总人数的 55.8%。

邀请南京市三甲医院知名专家来院开展高血压疾病和糖尿病讲座 2 场；院内组织"三基"业务知识考核 2 次；选派 1 名医生到南京军区总医院内科进修一年；组织完成 2012 年医务人员继续教育培训，全体顺利通过考核；首次成功申请南京农业大学医疗专项资助课题

6 项。

【健康教育与传染病防控】发放传染病预防宣传手册 12 000 份；制作宣传橱窗 10 期；悬挂宣传横幅 6 条；展出结核病宣传展板 10 块；艾滋病防控咨询 1 次；组织全校范围健康教育讲座 2 场；健康教育网络宣传 6 次。网络直报乙类、丙类传染病 52 例，密切接触者胸透 200 人次，流行病调查 10 人，结核病追踪治疗 7 人，指导疫点消毒 40 多处。儿童接种Ⅰ类疫苗 1 000 人次，Ⅱ类疫苗 84 人次；大学生接种甲肝疫苗 1 055 人次、麻风腮疫苗 790 人次、乙肝疫苗 3 500 人次；教工接种流感疫苗 30 人次。

【计划生育与妇女、儿童保健】儿托费、保育费审核报销 187 人次，发放独生子女费 712 人次、六一儿童礼品 639 人次、计生药具 216 人次。妇科系统管理率 100%、产后访视率 100%。儿童系统管理工作，系管覆盖率超过 95%。

（撰稿：贺亚玲　审稿：石晓蓉）

十三、学院（部）基本情况

农 学 院

【概况】 农学院设有农学系、作物遗传育种系、种业科学系和江浦农学试验站。建有作物遗传与种质创新国家重点实验室、国家大豆改良中心和国家信息农业工程技术中心3个国家级科研平台以及7个省部级重点实验室、4个省部级工程技术中心。拥有国家重点一级学科：作物学，国家级重点二级学科：作物遗传育种学、作物栽培学与耕作学，江苏省高校优势学科：作物学、农业信息学，江苏省重点交叉学科：农业信息学、生物信息学。在2012年全国第三期一级学科评估中，作物学排名第二；作物学一级学科和农业信息学二级学科顺利通过江苏省优势学科建设中期评估，作物学获评为优秀，农业信息学评估良好。设有作物学一级学科博士后流动站，6个博士学位专业授予点（包括3个自主设置专业）、3个学术型硕士学位授予点、2个全日制专业硕士学位授予点、2个在职农业推广硕士专业学位授予点、3个本科专业。

现有教职工142人，其中专任教师107人，教授47人、副教授34人。拥有中国工程院院士2名，"千人计划"专家1名，"长江学者"特聘教授2名，国家杰出青年科学基金获得者3名。

2012年，从海外引进高层次人才2名，国内重点高校选留博士9名。晋升教授3人、副教授10人、讲师1人。新增美国科学促进会会士1人、何梁何利奖1人、教育部新世纪优秀人才支持计划1人、江苏特聘教授1人、江苏省"青蓝工程"中青年学术带头人培养对象1人、江苏省双创人才2人，入选学校首批"钟山学术新秀"9人。新增农业科研杰出人才及创新团队2个、江苏省"青蓝工程"科技创新团队1个、江苏省现代农业产业技术创新团队2个。

截至2012年年底，学院全日制在校学生1704人，其中，博士生225人（留学生7人）、硕士生577人（留学生5人）、本科生902人（留学生5人）。2012级招生共480人，其中，博士生76人（留学生4人），硕士生202人（留学生3人），本科生202人（留学生1人）。2012届毕业生总计455人，其中，博士生65人、硕士生190人、本科生200人（留学生1人）。本科生年终就业率97.49%，升学率41.5%；研究生就业率95.2%。

学院共获批各类科研项目74项，其中国家自然科学基金项目15项（1253万元）。立项经费9193万元，到账科研经费10955万元。发表学术论文204篇，其中SCI收录论文77篇，最高影响因子9.681，累计影响因子222.053，影响因子在3.0以上的论文30篇。

　　"水稻籼粳杂种优势利用相关基因挖掘与新品种培育"获高等学校科学研究优秀成果奖（科学技术）技术发明奖、"基于模型的作物生长预测与精确管理技术"获第 14 届中国国际工业博览会创新奖。获省级审定品种 5 个，获植物新品种保护权 2 个，授权国家发明专利 25 项、实用新型专利 2 项，登记国家计算机软件著作权 6 项。

　　作物遗传与种质创新国家重点实验室全部完成整体搬迁；国家大豆改良中心建设完善转基因研发平台；国家信息农业工程技术中心全面完成南京技术创新平台和如皋试验示范基地的建设；杂交棉创制教育部工程研究中心顺利通过验收。

　　农学和种子科学与工程专业（植物生产类）获批江苏省"十二五"高等学校重点专业类立项建设。《作物育种学各论（第二版）》入选教育部第一批"十二五"普通高等教育本科国家级规划教材。申报校级实验实践教学研究改革项目 4 项，获校级教育教学成果奖 2 项。获批"国家大学生科研创新计划"8 项，"江苏省高等学校大学生实践创新训练计划"2 项，组织实施大学生科研训练（SRT）计划总计 43 项，6 篇本科毕业论文被评为校优秀毕业论文。

　　设立"作物学研究生创新基金"、"英才奖励基金"等，提高学院奖学金覆盖率，制订作物学一级学科研究生课程体系改革初步方案。本年度，1 人获全国优秀博士论文提名奖，1 人获得江苏省优秀硕士论文奖励，16 位博士研究生获江苏省普通高校研究生创新计划立项资助。

　　与康奈尔大学、京都大学和悉尼大学达成合作备忘录，积极推动联合研究中心建设。"作物遗传与种质创新学科创新引智基地"以优异成绩进入下一轮五年期滚动支持。成功主办"第四届国际赤霉病学术研讨会"、"第四届国际设施园艺模型大会"和"全球变暖与小麦生产的机遇与挑战"3 次大型国际学术会议，诺贝尔和平奖得主 Jorgen Olsen 等国外 90 余位专家参加会议。国外 40 余位专家来校交流，举办学术报告、讲座 60 余场。30 位教师出国访问，21 名本科与研究生出国深造、学习或交流，其中，10 名学生到国外攻读硕士、博士学位，9 名学生出国联合培养一年以上。

　　校庆 110 周年期间，学院完成了近万名校友通讯录的收集工作，共募集款物合计 320 余万元，继续扩充英才奖励教育发展基金，增设金华隆奖学金、扬麦助学基金及孟山都奖学金。

【重大科研项目收获颇丰】王绍华教授主持的"江淮东部（江苏）水稻小麦丰产节水节肥技术集成与示范"获科技部国家科技支撑计划立项，立项经费为 915 万元；朱艳教授主持的"稻麦生长指标光谱监测技术与产品的开发应用"获农业部公益性行业专项立项，立项经费为 1 600 万元；曹卫星教授主持的"粮食作物丰产高效的数字化管理技术"获江苏省科技支撑计划立项，立项经费为 500 万元。

【人才与团队建设不断加强】万建民教授被授予 2012 年何梁何利科学与技术进步奖；丁艳锋、张天真教授及其所带领的研究团队入选农业部 2012 年度农业科研杰出人才及创新团队；以朱艳教授为带头人的"智慧农业团队"入选江苏省"青蓝工程"科技创新团队；粳稻机插精确定量栽培创新团队和稻麦生产精确管理创新团队入选江苏省现代农业产业技术创新团队。

【国际影响力持续提升】海外学术大师 Bikram S. Gill 教授继 2010 年获江苏省人民政府外国专家"江苏友谊奖"后，再获 2012 年度中国政府"国家友谊奖"。Bikram S. Gill 教授自 20 世纪 80 年代初起，先后与学校农学院刘大钧院士和陈佩度教授建立了紧密的合作关系，在合作培养人才、促进学科发展、开展国际合作、提升科研实力方面贡献突出。"千人计划"专家陈增建教授入选美国科学促进会会士；张天真教授被聘为国际棉花基因组委员会新一届主席；罗卫红教授被聘为新一任国际园艺学会设施园艺模型工作组主席。

（撰稿：庄　森　解学芬　审稿：戴廷波）

植 物 保 护 学 院

【概况】植物保护学院设有植物病理学系、昆虫学系、农药学系、农业气象教研室 4 个教学单位。建有教育部农作物生物灾害综合治理重点实验室、农业部华东作物有害生物综合治理重点实验室 2 个部级重点实验室，农业部全国农作物病虫测报培训中心和农业部全国农作物病虫抗药性检测中心 2 个部属培训中心，农业部食品安全监控重点开放实验室 1 个省部级共建重点实验室。

学院设有植物保护学国家一级重点学科以及 3 个国家二级重点学科（植物病理学、农业昆虫与害虫防治、农药学）、1 个江苏省高校优势学科（植物保护学）。学院设有植物保护学一级学科博士后流动站、3 个博士学位专业授予点、3 个硕士学位专业授予点和 1 个本科专业。

学院现有教职工 92 人（2012 年新增 9 人），专任教师 66 人，其中教授 35 人（新增 4 人）、副教授 19 人（新增 1 人）、讲师 12 人（新增 5 人），有博士研究生导师 28 人、硕士研究生导师 21 人、在站博士后工作人员 5 人。2012 年引进海外高层次人才 1 人，新建植物分子免疫研究团队，选留国内外优秀博士 5 人。入选教育部"长江学者"奖励计划特聘教授 1 人，入选"长江学者"讲座教授和江苏省特聘教授 1 人，获得国家杰出青年科学基金资助计划 1 人，入选中组部青年拔尖人才计划 1 人，获得国家优秀青年基金资助 1 人，获得江苏省杰出青年科学基金资助 2 人，入选教育部新世纪人才计划 1 人。

2012 年，学院招收博士研究生 49 人（含外国留学生 3 人）、硕士研究生 183 人、本科生 126 人；毕业博士研究生 44 人、硕士研究生 153 人、本科生 109 人。2012 年年末，共有在校生 1 091 人，其中博士研究生 141 人、硕士研究生 486 人、本科生 464 人。2012 届毕业研究生和本科生年终就业率分别为 95.38% 和 97.2%。

获准立项国家省部级科研项目 18 项、行业科技项目 4 项、国家自然科学基金项目 13 项，立项课题经费近 1.3 亿元，实际到账科研经费 4 697 万元。获得国家科技进步二等奖 1 项，发表学术论文 120 篇，其中 SCI（EI）收录论文 76 篇，影响因子 9 以上论文 1 篇，5 以上的论文 5 篇，获得授权专利 13 项。获得全国优秀博士学位论文 1 篇。

邀请来学院交流讲学和访问的国内、国外专家 83 人（次），成功举办"第十二届国际卵菌分子遗传年会"、"全国线虫学大会"、"教育部和农业部重点实验室学术委员会年会"、"现代植物病理学研究进展学术研讨会"和"昆虫学研究进展学术研讨会"等大型学术会议，累计 12 个国家和地区的 600 名专家学者参加，70 位教授、研究生在国内外重要学术会议上进行学术报告 83 人（次），其中包括国际会议特邀报告 8 人（次）。学院积极拓宽学生国际、国内交流渠道，本科生出国交流 2 人，6 名博士研究生申请到联合培养项目。

注重教学研究、加强课程建设和教材建设。发表教学研究论文 4 篇，成功申报实验教学教改研究专项课题 3 项、校级教学成果 2 项，出版教材 2 部：《农业螨类学》、《植病研究法》，专著 1 部：《中国稻区常见飞虱原色图谱》。昆虫与人类生活获得校级精品视频公开课立项，农业昆虫学、农业植物病理学和普通植物病理学 3 门国家精品课程入选国家精品视频共享课程遴选。获批国家大学生创新性实验计划 3 项、江苏省高等学校大学生实践创新训练计划 3 项、校级大学生创业项目 1 项、校级 SRT 项目 26 项。

学生团队获得江苏省第七届大学生创业计划竞赛金奖和第八届"挑战杯"中国大学生创业计划竞赛银奖，实现了学校在该项赛事中的突破。2 人获得"中国大学生自强之星"提名，1 人获得"江苏省好青年"称号。学院团委被评为江苏省"五四红旗团委"。

圆满完成 110 周年校庆工作。补充和修订植物保护学院《校友录》，累计接待校友 220 人次，举办"植物保护学科建设高层论坛暨首届植物保护学院院长联谊会"、"植保科技论坛"、"杰出校友报告会"和"植保发展战略研讨会"系列科技活动。筹集设立方中达先生奖学金、尤子平先生奖学金、艾津农化奖学金和新果园奖学金。主办"南京农业大学 110 周年校庆·攀登紫金山半程马拉松赛"。

【科研奖励再突破】周明国教授团队针对我国重大作物病害抗药性预警及治理需求，研究的"重要作物病原菌抗药性机制及监测与治理关键技术"项目获得了 2012 年度国家科技进步奖二等奖。洪晓月教授主持的"农作物重要叶螨的综合防控技术研究与示范"获高等学校科学研究优秀成果奖科学技术进步奖二等奖，研究结果构建了叶螨防控技术体系。

【科研成果再拓新】吴益东教授课题组在 *PNAS* 发表题为 *Diverse genetic basis of field-evolved resistance to Bt cotton in cotton bollworm in China* 的论文，该研究揭示了棉铃虫田间种群对 Bt 棉花的抗性基因存在遗传多样性，既有基于钙黏蛋白基因缺失突变的隐性基因，也存在基于钙黏蛋白氨基酸点突变或其他抗性机制的非隐性基因，首次发现并证实非隐性抗性基因在 Bt 作物抗性演化中具有关键性作用。

【人才建设再上台阶】2012 年，学院人才培养和团队建设工作取得重要进展。王源超教授入选教育部"长江学者"特聘教授并获得了国家杰出青年科学基金资助；金海翎教授入选"长江学者"讲座教授并入选江苏省特聘教授；刘泽文教授入选中共中央组织部青年拔尖人才计划；陶小荣教授获得国家优秀青年基金资助并入选教育部新世纪人才计划；窦道龙、李飞教授获得江苏省杰出青年科学基金资助。新建植物分子免疫研究团队。

【举办植物保护学科建设高层论坛暨首届植物保护学院院长联谊会】9 月 22 日，组织召开"植物保护学科建设高层论坛暨首届植物保护学院院长联谊会"。来自国务院学位委员会专家和全国 22 所高等院校的 60 名专家学者参加了论坛。会议围绕"新形势下我国植物保护学科的协同创新"的主题开展交流讨论。本次会议是国内植物保护学界第一次顶峰会议。会议形成决议，今后将每年举办一次院长联谊会。

（撰稿：张　岩　审稿：黄绍华）

园 艺 学 院

【概况】园艺学院设有园艺学博士后流动站 1 个、6 个博士学位授权点（果树学、蔬菜学、茶学、观赏园艺学、药用植物学、设施园艺学）、6 个硕士学位授权点（果树学、蔬菜学、园林植物与观赏园艺学、风景园林学、茶学、中药学）和 2 个专业学位硕士授权点（农业推广硕士、风景园林硕士）、5 个本科专业（园艺学、园林学、景观学、中药学、设施农业科学与工程学）；设有农业部园艺作物种质创新与利用工程研究中心、农业部华东地区园艺作物生物学与种质创新重点实验室、国家果梅杨梅种质资源圃、国家梨产业技术研发中心和江苏省果树品种改良与种苗繁育中心等部省级科研平台 5 个；1 个二级学科为国家重点学科，1 个一级学科被认定为江苏省一级学科国家重点学科培育建设点，1 个二级学科为江苏省重点学科，1 个二级学科被评为江苏省优势学科。

在职教职工 108 人，其中专任教师 93 人、管理人员 7 人、教辅、科辅 8 人。专任教师中有教授 30 人（含博士生导师 28 人）、副教授 40 人、讲师 23 人；从国内外引进高端人才 4 人，接收优秀博士 11 人；晋升教授 3 人、副教授 7 人；"十字花科蔬菜育种"创新团队、"设施蔬菜高效栽培"创新团队入选江苏省现代农业产业技术创新团队；"果树功能基因组学与应用"入选"青蓝工程"科技创新团队培养对象，1 人入选"青蓝工程"中青年学术带头人培养对象，1 人入选学校"钟山学术新秀"。柳李旺教授和张绍铃教授分别荣获"第十三届江苏省青年科技奖"和"第十届江苏省优秀科技工作者"称号；"211 工程"三期建设正式通过国家验收，其中学院"园艺科学与应用"建设项目综合得分 90 分以上，获得 100 万元专项资金奖励。

全日制在校学生 1 803 人，其中本科生 1 160 人、硕士研究生 529 人、博士研究生 114 人，在校在职专业学位研究生 108 人。毕业学生 518 人，其中，研究生 241 人（博士研究生 35 人、硕士研究生 206 人），本科生 275 人。招生 550 人，其中，研究生 251 人（博士研究生 34 人、硕士研究生 217 人）、本科生 299 人。本科生就业率为 95.5%，研究生就业率 88.7%（不含推迟毕业）。

学院科研立项 63 项，总经费 3 200 多万元；其中申报国家自然科学基金 50 项，受资助 16 项，经费 1 212 万元，无论是项目数量还是经费总数均创历史新高；张绍铃教授的"梨果实糖酸性状形成的分子机制及重要功能基因的挖掘"为重点项目，资助额度为 280 万元；科技部"863"项目 1 项，经费 188 万元。1～11 月，发表 SCI 论文 71 篇，累计影响因子 148.297，论文数比 2011 年同期增长 82.05%，影响因子增长 133%；申报专利 38 项，授权专利 9 项。

建成了世界上生物信息量最大的不结球白菜基因组数据库，砀山酥梨基因组研究成果在《基因组研究》（Genome Research）上发表。"菊花优异基因资源发掘与创新利用"成果，荣获江苏省科技进步一等奖。已初步建成南京农业大学（宿迁）设施园艺研究院。

学位授予率 97.62%；1 篇毕业论文被评为 2011 届江苏省优秀本科毕业论文三等奖；组织了园艺学院第四届教学观摩与研讨会；1 位新教师在校第十届青年教师授课比赛中荣获二等奖；获批国家级精品视频公开课 1 门、省级精品视频公开课 2 门，3 门精品视频课程于 7～8 月启动建设，进展良好；积极申报国家级精品资源共享课园艺作物育种学；SRT 项目成绩喜人，其中有 4 项获国家立项资助、2 项获国家创业项目资助、4 项获省立项资助；投入 200 余万元对江浦园艺实验站进行了改造，有效改善了实践教学基地；园艺专业被批准为江苏省重点专业进行建设；获得全国百篇优秀博士论文 1 篇、江苏省优秀博士论文 1 篇、江苏省优秀硕士论文 2 篇；博士为第一作者发表的 5.0 以上影响因子的论文 6 篇；获江苏省研究生科研创新计划 4 项；与国际教育学院、研究生院联合举办了暑期博士班"高级园艺科学课程"，邀请瓦赫宁根大学及千叶大学知名教授讲课，提升了博士研究生的科学研究与国际交流能力；按照一级学科进行了研究生课程体系改革，现有课程体系更加符合各层次研究生的培养规律；积极申报江苏省企业研究生工作站，获批 6 个。

与国内多所兄弟院校和科研机构建立了良好的合作与交流关系；接待国内院校或科研机构来宾来校参观交流 6 批次；积极推进国际化进程，加强与国外科研机构的合作与交流，邀请外国专家来学院讲学 13 人次，教师去国外参加国际会议 11 人次，派出一位教师去国外合作科学研究；成功举办"园艺发展高层论坛"、"中国设施园艺学术年会暨设施蔬菜栽培技术研讨暨现场观摩会"、"第三届国际果树组学暨生物技术研讨会"和"2012 年大宗蔬菜产业技术体系年终考评会"。

在南京农业大学建校 110 周年校庆期间，园艺学院根据学校统一部署，精心组织，圆满完成了校庆活动。来校参加庆典活动的学院校友及嘉宾 200 余人；校庆捐赠协议金额 300 万元，2012 年到账金额 110 万元；面向学院师生、校友和社会各界，广泛开展了园艺学院形象标识和院训征集活动，形成的学院标识和学院院训得到了广泛认可和普遍赞赏；编写了《南京农业大学 110 周年校庆园艺学院纪念册》，总结了学院 90 余年的办学历史，凝练和展示了学院近年来的办学成果。

【张绍铃研究团队项目获国家自然科学基金委员会重点项目立项资助】10 月上旬，张绍铃教授研究团队申报的"梨果实糖酸性状形成的分子机制及相关基因的挖掘"获国际自然科学基金委员会立项资助，这是目前全国范围内以梨为研究试材获得的第一个国家基金重点项目。国家梨产业技术体系首席科学家张绍铃教授研究团队多年来围绕提高梨果实品质的目标开展了一系列的基础理论和技术研发工作，并且在产业科研的实践中不断凝练和提出新的研究课题，获得了多项国家自然科学基金的资助。张绍铃教授带领研究团队向国家自然科学基金委员会提出重点项目计划申报书，即针对产业中影响梨果品质的核心因素——果实糖酸性状的形成和调控机理开展系统性的基础理论和前瞻性研究。

【举行形象标识和院训揭幕仪式】10 月 17 日上午，园艺学院在学院新建成的学术报告厅"精艺厅"举办学院形象标识和院训揭幕暨校庆工作。

【举办国际果树基因组和分子生物学研讨会】第三届国际果树组学和生物技术研讨会（The 3rd International Symposium on Omics and Biotechnology of Fruit Crops）于 10 月 27～29 日在南京农业大学召开。本次会议由南京农业大学主办。会议旨在为国际果树学专家提供一个学术前沿研究成果和学术思想交流的平台，该会议每年举办一次，是国际果树学界非常重要的会议。会议由南京农业大学园艺学院教授、美国园艺学会（ASHS）会士（Fellow）程宗明博士主持，南京农业大学校长周光宏教授和园艺学院院长侯喜林教授分别代表南京农业大学和园艺学院致开幕词。

（撰稿：张金平　审稿：陈劲枫）

动物医学院

【概况】动物医学院设有：基础兽医学系、预防兽医学系、临床兽医学、试验教学中心（国家级示范）、农业部生理化重点实验室、农业部细菌学重点实验室、临床动物医院、实验动物中心、《畜牧与兽医》编辑部、畜牧兽医分馆、动物药厂和36个校外教学实习基地。

现有教职工85名，其中教授30名，副教授、副研究员、高级兽医师、副编审29名，讲师、实验师26名。具有博士学位者61名、硕士学位者9名。其中博士生指导教师26名、硕士生指导教师50名。2012年，学院新增教授4名、副教授3名。6人入选教育部新世纪人才培养计划，2人获国家优秀青年基金资助，10人获得了国家自然科学基金资助，其中5人获得了国家自然科学基金青年基金资助，3人入选"钟山学术新秀"。

全日制在校学生1 644人，其中，本科生942人、硕士研究生434人、博士研究生113人，有专业学位博士和硕士生145人、博士后研究人员10人。毕业学生365人，其中，研究生186人（博士研究生39人、硕士研究生126人、兽医博士3人、兽医硕士18人），本科生179人。招生389人，其中，研究生221人［博士研究生39名（含外籍留学生3名）、硕士研究生126人、兽医博士研究生20人、兽医硕士研究生33人］，本科生168人。本科生总就业落实率达100%，研究生总就业率98.6%。全年发展学生党员87人（其中，研究生27人、本科生60人），转正85人（其中研究生25人、本科生60人）。

以教师为第一通讯作者的SCI论文145篇，到位科研经费3 000.5万元，横向合作到位经费352.73万元，授权专利13项，实用新型2项，学院立项国家大学生创新实验计划项目9项，省级大学生实践创新项目2项，校级SRT项目30项，2012级金善宝实验班立项SRT项目11项。本科生发表论文22篇，其中20篇为第一作者（包括1篇为第一作者的SCI论文）、2篇为第二作者的SCI论文，有7名本科生免试推荐到北京大学和清华大学等"985"高校读研。

【教育教学成果丰硕】学院有3本教材批准为教育部"十二五"规划教材，11本教材批准为农业部"十二五规划"教材。学院教师发表教改论文2篇。

【举办4场重要学术会议】举办全国动物生理生化第十二次学术交流会、第二届亚洲兽医外科学大会暨第19次中国畜牧兽医学会兽医外科学分会学术研讨会、第六届南京农业大学畜牧兽医学术年会、长三角预防兽医学博士论坛。来自世界各地的数百名专家学者齐聚一堂，进行了广泛而深入的学术交流。

【举办迎校庆系列名家讲座】为欢庆母校110周年华诞，学院先后邀请中国工程院刘秀梵院士，学院特聘教授、北京大学生命科学学院副院长、"长江学者"张传茂教授及爱丁堡大学TaharAit－Ali博士等众多名家为学院青年师生带来累计45场精彩纷呈的学术报告。

【举办首届校企合作高端论坛】在校企合作教育卓有成效的基础上，学院举办首届院企合作高端论坛。20多位国内著名企业家代表出席了会议，与会企业家代表围绕学院提出的"建设世界一流动物医学院"的理念，从学科建议、人才培养、科研成果产出和学生培养等方面进行了热烈的讨论。代表们从企业角度出发，肯定了校企合作对企业发展的重要性，希望通过此次论坛，进一步建立健全院企合作机制，提升科研成果转化效率，鼓励学生在实践中锻炼成长。

【3 项科技成果获省、部级科技奖励】 本年度学院共获得省、部级科技奖励 3 项，其中姜平教授主持的"猪圆环病毒病防控技术研究与应用"、黄克和教授主持的"新型多功能生物饲料添加剂的创制与应用"研究成果分别获得教育部"高等学校科学研究优秀成果科学技术进步二等奖"和"高等学校科学研究优秀成果奖技术发明二等奖"；张海彬教授参与（第二完成单位，第二完成人）的"谷物重要真菌毒素检测与安全控制关键技术研究"获得"江苏省科学技术进步三等奖"。

（撰稿：盛　馨　审核：范红结）

动物科技学院

【概况】 动物科技学院设有动物遗传育种与繁殖系、动物营养与饲料科学系、草业工程系、特种经济动物与水产系、实验教学中心（国家级示范）和农业部牛冷冻精液质量监督检验测试中心。下设消化道微生物研究室、动物遗传育种研究室、动物营养与饲料研究所、动物繁育研究所、南方草业研究所、乳牛科学研究所、羊业科学研究所、动物胚胎工程技术中心、《畜牧兽医》编辑部、畜牧兽医图书分馆和珠江校区畜牧试验站。

现有在职教职工 88 人，专任教师 57 人，在校本科生 601 名、硕士生 297 名、博士生 83 名。新增青年教师 8 人、引进教授人才 1 人、博士生指导教师 3 人、硕士生指导教师 2 人。专任教师中，教授 22 名、副教授 21 名、讲师 23 名、博士生导师 21 名、硕士生导师 41 名。拥有国务院"政府特殊津贴"者 2 人，国家杰出青年科学基金获得者 1 人、国家"973"首席科学家 1 人、国家现代农业产业技术体系岗位科学家 2 人、教育部新世纪人才支持计划获得者 1 人、教育部青年骨干教师资助计划获得者 3 人、江苏省"333"人才工程培养对象 3 人、江苏省高校"青蓝工程"中青年学术带头人 1 人与骨干教师培养计划 2 人、江苏省"六大高峰人才"1 人、江苏省教学名师 1 人、江苏省优秀教育工作者 1 人、南京农业大学"钟山学术新秀"1 人。

招收本科生 176 名、硕士生 101 名、博士生 30 名，毕业本科生 154 人、硕士生 86 人、博士生 24 名，授予学士学位 153 人、硕士学位 81 人、博士学位 24 人。动物科学专业本科毕业生读研率 41.56%、就业率 96.46%，草业专业本科毕业生读研率 25%、就业率 100%，水产养殖专业本科毕业生读研率 22%、就业率 100%。

动物科学专业获得江苏省"十二五"高等学校重点专业建设立项。创办了动物繁殖新技术双语教学，成功申报校级精品视频公开课环境、生态与畜牧业可持续发展。组织申报国家级精品资源共享课程饲料学。主编《畜牧学通论》、《动物繁殖学》、《饲料学》和《家畜环境卫生学》教材。获得江苏省研究生教育教学改革研究与实践课题 1 项、教改项目 1 项、南京农业大学教改项目 6 项，发表教改论文 8 篇、研究生教育管理论文 4 篇。获得南京农业大学教学工作创新奖。

拥有博士后流动站 1 个，畜牧学、草学、水产一级学科博士授权点 3 个，二级学科博士点 5 个、硕士点 5 个，皆为江苏省重点学科。其中，自主设置动物生产学和动物生物工程 2 个二级学科博士点。

新增动物科学类国家级实验教学示范中心 1 个，建有动物源食品生产与安全保障、水产动物营养省级实验室 2 个、江苏省肉羊产业工程技术研究中心（新增）1 个、奶牛生殖工程市级首批开放实验室（新增）1 个、校企共建省级工程中心 2 个、农业部动物生理生化重点实验室（与动物医学院共建）1 个。

发表 SCI 论文 60 篇。到账纵向科研经费 1 903 万元，新增各类科研项目 32 项，其中纵向科研立项 20 项，即主持国家科技支撑计划课题 1 项、国家自然科学基金 7 项、教育部高等学校博士点基金课题 1 项、教育部留学回国科研启动基金 1 项、江苏省自然科学基金 1 项、江苏省产学研—前瞻性联合研究项目 2 项、江苏省农业三新工程项目 2 项、江苏省农业自主创新项目 1 项、中央高校基本科研业务费自主创新项目 2 项、人才引进项目 1 项、校青年科技创新基金 1 项。此外，新增挂县强农富民项目 2 个、专家工作站 3 个。羊业科学研究所第二单位参加的"农区肉羊舍饲规模化生产关键技术研究与应用"项目，获得江苏省科学技术奖二等奖。

2012 年为南京农业大学 110 周年校庆年，同时也是南京农业大学科技年，学院举行院士座谈会 2 场、动物科学论坛 1 场、畜牧业发展报告会 1 场、专家学者学术报告会 28 场，出国进修或学术交流 15 人次，参加国内外学术会议 45 人次，主办国内国际重大学术会议 5 场，即主办欧盟第七框架科技合作暨猪肠道微生物国际学术研讨会、第六届和第七届南京农业大学畜牧兽医学术年会、全国牛冷冻精液生产与质量检测学术研讨会、第二届全国大宗淡水鱼营养与饲料学术研讨会。

发展新党员 65 人，转正党员 86 人。获得南京农业大学校园廉洁文化活动周优秀组织奖 1 项、廉洁教育书籍读书心得写作奖二等奖 2 项、教职工"创先争优"先进个人 1 人、大学生"创先争优"先进个人 3 人、师德标兵 1 人、师德先进个人 1 人。学院行政教职工党支部、本科生第五党支部获得创先争优先进党支部称号。

完善《南京农业大学动物科技学院落实"三重一大"制度实施办法》、《动物科技学院党政共同负责制规定》、《动物科技学院院风建设条例》、《动物科技学院本科生管理工作细则》、《动物科技学院研究生日常管理工作制度》、《动物科技学院本科生综合测评附加分管理办法》、《动物科技学院推荐免试硕士研究生实施办法（试行）》、《动物科技学院班级目标管理考核制度》、《动物科技学院出课考勤管理办法（试行）》。

【被教育部评为"国家级实验教学示范中心建设单位"】组织申报"动物科学类实验教学中心"，被教育部评为"国家级实验教学示范中心建设单位"。本次评审，全国共有 109 所中央部委直属院校选送的 201 个实验教学中心参评，最终 94 所高校的 100 个实验教学中心通过评审，获得"国家级实验教学示范中心建设单位"称号。

国家级实验教学示范中心评审是教育部"十二五"期间实施"高等学校本科教学质量与教学改革工程"的重要组成部分，旨在进一步加强高校教学实验室建设，提高人才培养质量，建立优质资源融合、教学科研协同、学校企业联合培养人才的实验教学新模式，以服务国家科教兴国战略和人才强国战略，满足新时期人才培养的需要。

【主办欧盟第七框架项目国际学术研讨会】2012 年 11 月 7～8 日，欧盟第七框架项目《Interplay of Microbiota and Gut Function in Pig》国际学术研讨会在南京农业大学举行。会议由南京农业大学动物科技学院消化道微生物研究室主办，来自荷兰瓦赫宁根大学、澳大利亚 Murdoch 大学、英国 Bristol 大学、法国 INRA、芬兰 Helsinki 大学、荷兰 WUR 畜牧研究中心、意大利 Bologna 大学、丹麦 Aarhus 大学的 10 多位外国专家参加会议；上海交通大学、中国农业大学和浙江大学等国内高校以及科研院所 80 名青年教师和研究生也参加了会议。会议主要围绕猪肠道微生物与肠道功能的相互作用展开交流和研讨。

（撰稿：孟繁星　审稿：高　峰）

草 业 学 院

【概况】2012 年 10 月 18 日，学校党委、行政发文成立南京农业大学草业学院。10 月 20 日，在南京农业大学建校 110 周年庆典活动上，由中国工程院院士任继周和农业部国家首席兽医师于康震为草业学院揭牌。12 月 5 日，学校党委发文成立中共南京农业大学草业学院总支部委员会，正处级建制。12 月 6 日，学校党委发文任命景桂英同志任草业学院党总支书记。12 月 10 日，学校党委、行政发文决定草业学院设党总支书记、院长和副院长岗位各一个。12 月 19 日，学校党委办公室、校长办公室分别发文启用"中国共产党南京农业大学草业学院总支部委员会"和"南京农业大学草业学院"印章。

（撰稿：班　宏　审稿：景桂英）

无锡渔业学院

【概况】无锡渔业学院（以下简称"渔业学院"）有水产学一级学科博士学位授权点和水生生物学二级学科博士学位授权点各 1 个，全日制水产养殖、水生生物学共 2 个硕士学位授权点，1 个专业学位渔业领域硕士学位授权点，1 个水产养殖博士后科研流动站。1 个全日制水产养殖学本科专业，另设有包括水产养殖学专升本在内的各类成人高等教育专业。

渔业学院依托中国水产科学研究院淡水渔业研究中心（以下简称"淡水中心"）建有 1 个农业部淡水渔业与种质资源利用重点实验室，1 个中国水产科学研究院长江中下游渔业生态环境评价与资源养护重点实验室以及农业部长江下游渔业资源环境科学观测实验站等 10 个省、部级公益性科研机构；是农业部淡水渔业与种质资源利用学科群、国家大宗淡水鱼类产业技术体系和国家罗非鱼产业技术体系建设技术依托单位。编辑出版的《科学养鱼》杂志在中国科学技术协会主管京外科技期刊中平均期发行量排名第一。国家科技支撑计划项目

"淡水主养品种选育及规模化繁育技术的研究与示范"和支撑计划课题"长江下游池塘高效生态养殖技术集成与示范"启动实施，完成了 10 个院级功能实验室的绩效评估，申报了"淡水水产品质量安全风险评估实验室"。10 位科技人员光荣入选江苏省"送科技下乡　促农民增收"活动科技特派员。

在职教职工 188 人，其中教授 22 人、副教授 29 人（含博士生导师 4 人、硕士生导师 22 人）；国家、省有突出贡献中青年专家及享受国务院特殊津贴专家 4 人，农业部农业科研杰出人才及其创新团队 2 个，国家现代产业技术体系首席科学家 2 人，岗位科学家 6 人，中国水产科学研究院（以下简称"水科院"）首席科学家 1 人。

全日制在校学生 243 人，其中本科生 129 人、硕士研究生 105 人、博士研究生 9 人。毕业学生 62 人，其中研究生 26 人（博士研究生 3 人、硕士研究生 23 人）、本科生 36 人。招收全日制硕士研究生 37 名（其中学术型 22 人、专业学位研究生 15 人），博士生 5 人；1 名博士生获得校级"优秀博士毕业生"，1 名在读博士生成功入选 2012 年国家建设高水平大学公派研究生项目，同时其申请的科研创新计划项目获得了江苏省学位委员会、江苏省教育厅的立项资助。本科生一次性就业率达 97.6%，研究生初次就业率达 57.1%。有外国留学生 3 名（含博士 1 名）。2 名博士后顺利出站，2 名博士进站工作。上海新江南纸业有限公司在渔业学院设立奖学奖教金，渔业学院与通威股份公司校企合作暨"通威班"开班。

发表学术论文 157 篇，其中 SCI 论文 22 篇，获授权国家专利 46 项，被评为"2011 年度滨湖区全社会研发投入考核先进单位"和"2011 年度滨湖区知识产权工作先进单位"，承担科研项目 175 项，到位经费 3 489.7 万元（其中年度新上科研项目 70 项，到位经费 2 271.75 万元），完成项目验收 10 项，获得成果奖励 7 项。

邀请来渔业学院交流讲学和访问的境外专家 53 批次；派出 16 批次、25 人访问了 10 个国家，承担国际合作项目 5 项。承办国家技术援外培训项目 9 项，培训了来自 60 个国家的 235 名高级渔业技术和管理官员，培训天数累计 288 天，培训语言涵盖了英、法、俄等语种，开展了为期 45 天 22 名青年业务骨干参加的水科院系统第四期业务骨干英语培训班和为香港渔农自然护理署举办了"鲤科鱼类繁殖、苗种场管理培训班"，并承办江苏省农业委员会主办的为期 7 天的水产养殖技术培训班，承办为期 1 个月的 12 名中美高中生参加的科技夏令营活动，完成比利时根特大学硕士生为期 6 周的研究实习工作。

发展党员 26 人，其中学生 24 人（研究生 7 人、本科生 17 人），转正党员 31 人。10 个先进集体和 17 名先进个人受到了上级及有关单位的表彰。

【举办重要学术会议】 举办第二届全国大宗淡水鱼营养与饲料学术研讨会、鸭绿江渔业高层论坛、池塘生态养殖技术学术研讨会、第九届罗非鱼产业发展论坛以及大宗淡水鱼类加工技术与产业发展研讨会等多个大型学术会议，有来自世界各地的 830 名国内外专家、学者参加了会议，进行了广泛而深入的学术交流。同时组织开展了"学术活动月"活动，邀请国内外专家开展学术报告 8 次，组织科技人员参加水产科技论坛、中国水产学会学年会和水科院内陆渔业学术交流等活动，学术交流活动日趋活跃。

【1 人入选无锡市劳动模范】 杨弘教授入选"2009—2011 年度无锡市劳动模范"。杨弘，研究员，南京农业大学硕士生导师，国家罗非鱼产业技术体系首席科学家。现任中国水产科学研究院淡水渔业研究中心生物技术研究室主任、农业部淡水鱼类遗传育种和养殖生物学重点开放实验室副主任。长期从事水产遗传育种、养殖生物学和生物技术研究、推广和教学工作，

特别是在罗非鱼产业技术研发方面取得重大成果，取得巨大经济和社会效益。先后承担公益性行业（农业）科研专项、国家现代农业产业技术体系建设专项、"973"、"863"、国家攻关和支撑计划以及部省重点等项目 20 多项。培育出"夏奥 1 号"水产新品种，获得国家科技进步二等奖 2 项，农业部科技进步一等奖 1 项、二等奖 2 项，发表论文 30 篇以上，获得国家发明专利 2 项、实用新型授权 1 项，主编专著 2 部、参编 3 部，制定国家标准 1 项。2001年获农业部有突出贡献中青年专家专家称号。

【1 人入选无锡市突出贡献的中青年专家】 陈家长教授入选"无锡市有突出贡献的中青年专家"。陈家长，研究员，南京农业大学硕士生导师，国家罗非鱼产业技术体系养殖技术与环境岗位科学家。现任中国水产科学研究院淡水渔业研究中心环境保护研究室主任、农业部长江下游渔业生态环境监测中心主任、农业部长江下游渔业资源环境野外科学观测站副主任、中国水产科学研究院渔业生态环境学科委员会副主任。主持和承担各类研究项目 50 多项，发表论文 130 余篇，申请国家发明专利 24 项，获授权 12 项，作为主要完成人完成的项目获得农业部科技进步三等奖 2 项，省科技进步二等奖 1 项、三等奖 1 项、地市级科技进步二等奖 3 项、三等奖 3 项，农业部渔业渔政管理局二等奖 2 项。获得荣誉有无锡市优秀教育工作者、第一次全国污染源普查先进个人和农业部渔业生态环境监测先进个人等。

（撰稿：狄　瑜　审稿：胡海彦）

资源与环境科学学院

【概况】 现有教职工 102 人，其中，教授 36 人，副教授 38 人，博士生导师 34 人，硕士生导师 70 人。拥有国家"千人计划"专家、国家教学名师、国家杰出青年科学基金获得者、全国师德标兵、全国农业科研杰出人才和国务院学位委员会学科评议组（农业资源与环境）召集人等。入选教育部新世纪优秀人才计划 7 名、江苏省"333 工程"学术领军人才和中青年学术带头人 5 名、江苏省特聘教授 1 名、江苏省"青蓝工程"人才 8 名及国际学术期刊编委7 名。

学院设有农业资源与环境、生态学 2 个一级学科博士后流动站，拥有农业资源与环境国家一级重点学科、江苏高校优势学科（涵盖土壤学和植物营养学 2 个国家二级重点学科）和1 个"985 优势学科创新平台"，2 个江苏省重点学科（植物营养学和生态学）、2 个校级重点学科（环境科学与工程和海洋生物学）；3 个博士学科点、2 个博士学位授予点、6 个硕士学科点、2 个专业硕士学位点、3 个本科专业，年招收研究生 236 名（其中博士 56 人）、本科生 182 名。

农业资源与环境专业为教育部特色专业，环境工程专业为省品牌专业，环境科学专业为校品牌特色专业；拥有植物营养学和生态学 2 个"国家级优秀教学团队"，农业部和江苏省"高等学校优秀科技创新团队"各 1 个、"江苏省高校优秀学科梯队"1 个，学院独立设有黄瑞采教授奖学金和多个企业奖助学金，2012 年资助在校生 27.6 万元。

2012 年，以资源与环境科学学院教师和研究生作为第一作者和通讯作者发表 SCI 论文

81 篇，其中影响因子大于 5 的论文有 5 篇。徐国华教授在 *Annu Rev Plant Biol* 上以第一作者和通讯作者发表论文，影响因子达 28.4；另发表国内核心期刊论文 160 多篇。2012 年以学院教师或研究生作为第一申请人获得专利授权 16 项。

学院 2012 年新批准国家自然科学基金项目 19 项（其中 1 项为国家杰出青年科学基金）；2012 年学院科研实际到账纵向经费 4 100 万元，另外申请获得教育部修购计划项目 324 万元。新增了农业行业科研重大专项、"973" 项目课题和 "948" 项目等一批国家级科研项目。

2012 年，学院共邀请 20 多名国际知名的同行专家到学院访问、讲学，派遣 4 名青年教师出国进修、4 名研究生赴国外留学、10 余人次参加国际会议、成功主办 "International Workshop on Agricultural Resource Utilization and Soil Quality Improvement" 国际会议，举办 "土壤碳氮循环与温室气体减排" 2012 研究生暑期学校和 "百家名企进南农资环发展论坛"，成功举办 "上海测土配方施肥培训班"，举办学术报告 20 多场。

【成功申报 "有机固体废弃物资源化协同创新中心"】 学院整合学科资源，创建新科研平台，联合公共管理学院、生命科学学院共同申报并成功获准建设国家发展和改革委员会的 "国土资源利用与整治国家地方联合工程中心"。联合中国科学院南京土壤所、江苏农业科学院、扬州大学及其 3 家企业，牵头申报了江苏省 "有机固体废弃物资源化协同创新中心"。

【人才建设喜获佳绩】 2012 年，赵方杰获第三批次海外高层次人才引进计划（简称 "千人计划"）、邹建文教授获国家杰出青年科学基金资助并成功入选第三批江苏特聘教授、徐阳春教授获农业部农业科研杰出人才。赵方杰教授领衔的 "植物营养生物学" 团队成功入选教育部创新团队；2012 年引进的赵方杰、余玲、黄朝锋 3 位教授组成的植物营养学团队入选江苏省创新团队。

【教育教学成果丰硕】 "研究型院校以科研和学科促进本科实践教学的制度保障体系研究与实践" 江苏省教改项目获得验收。"十二五" 南京农业大学省重点专业资源与环境科学学院自然保护与环境生态类申报批准通过，省财政厅和学校各资助 30 万元用于教学建设。省级品牌色专业建设点环境工程专业通过验收。2012 年，开展完成了第五届学院 "优秀教师教学奖励计划" 项目评选。

2012 年度，学院获得国家级 SRT 4 个、省级 SRT 3 个、校级 SRT 25 个和院级 SRT 28 个。本科生考研录取率达 53.9%，CET 通过达 95.04%，学位率达到 97.76%。环境工程专业认证再次通过了教育部的评估。1 篇论文获得江苏省优秀本科论文三等奖，学院连续 4 年获得省优秀本科毕业论文；6 篇论文被评为校级优秀论文。

学院团委指导的 "千乡万村环保科普活动" 第三次荣获中国环境科学学会优秀组织单位奖，学院获得 "社会实践先进单位" 称号；"经纬亿达股份有限公司" 创业团队、"绿风科技有限公司商业计划书" 创业团队在第七届 "挑战杯" 江苏省大学生创业计划大赛中荣获铜奖；学院绿源环保协会获得首届江苏省 "母亲河奖"，并受委托承办江苏省青少年生态环保社团骨干培训班。

【举办校庆系列活动】 学院共筹集校庆捐款 498.6 万元。校庆期间成功举办 77 级、78 级校友座谈会、黄瑞采铜像落成仪式及 "承九十辉煌、谱资环华章暨资环学院院庆 90 周年文艺演出" 等一系列活动。

（撰稿：巢 玲 审稿：徐国华）

生 命 科 学 学 院

【概况】生命科学学院现下设生物化学与分子生物学系、微生物学系、植物学系、植物生物学系、动物生物学系和生命科学实验中心。植物学和微生物学为农业部重点学科，植物学同时是江苏省优势学科平台组成学科，生物化学与分子生物学是校级重点学科，现拥有农业部农业环境微生物重点实验室、江苏省农业环境微生物修复与利用工程技术研究中心、江苏省杂草防治工程技术研究中心和国家级农业生物学虚拟仿真实验教学中心。现有生物学一级学科博士、硕士学位授予点，植物学、微生物学、生物化学与分子生物学、动物学、细胞生物学、发育生物学和生物技术 7 个二级博士授权点。拥有国家理科基础科学研究与教学人才培养基地（生物学专业点）和国家生命科学与技术人才培养基地、生物科学（国家特色专业）和生物技术（江苏省品牌专业）2 个本科专业。

现有教职工 107 人（2012 年新增 8 人），89％具有博士学位。其中教授 27 人（2012 年新增 3 人），副教授及副高职称者 33 人（2012 年新增 3 人），讲师 16 人（2012 年新增 4 人），博士生导师 26 人（2012 年新增 3 人），硕士生导师 26 人（2012 年新增 2 人）。1 人获得国家自然科学基金委员会优秀青年科学基金资助，1 人入选教育部新世纪优秀人才支持计划，1 人获得"国家高层次人才特殊支持计划"教学名师奖，1 人获得江苏省杰出青年科学基金资助，3 人入选省"333 工程"培养计划，1 人入选江苏省"青蓝工程"学术带头人培养对象，3 人入选校首期"钟山学术新秀"。

学院招收博士研究生 34 人、硕士研究生 156 人、本科生 176 人，毕业本科生 208 人、研究生 194 人。2012 届本科毕业生年终就业率为 97.10％，研究生年终就业率 92.78％。

完成国家精品视频公开课植物与生活（强胜主讲）建设，并在网易和爱课程网站上线；完成国家资源共享课程植物学网上申报。强胜主编的《植物学》和《植物学数字课程》获批教育部十二五规划教材。

新立项国家自然科学基金 15 个、省部级项目 16 个，总经费 1 624 万元；到账科研经费 1 972 万元。2 人获得教育部新世纪优秀人才计划项目资助，2 人获得江苏省杰出青年科学基金资助，2 人获得教育部高等学校博士点基金课题资助。发表 SCI 论文 76 篇，累计影响因子 212.2，其中影响因子 5 以上的论文 7 篇。章文华课题组的磷脂对微管调节研究成果发表在 *The Plant Cell*。

生物科学专业通过省教育厅组织的省品牌专业验收。在国家级人才培养基地、国家级特色专业和省级品牌专业的基础上，整合生物科学与生物技术的教学资源，生物科学类被立项为江苏省重点专业。与中国科学院上海生命科学研究院联合推动实施"菁英计划"，探索科教协同培养拔尖创新人才的新途径。

获批国创计划 14 个、省创新计划 2 个、校级 SRT 项目 32 个。制定和实施激励导向的学位授予条例和评奖评优办法《生命科学学院研究生学业奖学金评定细则（试行）》和《南京农业大学关于学术型研究生攻读学位期间发表学术论文要求的规定（暂行）（2014 年修订）》。获省优秀博士论文和硕士生论文各 1 篇，获省研究生科研创新计划项目 10 个，获省研究生教育教学改革研究与实践课题 2 个，获得省研究生优秀课程 1 门。设立了 1 个江苏省企业研究生工作站和 1 个校企业研究生工作站。2012 年度获学校教学管理先进单位，"植物学立体数字化教材建设与应用"获校级教学成果特等奖，并被推荐申报省级教学成果奖。学院教师发表教育教学论文 12 篇。积极组织各类学术活动，邀请欧美、日本和中国香港等地著名教授来院访问。全年组织学术报告 38 场。

举办第二届生命科学节，与江苏省植物生理学学会共同成功举办第一届国际植物日在南京地区的科普活动，并得到中国植物生理与植物分子生物学学会的表彰。在第七届大学生课外学术作品竞赛中，获一等奖 1 项、二等奖 3 项、三等奖 1 项。本科生二支部"红心闪耀绿动青奥"获省教育工委最佳党日活动优胜奖。李梦婕获"全国大学生职业生涯规划大赛"总决赛一等奖和"最佳个人风采奖"，孙静茹获"江苏省优秀共青团员"。

【生物学理科基地获国家基础科学人才培养基金资助】 生物学理科基地科研训练及科研能力提高项目获国家基础科学人才培养基金资助，立项经费 400 万元。

【承办"世界最大笑脸"系列活动】 为迎接校庆，发起并承办由 3 110 名南农学子组成的"世界最大笑脸"吉尼斯世界纪录挑战活动，征集近 2 000 份海内外校友的幸福笑脸摄影作品，承担校庆庆典大会上由 5 640 人组成的"NAU110"背景图的设计与现场布置工作。

（撰稿：赵　静　审稿：李阿特）

理　学　院

【概况】 理学院现有数学系、物理系和化学系 3 个系，设有学术委员会、教学指导委员会等，建有江苏省农药学重点实验室，设有化学教学实验中心、物理教学实验中心，2 个江苏省基础课实验教学示范中心及 1 个同位素科学研究实验平台。学院拥有 1 个博士学科点：生物物理学；4 个硕士学科点：数学、化学、生物物理学和化学工程；2 个本科专业：信息与计算科学、应用化学。

现有教职工 80 人，其中，教授 8 人（2012 年晋升 1 人），副教授 26 人（2012 年晋升 2 人），博士生导师 6 人，硕士生导师 16 人（2012 年新增 2 人）。2012 年引进高层次人才 1 人。

2012 年招收本科生 124 人、硕士研究生 26 人、博士研究生 1 人；毕业本科生 102 人、硕士研究生 27 人。2013 届本科生一次就业率 89.22%，研究生一次就业率 77.78%。2012 年有 5 人获南京农业大学优秀硕士毕业生。

科研经费到账 215.5 万元，获批国家自然科学基金项目 4 项，其中，面上项目 2 项、青年科学基金项目 2 项；国家支撑子课题 1 项、国家公益专项子课题 1 项、江苏省科技支撑项目 1 项。资助总经费达到 274 万元。发表 SCI 论文 31 篇。

理学院积极推进学术交流。举办江苏省农药学重点实验室学术委员会第一次会议。由理学院承办的江苏省农药学重点实验室学术委员会第一次全体会议于 2012 年 9 月 23 日在学校召开。会议邀请了 7 名农药学领域知名专家学者担任学术委员会成员。

理学院代表学校农药科技创新团队向国家"农药产业技术创新战略联盟"提出入盟申

请。经联盟秘书处审核，理事会批准，学校成为该联盟理事单位。

在大学生科技竞赛中，获得"数学中国"杯数学建模网络挑战赛第一阶段全国一等奖 2 项、二等奖 1 项，全国大学生数学建模竞赛江苏赛区一等奖等成绩以及江苏省大学生化学化工实验竞赛二等奖等成绩。

（撰稿：柳心安　审稿：程正芳）

食 品 科 技 学 院

【概况】学院拥有博士学位食品科学与工程一级学科授予权、1 个博士后流动站、1 个国家重点（培育）学科、1 个江苏省一级学科重点学科、1 个江苏省优势学科、1 个江苏省二级学科重点学科、2 个校级重点学科、4 个博士点和 5 个硕士点。拥有 1 个国家工程技术研究中心、1 个中美联合研究中心、1 个农业部重点实验室、1 个教育部重点开放实验室、1 个江苏省工程技术中心和 8 个校级研究室。拥有 1 个省级实验教学示范中心、2 个院级教学实验中心（包括 8 个基础实验室和 3 个食品加工中试工厂）。学院下设食品科学与工程、生物工程、食品质量与安全 3 个系，下设的食品科学与工程、生物工程、食品质量与安全 3 个本科专业分别是国家级、省级特色专业。

现有教职工 67 名，其中教授 21 人，副教授 17 人。2012 年，学院引进留学人员 4 名，新增教授 4 名，博士生导师 4 人，硕士生导师 2 人，选留国内外优秀博士 4 名。有 2 位青年教师入选校"钟山学者"计划并获得"钟山学术新秀"称号，1 位青年教师入选江苏省"青蓝工程"优秀青年骨干培养计划。出国进修 2 人，参加国内外学术交流会议 30 余人次，5 名青年教师深入基层科研单位挂职锻炼。

有全日制在校本科生 756 人，2012 届本科毕业生毕业论文优良率达 96.4%，4 篇论文被评为校级优秀毕业论文。CET 累计通过率 94.15%，平均 GPA 3.23，考研录取率 26.3%，学位授予率 97.01%。全年学生共发表论文 10 篇，其中第一作者 2 篇；省级以上各类竞赛获奖 7 项、14 人次。

2012 年，学院共招收博士生 33 人、硕士生 119 人、专业学位研究生 66 人（含工程硕士和推广硕士）。有 25 人被授予博士学位，89 人被授予硕士学位，52 人被授予专业硕士学位（其中工程硕士 38 人、推广硕士 14 人）。有 1 篇研究生论文获得江苏省优秀硕士学位论文。获江苏省普通高校研究生科研创新计划 3 项。新增江苏省研究生企业工作站 1 个。学院现有留学生 7 名。

"江苏省食品质量与安全专业课程体系、教学内容改革和整体优化研究与实践"获得校级教学成果一等奖，教师发表教学研究论文 3 篇，2 项校级创新性实验教学项目顺利结题，6 本教材获批农业部"十二五"规划教材，新增国家级项目 4 个、省级项目 3 个、校级 SRT 计划 25 个；结题国家项目 3 项、省级项目 2 项、校级创业项目 1 项、校级 SRT 30 项和院级 SRT 5 项。结题项目中，国家项目发表文章 2 篇，校级项目发表文章 3 篇，院级项目发表文章 1 篇；受理专利 1 项。

学院新增科研项目 22 项，其中国家自然科学基金项目 9 项、科技部"863"计划 1 项、科技部农业成果转化项目 1 项、江苏省自然科学基金 2 项、江苏省科技支撑项目 1 项，纵向到位科研经费 2 128.6 万元。

由周光宏教授主持的"冷却肉加工质量安全"项目荣获食品科技协会科技创新一等奖，"冷却肉质量安全保障关键技术及装备研究与应用"项目荣获江苏省科技进步二等奖。学院全年在国内外学术期刊上发表论文 170 余篇，其中 SCI 收录 68 篇。授权专利 16 项。

组织召开第十届中国肉类科技大会、中国畜产品加工研究会第六届会员代表大会暨畜产品加工技术论坛等全国学术会议。召开 20 余次学术报告会。接受国内外访问学者、合作研究人员 50 余人，有 10 余位专家赴德国、韩国和肯尼亚等国家参加国际学术会议和学术访问，2 位青年教师赴国外进修，参加国内外学术会议人数 30 余人次。

2012 年是南京农业大学建校 110 周年校庆年，学院成功举办"百家企业进南农"食品科技论坛。共筹集 15 家企业以及校友捐赠现金 380 余万元，同时与 8 家企业及部分校友举行了隆重的捐赠仪式。开展校庆学术活动 20 余场，邀请包括中国工程院院士孙宝国在内的 30 多位国内外专家和知名教授对学科前沿做了精彩报告。

2012 年 1 月，学院组织召开食品科学"十二五"学科发展暨国家肉品质量安全控制工程技术研究中心发展研讨会；3 月，启动全国第三轮学科评估参评组织工作，按时提交学科评估材料；同期，学院"211 工程"三期建设"农畜产品加工与食品安全"子项目通过了学校验收，完成了子项目的建设目标；6 月，学院食品科学与工程顺利通过省优势学科中期检查，综合评价为良好；11 月，江苏省审计厅派出审计组对学院食品科学与工程江苏高校优势学科建设工程一期项目绩效情况进行了审计。

【国家肉品质量安全控制工程技术研究中心验收评估优秀】2012 年，国家肉品质量安全控制工程技术研究中心建设期满。2 月，接受第三方的验收评估。2～4 月，中心部分成员走访中心产学研基地。5 月，科技部计划司蔡文沁副司长一行对中心进行了调研。9 月，湖南四达公司对中心进行了现场验收。11 月，科技部在北京对 26 家国家工程技术研究中心进行了综合评议验收，最终验收评估结果为"优秀"。

【举办"百家企业进南农"食品科技论坛】2012 年 9 月 16 日，学院成功举办"百家企业进南农"食品科技论坛，包括雨润集团、中粮集团在内的 12 家知名企业代表参加了此次活动。此次活动积极响应南京农业大学广聚"科技、人才、信息、金融"资源和"面向产业需求、深化政产学研合作"的号召，为企业和高校的协同创新奠定了坚实的基础。

【举办"苏食杯"第九届南京高校学生食品科技论坛】2012 年 5 月 26 日下午，"苏食杯"第九届南京高校学生食品科技论坛在南京农业大学大学生活动中心举行。本次论坛由南京高校学生食品科技论坛组委会主办，南京农业大学食品科技学院承办，来自南京农业大学、南京师范大学、南京财经大学、南京工业大学、南京林业大学以及中国药科大学 6 所高校的 12 支参赛队伍参加了本次论坛的竞赛环节。

（撰稿：童　菲　审稿：屠　康）

工 学 院

【概况】工学院位于南京农业大学浦口校区，北邻老山风景区，南靠长江，占地面积 47.52 公顷，校舍总面积 15.57 万米² （其中教学科研用房 5.70 万米²、学生生活用房 5.96 万米²、教职工宿舍 2.31 万米²、行政办公用房 1.60 万米²），图书馆建筑面积 1.13 万米²，馆藏 33.06 万册。

工学院设有党委办公室、院长办公室、人事处、纪委办公室（监察室）、计划财务处、教务处、学生工作处（团委）、图书馆、总务处、农业机械化系·交通与车辆工程系、机械工程系、管理工程系、电气工程系、基础课部和培训部。

工学院设有农业工程一级学科博士学位授予权点；农业机械化工程、农业生物环境与能源工程、农业电气化与自动化 3 个二级学科博士点，机械制造及其自动化等 9 个学科硕士点，工程硕士（农业工程、机械工程、物流工程）、农业推广硕士等 4 个专业学位领域硕士授权点；农业机械化及其自动化、交通运输、车辆工程、机械设计制造及其自动化、材料成型与控制工程、工业设计、自动化、电子信息科学与技术、农业电气化与自动化、工程管理、工业工程和物流工程 12 个本科专业。

在编教职员工 415 人，专任教师 231 人（其中教授 17 人、副教授 64 人、具有博士学位的 69 人），入选江苏省"青蓝工程"中青年学术带头人 1 人，入选江苏省"青蓝工程"优秀青年骨干教师 1 人，入选南京市"321 计划"人才 1 人，入选学校"钟山学术新秀"1 人，博士教授柔性进企业工作 7 人。出国进修教师 4 人，在职攻读博士学位 7 人。有离退休人员 297 人，其中离休干部 8 人。

全日制在校本科学生 5 042 人（其中管理学 384 人），博士研究生 86 人（其中外国留学生 10 人），硕士研究生 204 人、专业学位研究生 65 人，成人教育、网络教育等学生 892 人。2012 年，招生 1 476 人（其中本科生 1 356 人、硕士研究生 102 人、博士研究生 18 人），毕业学生 1 326 人（其中本科生 1 249 人、硕士研究生 64 人、博士研究生 13 人），本科生就业率 96.40%（保研 61 人、考研录取 107 人、就业 1 205 人）。有 3 位教师进博士后流动站，3 位博士后出站。

学院获得科研经费为 956.66 万元，其中纵向项目 829.38 万元（含国家自然科学基金项目 199 万元、江苏省农机三新工程项目 11 万元和江苏省产学研合作项目 75 万元、中央高校基本科研业务费 99 万元等），横向项目 127.28 万元。学院获得 1 项江苏省农业工程类重点专业建设项目。南京农业大学灌云农机研究院开始建设，2012 年投入 100 万元；江苏省现代设施农业技术与装备工程实验室获批成立。

学院专利授权 55 项。其中，发明专利 10 项、实用新型专利 45 项；出版科普教材 13 部；发表学术论文 287 篇，其中学校核心及以上 200 篇，SCI、EI、ISTP、SSCI 等收录 73 篇。共有 197 人次在省级以上科技竞赛中获奖。

12 月，农业机械化系周俊教授参与的由上海交通大学机械与动力工程学院刘成良教授主持的"土壤作物信息采集与水肥精准实施关键技术及装备"成果获国家科技进步二等奖。

【**中央电视台 CCTV - 5 对学院宁远车队进行相关报道**】7 月 4 日晚，中央电视台 CCTV - 5 在《赛车时代》节目中对学院交通与车辆工程系宁远车队进行相关报道。报道主题为"大学生方程式赛车造车记"，报道时长约 12 分钟。

【**举办 60 周年庆祝大会相关活动**】10 月 20 日，工学院举行庆祝南京农业大学建校 110 周年暨工学院在浦口办学 60 周年大会。来自全国各地的嘉宾、校友代表、兄弟院校代表、离退休老同志代表、教职工代表和学生代表齐聚大学生活动中心，共庆南京农业大学建校 110 周年暨工学院在浦口办学 60 周年华诞。庆祝大会由党委书记蹇兴东教授主持。

当日，我国农业工程学科创始人之一、著名农业工程专家、农业机械专家、农业工程教育家、金陵大学农业工程系创始人、首任系主任，南京农学院农业机械化系首任系主任——吴相淦先生铜像揭幕仪式在工学院举行。

10 月 19～21 日，邀请了 3 名工程院院士（罗锡文、汪懋华和蒋亦元）、2 名"长江学者"（佟金、应义斌）和农业部南京农业机械化研究所副所长胡志超、马恒达悦达（盐城）拖拉机有限公司运营总经理杨坤以及日出东方太阳能股份有限公司董事长徐新建等为学院师生做报告。

【**移动式水果采摘机器人展出**】11 月 28～29 日，学院最新研制的移动式水果采摘机器人在由江苏省科技厅主办的"江苏农村科技服务超市总店"开业典礼上展出。该机器人是国家"863"计划（项目编号：2006AA10Z259）科研成果，由一个智能移动平台、一套采摘机构和视觉系统共同构成。机器人能够在果园内自主行走，通过立体视觉识别并定位水果的空间位姿，通过机械臂和末端执行器抓取水果，并放入指定的果箱中。

（撰稿：陈海林　审稿：李　骅）

信息科技学院

【**概况**】学院设有 2 个系、3 个研究机构和 1 个省级教学实验中心。拥有 1 个二级学科具有博士学位授予权、2 个一级学科具有硕士学位授予权、1 个农业推广硕士专业学位点、3 个本科专业和 1 个二级学科硕士点为校级重点学科，1 个本科专业为省级特色专业、1 个本科专业为校级特色专业。

在职教职工 46 人，其中，专任教师 36 人、管理人员 4 人、教辅人员 6 人。在专任教师中，有教授 5 人（含博士生导师 3 人）、副教授 21 人、讲师 10 人；江苏省"青蓝工程"培养对象 3 人，南京农业大学"钟山学术新秀"2 人，教育部专业教学指导委员会委员 1 人。外聘教授 4 人，院外兼职硕士生导师 6 人。

全日制在校学生 824 人，其中，本科生 738 人、硕士研究生 86 人。研究生学位教育学生 32 人。毕业学生 222 人，其中，硕士研究生 27 人、本科生 195 人。招生 208 人，其中，研究生 42 人（硕士研究生 32 人，研究生学位教育学生 10 人）、本科生 166 人。本科生总就业率 94.36%，研究生总就业率 100%。

教师发表核心刊论文 41 篇，其中，SSCI 1 篇、EI 3 篇、一类核心刊论文 23 篇。获软件著作权 1 项、国家知识产权局受理发明专利 2 项。在研科研项目 30 个（其中，国家社科基金重点项目 1 个、一般项目 1 个），到账科研经费 293.48 万元。

《基于工程教育专业认证的农业院校计算机专业人才培养模式探索——以南京农业大学为例》获省高校优秀教学研究论文二等奖。"计算思维指导下计算机导论课程群教学改革与创新"获校级教学成果一等奖。"《科技文献检索》教学内容及方法改革实践"获校级教学成果二等奖。4 项创新性实验实践教学项目顺利结题。1 名教师获校青年授课比赛一等奖。

开展新一轮学术型研究生课程体系改革，以一级学科为单位，修订了研究生培养方案，新方案从 2012 级研究生开始执行。编制了全日制专业学位研究生实践教学大纲，规范专业学位研究生的实践教学。

邀请来学院学术交流、讲学的国内外专家 14 人。组织了建校 110 周年和建院 10 周年系列庆祝活动，接受校友捐款捐物 50 余万元。获江苏省文科学生理科知识竞赛一等奖一次，获第三届全国软件服务外包创新创业三等奖一次，获"蓝桥杯"全国软件设计大赛江苏赛区一等奖一次。

【新增二级学科博士点】首次成功申报了一个二级学科博士点。在公共管理一级学科下，自主设立了信息资源管理二级学科点。增列了 3 位博士生导师；设立了 2 个研究方向，信息检索与信息处理、网络信息组织与管理。

（撰稿：汤亚芬　审核：黄水清）

经济管理学院

【概况】学院有农业经济学系、贸易经济系和管理学系 3 个学系；有 1 个博士后流动站、2 个一级学科博士学位授权点、3 个一级学科硕士学位授权点和 4 个专业学位硕士点；5 个本科专业，其中农业经济管理是国家重点学科，农林经济管理是江苏省一级重点学科、江苏省优势学科，农村发展是江苏省重点学科。

现有教职员工 84 人，其中教授 25 人，副教授 25 人，讲师 24 人，博士生导师 18 人，硕士生导师人 35 人。2012 年学院新增教授 2 人、副教授 6 人、讲师 1 人，招聘博士、博士后 6 人，聘请讲座教授 3 人，2 名青年教师赴海外进修，新增"青蓝工程"骨干教师 1 人。

学院现有在校本科生 2 023 人，博士研究生 103 人，学术型硕士研究生 249 人，各类专业学位研究生 508 人，留学生 5 人。毕业生就业总体情况良好，2012 年，本科生年终就业率达 99％，研究生年终就业率达 97％。

学院新增纵向科研立项数 50 余项，立项经费近 900 万元，到账经费近 1 180 万元，比 2011 年增长 8％；新增横向科研立项数 36 项，到账经费近 521 万元，比 2011 年增长近 135％。国家级项目获得佳绩，新增国家自然科学基金 9 项。省部级项目得到大力发展，新增教育部人文社会科学研究一般项目 4 项、教育部博士点基金 4 项、农业部软科学项目 1 项、省社科基金 2 项、省软科学 1 项、省教育厅高校哲学社会科学研究重大项目 2 项和重点项目 1 项等。在研课题近 100 项，其中国家社会科学基金重大招标项目 6 项、国家现代农业产业技术体系产业经济岗位项目 2 项、国家自然科学基金 25 项等。中国粮食安全保障研究中心挂牌成立。

发表各类学术论文 140 余篇，其中 SSCI 论文 6 篇，学校核心期刊论文近 100 篇。出版专著 9 本。获江苏省哲学社会科学优秀成果三等奖 2 项、获得第五届中国农村发展研究奖 1 项、厅局级二等奖 2 项。

获得国家级、省部级教学质量与改革工程项目 6 项，其中，教育部精品视频公开课 1 门：十五亿人的粮食安全；江苏省重点专业类建设项目 2 个：农业经济管理类、金融学类，涵盖农村经济管理、国际经济与贸易、金融、工商管理、市场营销和会计 6 个专业；江苏省推荐申报国家精品资源共享课程 2 门：农产品运销学、管理学原理；国家"十二五"规划立项教材 1 本：《农产品运销学》。获得校级教育教学成果奖 2 项，其中，一等奖 1 项、二等奖 1 项。获得校级优秀本科毕业论文 12 篇。新增出版教材 3 本：《农村金融学》、《中国畜产经济学》和《新编基础会计学》。课程体系不断优化，基础课程实行分级教学，继续优化核心课程的期中考试和教考分离实践；新课程建设稳步推进，高级微观经济学、高级宏观经济学和高级计量经济学等经济类高级课程体系已经形成。

学院获得全国百篇优秀博士论文 1 人、江苏省优秀博士论文 1 人、江苏省优秀硕士论文 1 人；新创立了"卜凯沙龙"，使研究生学术活动形式更为丰富。新增大学生创新训练项目 48 项，其中，国家级 8 项、省级 3 项、校级 37 项；学生国际化水平不断提高，在 2012 年的国际食品与农业企业管理协会案例竞赛中获得冠军。

学院为迎接 110 周年校庆共邀请国内外专家、学者举办 35 场学术报告，报告人包括中央农村工作领导小组副组长兼办公室主任陈锡文、世界银行高级副行长兼首席经济学家林毅夫等。

学院与美国、加拿大、澳大利亚及日本等国著名大学和科研机构开展合作交流；以校内卜凯论坛（研究生学术论坛）为抓手，继续主办长三角研究生"三农"问题论坛等，搭建多层次学术交流平台，全年共举办学术论坛 40 余场次；资助教师、学生参与学术交流，2012 年参加国际、国内学术会议的教师 50 余人次、研究生 40 余人次。

学生工作获得"校科技节科技创新奖"、"校暑期社会实践先进单位"和"校运动会优秀组织奖"等荣誉，积极组织学生参加各类竞赛，其中一支参赛团队获得全国"挑战杯"创业计划大赛银奖。

【举办全球化时代中国农业的发展与变迁国际学术研讨会】10 月 13～14 日，由南京农业大学与国际食品政策研究所、德国哥廷根大学联合主办，学校经济管理学院承办的"全球化时代中国农业的发展与变迁"国际学术研讨会在学术交流中心成功举办。来自世界银行、国际食品政策研究所、康奈尔大学、德国哥廷根大学、澳大利亚詹姆斯库克大学、荷兰瓦赫宁根大学、日本京都大学、世界农业经济与环境研究所、国务院发展研究中心、中国科学院、中国社会科学院、中国农业大学、中国人民大学、上海交通大学和浙江大学等国内外 30 余家科研院所的 110 多位专家学者参加了会议。

【举办中国农业技术经济学会 2012 年学术研讨会】11 月 16～18 日，由中国农业技术经济学会主办，南京农业大学经济管理学院承办的"中国农业技术经济学会 2012 年学术研讨会"在南京农业大学顺利召开。与会代表有来自中国农业科学院、中国农业大学、中国人民大学、浙江大学和中国社会科学院等国内 30 余家高校及科研院所的近 200 位专家学者。

（撰稿：韦雯沁　审稿：胡　浩）

公共管理学院

【概况】学院有公共管理一级学科博士学位授权，设有土地资源管理、行政管理、教育经济与管理、劳动与社会保障 4 个博士点，土地资源管理、行政管理、教育经济与管理、劳动与社会保障、地图学与地理信息系统、人口·资源与环境经济学 6 个硕士点和公共管理专业学位点（MPA），土地资源管理、行政管理、人文地理与城乡规划管理（资源环境与城乡规划管理）、人力资源管理、劳动与社会保障 5 个本科专业。土地资源管理为国家重点学科和国家特色专业。

设有土地管理、资源环境与城乡规划、行政管理、人力资源与社会保障 4 个系。设有农村土地资源利用与整治国家地方联合工程中心、中荷土地规划与地籍发展中心、中国土地问题研究中心、公共政策研究所、统筹城乡发展与土地管理创新研究基地等研究机构和基地，并与经济管理学院共建江苏省农村发展与土地政策重点研究基地。

在职教职工 72 人，其中专任教师 59 人、管理人员 13 人。专任教师中有教授 16 人、副教授 27 人、讲师 16 人、博士生导师 13 人、硕士生导师 30 人，另有国内外荣誉和兼职教授 20 多人。学院有 1 人获得国家杰出青年科学基金、1 人获得国家优秀青年科学基金、1 人获教育部青年教师奖、3 人入选教育部"新世纪优秀人才支持计划"。6 人入选江苏省普通高校"青蓝工程"项目，5 人入选江苏省"333"人才培养对象。

学院有全日制在校学生 1 246 人，其中本科生 898 人、研究生 348 人，有专业学位 MPA 研究生 469 人。毕业学生 305 人，其中研究生 114 人（博士研究生 20 人、硕士研究生 94 人）、本科生 191 人，全年毕业专业学位 MPA 43 人。招生 388 人，本科生 279 人、研究生 109 人（硕士生 81 人、博士生 28 人），全年招数专业学位 MPA 研究生 75 人。本科生年终就业率 99.52%，研究生就业率超过 90%。

学院新增项目 60 项，立项经费 959.3 万元，到账经费 963.6 万元，其中纵向项目 28 项，立项经费 602.4 万元，国家自然科学基金管理科学部 2 项，其中重点项目 1 项，立项经费 284 万元。国家社科基金面上项目 2 项。申报"农村土地资源利用与整治国家地方联合工程研究中心"并获得国家发展和改革委员会批复建设。举办学术交流活动 10 余次，获省部级奖 17 项，其中教育部高等学校科学研究优秀成果奖（人文社会科学）1 项，国土资源部国土资源科学技术二等奖 1 项，江苏省哲学社会科学优秀成果奖一等奖 1 项；学校核心期刊发表论文 100 多篇，其中 SSCI 论文 1 篇，SCI 论文 2 篇，在人文社科一类期刊（南京农业大学 2012 版）发表论文近 30 篇；出版专著 1 项，申请发明专利 2 项，获国家软件权 4 项。

江苏省公共管理（类）本科重点专业获江苏省立项建设。申报编写教育部、农业部《土地利用规划学》、《资源与环境经济学（第二版）》、《土地利用管理（第二版）》、《不动产估价（第三版）》和《公共政策学》等 13 本"十二五"规划教材，获校级教学成果奖 3 项。学院本科生共有 34 项 SRT 项目获得立项，其中国家级项目 6 项、省级项目 3 项、校级项目 25 项，发表文章 130 多篇，本科生毕业率 99.02%。共有 7 名博士研究生获得江苏省研究生科研创新计划，其中省立省助 4 项、省立校助 3 项。同时，徐烽烽（指导老师：李放）的硕士论文获得江苏省优秀硕士论文。本年度共举办"钟鼎学术沙龙"18 期，"行知学术论坛"举办了 8 期专家讲座、12 期研究生报告，并成功举办了"社会管理创新与乡村发展"研讨会、"我与博士面对面"、首届"钟山学者"访谈等活动。

晋升教授 2 人、副教授 5 人，引进高水平博士后人员 5 人、国外合作培养博士 1 人，1 人入选教育部新世纪优秀人才支持计划，3 人进入学校遴选江苏省"333"工程第三层次人选，2 人入选"青蓝工程"中青年学术带头人培养对象。通过 EUROASIA Ⅱ 期等项目先后派出 5 人次到德国、瑞典等国家进修学习，下半年 2 名教师完成出国前英语培训，正积极争取派出计划。

【举办公共管理学院二十周年院庆】2 月 22 日，召开新学期工作校庆院庆部署动员大会，全面推进筹备工作；3 月，学院修改完善和细化了《公共管理学院 110 周年校庆暨 20 周年院庆工作方案》；7 月 1 日，开通校庆（院庆）专题网站；在苏皖浙等省内建立校友联系点 30 余个。10 月 7 日上午，举行公共管理学院（土地管理学院）建院 20 周年庆典仪式。江苏省政协副主席张九汉、国土资源部人事司副司长张绍杰、中国土地问题研究中心主任曲福田教授、中国人民大学公共管理学院院长董克用教授、江苏省国土资源厅副厅长李闻、中国土地学会副会长张凤荣教授、南京农业大学校长周光宏、副校长陈利根、学院院长欧名豪以及中国土地勘测规划院、中国科学院南京地理研究所、中国大地出版社、江苏省测绘局、国家土地督察南京局、南京高新区管理委员会及各市县区国土资源局、各兄弟院校负责同志出席大会。

【成立农村土地资源利用与整治国家地方联合工程研究中心】在江苏省国土资源利用与管理省级工程中心的基础上，公共管理学院牵头组织资源与环境科学学院、生命科学学院联合申报"农村土地资源利用与整治国家地方联合工程研究中心"，于 2012 年 11 月获得国家发展和改革委员会批复建设，这是学校第三个国家级工程中心，也是公共管理院国家级科研平台的突破。

【学院科研成果及学术研讨会】"基于土地非农化机制的我国差别化土地计划管理方法研究"获国土资源科学技术二等奖。曲福田教授等撰写的《中国工业化、城镇化进程中的农村土地问题研究》、陈会广副教授撰写的《农民家庭内部分工及其专业化演进对农村土地制度变迁的影响研究》获得"中国农村发展研究奖"专著奖。4 月 28 日，学院第三届"社会管理创新与乡村发展"行知学术研讨会开幕式在南京农业大学图书馆报告厅隆重举行，来自全国 10 余所高校的知名专家学者、各协办方师生代表、优秀论文作者出席了此次研讨会。10 月 8 日，第十一届全国高等院校土地资源管理院长（系主任）联席会暨中国土地科学论坛在南京农业大学学术交流中心举行，全国知名高等院校、科研院所及相关单位的百余名专家、学者参加了论坛。

（撰稿：张　璐　审稿：张树峰）

人文社会科学学院

【概况】学院现有 5 系：法律系、社会学系、旅游管理系、文化管理系和艺术系；5 个本科专业：社会学、旅游管理、公共事业管理、法学和表演；1 个一级学科博士后流动站和一级学科博士学科点（科学技术史），2 个一级学科硕士学科点（科技史、社会学）及 5 个二级学科硕士点学科点（专门史、经济法学等），拥有社会工作和农业推广（农村社会事业管理、农村科技与文化发展）2 个专业硕士培育点。社会工作硕士开始招生。科学技术史被江苏省教育厅批为"十二五"期间江苏省一级学科重点学科（2011 年 11 月）。

现有教职工 61 人、其中教授 6 人、副教授 20 人、讲师 27 人。1 人入选江苏省"青蓝工程"学术带头人；1 人入选"青蓝工程"骨干教师；1 人入选南京农业大学"钟山学术新秀"。

学院图书分馆拥有藏书 20 万册，配有 18 间琴房、1 个多媒体音乐室、1 个模拟法庭和 2 个综合实验室。

全日制在校学生 1 082 人，其中本科生 887 人、硕士研究生 158 人、博士研究生 37 人。毕业生 273 人，其中硕士研究生 33 人、博士研究生 13 人、本科生 227 人。招生 262 人，其中研究生 77 人（硕士研究生 65 人、博士研究生 12 人）、本科生 185 人。本科生总就业落实率 95.58%、研究生总就业落实率 95%（不含推迟就业）。

2012 年新增科研项目 32 项。其中，国家社会科学基金 1 项、省部级 3 项。

学院教师共发表论文 85 篇，其中核心期刊论文 41 篇，普通刊物发表论文 44 篇。王思明、李明主持完成的《江苏农业文化遗产调查研究》，获得江苏省社科应用研究精品工程优秀成果一等奖、江苏省第十二届哲学社会科学优秀成果三等奖。路璐的研究报告《江苏电视剧文化品牌研究》获得江苏省社科应用研究精品工程优秀成果二等奖，路璐的著作《去蔽有显现：中国新生代导演底层空间建构》获得江苏省第十二届哲学社会科学优秀成果二等奖。姚兆余的研究报告《农村社会养老服务体系建设研究——基于对江苏地区的调查》，获得国家民政部民政政策理论研究一等奖。刘馨秋、王思明、朱自振完成的《江苏茶业发展概述及茶文化遗产调查》，获得第十二届国际茶文化学术研讨会一等奖。

以校庆为契机，先后开展了一系列活动：举办"中国农史学科发展论坛"，承办"首届江苏省青年学者老龄论坛暨第三届研究生老龄论坛"；筹建江苏省旅游学会农业旅游分会成立大会；积极配合学校和中国农业博物馆筹办"中华农耕文化展"等。

【成立江苏省旅游学会休闲农业与乡村旅游研究分会】12 月 16 日下午，江苏省旅游学会休闲农业与乡村旅游研究分会在南京农业大学举行成立大会。江苏省旅游局副局长袁丁、江苏省民政厅社会组织管理局局长张建生、江苏省哲学社会科学界联合会学会部主任夏东荣、江苏省旅游学会名誉会长杨炤明和江苏省旅游学会会长周武忠出席成立大会，南京农业大学人文社会科学学院党委书记杨旺生教授担任首届分会会长。

【学院与盐城市旅游局签订合作协议共促院局发展协议】11 月 23 日上午，盐城市旅游局和南京农业大学人文社会科学学院共同签署合作协议书，并为"南京农业大学人文社会科学学院与盐城市旅游局教学科研共建单位"揭牌，双方表示将在旅游人才培养、旅游项目规划建设、教学科研、品牌策划推广、农业旅游、乡村旅游、就业实习和人员培训等领域开展密切合作与交流，努力建立优势互补、合作双赢、资源共享的发展格局和长效机制，以实现双方共同繁荣。

【学院杰出校友杨勇设立擎雷企业奖学金】 10月20日，人文社会科学学院擎雷企业奖学金设立仪式在逸夫楼6041会议室隆重举行。人文社会科学学院院长王思明、党委书记杨旺生和南京擎雷科技发展有限公司董事总经理杨勇出席仪式。

【刘万福奖学金设立】 9月16日，刘万福奖学金设立仪式在人文社会科学学院会议室举行。"刘万福奖学金"的设立者、著名律师刘万福及人文社会科学学院党委书记杨旺生等系室负责人出席了仪式。

（撰稿：朱志成　审稿：杨旺生）

外 国 语 学 院

【概况】 学院设有3个系：英语系、日语系和公共外语教学部，1个一级硕士学位授权点、1个专业学位硕士点和英语、日语2个本科专业；学院拥有2个研究所和1个研究中心：英语语言文化研究所、日本语言文化研究所和中外语言比较中心，1个省级外语教学实验中心和英语培训中心、日语培训中心。

有教职员工87人，其中教授6人、副教授20人、专任教师72人。

全日制在校生751人，其中本科生652人、硕士研究生99人。本年度毕业生人数为203人，其中，硕士研究生27人、本科生176人。总计招生211人，其中，硕士研究生37人、本科生174人。本科生年终就业率99%，研究生年终就业率96.3%。本科生升学率21.02%、出国率6.8%。

学院有外语图书资料室1个，拥有外语专业图书资料1.3万多册、中文期刊50多种、外文期刊30多种。

建有省级实践教学示范平台"外语综合训练中心"。新增外语专业计算机辅助翻译实验室，开发安装外语网络考试训练系统和作文网络训练系统等。

推进本科教学"质量工程"，督促省教育厅教改项目和校级教改项目、校级精品课程和农业部"十二五"规划教材建设等项目的实施。依托省教改项目，发表教育类期刊论文2篇；主编农业部"十二五"规划教材3部、教材7部。获得校级教育教学成果奖2项，其中一等奖和二等奖各1项。

新增东方工程翻译院、舜禹翻译公司等实践实习基地。获得1项国家大学生创新实践项目，2项省级SRT和15项校级SRT项目。

完成"英语戏剧"和"日语城市导游"2个校级创新实践项目，设立院级创新实践项目"新闻英语读写采编"。开展"外研社杯"全国大学英语演讲比赛选拔赛等各类全国大赛，获得"外研社杯"全国大学生英语演讲比赛江苏赛区一等奖和优胜奖。

全年立项经费达30.6万元，新增科研项目28个，其中省部级、省哲学社会科学等项目

8 项、校级项目 19 项。共发表论文 43 篇，其中核心期刊 8 篇、域外论文 2 篇。出版专著 4 部、译著 4 本。

有 20 多位教师参加了在国内举办的学术研讨会，1 位教师参加了日本石川日语学习项目（Ishikawa Japanese Study Project）的圆桌会议，3 位教师被选派出国研修。日本大阪大学古川裕教授被授予南京农业大学客座教授。

获得学生工作"三大战略"优秀实施方案单位、"校就业工作先进集体"、校"暑期社会实践先进单位"、"校太极拳比赛一等奖"、"校运动会体育道德风尚奖"和校园文化艺术节团体金奖等多项荣誉。构建多元化外语实践平台，举办第九届外语文化节、外语社团等活动，指导英语、日语协会 2 个学生社团工作，出版《英语之声》英文报纸、"南农之声"英语电台以及每周四晚播出的英文原声电影。

完成中国农业科学院、中国饲料质量监督检测中心和黑龙江省农业科学院委托承办的 4 期英语培训班。

【举办 10 周年院庆暨外国语言与文学国际学术研讨会】借校庆 110 周年契机，10 月 19 日，学院举办了建院 10 周年庆典暨外国语言与文学国际学术研讨会。来自教育部大学外语教学指导委员会副主任、江苏省外语教学研究会会长李霄翔教授、四川外国语学院王寅教授、上海外语教育出版社、外语教学与研究出版社、中国农业出版社、30 多个兄弟院校的外国语学院负责人等 50 余名嘉宾莅临院庆庆典仪式。日本长崎国际大学理事、学校法人山口孝先生、大阪大学古川裕教授等 4 名国际嘉宾也出席了庆典；参加大会的还有来自学校有关部门和学院的负责人及外国语学院的师生代表、退休教师代表等百余人。

庆典仪式后，举办了"外国语言与文学理论及应用"学术研讨会，四川外语学院王寅教授、日本大阪大学古川裕教授、浙江财经学院何华珍教授、国际关系学院端木义万教授和南京大学外籍专家 Kenneth Ellingwood 等分别做了学术报告。

【成立外国语学院院友分会】2012 年 7～10 月，学院在北京、上海、南京、苏州、无锡、南通和常州 7 个地区建立了院友分会。

（撰稿：高艳丽　审稿：韩纪琴）

金　融　学　院

【概况】南京农业大学金融学院的发展历史可上溯至 20 世纪初期。1921 年秋，金陵大学设立我国第一个农业经济学系，卜凯教授开始农业保险方面的调查研究。1929 年秋，中央大学农学院设立农政科，课程中设置农村金融。1952 年，金陵大学农学院、南京大学农学院和浙江大学农学院部分系科合并成立南京农学院，下设农业经济系等。1984 年，南京农学院更名为南京农业大学，农业经济系增设农村金融专业，同年开始招收农村金融和会计审计方向硕士研究生，1985 年开始招收金融专业本科生，1998 年取得金融学硕士学位授予权，2002 年开始招收农村金融专业博士生，2004 年取得会计学硕士学位授予权，2010 年在应用经济学一级学科下设置金融学博士点。

2012 年 10 月 20 日，正式成立南京农业大学金融学院，首任院长和党委书记张兵教授，副书记孙雪峰。

学院现有金融学和会计学 2 个本科专业，其中金融学是江苏省品牌专业，会计学是江苏省特色专业，2012 年金融学和会计学又成为江苏省重点建设专业。学院设有金融学系、会计学系和 1 个金融实验中心（筹），设有江苏农村金融发展研究中心、区域经济与金融研究中心等科学研究中心。

截至 2012 年 12 月 31 日，学院有教职员工 29 人，其中专任教师 24 人、管理人员 5 人。在专任教师中，教授 8 人（含博士生导师 5 人）、副教授 10 人、讲师 6 人。

（撰稿：潘群星　审稿：罗英姿）

农村发展学院

【概况】10 月 18 日，学校发文成立南京农业大学农村发展学院。10 月 20 日，在南京农业大学建校 110 周年庆典上，由江苏省委副书记石泰峰、江苏省副省长曹卫星共同为农村发展学院揭牌。12 月 5 日，学校党委发文成立中国共产党南京农业大学农村发展学院委员会，正处级建制。12 月 5 日，学校党委发文任命李昌新同志为农村发展学院党委书记。12 月 8 日，学校党委、行政发文决定农村发展学院设党委书记、院长、副院长岗位各 1 个。12 月 8 日，学校发文任命陈巍同志任农村发展学院院长、周留根同志任农村发展学院副院长。12 月 19 日，学校党委办公室、校长办公室分别发文启用"中国共产党南京农业大学农村发展学院委员会"和"南京农业大学农村发展学院"印章。

（撰稿：赵美芳　审稿：冯绪猛）

思想政治理论课教研部

【概况】思想政治理论课教研部（以下简称"思政部"）于 2011 年 5 月恢复独立建制。设有道德与法教研室、马克思主义原理教研室、近现代史教研室、中国特色社会主义理论教研室、科技哲学（研究生政治理论课）教研室 5 个基本教学研究机构，承担全校本科生、研究生的思想政治理论课教学与研究工作。现有教职工 29 人，其中教授 3 人、副教授 15 人；博士生导师 1 人、硕士研究生导师 8 人（2013 年新增 3 人）。教师中，具有博士学位及博士学位在读者共 18 人，占教职工总数的 64%；具有硕士学位者 5 人，占总数的 17.8%；所有教师最后学历均为"985"或"211"高校，学科涉及哲学、历史学和法学三大门类。

在教学与课程建设方面，毛泽东思想和中国特色社会主义理论体系概论课程进一步巩固和深化研究性专题教学模式；思想道德修养与法律基础课程探索和构建案例式专题教学模式；在中国近现代史纲要课程中，增加学生自我教育环节，通过举办"思·正"杯演讲比赛，使学生学习和参与的积极性得到提高。

教师发表教研论文8篇，其中1篇是校学术榜二类期刊、4篇是校教学奖励刊物；1位教师获得奖教金；2个教学团队申报校级教学成果奖。

思政部通过召开3个不同层面的座谈会，组织教师结合实际认真学习领会中共十八大精神，并组建中共十八大精神宣讲团，在校内开展4场宣讲。

【开展"思·正"系列活动，"科技年"工作取得新成效】思政部安排科研专项资金，设置"思·正"学术基金项目6项，资助6位教师的科研工作，鼓励年轻教师快速成长；举办师生"思·正论坛"和"思·正沙龙"，着力提高师生的科研能力。

举办"思·正论坛"7场，首次与北京大学、清华大学、武汉大学等国内综合性大学的专家学者就学科建设、科学研究等进行校际交流；编印《思正之声》内部刊物，为师生开展学术研究，传播新思维、新论断等提供平台。

教师发表论文47篇，其中校学术榜论文20篇，参编著作4部；参加学术交流12人次，其中境外学术会议2人次；主办全国性学术会议1次，荣获各类学术奖3项，其中江苏省人民政府哲学社会科学优秀成果三等奖1项；新增科研项目9项，项目合同经费112万元，分别比2011年增加200%和460%，其中国家社科基金项目1项、部省级人文社科项目3项、校人文社科5项。

受中国中国科学技术协会委托，思政部教师参与执笔的《应建立和完善公众参与转基因食品安全性社会评价的机制》的政策建议书，已由中国中国科学技术协会上报给王兆国和刘延东等领导审阅，同时报送中共中央宣传部、国家发展和改革委员会、农业部和科技部等11个部委。

【立足本位，强化人才培养】以"突出主体、突出思想素质、突出能力培养"为工作抓手，贯彻校学生工作三大战略。全年召开学生工作会议1次，召开学生座谈会2次，举办学生"思·正沙龙"6期；研究生发表论文15篇；获得各类活动奖励5人次；2位学生加入中国共产党；10人次参与教师科研项目研究。

完成科技哲学、马克思主义基本原理和思想政治教育3个硕士点的研究生培养方案修订。制定《思想政治理论课教研部强化研究生培养过程管理的规定》，针对学生非专业的现状，把研究生管理工作延伸至入学前，要求新生入学前阅读指定书籍，进校后参加考核，为教师因材施教、导师因才施导提供参考；全面实施研究生论文双盲送审，确保研究生培养质量。

（撰稿：王　燕　审稿：葛笑如）

十四、新闻媒体看南农

南京农业大学 2012 年重要专题宣传报道统计表

序号	时间 （月/日）	标　题	媒体	版面	作者	类型	级别
1	1/1	迷你鸡蛋最粗不超过 1 厘米　只有花生米大	现代快报	B5	孙玉春	报纸	省级
2	1/3	动物专家"薛老师"	淮安新闻网		张小燕	网站	市级
3	1/3	江苏农民培训学校　免费培训农民 2 000 余人	新华报业网		张　云	网站	省级
4	1/5	城乡统筹与土地产权制度选择	和讯网		曲福田	网站	国家
5	1/6	南京发现一种新害虫类似"四角恐龙"	金陵晚报	B10	王　君	报纸	市级
6	1/7	南京发现中国最牛的"甲虫"	金陵晚报	A8	王　君	报纸	市级
7	1/7	走进"211"工程大学　访南京农大周光宏校长	中国教育在线		孟繁祝	网站	国家
8	1/9	我市新增59名"科技特派员"	南京日报	A3	张　璐	报纸	市级
9	1/9	研究生考试死记硬背就能得高分	南京日报	A6	谈　洁	报纸	市级
10	1/9	走进"211"工程大学——南京农业大学（组图）	中国教育在线		孟繁祝	网站	国家
11	1/10	兵团首个国家"973"计划前期研究项目通过验收	兵团日报		薄晓岭　王振华	报纸	省级
12	1/11	"奥巴马"会唱《男儿当自强》！（图）	扬子晚报		石松 邵刚	报纸	省级
13	1/11	南京举办"爱心暖寒门"公益活动给特困家庭发年货	中国新闻网		王 瑜 马一杏 吴俊	网站	国家
14	1/13	中国135个城市"长胖"4 倍多"和谐底线"失衡	工人日报		黄哲雯	报纸	国家
15	1/13	青鱼烧鸡米和油　百户特困家庭笑称"今年过年不再愁"	扬子晚报		王 瑜 马一杏 吴俊	报纸	省级
16	1/15	人才援疆：培养一支带不走的队伍	新疆日报		刘　枫	报纸	省级
17	1/16	五种传统烧鸡查出致癌物（图）	金陵晚报	A8	姚 聪 钱 金 邵 刚	报纸	市级
18	1/16	兴化市 2011 年度科技创新成效显著	科技日报		姚向东	报纸	国家

（续）

序号	时间 （月/日）	标　题	媒体	版面	作者	类型	级别
19	1/16	全国大豆专家：突破关键科技提高大豆产量	农民日报		梅　隆	报纸	国家
20	1/16	投百万 攻"盐水鹅"保质关	扬州日报		王晖军 孙　熙	报纸	市级
21	1/17	南农大与高淳共建技术转移中心 推介高校科技成果转化	南京日报		陈春霞 毛　庆	报纸	市级
22	1/18	科学绿色食品是怎么来的	扬子晚报	A53	李锐佳	报纸	省级
23	1/21	农场主热衷饲养红蚯蚓	金陵晚报	A43	于　飞	报纸	市级
24	1/21	"社区支持农业"模式在中国越来越受欢迎	新华网		秦华江 王　笛	网站	国家
25	1/21	南京农大举行国家肉品质量安全控制工程技术研究会	中国教育装备采购网		钱　金	网站	国家
26	1/27	闽清成立首个乡奖教助学协会 基金累计达 40 万元	福州日报		陈敏灵 陈秀宜	报纸	市级
27	1/30	许为钢：痴心农业（组图）	检察日报		张大辉	报纸	国家
28	1/30	漂在异乡，"恐归"只缘太纠结	新华日报	A6	韩　涛	报纸	省级
29	1/31	无悔的选择——记盱眙县动物疫病预防控制中心主任顾勇	江苏新闻网		刘春雨	网站	省级
30	2/1	坚持五轮驱动促进农民增收	安青网		吴黎明	网站	省级
31	2/1	常挺芳：心做良田万世耕	常州日报		小　杨	报纸	市级
32	2/1	重金属污染事件频发	中国青年报		叶铁桥	报纸	国家
33	2/2	垄断利差收费圈钱 悉数银行业"四宗罪"	解放牛网		崔　烨 俞　虹	网站	国家
34	2/3	常怀感恩心 胸有豁达情	科技日报	10 版	俞慧友	网站	国家
35	2/3	粮食产量实现"八连增" 中国农业呼唤新战略	中国经济网		陈云富 刘　雪	网站	国家
36	2/6	勿食用三成熟五成熟牛排（图）	江南都市报		黄浦江	报纸	市级
37	2/6	在宁院士："南京将成为'比尔·盖茨'们创业的沃土"	南报网		韦　铭 毛　庆 张　璐 江　瑜	网站	市级
38	2/6	你听到"小冰期"的脚步声了吗	现代快报		胡玉梅 白　雁	报纸	省级
39	2/7	依靠科技创新打造种子经济产业链	科技日报	3 版	王　耀 朱明贵	报纸	国家
40	2/7	发烧友串出免费南京文博游 旅游线路被赞很好很经典	扬子晚报	A3	王　赟	报纸	省级
41	2/7	镉污染怎么防？	中国环境报		张　黎	报纸	国家
42	2/8	在理想的城市实现理想	金陵晚报	B20	宋　健 郑荣翔	报纸	市级
43	2/8	可乐与曼妥思同食会撑死人？	金陵晚报	B9	高　洋	报纸	市级

（续）

序号	时间 （月/日）	标　题	媒体	版面	作者	类型	级别
44	2/9	我省应率先禁止在饲料中添加抗生素	江苏经济报	A2	张丽娅　陈薇亦	报纸	省级
45	2/10	食品安全，如何才让百姓放心	新华日报	T3	王　拓	报纸	省级
46	2/12	红牛饮料被爆出查出违规添加剂	金陵晚报	A5	钱奕羽　苏　昕	报纸	市级
47	2/12	美国外教热心高淳"英语角"被称为"米帅哥哥"	南报网		芮　萍　王　翔　王成兵	网站	市级
48	2/13	78岁院士自掏26万　资助研发"海门山羊"	南通网		俞新美	网站	市级
49	2/14	今天情人节感受"雨中情"	金陵晚报	A7	王　君	报纸	市级
50	2/14	看！《人民画报》封面上的那些南京人	金陵晚报	B5	于　峰	报纸	市级
51	2/14	新疆新源县：筑巢引凤争创"西部百强县"	中国共产党新闻网		王延龙	网站	国家
52	2/14	浙江金华推进奶牛养殖标准化项目显成效	中国农业网		吴珊珊	网站	国家
53	2/15	南京获得国家科学技术奖励项目中产学研合作的超过七成	南京日报		张　路　邵　刚	报纸	市级
54	2/15	好奇实验室第四个基地挂牌	金陵晚报	A6	李　花	报纸	市级
55	2/15	全省55项获奖成果中民生科技领域有30项	南京日报	A4	张　璐	报纸	市级
56	2/15	我省55项成果昨荣登国家科技最高领奖台	群众网	头条	蒋廷玉　吴红梅	网站	国家
57	2/15	国家五大科技奖出炉　"江苏创造"闪耀科技阅兵场	新华日报	A3	吴红梅　蒋廷玉	报纸	省级
58	2/16	南京市首个农业科技特别社区2015年产值达100亿元	南报网		韦　铭	网站	市级
59	2/16	白马国家农业科技园区（白马农业科技特别社区）紫金（溧水）科创特区分别揭牌	南京日报	A1	李　冀　韦　铭	报纸	市级
60	2/17	水稻精确定量栽培技术让农民增收	科技日报	3版	过国忠　张继华　生永明	报纸	国家
61	2/17	我市打造首个农业科技特别社区	南京日报	A3	韦　铭	报纸	市级
62	2/18	微生物有机肥等成果获国家科学技术奖	中国化肥网		语　柳	网站	国家
63	2/19	考生吃饭慢吞吞　南农面试被扣分	现代快报	A14	金　凤	报纸	省级

（续）

序号	时间 (月/日)	标　题	媒体	版面	作者	类型	级别
64	2/20	南农大校长周光宏："与南京共建两大产学研基地 5 项政策对接'科技九条'"	南京日报		党委宣传部	报纸	市级
65	2/20	与南京共建两大产学研基地 5 项政策对接"科技九条"	南京日报	A4	李冀　韦铭	报纸	市级
66	2/20	Plant Cell：王源超等卵菌病害研究获进展	生物谷		南京农业大学植物保护学院	网站	国家
67	2/21	网友在美素奶粉里发现活尘虱 因国外代购投诉无门	龙虎网		高洁	网站	市级
68	2/21	新"三农"的当涂实验（图）	马鞍山日报		吴黎明	报纸	市级
69	2/22	江苏教育为经济转型做了什么	光明日报	7 版	郑晋鸣　王娜娜	报纸	国家
70	2/22	广东艺考爆出"替考门" 5 个老师为学生代考	江南时报	B7	中　广	报纸	市级
71	2/22	科技创新领跑铜山现代农业	江苏经济报	A1	杨思恬　刘昭君 尚庆迎　魏朝星	报纸	省级
72	2/22	中国的二十四节气与全球变暖趋势"步调不一"	科学与发展网络		钱　诚　等	网站	国家
73	2/22	南农获国家科技两项大奖	江南时报	B7	邵　刚　赵烨烨	报纸	市级
74	2/23	深度科技开发成为滨海"双增"主动力	农民日报	5 版	建　华 通讯员　潘恒兵　马如飞	报纸	国家
75	2/23	从"黑莓之乡"到"农业硅谷"	新华网江苏频道		冯　诚　郭奔胜　蔡玉高	电视台	国家
76	2/24	江苏：农业废弃物变身"土壤修复剂"	中国固废物	技术进展	过国忠　杨定根	网站	国家
77	2/24	南京农业大学：传承名族艺术瑰宝，打造校园文化品牌	江苏教育电视台		党委宣传部	电视台	省级
78	2/26	当帮助别人慢慢变成习惯	金陵晚报	A5	曾亚莉　苏昕　赵烨烨	报纸	市级
79	2/26	"高贵蛋"真的高营养吗? 专家称普通鸡蛋营养足够	扬子晚报网		卢斌	网站	省级
80	2/28	超市：漂白剂没了开心果黄了	金陵晚报	B19	高洋	报纸	市级
81	2/29	农大周洁红教授出席食品安全监督策略研究研讨会	MBA 中国网		Daisy	网站	国家
82	2/29	探访全国唯一肉品质量安全中心 了解什么样的猪肉最好吃	金陵晚报	B7	姚聪　邵刚　钱金	报纸	市级
83	3/1	新方法探析小 RNA 重要性	科学时报		任春晓	报纸	国家
84	3/2	五问高校停车场夜间开放	江南时报	A6	刘丹平	报纸	市级

（续）

序号	时间（月/日）	标　题	媒体	版面	作者	类型	级别
85	3/2	南京农业大学理学院与宁燕小学共建爱心基地	江苏新闻网		吕一雷	网站	省级
86	3/2	8所高校挪出3 095个停车位	金陵晚报	A5	钱奕羽	报纸	市级
87	3/2	南京8所高校部分停车位错时对外开放	南京晨报	A5	李立立	报纸	市级
88	3/2	8所高校部分停车位向社会错时开放	南京日报	A1	周爱明	报纸	市级
89	3/2	南京8所高校停车场限时开放优先服务周边居民	现代快报	封6	赵丹丹　章　欣　蔡芳芳	报纸	市级
90	3/2	宠物狗输血得牺牲草狗　南京宠物医院未建血库	现代快报	B7	聂　聪	报纸	省级
91	3/2	南京主城8高校停车场夜间开放	扬子晚报	A7	陈俊池　孔小平	报纸	省级
92	3/2	如皋市生态文明建设规划通过论证	中共如皋市委新闻网		刘伯健	网站	市级
93	3/3	"科技田"捧出"聚宝盆"	苏州日报		徐允上　高振华	报纸	市级
94	3/3	停车场错时开放:消息一出有的高校说不,有的说不知情	现在快报	A7	钟　寅　赵丹丹	报纸	省级
95	3/5	在南京赏花　先了解花期	金陵晚报	B35	孙娓娓	报纸	市级
96	3/5	来自匈、中、新西兰鱼专家 结缘新加坡	联合早报		沈　越	报纸	国家
97	3/5	上千人昨聚南京郑和公园广场找"雷锋"	现代快报	A8	钟晓敏　仲　茜　孙羽霖	报纸	省级
98	3/5	徐州贾汪:科技小超市做出富农大文章	新华网江苏频道		王松松　王春生	电视台	国家
99	3/5	南京8所高校停车场将对居民开放缓解停车难问题	中国广播网		刘康亮　孙西娇	网站	国家
100	3/6	南农大动科院学子学雷锋	南京日报	A10	明　华	报纸	市级
101	3/6	安徽:发挥政府采购政策功能 积极支持"三农"发展	搜狐财经		幼　白	网站	省级
102	3/7	农业合作社"再联合"趋势调查	半月谈		陈　刚	网站	国家
103	3/7	问计专家学者　加快推广我市农业科技创新与成果	金陵晚报		王家佳	报　纸	市级
104	3/8	问计专家学者　加快推广我市农业科技创新与成果推广	南京日报	A2	许　琴	报纸	市级

（续）

序号	时间 （月/日）	标　题	媒体	版面	作者	类型	级别
105	3/9	农业合作社为啥"再联合"？	安徽日报		陈　刚	报纸	市级
106	3/9	安徽科技学院加强特色专业建设推进农艺师培养	中安教育网		王丽华　张轶辉	网站	国家
107	3/10	集体土地如何经营？专家集聚马山献计献策	无锡日报		源　流	报纸	市级
108	3/10	南农农业大学党委书记管恒禄在学校干部大会上强调党风廉政建设工作	教育纪检监察信息 第1期	2	南京农业大学纪委	简报	省级
109	3/10	赵薇微博清场：请保持安静	扬子晚报	A24	马　彧	报纸	省级
110	3/11	常熟国家农业科技园昨日揭牌	苏州日报		商中尧	报纸	市级
111	3/12	草坪多用娇贵进口草　国产结缕草耐踩不被认可	大众网		陈浩杰　周　超	网站	省级
112	3/12	农技专家服务农民到乐东田头	海南日报		王红卫　孙体雄　林　东	报纸	市级
113	3/12	吃苹果太猛会中毒？	现代快报	A29	戎丹妍　万莉莉	报纸	省级
114	3/13	贾汪区紫庄镇农技社会化服务生机勃勃	徐州日报		鲍不勇　郑　薇　董　进　杨　明	报纸	市级
115	3/13	我国养鸡业面临的三大牧胁	中国禽业导刊		若　言	报纸	国家
116	3/14	难得大晴天　你躲在哪里晒太阳？	金陵晚报	A2	王　君	报纸	市级
117	3/14	南京天空上演穿越剧：从冬到春从雨到晴	金陵晚报		王　君	报纸	市级
118	3/14	南农大培养新品种白菜　似像"黄玫瑰"你舍得吃吗	扬子晚报	A46	邵　刚　蔡蕴琦	报纸	省级
119	3/14	茶和咖啡，哪个更能解油腻？	扬子晚报	A50	朱　威	报纸	省级
120	3/15	专家建言金融支农新途径	中国城乡金融报		胡　锋	报纸	国家
121	3/16	瓷都景德镇：重现远古文明的辉煌记忆	大江周刊		汪春荣	报纸	市级
122	3/16	"皇塘跑法"跑出弯道超越加速度我的搜狐	江苏经济报	B3	皇　宣	报纸	省级
123	3/16	区县、镇两级人大换届选举圆满落幕	金陵晚报	B10	钱奕羽	报纸	市级
124	3/17	有人捞月牙湖野生水芹卖	现代快报	B4	赵守诚	报纸	省级
125	3/18	南通景瑞现代农业科技园揭牌	南通网		王玮丽　赵勇进	网站	市级
126	3/18	"科技音符"谱就农业现代乐章	新华日报	A1	秦继东　王　拓	报纸	省级
127	3/19	科技小超市做出富农大文章	科技日报	7版	张　晔　通讯员　段绪国	报纸	国家
128	3/19	促就业　大有为	中国工商报		周　萍	报纸	国家

（续）

序号	时间 （月/日）	标　题	媒体	版面	作者	类型	级别
129	3/20	2012 最佳环境报道入围作品：镉米杀机	《新世纪》周刊		宫　靖	期刊	国家
130	3/20	公共营养师培训有点热	临海新闻网		胡学明	网站	市级
131	3/20	南京两位科学家入选国家"青年科学之星"	南京日报		张　璐	报纸	市级
132	3/20	重金属污染事件频发　南京将进行重点查处	南京日报		江　瑜	报纸	市级
133	3/20	千亿资金"跃农门""速成上市"难成行	中国证券报		顾　鑫	报纸	国家
134	3/21	新型职业农民现状及培育途径	农民日报	6 版	周应恒	报纸	国家
135	3/21	伊拉斯谟世界计划：全球高教合作典范	中国科学报		李盛兵　邹英英	报纸	国家
136	3/22	激发内生动力　谋求跨越突破（图）	甘肃日报		陈　华	报纸	市级
137	3/22	激发内生动力　谋求跨越突破　缪瑞林经验介绍报告摘登	甘肃日报		陈　华	报纸	市级
138	3/22	苏淮猪被列入 2012 年农业部主导品种的畜禽良种	淮安新闻网		张小燕　侯庆文　钱国文	网站	市级
139	3/22	他把特困村带成了明星村	农民日报	5 版	李秀萍	报纸	国家
140	3/22	江苏铜山科技创新领跑现代农业	人民日报	6 版	申　琳　杨思恬	报纸	国家
141	3/22	张福龙的境界	扬州日报		周　晗	报纸	市级
142	3/22	扬州土壤流失年均减 17 万吨	扬州晚报		姜　涛	报纸	市级
143	3/22	华蓥休闲农业与乡村旅游发展总体规划通过评审	中国网西部高地		王晓均　杨天军	网站	国家
144	3/23	抱狗睡觉染寄生虫被"咬"瘫痪？	扬子晚报	A9	张　筠　李显彬	报纸	省级
145	3/23	南农大学生工作出"新招"　欢迎师生"刷微博"	中国江苏网		赵烨烨　吴行远　罗鹏	网站	省级
146	3/23	为生态增绿　为农民增收	中国经济网		赖永峰	网站	国家
147	3/23	现实离梦想并不遥远	中国质量新闻网		姚　璟	网站	国家
148	3/24	南农大育成新品种白菜似黄玫瑰	江苏农业科技报	1 版	邵　刚　蔡蕴琦	网站	省级
149	3/24	南农老师希望学生互粉	金陵晚报	B9	曾亚莉　赵烨烨	报纸	市级
150	3/24	南农大四女生举办独唱音乐会	金陵晚报	B9	曾亚莉　赵烨烨	报纸	市级
151	3/24	群演工作 15 小时仅获 50 元（图）	金陵晚报	A14	陆一夫	网站	市级
152	3/24	竞争异常激烈　优秀高中生缘何竞考农职院	新华报业网		赵晓勇　金爱国　夏礼祝	网站	国家
153	3/26	协同创新干大事　联合攻关天地宽	中国教育报	6 版	唐景莉　万　建 赵烨烨　邵　刚	报纸	国家

（续）

序号	时间（月/日）	标　题	媒体	版面	作者	类型	级别
154	3/26	盖钧镒院士获 2011 年济宁科学技术最高奖	东方圣城网		万德龙　何灿灿	网站	市级
155	3/26	南农辅导员集体开微博	现代快报	B7	金　凤	报纸	省级
156	3/26	安徽科技学院赴沪宁等高校调研力促学科专业建设	中安教育网		李晓东	网站	国家
157	3/26	协同创新干大事　联合攻关天地宽	中国教育报	6 版	唐景莉	报纸	国家
158	3/27	南农专家找出水稻"脱镉"方法	南京日报		江　瑜	报纸	市级
159	3/28	南农学生举办独唱音乐会	江南时报	B8	赵烨烨　卞丽娟	报纸	市级
160	3/28	响应"科技九条"　南农大一副教授高调创业	南京日报		张　璐	报纸	市级
161	3/28	网传普洱含黄曲霉素或致癌　专家称一般不会致癌	现代快报	封 5	刘　峻	报纸	省级
162	3/28	太湖治理：难度虽大成效初显	新华日报	A2	曹旭超	报纸	省级
163	3/28	南农学子放飞 110 只风筝	中国江苏网		通讯员 赵烨烨 庄 森 裴海岩记者 郭 蓓	网站	省级
164	3/29	110 个风筝迎校庆	金陵晚报	B20	曾亚莉　赵烨烨	报纸	市级
165	3/29	太湖治理：难度虽大成效初显	新华报业网		曹旭超	网站	国家
166	3/30	"产学研"联动助推企业"弯道超车"	池州日报		钟　斌	报纸	市级
167	3/30	南京浦口大学生"村官"对接服务合作社	中国青年报	3 版	李润文	报纸	国家
168	3/31	阿里山实施标准化生产建立安全保障体系	常熟日报		吴小元	报纸	市级
169	4/1	棋盘镇：踏着"花径"奔小康	江苏经济报	A2	闫姿旭	报纸	省级
170	4/1	一夜之间　南京樱花集体盛放	金陵晚报	A4	王　君	报纸	市级
171	4/1	永和豆浆"转基因豆浆"南京没有销售	现代快报	B6	钟　寅	报纸	省级
172	4/1	绿色"小超人"对话"青奥绿精灵"	扬子晚报	A32	薛　玲	报纸	省级
173	4/2	扬州大学成立　种子科学与技术研究所	科技日报	3 版	通讯员 张继华 生永明记者 过国忠	报纸	国家
174	4/2	清明节南京各界人士凭吊抗日航空烈士	南京日报		吕宁丰	报纸	市级
175	4/2	江苏常州金坛市指前镇举办 2012 年渔业科技入户主推技术培训	中国水产养殖网		刁粉保　吴汪俊	网站	国家
176	4/3	鱼儿大量浮头　秦淮河又见捕鱼大军	现代快报	A8	顾元森	报纸	省级
177	4/3	酪蛋白非营养考核主指标	现代快报	A12	笪　颖	报纸	省级

（续）

序号	时间 （月/日）	标　题	媒体	版面	作者	类型	级别
178	4/4	10 项国家科技进步奖的背后　产学研搭桥企业变聪明	无锡日报		刘　纯	报纸	市级
179	4/4	清明郊游踏青　挖菜一族忙	扬子晚报	A3	於　璐　张　筠	报纸	省级
180	4/5	南农大副教授"光明正大"创大业	南京日报	A1	张　璐	报纸	市级
181	4/5	南京农业大学召开关工委全委（扩大）工作会议	省教育厅网站	关工动态	南京农业大学关心下一代工作委员会	网站	省级
182	4/5	南农大副教授创业引关注	南京新闻综合频道		张　璐	电视台	市级
183	4/5	大爱无疆的"禽郎中"	宁波日报		王量迪　厉晓杭 余姚记者站　谢敏军	报纸	市级
184	4/6	三厂打造省级农业示范园	海门日报		刘海滢 通讯员　朱春丹	报纸	市级
185	4/6	武进：全力打造科技创新强区	科技日报	11 版	胡国伟　沙　芳　胡满朝	报纸	国家
186	4/6	南农辅导员比赛"织围脖"	南报网		谈　洁	网站	市级
187	4/6	有机肥推广为何这样难	农民网		施　维	网站	国家
188	4/6	县召开万顷良田规划评审会	新华网江苏频道		郭益成	电视台	国家
189	4/6	中国政府非洲事务特别代表钟建华来南农讲学	中国江苏网		李　远　赵烨烨　罗　鹏	网站	省级
190	4/6	西藏科技厅邀请专家调研我区藏药材 GAP 基地	中国西藏新闻网		晓　勇	网站	市级
191	4/7	校园原创歌词依然流行中国风	金陵晚报		曾亚莉　姜晶晶　刘智伟	报纸	市级
192	4/7	考什么？发微博和谈心！	金陵晚报	B14	王　君	报纸	市级
193	4/7	水果大了，营养少了！（图）	金陵晚报	B14	刘　蓉　狄传华　赵烨烨	报纸	市级
194	4/7	南农大举行专职辅导员基本业务技能大赛	南京电视新闻网		通讯员　狄传华　赵烨烨 记者　罗　鹏	电视台	市级
195	4/7	南农大 26 位辅导员现场 PK 技艺　比赛新颖考出了他们的真功夫	江苏教育台		李子祥　黄建生	电视台	省级
196	4/7	辅导员比赛写微博　咆哮体诗歌体淘宝体齐现	南京晨报	A8	狄传华　赵烨烨　王晶卉	报纸	市级
197	4/7	南农辅导员比赛"织围脖"	南京日报	A5	狄传华　赵烨烨 谈　洁　沈佳翌	报纸	市级
198	4/7	抽个题目，即兴创作一条微博	现代快报	B8	金　凤	报纸	省级
199	4/7	南农辅导员"过招"看谁微博发得"溜"	扬子晚报	A11	蔡蕴琦　朱丹林	报纸	省级
200	4/7	南京农业大学举办 2012 辅导员基本业务技能竞赛	中国江苏网		狄传华　赵烨烨　罗　鹏	网站	省级

（续）

序号	时间 （月/日）	标　题	媒体	版面	作者	类型	级别
201	4/8	卫生部拟撤 38 种食品添加剂　专家：着色剂源于认识误区	中国广播网		柴　华	网站	国家
202	4/9	专业合作社：农民增收致富的"金算盘"	郴州日报		周名猛	报纸	市级
203	4/9	《华蓥市休闲农业与乡村旅游发展总体规划》通过评审	广安日报		杨天军	报纸	市级
204	4/9	凤凰镇被授予"AAAA 级国家旅游风景区"	苏州日报		王乐飞	报纸	市级
205	4/9	卫生部拟取消 38 种食品添加剂　色素占到近一半	腾讯->消费投诉		柴　华	网站	国家
206	4/9	西藏达孜农业产业园成立　建万亩菜园子年产 300 万公斤	中国西藏新闻网		丁文文　童永富　张　巍	网站	市级
207	4/9	江苏省泰兴市质监局大力实施农业标准化示范区建设	中国质量报		张凤军　陆苏华	报纸	国家
208	4/10	南农大辅导员技能比拼	江南时报	B2	赵烨烨	报纸	市级
209	4/10	新研究表明植物会和对方"说话"玉米是"话痨"	金陵晚报	A9	王　君	报纸	市级
210	4/10	老酸奶内如是食用级明胶就不用担心	现代快报	封 5	王　鹏	报纸	省级
211	4/10	老酸奶行业内幕可怕？一条微博引发轩然大波	新闻晨报		张岂凡　许南欣	报纸	市级
212	4/10	老酸奶被指添工业明胶　营养价值与普通酸奶无异	中国新闻网		李金磊	网站	国家
213	4/10	水污染困境：湘江不能承受之"重"	中国新闻周刊		徐智慧	期刊	国家
214	4/11	做强生猪产业　满足民生所需	拂晓报		李克明	报纸	市级
215	4/11	涂上一层膜既环保　保质期又长	金陵晚报	B9	姚　聪 通讯员　钱　金　邵　刚	报纸	市级
216	4/11	南京农业大学园艺学院西藏达孜县现代农业产学园揭牌	西藏日报		裴　聪	报纸	市级
217	4/11	江苏探索"科技镇长团"破解基层创新薄弱难题	新华 08 网		张展鹏　褚晓亮　任会斌	网站	国家
218	4/11	中央 1 号文件引发农科创新性人才需求量大幅增长	中国江苏网		通讯员　姚　望　陈　更 邵　刚 记者　罗　鹏	网站	省级
219	4/12	长江村分金：产权模糊下的股田制分红（图）	21 世纪经济报道		王海平	报纸	国家

（续）

序号	时间 （月/日）	标　题	媒体	版面	作者	类型	级别
220	4/12	武进区农业企业产学研对接南京农业大学	武进网		徐维庆	网站	市级
221	4/12	"青春在西部闪光"西部计划志愿者事迹报告会在宁举办	中国江苏网		通讯员　沈团轩 记者　郭　蓓	网站	市级
222	4/13	很多食品将脱掉"五彩外衣"	生命时报		瞿　晟	报纸	国家
223	4/13	内蒙古四所高校关工委领导到南京农业大学调研交流	省教育厅网站	关工动态	孔育红	网站	省级
224	4/13	马鞍山农村科技服务网络初步形成	中安在线		张顺林　陈　静	网站	省级
225	4/14	知名茶企回应农药门事件　各方说法期待权威结论	中国广播网		富　赜　黄　颖　刘晓蕾	网站	国家
226	4/15	农业部落与科技集体"面对面"武进全速迈入农业现代化	武进网		徐维庆	网站	市级
227	4/16	溧阳天目湖苏园：有机肥养育出"幽香苏"茶	常州晚报		刘川芬　徐　丹	报纸	市级
228	4/16	华泰证券菁英挑战赛落幕	江苏经济报	A2	陈　澄	报纸	省级
229	4/16	药草未成形　已成"香饽饽"	金山网		陈志奎	网站	市级
230	4/16	桃花朵朵开　桃农乐开怀	科技日报	5版	过国忠	报纸	国家
231	4/16	学子"炒"重庆啤酒4天"赚"1.5万	扬子晚报		马　燕	报纸	省级
232	4/16	华泰证券菁英挑战赛落幕	扬子晚报		陈　澄	报纸	省级
233	4/16	江苏爱农："数农"生物有机肥惠民富农见成效	中国化肥网		师　容	网站	国家
234	4/17	非洲事务特别代表钟建华来南农讲学	江南时报	B1	李　远　赵烨烨	报纸	市级
235	4/17	南京春日飞雪？　柳絮伴着杨花絮飞	金陵晚报	A2	王　君	报纸	市级
236	4/17	江苏：新曹农场林下养鸡形成亿元产业	农民日报	8版	潘素芳	报纸	国家
237	4/18	全省农业系统事业单位招聘	国际旅游岛商报		李兴民	报纸	国家
238	4/18	校庆扎堆："寿星"名校忙PK	现代快报	B4	王颖菲	报纸	省级
239	4/18	农业部渔用药物创制重点实验室建设启动	中国水产养殖网		亦　云	网站	国家
240	4/19	蒋洪亮赴顾山镇驻点蹲村调研	江阴日报		郑　英	报纸	市级
241	4/19	村支书吴世豪的科技兴村路	农民日报	5版	李海河	报纸	国家

（续）

序号	时间 （月/日）	标　题	媒体	版面	作者	类型	级别
242	4/19	南京农业大学与南京财经大学共推成人高等教育"学分银行"制度建设	江苏省教育厅网站		陈辉峰	网站	省级
243	4/20	2012 年全国水稻生产全程机械化技术培训班在南京成功举办	中国农机网		赵　闻	网站	国家
244	4/20	南农大举办"绎党史，展风采，争创优"党员主题晚会	中国青年网		葛增祥　张　爽	网站	国家
245	4/21	南农副教授借"科技九条"浮出水面	江苏经济报	A2	陈　澄　朱梦笛	报纸	省级
246	4/21	留学生选秀大赛风行高校　打造文化交融的欢乐平台	中国日报	头版	孙　力	报纸	国家
247	4/21	植保专家苆钦指导水稻"两迁"害虫防控	钦州市植保植检站		叶建春	网站	市级
248	4/23	百所著名中学校长校园行　曹卫星：高中教育与高等教育要无缝对接	江苏教育电视台		邵　刚　王　拓	电视台	省级
249	4/23	高中大学齐解"钱学森之问"	新华日报	A6	王　拓	报纸	省级
250	4/23	百所著名中学校长齐聚南农探讨"钱学森之问"	人民网	A6	邵　刚　王　拓	网站	国家
251	4/23	农学院举办"绎党史，展风采，争创优"主题晚会	中国青年网		葛增祥　张　爽	网站	国家
252	4/23	百所著名中学校长走进南农大	新华日报	A2	党委宣传部	网站	省级
253	4/23	苯环类医化废水处理获突破	中国化工报		翁国娟	报纸	国家
254	4/23	二十四节气与全球变暖趋势"步调不一"　专家建议应当调整	中国气象报社		郑　菲	报纸	国家
255	4/23	南京五高校建图书馆文献共享联合体	中国新闻网		王宇宁　徐清华　盛　捷	网站	国家
256	4/24	南京五所高校成立图书馆联合体	光明日报	7 版	王宇宁　徐清华　盛　捷	报纸	国家
257	4/24	Talent show-中国日报《China Daily》头版头条介绍我校留学生文化活动	China daily	PAGE 1	SUN LI	报纸	国家
258	4/24	南农赛扶走进安徽农村	金陵晚报	B14	张　弦　赵烨烨	报纸	市级
259	4/24	城东 5 高校近 3 000 万册图书实现共享	南京日报	封 2	王宇宁　谈　洁	报纸	市级
260	4/24	南京"书网"联盟又添两成员　五校共享 3 000 万册书籍	现代快报		肖　曼　徐清华 王宇宁　金　凤	报纸	省级

（续）

序号	时间 （月/日）	标　题	媒体	版面	作者	类型	级别
261	4/24	南京"书网"联盟又添两成员　一校学生能"读遍"五校	现代快报	封8	肖　曼　徐清华 王宇宁　金　凤	报纸	省级
262	4/25	华东地区600名大学生角逐创新公益大赛	新华网		田　蔚	网站	国家
263	4/25	科技创新与惠农利农融合　江西科技兴农要破解"三难"	新华网		张武明	网站	国家
264	4/25	南大仙林校园像把枪，南林大是片绿树叶	扬子晚报	B20	宋　璟　朱丹林　詹　琳 张莉萍　宋璐怡	报纸	省级
265	4/25	南京五高校建图书馆联合体　近3 000万册书刊实现校际共享	中国教育报	2版	沈大雷　王宇宁	报纸	国家
266	4/26	江苏10所高校大学生请命赴基层：用知识改变村貌	光明日报	2版	郑晋鸣	报纸	国家
267	4/26	改变传统教学观念　创新人才培养模式	江苏教育报	头版	潘玉娇	报纸	省级
268	4/26	农耕四月，带你去南农探访中国农业文化史	中国青年网 校园通讯社		郑沚依　葛增祥	报纸	国家
269	4/27	江苏吴江推进水产微孔曝气增氧工程　提高养殖产量	江苏农业网		奔月彤	网站	省级
270	4/27	今天见证吉尼斯新纪录　南农大三千多人组成世界最大笑脸	金陵晚报	A9	刘　蓉	报纸	市级
271	4/27	南农校庆挑战吉尼斯纪录	现代快报	B12	曾　偲	报纸	省级
272	4/27	南农学子用微笑献礼母校110周年校庆	中国青年网 校园通讯社		张　爽	报纸	国家
273	4/27	"世界最大笑脸"挑战世界吉尼斯纪录	现代快报		曾　偲	报纸	省级
274	4/27	"世界最大笑脸"挑战世界吉尼斯纪录	扬子晚报		刘　蓉	报纸	省级
275	4/27	"世界最大笑脸"挑战世界吉尼斯纪录	中国新闻		吴　瞳	网站	国家
276	4/28	南农大3 110人组成"世界最大笑脸"　组图	金陵晚报	B2	杨　希	报纸	市级
277	4/28	南农大3 110名学生组成"世界最大笑脸"	南京日报	封1	邵　刚　徐　琦　吴　彬	报纸	市级
278	4/28	南京农业大学召开2012年党风廉政建设工作会议	教育纪检监察信息 第11期	1	南京农业大学纪委	简报	省级

（续）

序号	时间 （月/日）	标 题	媒体	版面	作者	类型	级别
279	4/28	最大笑脸挑战吉尼斯	新华日报	A5	王 拓 余 萍	报纸	省级
280	4/28	南农大 3 000 人昨日秀"笑脸"	扬子晚报	A39	刘 浏	报纸	省级
281	4/28	南农大师生组成"世界最大笑脸"（图）	中青在线		朱媛媛 杨 博	网站	国家
282	4/30	"微波食品致癌"是堂"安全课"	光明网		毛开云	网站	国家
283	4/30	网传微波炉烹调食品致癌专家称无依据不必惊慌	扬子晚报	A6	谷岳飞	报纸	省级
284	4/30	南京农大开展丰富多彩的共建活动	关心下一代		王 哲 孔育红	杂志	国家
285	5/1	网传微波炉烹调食品致癌 专家称：无依据没必要惊慌	大连新闻网		谷岳飞	网站	市级
286	5/1	微波炉烹调食品致癌？专家：没有的事	四川新闻网-成都商报		谷岳飞	报纸	市级
287	5/1	微波炉烹调食品致癌？且看各方观点	云南信息报		谷岳飞	报纸	市级
288	5/2	华昌化工悄然发力，新型肥料领域春潮涌动	中国化肥网		华 文	网站	国家
289	5/3	世界最大笑脸	东方卫报	16 版	朱媛媛 杨 博 吴 峰	报纸	市级
290	5/3	叶敬礼：养殖户的贴心"保姆"	宿迁日报		李赛赛	报纸	市级
291	5/3	南京："最大笑脸"挑战吉尼斯纪录	中文国际频道		泱 波	电视台	国家
292	5/3	南京 3 110 名大学生组成"世界最大笑脸"	凤凰网		泱 波	网站	国家
293	5/3	南京 3 110 名大学生组成"世界最大笑脸"	中国新闻网		泱 波	网站	国家
294	5/3	绿陵肥料春季订货会在全国各地火热召开	中国化肥网		寻 安	网站	国家
295	5/3	T - STAR 街舞社团专场晚会	中国青年网		刘瑞君	网站	国家
296	5/4	南京高校藏着不少优质博物馆	东方卫视	A5	程 晓 甘文婷	报纸	市级
297	5/4	南京鸡蛋价格创新低 蛋价跳水跌到 3.6 元一斤	金陵晚报		姚 聪	报纸	市级
298	5/4	南京高校藏着不少优质博物馆对外免费开放	金陵晚报	B19	姚 聪	报纸	市级
299	5/4	中国汽车·青春志之一：FSC 我参与我感悟	新华微博		刘 烨	网站	国家
300	5/4	喂，你的 Morning 健康吗？	南京晨报	A8	金 琎	报纸	市级
301	5/4	郭园镇快步跃上新征程	人民网		黄秦荣 通讯员 龚海斌	网站	国家

（续）

序号	时间 （月/日）	标　题	媒体	版面	作者	类型	级别
302	5/4	宿迁市积极引导大学生村官投身创业富民大潮	宿迁新闻网		陈耀	网站	市级
303	5/5	滁宁同城化"风生水起"	江苏经济报	A4	杨龙　朱慧琳	报纸	省级
304	5/5	拔芽土豆差点爬上市民餐桌　执法人员及时阻击查扣	南京晨报	A3	卢斌	报纸	市级
305	5/5	珍味缘鱿鱼丝检出甲醛　南京暂未发现曝光食品	现代快报	A8	安莹	报纸	省级
306	5/5	食品添加剂使用混乱　食品安全监管模式亟待改变	新华报业网		王拓　吴红梅	报纸	国家
307	5/5	食品安全监管模式亟待改变	新华日报	A2	王拓　吴红梅	报纸	省级
308	5/6	南京将推新政促农业科技创业创新	人民网		韦铭	网站	国家
309	5/7	农业垃圾变身土壤修复剂	京郊日报		过国忠　杨定根	报纸	市级
310	5/7	择完韭菜手变蓝了　多是被喷了"保鲜"用的蓝矾水	南京晨报	A3	卢斌	报纸	市级
311	5/8	虫虫来袭：紫金山现马陆、下关河面聚集红虫、白蚁现家中	金陵晚报	B1	周俊	报纸	市级
312	5/8	助力世博园　娘娘宫镇蓄势蜕变	辽宁日报		张继锋　朱忠鹤	报纸	市级
313	5/8	新洋农场：演绎着现代农业的精彩	农民日报	8版	胡亚芬	报纸	国家
314	5/8	江都区小纪镇经济社会发展纪实	新华报业网		丁鹤林	报纸	国家
315	5/8	天太闷热　紫金山马陆为何大出动	扬子晚报	A3	王小语　王娟	报纸	省级
316	5/8	扎堆校庆　南京各高校纷纷拿校园美景"开刀"	中国江苏网		顾伟伟　朱燕丹　王秀　刘北洋	网站	省级
317	5/8	江苏气象灾害预警和应急救助决策支持示范项目验收	中国气象报社		通讯员　夏瑛　记者　曹颖	报纸	国家
318	5/8	晚风拂玉兰　欢乐伴女生——记南京农业大学女生节活动	中国青年网校园通讯社		周滢　赵文慧	报纸	国家
319	5/9	部分菜贩给韭菜喷蓝矾保鲜　过量摄入可致肾衰竭	北方新报		肖宇	报纸	省级
320	5/9	悦来农业开发园区化	海门日报		刘海滢　通讯员　张建新	报纸	市级
321	5/9	玄武区8名"321人才"各获100万元扶持资金	南报网		毛庆	网站	市级
322	5/9	一把手围着人才转　创洽会延展南京发展理念之变	新华报业网		颜芳	报纸	国家
323	5/9	记者调查自习刷夜族：多数人承认形式大于内容	扬子晚报	B13	林微　钱程　姚少卿　姚瑶	报纸	省级

（续）

序号	时间（月/日）	标　题	媒体	版面	作者	类型	级别
324	5/9	飞虫聚集女生宿舍　昆虫学专家：不是蛾子是白蚁	扬子晚报网		周　俊	网站	省级
325	5/9	香港大学一科研团队整体加盟南农大	中国江苏网		邵　刚　陈晓春	网站	省级
326	5/9	庆祝建团 90 周年，南农学子倾情献礼	中国青年网校园通讯		贺肖芸	报纸	国家
327	5/9	挫折中寻求科学发展之路	中国网		沈建华	网站	国家
328	5/10	南京农业大学启动"钟山学者"计划	中央电视台		缪志聪	电视台	国家
329	5/10	南京农业大学启动"钟山学者"计划　副高评审权下放学科组	新华日报	A6	秦继东　王　拓	报纸	省级
330	5/10	南农：启动"钟山学者"计划	江苏教育台		李子祥　陈　裕	电视台	省级
331	5/10	港大一科研团队落户南农大	扬子晚报		邵　刚　蔡蕴琦	报纸	省级
332	5/10	南京农业大学关工委组织共建班级参观中山植物园	省教育厅网站	关工动态	孔育红	网站	省级
333	5/10	南农大农学院艺术团专场演出，献礼建团 90 周年	中青网校通社		朱　旭	报纸	国家
334	5/10	发展中国家农业管理研修班开班	江苏教育台		党委宣传部	电视台	省级
335	5/11	"三早"达人向校园陋习宣战	南京晨报	A9	罗　可	报纸	市级
336	5/11	南京：发展休闲农业　拓展农业功能　为农业增效农民增收开辟新渠道	农业部网站		南京市人民政府	网站	国家
337	5/11	贩菜妇女上学练成种菜高手	苏州日报		徐允上　高振华	报纸	市级
338	5/11	江苏首家高校移动图书馆在南农大开通　可用手机随时看书	中国江苏网		赵烨烨　罗　鹏	网站	省级
339	5/12	南京城蝉声日渐稀落　95％的蝉"流放"郊区	金陵晚报	A7	王　君	报纸	市级
340	5/12	在宁高校关工委庆祝成立 20 周年	新华报业网		王　拓	报纸	国家
341	5/13	中华中学将设两个高校生源班	南京晨报	A23	刘　颖	报纸	市级
342	5/13	南京垃圾焚烧厂项目听证　居民质疑公正性	人民网江苏视窗		程兰茵	网站	省级
343	5/13	蜗牛上树是不是要地震？专家：只是大雨前兆	现代快报	A16	李绍富	报纸	省级
344	5/13	早读、早餐、早锻炼　肯德基三早活动回归大学校园	新华报业网		罗　可	报纸	国家
345	5/13	缅怀同胞，憧憬未来——农学 102 团支部纪念汶川地震四周年	中国青年网校园通讯社		樊安琪	报纸	国家

（续）

序号	时间 （月/日）	标　题	媒体	版面	作者	类型	级别
346	5/14	南农大移动图书馆今日开通	江苏教育台		党委宣传部	电视台	省级
347	5/14	省内百所著名中学校长南农大校园行今天举行	江苏卫视		党委宣传部	电视台	省级
348	5/14	外国留学生汉语大比武　喜爱邓丽君也爱读《红楼》	南京晨报	A6	王晶卉	报纸	市级
349	5/14	肯德基"三早"活动回归大学校园	南京晨报	A12	罗　可	报纸	市级
350	5/14	"创业姑苏"走进知名高校	苏州日报		宗文雯	报纸	市级
351	5/14	南农大"奥巴马"唱起"男儿当自强"	现代快报	B3	金　凤	报纸	省级
352	5/14	全国专家观摩江苏稻茬小麦	新华日报	A2	王　拓	报纸	省级
353	5/14	招生规模几无变化　矿大南理工小幅扩招（图）	扬州网		葛学涛	网站	市级
354	5/14	稻香村被曝销售假鸭血　公司称今天公布调查结果	中国广播网		陈亮吴浩	网站	国家
355	5/15	老外PK汉语和才艺	江苏教育台		党委宣传部	电视台	省级
356	5/15	生存环境被破坏　体质整体在变弱南京蟋蟀不好斗了	金陵晚报	A04	王　君	报纸	市级
357	5/15	"876培训计划"启动　7 000处以上干部名校"充电"	新华报业网	6版	郁　芬	报纸	国家
358	5/15	我省九高校扎堆喜迎110周年校庆原来是同宗	中国江苏网		刘浩浩	网站	省级
359	5/15	添加剂"添乱"食品安全　相关监管模式亟待改变	中国企业报		陈青松	报纸	国家
360	5/15	河南省第六届高校生命科学教学与教材建设研讨会在周口师范学院召开	中国青年网校园通讯社		岳远征	报纸	国家
361	5/16	大手拉小手　节水进校园	南报网		徐　琦	网站	市级
362	5/16	有机—无机复混肥料5月1日正式实施新标准	南方农村报		章四平	报纸	国家
363	5/16	加拿大版"宝玉"最爱薛宝钗	扬子晚报	B15	杨　白	报纸	省级
364	5/16	江苏高校首家"移动图书馆"启用	扬子晚报	B15	赵烨烨	报纸	省级
365	5/17	网上又疯传"打针西瓜"可信吗？是否动过手脚很容易识别	金陵晚报	A14	肖　雪　林　洁	报纸	市级
366	5/17	丰都牛肉热销香港	重庆日报		刘蓟奕	报纸	市级
367	5/18	巨无霸仙人掌好吃又治病　降血压降血脂抗衰老有七大优势	金陵晚报	A14	周　俊	报纸	市级

（续）

序号	时间(月/日)	标 题	媒体	版面	作者	类型	级别
368	5/18	多项技术标准降低 被认为放宽准入门槛	南方农村报		章四平	报纸	国家
369	5/18	科技创新成为宿城跨越发展新支点	宿迁日报		陈宗银 张政文	报纸	市级
370	5/18	南京高校大多数图书馆不开放 全国流通率不到40%	新华日报	A6	郑 炎 王佩杰 蔡志明	报纸	省级
371	5/19	麒麟街道2 000名志愿者在奉献中绽放青春	江苏经济报	A3	尤 颖 姜成林 高 然 胡永顺	报纸	省级
372	5/19	关爱植物共建绿色家园	南报网		吴 彬	网站	市级
373	5/19	科技超市近农家	中国财经报		李存才	网站	国家
374	5/21	南大110年校庆真心长幼为序 真心欢庆	东方卫报	A5	程 晓 甘文婷	报纸	市级
375	5/21	集中充电好处多 首批"876培训计划"学员结业	新华报业网		顾 敏 郁 芬	报纸	国家
376	5/21	我市职校247人升本科	扬州日报		扬教宣 楚 楚	报纸	市级
377	5/22	东海发展花卉苗木基地7.2万亩年产值达10亿元	人民网江苏视窗		王 文 杨怀周 张开虎 李玉晏	网站	省级
378	5/22	丹阳一场科技革命让蚕农告别"毁桑"困局	新华日报	A2	史惠铭 董超标 王世停	报纸	省级
379	5/22	筠连高级兽医师王成受邀赴荷兰参加世界兽医史大会	新华网四川频道		罗 强	电视台	省级
380	5/22	农民足不出户可知庄稼长啥样	信息日报		洪怀峰 黄小路	报纸	省级
381	5/22	宿迁人民满意检察官朱建华：带着使命前行的标兵	中国江苏网		丁春龙 罗 鹏	网站	省级
382	5/23	"三早随手记"全城热力征集中	南京晨报	A11	罗 可	报纸	市级
383	5/24	13所在宁高校招生计划出台	金陵晚报	A6	刘 蓉 宋 键	报纸	市级
384	5/24	海门争创有机食品示范市	海门日报		杨 晨	报纸	市级
385	5/24	今年广西稻飞虱虫量是去年同期45倍	南方农村报		钱普贵	报纸	国家
386	5/24	七所部属高校公布今年在江苏的招生计划	新华报业网		王 拓	报纸	国家
387	5/25	中山植物园里蝴蝶纷飞	金陵晚报	B2	田淞沪 辛 颖	报纸	市级
388	5/25	高二女生擒获铁甲飞虫	金陵晚报	A13	周 飞	报纸	市级
389	5/25	江西启动首个农村信息化"863"计划课题	农民日报	1版	文洪英	报纸	国家
390	5/25	东海县科技创新对农业贡献率达50%	人民网江苏视窗		王 文 杨怀周 张开虎 刘 启	网站	省级

（续）

序号	时间（月/日）	标　题	媒体	版面	作者	类型	级别
391	5/25	把心捧给了好书记　记江都渌阳湖村党委书记张福龙	新华报业网		汪　滢	报纸	国家
392	5/25	大学生"村官"致富300农户（图）	扬州晚报		孟　俭	报纸	市级
393	5/26	心系养殖户　倾情献余热	宿迁日报		薛惠芹	报纸	市级
394	5/26	亚非国家农业官员做客市民家　学了包粽子，还吃了家常菜	扬子晚报	A36	徐　兢	报纸	省级
395	5/27	高校食品科技论坛上糙米很"忙"　无添加食品不好吃引思考	南京日报		江　瑜	报纸	市级
396	5/28	高校食品科技论坛上糙米很"忙"	南京日报	A3	江　瑜	报纸	市级
397	5/28	南京农业大学关工委领导走访人文社会科学学院党委	省教育系统关工委网站	关工动态	孔育红	网站	省级
398	5/28	南京高校食品科技论坛举行	新华日报	A6	王　拓　邵　刚	报纸	省级
399	5/28	江苏东海：科技创新对农业贡献率达50%	中国经济时报		张玉雷	报纸	国家
400	5/28	大学生捧出"绿色"创意食品	新华日报	A6	王　拓	报纸	省级
401	5/28	大学生比拼制作"无添加食品"吃得安全放心，口感卖相挺一般	扬子晚报	A8	李胜华　蔡蕴琦	报纸	省级
402	5/29	龙虎网校园平面模特大赛复赛　魅力秀场博弈（组图）	金陵晚报	B22	李　伟	报纸	市级
403	5/29	商丘师院2012年度国家社科项目立项取得进展	大公中原新闻网		常　城　通讯员　万艳红	网站	市级
404	5/29	江苏首个"苏合"农产品直销店进沪	农博网		施　晔	网站	国家
405	5/29	什么蚊子？比1元硬币还大	扬子晚报网		范晓林	网站	省级
406	5/30	茶越新越好？	金陵晚报	B23	王　君	报纸	市级
407	5/30	喝茶多易贫血？这个真没有！	金陵晚报	B17	王　君	报纸	市级
408	5/30	南农大授予肯尼亚副总统名誉博士学位	江苏卫视		万玉凤	电视台	省级
409	5/30	专家称"食物相克"不足信	南报网		吴云青	网站	市级
410	5/30	大学生义卖献爱心	南报网		记者　叶　晖　区报道组　徐雨薇	网站	市级
411	5/30	肯尼亚副总统成南农大名誉博士	南报网	B9	谈　洁	网站	市级
412	5/30	众多名校报名"高考名校推荐榜"	扬子晚报网		蔡蕴琦	网站	省级
413	5/30	南京农业大学授予肯尼亚副总统名誉博士学位	中国江苏网		石　松　赵烨烨　王　静	网站	省级

（续）

序号	时间 （月/日）	标　题	媒体	版面	作者	类型	级别
414	5/30	曲福田任江苏省淮安市代市长　称以敬畏心待民众	中国新闻网		朱晓颖	网站	国家
415	5/31	农业科技专家明星谱（图）	河南日报农村版		王雪瑞	报纸	省级
416	5/31	肯尼亚副总统成南农名誉博士	金陵晚报	B17	石　松　赵烨烨　王　蓉	报纸	市级
417	5/31	昆虫当选最佳"未来食品"	金陵晚报	B23	于　飞	报纸	市级
418	5/31	"肯尼亚副总统成咱校友了"南农大其名誉博士学位	现代快报	B9	金　凤	报纸	省级
419	5/31	高淳1∶2配套人才扶持资金　科创中心下月底投用	南京日报网		毛　庆	网站	市级
420	5/31	李学勇会见肯尼亚副总统	新华日报	A1	张会清	报纸	省级
421	6/1	南农大教授培育盐洒玫瑰　盐碱地或变花园	南报网		毛　庆	网站	市级
422	6/1	世界首个梨全基因组图谱在南农诞生	南报网		谈　洁	网站	市级
423	6/1	"里岔黑"选育有了"专家团"	青岛日报		刘丽娜 通讯员　刘方亮	报纸	市级
424	6/1	南农授予肯尼亚副总统名誉博士	新华日报	A6	王　拓	报纸	省级
425	6/1	"里岔黑"有了教授顾问团（图）	青岛早报		牟成梓　刘方亮	报纸	市级
426	6/1	南京市质监局：喜之郎所用罐头果肉不含防腐剂	扬子晚报		张　筠	报纸	省级
427	6/1	南农大张绍铃教授课题组绘制出世界首个梨全基因组图谱	中国江苏网		赵烨烨　郭　蓓	网站	省级
428	6/2	"兽医110"：才出猪栏，又钻鸡棚	文汇报		史博臻	报纸	国家
429	6/2	南农绘出世界首个梨全基因组图谱	金陵晚报	B16	赵烨烨　刘　蓉	报纸	市级
430	6/2	世界首个梨全基因组图谱绘制成功	新华日报	A3	赵烨烨　王　拓	报纸	省级
431	6/2	专家称牛奶摄入量因人而异　7成南京人天天喝奶	现代快报	B6	刘　峻	报纸	省级
432	6/2	我省今年将选聘900名志愿者奔赴苏北和西部开展志愿服务	中国江苏网		郭　蓓	网站	省级
433	6/3	苏南小镇的循环经济	新华网		张虹生	网站	国家
434	6/3	江苏2 000应届毕业生面试志愿者下月底赴西部和苏北	扬子晚报	A8	石小磊	报纸	省级
435	6/4	新北组织自行车骑行　宣传节约集约用地	常州日报		徐　玲　一　江瑾亮	报纸	市级
436	6/4	屏南推进"6·18"前期准备工作	宁德网		张尚瑶	网站	市级
437	6/4	人在吃香蕉时　最容易招蚊子？	现代快报	A32	戎丹妍	报纸	省级

（续）

序号	时间（月/日）	标　题	媒体	版面	作者	类型	级别
438	6/4	肯尼亚副总统成南农大名誉博士	南京日报	A6	赵烨烨　谈洁	报纸	市级
439	6/4	南京农业大学绘出世界首个梨基因谱	江南时报	A7	赵烨烨　王琦	报纸	市级
440	6/4	南京盐水鸭为什么好吃？因为含有99种独特风味	现代快报	A8	安莹	报纸	省级
441	6/4	智能手机，智能生活应用交流会	中国青年网校园通讯社		毛新玥　葛增祥	报纸	国家
442	6/4	改善生猪养殖环境亟待注入新理念	中国畜牧兽医报		蒋锐	报纸	国家
443	6/5	宁乡县实施高素质人才引进工程：干事创业在基层	湖南日报		孙敏坚　刘文韬　陶小爱	报纸	省级
444	6/5	南京4所高校志愿者调查农村环境	南报网		谈洁	网站	市级
445	6/5	南农教授盐碱土壤成功培育玫瑰花	南京日报	A1	毛庆　崔雯鸿	报纸	市级
446	6/5	从厨房走进药房的纳豆	金陵晚报	B11	钱金　邵刚　姚聪	报纸	市级
447	6/5	大学生获环境奖支持长江流域碳足迹科考活动	南京晨报	A10	罗可	报纸	市级
448	6/5	南京农大课题组绘制出世界首个梨全基因组图谱	中国教育新闻网		万玉凤	网站	国家
449	6/6	"里岔黑猪"的产业化之路	经济导报		记者　王高峰　通讯员　刘振华	报纸	国家
450	6/6	南农大教授领衔绘制出世界首个梨全基因图谱	江苏农业科技报	1版	赵烨烨　顾磊	报纸	省级
451	6/6	"南京农业大学农学院志愿服务实践基地"揭牌仪式在孝陵卫处级中学举行	省教育系统关工委网站	关工动态	孔育红	网站	省级
452	6/6	以色列农民伯伯在南京种出巧克力色小番茄	南京晨报	A4	成岗	报纸	市级
453	6/6	南京农业大学牵头绘出世界首个梨全基因组图谱	农民日报	2版	陈兵　赵烨烨	报纸	国家
454	6/6	句容引才资金增至7 000万元	新华日报	A7	雪娥　金陵　晓映	报纸	省级
455	6/6	毕业生义卖献爱心	扬子晚报	A43	杨博　宋峤	报纸	省级
456	6/7	泉州光电研发LED植物生长灯　光照将可量身定制	泉州晚报		晏琴	报纸	市级
457	6/7	晴苹果核会慢性"中毒"	金陵晚报	B48	王君	报纸	市级
458	6/7	无毒香水、花生壳活性炭　南农大学子展示奇思妙想	江南时报	A7	赵烨烨　王琦	报纸	市级

（续）

序号	时间 （月/日）	标　题	媒体	版面	作者	类型	级别
459	6/7	每种植物都有"家族密语"	金陵晚报	B20	王　君	报纸	市级
460	6/7	南农校园博览会开幕　院系"亮宝"学生给力	人民网江苏视窗		吴爱梅	网站	省级
461	6/7	南农大第二届校园博览会举行大学生自制方程式赛车	扬子晚报	A40	姚　雷	报纸	省级
462	6/7	快乐海归博士族湖南乡间"谋生"带动当地发展	中国新闻网		傅　煜	网站	国家
463	6/8	南农学生花 14 万制成纯手工赛车	金陵晚报	B19	刘　蓉　赵烨烨　胡珊珊	报纸	市级
464	6/8	肯德基"三早"活动　引领校园健康风尚	南京日报	A17	胡婷婷	报纸	市级
465	6/8	高考故事：杨先生忆 1985 年高考一个月没见父母	南海网		史　莎	网站	市级
466	6/8	苏南最大　溧阳曹山杨梅将全面采摘	中国江苏网		毕庆元　储　周	网站	省级
467	6/8	质监局：农业标准化助农业增效农民增收	中国质量新闻网		朱宏全　张风军	网站	国家
468	6/11	南京农业大学举行"给力南农"第二届校园博览会	金陵晚报		通讯员　殷　美 裴海岩　赵烨烨 记者　刘北洋	报纸	市级
469	6/11	第二届江苏高校十佳歌手半决赛落幕	金陵晚报	A7	曾亚莉　姜晶晶　平　芳 邱凌子　吴行远	报纸	市级
470	6/11	我国每年有 1 200 万吨粮食遭重金属污染　损失超 200 亿	经济参考网		孙　彬　管建涛　连振祥 吉哲鹏　娄　辰　李　松	网站	国家
471	6/11	为基本实现现代化团结奋斗——访民盟江苏省委主委曹卫星	新华日报	A5	耿　联	报纸	省级
472	6/11	高邮：完善自主创新研发体系　支撑产业走向高端	中国广播网		过国忠	网站	国家
473	6/11	南农举行"给力南农"第二届校园博览会　献礼建校 110 周年	中国江苏网		殷　美　裴海岩 赵烨烨　刘北洋	网站	省级
474	6/12	农业部称转基因大豆进口经过严格审批	法制日报		韩乐悟	报纸	国家
475	6/12	江苏常州溧阳首届杨梅节将开幕（图）	南京晨报	A21	毕庆元　高爱平	报纸	市级
476	6/12	烟台苹果被曝套"药袋"长大　省农委：农残超标将销毁	现代快报	封 9	刘　旌	报纸	省级
477	6/13	科技"金翅膀"　助农大发展	海门日报		黄颂禹	报纸	市级

（续）

序号	时间（月/日）	标　题	媒体	版面	作者	类型	级别
478	6/13	南京烤鸭店之罪　烟气PM2.5超标30倍	金陵晚报	B12	钱　金　邵　刚　姚　聪	报纸	市级
479	6/13	南京农业大学离休直属党支部与理科基地二支部共建活动	省教育系统关工委网站	关工动态	孔育红	网站	省级
480	6/13	半个世纪后的重逢	科学时报		陆　琦	报纸	国家
481	6/14	内地土壤污染治理乏术　一些污染潜伏期长达20年	经济参考报		曾德金	报纸	国家
482	6/14	农业部公告进口转基因大豆经过严格审批	经济观察网		降蕴彰	网站	国家
483	6/14	大学生纷纷向企业家毛遂自荐	南京日报	A2	江　瑜	报纸	市级
484	6/14	"三早"活动永不谢幕	南京晨报	A8	金　琄	报纸	市级
485	6/14	南京农大"111"计划发表PNAS文章	生物通		万　纹	网站	国家
486	6/14	酒店、大排档、小吃店等今后禁用亚硝酸盐作食品添加剂	现代快报	封5	刘　峻　安　莹	报纸	省级
487	6/14	今年江苏高招录取率继续攀升总体达82.5%，本科43%	现代快报	封7	金　凤	报纸	省级
488	6/14	江西东乡菜农的致富经：蔬菜种植要在"早"上做文章	中国广播网		蔡福津通讯员 李维茂	网站	国家
489	6/14	南农经管学院学生勇夺IFAMA案例竞赛冠军	中国江苏网		赵筱青 邵刚 赵烨烨	网站	省级
490	6/15	教授夫妻：将引种进行到底	处州晚报		叶海林 林慧 雷宁	报纸	市级
491	6/15	许为钢：小麦育种总是在遗憾中追求完美	大河网		赵　川	网站	省级
492	6/15	有种豆腐能放180天	金陵晚报	B6	钱　金　邵　刚　姚　聪	报纸	市级
493	6/15	热爱事业　追求卓越是创业成功之道	南京日报	A3	江　瑜	报纸	市级
494	6/15	"十二五"中央财政投300亿"拯救"污染土地	中国联合商报		毕淑娟	报纸	国家
495	6/17	南航女学员也想飞天	现代快报	A9	金　凤	报纸	省级
496	6/18	科技超市真闹猛	海门日报		吴永生 戴跃华	报纸	市级
497	6/18	科技节举行报告会	海门日报		吴永生	报纸	市级
498	6/18	南农大学生勇夺IFAMA案例竞赛冠军	和讯网		邵　刚　赵烨烨	网站	国家
499	6/18	普莱柯：科技创新引领产业发展	河南日报		胡心洁 杨玉璞	报纸	省级
500	6/18	南农大学生勇夺IFAMA案例竞赛冠军	科技日报		邵　刚　赵烨烨	报纸	国家

（续）

序号	时间 (月/日)	标　题	媒体	版面	作者	类型	级别
501	6/19	李长春在河南调研：要好好开发动漫产业	大河报		平萍　熊飞 张建新　郭宇	报纸	省级
502	6/19	18强争夺万元大奖	金陵晚报	A2	曾亚莉　姜晶晶	报纸	市级
503	6/19	"大学生创赢南京"探讨创业规划	南京日报	A2	江瑜	报纸	市级
504	6/19	思路一换，六合遍地是资源	新华日报	A1	周跃敏　俞巧云 颜芳　陆轩	报纸	省级
505	6/20	中国肉鸡产业转型升级高峰会今在海门召开我的搜狐	海门日报		杨晨　马国兴	报纸	市级
506	6/20	广州长沙查到"致癌"桂花鱼	金陵晚报	B30	辛颖	报纸	市级
507	6/20	南农大把课堂办到田间地头	农民日报	1版	沈建华　万健　汤国辉	报纸	国家
508	6/20	化企壮士断腕期待太湖水美鱼肥	中国化工报		王云立	报纸	国家
509	6/21	海门畜牧业加快转型升级	海门日报		刘海滢　马国兴　戴跃华	报纸	市级
510	6/21	山西高平国家生猪产业可持续发展高层论坛开幕	黄河新闻网		王冠霖	网站	市级
511	6/21	沂沭两岸"万顷良田"展新颜	江苏经济报	B2	洪安全　张洪武	报纸	省级
512	6/21	长在绿色军营的百灵鸟	金陵晚报	A7	赵越　曾亚莉　姜晶晶	报纸	市级
513	6/21	第四届中国高平炎帝农耕文化节隆重开幕	晋城在线		李争光　乔攀　张姣 李强　石昊	网站	市级
514	6/21	国家生猪产业技术体系山西高平生猪产业可持续发展高层论坛在高平市举行	晋城在线		李争光　乔攀 李强　石昊	网站	市级
515	6/21	圆满完成服务工作　江苏17名赴圭亚那志愿者凯旋	中国江苏网		袁涛	网站	省级
516	6/22	国家农业部动物饲料中添加抗生素有望全面禁止	好巴巴养殖网		张雷	网站	国家
517	6/22	江苏赴圭亚那17名青年志愿者归来	扬子晚报	A36	王赟	报纸	省级
518	6/23	2012高校招生大战即将引爆，大学生原创各种民间版"招生"体爆笑登场	扬子晚报	A5	蔡蕴琦　张琳	报纸	省级
519	6/23	南农江苏招900人　超本一线35分免学费	金陵晚报	A4	孙丹印	报纸	市级
520	6/23	高招大战：各种民间版"招生体"爆笑登场	龙虎网		蔡蕴琦　张琳	网站	市级
521	6/25	服用维生素无法取代食物　中老年常用的钙片最好睡前服	江南晚报		吉可	报纸	市级

（续）

序号	时间 （月/日）	标　题	媒体	版面	作者	类型	级别
522	6/25	南京农业大学人才强校战略助推世界一流农业大学建设	教育部网站		党委宣传部	网站	国家
523	6/25	10名大学生"村官"进入实践基地实习	南京日报	A2	吕宁丰　任勇进	报纸	市级
524	6/25	圭亚那志愿者服务队受表彰	新华日报	A2	杨频萍	报纸	省级
525	6/25	绿线持续退缩：中国耕地保护面临安全忧患	新华网		王立彬　秦华江	网站	国家
526	6/26	海门成为"创新转型"高地	海门日报		马国兴　吴永生	报纸	市级
527	6/26	这是个啥东东　阿有人认识啊（图）	金陵晚报	B23	辛　颖	报纸	市级
528	6/26	黑客盗女大学生证件照　模仿扎克伯格建比美网站	现代快报	封13	聂　聪	报纸	省级
529	6/26	野生小动物误入植物园水池	扬子晚报	A44	邢媛媛	网站	省级
530	6/27	300企业家共学技术创新	海门日报		杨晓庆	报纸	市级
531	6/27	孙中山种的石榴树结出"四胞胎"	金陵晚报	A11	周　俊　袁菲易	报纸	市级
532	6/28	十大"典型分数"志愿填报实战指导	南京晨报	A6	王晶卉	报纸	市级
533	6/28	南京农大启动"钟山学者"计划	中国教育报	3版	缪志聪	报纸	国家
534	6/29	常州检验检疫局港口办事处注重成效落实提高检验检疫影响力	中国质量新闻网		谢同彬	网站	国家
535	6/30	南京农大关工委组织老少两代人参观交流	关心下一代		孔育红	杂志	国家
536	6/30	各地教育系统关工委以各种形式学习十八大精神	关心下一代		孔育红	杂志	国家
537	7/3	陈宗懋院士点拨茶园自然生态系统构建和恢复	金华日报		吴俊斐	报纸	市级
538	7/3	"百名博士防城港行"暑期科技服务活动助力北部湾发展	人民网		覃汇明	网站	国家
539	7/3	中国10余高校百名博士赴广西防城港开展科技服务	中国新闻网		冯抒敏	网站	国家
540	7/4	南京农业大学方程式车队	中央电视台		刁秀永	电视台	国家
541	7/5	你见过绿色和蓝色的荷花吗？	金陵晚报	B15	曾亚莉	报纸	市级
542	7/5	南京：美丽绿荷花　无须绿叶衬	南报网		张晓露	网站	市级
543	7/5	导入矮牵牛的蓝基因　蓝荷有望成功	南京晨报	A9	曾亚莉	报纸	市级
544	7/5	溧水白马镇　南京旅游新名片	南京晨报	A29	溧白宣	报纸	市级
545	7/5	美丽绿荷花无须绿叶衬	南京晨报	A9	张晓露	报纸	市级

（续）

序号	时间 （月/日）	标　题	媒体	版面	作者	类型	级别
546	7/5	盐边农村合作社请博士讲技术	四川日报		曾亚莉	报纸	市级
547	7/6	你见过绿色和蓝色的荷花吗？	人民网		杨　娟	网站	国家
548	7/6	灌云校企合作推进产业发展　带动就业 1.1 万人	人民网江苏视窗		赵庆波	网站	省级
549	7/6	连续两天狂风暴雨　"整趴"南京 749 棵树木	现代快报	封 8、9	陈志佳	报纸	省级
550	7/6	社会实践之"绿色先锋"环保宣传调研团	新华日报		杨　博　王秋梦	报纸	省级
551	7/6	社会实践之"绿色先锋"环保宣传调研团	南京日报		杨　博　王秋梦	报纸	市级
552	7/6	社会实践之"绿色先锋"环保宣传调研团	现代快报		杨　博　王秋梦	报纸	省级
553	7/7	看上去像香瓜切开来是西瓜　原来是西瓜新品种黄皮西瓜	金陵晚报	B10	张清源　朱家浒	报纸	市级
554	7/7	东郊发现"三口之家"金蘑菇	扬子晚报	A33	刘　浏	报纸	省级
555	7/7	绿色家居进社区	人人网		田壮壮	网站	国家
556	7/8	抱团奔"钱"程——淮安市发展农民专业合作社组织综述	淮安日报		童淮玉　唐筱葳	报纸	市级
557	7/8	学校宿舍装修女生急为野猫寻新家	金陵晚报	A32	张清源　朱家浒	报纸	市级
558	7/9	国家茶体系中国茶叶研究所专家走进贵州	贵州日报		赵勇军	报纸	市级
559	7/9	江苏苏果：食品安全检测中心入选江苏"百件惠民实事"	中华合作时报		王　丹　程　杰	报纸	国家
560	7/10	南农大昆虫专家揭秘　南京东郊一带蝉声最响	扬子晚报	A10	蔡蕴琦	网站	省级
561	7/10	国家茶体系中国茶叶研究所专家走进印江	人民网		周　正	网站	国家
562	7/11	山东省内首次报告出现银毛龙葵近期将进行清除	生活日报		徐　佳	报纸	省级
563	7/11	南农大"千乡万村"环保科普实践行动在如皋	南通农业信息网		阚建鸾	网站	市级
564	7/12	南农大孙雅薇出征伦敦奥运会	中国江苏网		通讯员 邵　刚 记者 罗　鹏	网站	省级
565	7/12	南农大孙雅薇出征伦敦奥运会	龙虎网		通讯员 邵　刚 记者 罗　鹏	网站	市级

（续）

序号	时间 （月/日）	标　　题	媒体	版面	作者	类型	级别
566	7/12	女刘翔小学体育不及格　休息时穿白大褂做试验	东方网		刘　蓉	网站	省级
567	7/12	江苏奥运军团中有个穿白大褂的女刘翔	金陵晚报	A1	刘　蓉	报纸	市级
568	7/12	南农"女刘翔"出征伦敦	金陵晚报	A36	邵　刚　刘　蓉	报纸	市级
569	7/12	南农大出了位奥运选手	南京晨报	B19	邵　刚　王晶卉	报纸	省级
570	7/12	南京"女刘翔"跨进奥运	现代快报	A1	邵　刚　刘伟伟	报纸	省级
571	7/12	南农女学子出征奥运会	新华日报	B5	邵　刚　王　拓	报纸	国家
572	7/12	暑期实践三下乡生态园区扬州行	扬州时报		通讯员　赵天伦 记者　周　阳	报纸	市级
573	7/12	蔬菜和西红柿一起存放，坏得更快	扬子晚报		蔡蕴琦	报纸	省级
574	7/13	南农大与黄塍镇开展共建	宝应日报	第二版	程　琳　黄绍华	报纸	市级
575	7/14	低浓度驱蚊产品无碍健康	人民日报		左　娅　王君平　姚雪青 葛瑜玮　王梦纯　董文龙	报纸	国家
576	7/14	秦淮河体检　整体水质有所改善 秦淮河头号污染源仍是生活污水	现代快报	B10	金　凤	报纸	省级
577	7/14	南农大学子为秦淮河体检　头号污染源是生活污水	新华网江苏频道		金　凤	网站	国家
578	7/14	吃俩蛋黄派被查出酒驾　过2分钟再测可排除	正义网		肖　雷　郭一鹏	网站	国家
579	7/14	首批高等学校新农村发展研究院建设工作会召开	中国教育报	2	万玉凤	报纸	国家
580	7/15	大学生暑期热心社会实践	南报网		吴　彬	网站	市级
581	7/16	海垦三年培训领军人才百余名	海南农垦报		记者　刘棠琳 通讯员　王绥德	报纸	市级
582	7/16	南京14所高校本一录取线出炉	金陵晚报	A6	刘　蓉	报纸	市级
583	7/16	常州市现代农业科技创新联盟成立	科技日报	6版	钟林钧　丁秀玉	报纸	国家
584	7/16	跨越攀升不是梦	科技日报	7版	张　晔	报纸	国家
585	7/16	微电影记录留守儿童生活	南京日报	A6	徐　琦	报纸	市级
586	7/16	南京进入全国创业型城市创建绩效考核评估前10强	南京日报		肖　姗	报纸	市级
587	7/16	金坛朱林：叫响生态农业强镇	农博网		陈新颜　龙　韩献忠 记者　丁秀玉	网站	国家
588	7/16	省城济南昨日展开银毛龙葵灭除行动	生活日报		徐　佳	报纸	省级

（续）

序号	时间 （月/日）	标　　题	媒体	版面	作者	类型	级别
589	7/16	芦村污水处理厂污泥深度脱水工程投运	太湖明珠网		于丽雯	网站	市级
590	7/16	部分本一名校披露录取分数线	现代快报	A6	金凤	报纸	省级
591	7/16	化学系研究生提取精油送老婆别羡慕，你在家动动手也能做到	现代快报	A8	仲茜　孙羽霖　钟晓敏	报纸	省级
592	7/16	化学系研究生提取精油送老婆　实验证明：靠谱！	新华网江苏频道		仲茜　孙羽霖　钟晓敏	网站	国家
593	7/16	百事可乐等企在不同市场实施双重标准引发社会关注	中国质量报		朱祝何	报纸	国家
594	7/16	南京农业大学学生别样假期　"我做义务讲解员"	江苏新闻网		吕一雷　孟祥磊	网站	网站
595	7/16	南农学子拍留守儿童微电影	金陵晚报	B17	赵烨烨　刘蓉	报纸	市级
596	7/17	江苏教育电视台报道我校动科院、动医院暑期社会实践活动	江苏教育台		吴峰	电视台	省级
597	7/17	淡水鱼加工产业化课题在海南启动	海南日报		官蕾	报纸	市级
598	7/17	高价茶不营养？便宜茶更养生？专家：粗茶的确有更多茶多酚	金陵晚报	A6	高洁	报纸	市级
599	7/17	南农大 14 年监测显示：秦淮河水质近年有改善	南京日报		谈洁　肖曼	报纸	市级
600	7/17	港企在新疆举行海岛棉技术与产业发展研讨会	中国新闻网		孙亭文	网站	国家
601	7/18	南农大"千乡万村"环保科普实践行动在如皋	江苏农业网		阚建銮	网站	省级
602	7/18	南农博士去广西服务	金陵晚报	B19	王敏　刘蓉	报纸	市级
603	7/18	南农学子帮扶养殖户	金陵晚报	B19	刘蓉	报纸	市级
604	7/18	南农"大学生法律援助服务团"开展暑期"三下乡"活动	南报网		卢伟	网站	市级
605	7/18	因为他的研究成果　溧阳水稻每年少用农药 2～3 次	中国常州网		濮俊　吕强　陈荣青	网站	市级
606	7/18	南农学子暑期社会实践宣传社保	中国江苏网		万承鹏	网站	省级
607	7/18	南农大学子拍摄"留守儿童"微电影　展示孩子们心中的"小世界"	中国江苏网		赵烨烨　韦轶婷	网站	省级
608	7/18	南农学子暑期社会实践宣传社保	凤凰网		万程鹏	网站	国家
609	7/19	南农学子拍"留守儿童"微电影	金陵晚报	B17	赵烨烨　刘蓉	报纸	市级
610	7/19	葡萄"夭折"可能是生病了　黑痘病或为病因之一	金陵晚报	B9	朱丽娟	报纸	市级

（续）

序号	时间（月/日）	标题	媒体	版面	作者	类型	级别
611	7/19	【环保小卫士】暑期宣传环保	南京日报	A10	吴 彬	报纸	市级
612	7/19	大学生拍摄"留守儿童"微电影	新华日报	B5	赵烨烨 王 拓	报纸	国家
613	7/19	金陵图书馆免费教中老年人电脑我为八项工程献策	扬子晚报	A50	郑幼明	报纸	省级
614	7/19	南农学子拍"留守儿童"微电影	凤凰网		赵烨烨 刘 蓉	网站	国家
615	7/19	南京农业大学学生别样假期 "我做义务讲解员"	中新网		吕一雷 孟祥磊	网站	国家
616	7/20	金坛朱林：高效农业"金"光熠熠	江苏经济报	A2	洪姝翌 谢树仁	报纸	省级
617	7/20	江阴两企业获"第四届中国侨界贡献奖"	江阴日报		刘 政 郑 英	报纸	市级
618	7/20	南农大学子来到社区给市民开出夏季药膳	扬子晚报网		王 琦	网站	省级
619	7/20	一天喝多少茶合适	江南时报	A04	王 琦	报纸	市级
620	7/21	紧扣"三先"定位 突出科技创新我的搜狐	东台日报		徐越峰	报纸	县级
621	7/21	大学生进社区教你喝茶	现代快报	B8	仲 茜	报纸	省级
622	7/21	记者探访南京市场"油条精"卖得很红火	现代快报	A6	聂 聪 赵凤娟	报纸	省级
623	7/23	南农大"女刘翔"出征伦敦奥运会	江南时报		王 琦 邵 刚	报纸	市级
624	7/23	南农大开展青春三下乡"科技进村1+1接力计划"	科技日报		张 晔	报纸	国家
625	7/23	长沙彻查南山奶粉含强致癌物事件公司被停业整顿	中国广播网		傅 蕾	广播	国家
626	7/23	西藏自治区在全区扎实开展夏粮生产	中国西藏新闻网		次旦卓嘎 赵 红	网站	国家
627	7/24	灌云：四措并举助大学生"村官"创业再谱新篇	灌云县委组织部		杜娟娟	网站	县级
628	7/24	促进农民增收看海门	海门日报		杨 晨 马国兴 戴跃华	报纸	市级
629	7/24	"大地"做强传统家禽养殖项目	农民日报		薛君慧 杨 思	报纸	国家
630	7/24	荷都演绎鱼水情	新华报业网		杜勇清 浦荣曹 冯信俊 陈祥龙	网站	省级
631	7/24	南山奶粉陷"致癌门" 质监局：源于奶牛饲料被污染	中国广播网		傅 蕾	广播	国家
632	7/25	千种蔬菜新优品在浦东展出	解放牛网		李宝花	网站	省级

（续）

序号	时间 （月/日）	标　题	媒体	版面	作者	类型	级别
633	7/25	开启大学农业科技推广之门	科技日报		马爱平	报纸	国家
634	7/25	江苏新沂水蜜桃走上"心仪"之路	农民日报		吴　佩　满东广	报纸	国家
635	7/25	村里来了大学生　留守儿童不孤单	江苏教育台		李子祥　朱恒生	电视台	省级
636	7/25	南农大学生拍"留守儿童"微电影	扬子晚报		赵烨烨	报纸	省级
637	7/25	两岸大学生新农村建设研习营在我 校展开	江苏教育台		李子祥　朱恒生	电视台	省级
638	7/26	土地污染：绕开耕地红线侵蚀粮食 安全（图）	半月谈		任海军　孙　彬 吉哲鹏　李　松 连振祥　管建涛　娄　辰	杂志	国家
639	7/26	他第一个把葡萄卖到20元一斤　蝉 联获全省第一	常州晚报		汤怡晨	报纸	市级
640	7/26	村里来了大学生志愿者　岚山"小 草学堂"又开学了	大众网		郑云歌	网站	省级
641	7/26	玄武湖就是紫金山的"肾"两者水 域相连更重要	江南时报	A06	王　琦　赵烨烨	报纸	市级
642	7/26	江苏多位农民驾驶旋耕机被切断 大腿	江苏新闻广播		滕　浩	广播	省级
643	7/26	上海：千种蔬菜新优品在浦东展出	解放牛网		李宝花	网站	省级
644	7/26	南京高校这些选修课　你是不是也 想去听听？	金陵晚报	A4	袁　冰　宋　健	报纸	市级
645	7/26	南农教授："中央公园"可以更大	金陵晚报	B15	赵烨烨　刘　蓉	报纸	市级
646	7/26	企业上规模抢占制高点	农民日报	5	钟　欣	报纸	国家
647	7/26	南京农业大学园林学者建言：中央 公园能不能延至明故宫	现代快报	封22	通讯员　赵烨烨 记者　金　凤	报纸	省级
648	7/26	南京幕府山蚂蚁排队迁移引担忧 专家称正常	现代快报	B14	朱　蓓	报纸	省级
649	7/26	尚书村的葡萄熟了	中共如皋市 委新闻网		杨立霞	网站	市级
650	7/26	大学生实践团帮助村民脱贫致富找 出路	江苏教育台		姜　坚　张昌斌	电视台	省级
651	7/27	博士老区行　瓜果香更浓	中国青年报	7	陈凤莉	报纸	国家
652	7/27	CCTV第五届"汉语桥"在华留学 生汉语大赛南京赛区比赛	中央电视台 国际频道		国际教育学院	电视台	国家
653	7/27	授之以渔　成就"农民梦想家"	江苏电视台	有一说一	李　璇	电视台	省级
654	7/28	盱眙凹土产业发展突出引才引智	江苏经济报	A3	夏　嫣　赵春莲	报纸	省级

（续）

序号	时间 （月/日）	标　题	媒体	版面	作者	类型	级别
655	7/28	江苏公共频道报导南农赛扶项目"孔府山鸡"	江苏公共频道		李　璇　张中玄　卞梦雪	电视台	省级
656	7/28	南农大师生深入农村宣传病虫防控知识	江苏农业科技报	头版	黄绍华	报纸	省级
657	7/29	西藏拉萨达孜现代农业产业园总体规划论证会召开	中国西藏新闻网		田志林	网站	国家
658	7/30	东海建农交所解决首个农民贷款无抵押物难题	苍梧晚报		张青红　王　文　杨怀周 开　虎　海　云	报纸	市级
659	7/30	南农大经管学院溧水科技支农小分队	江苏卫视		周　良	电视台	省级
660	7/30	南农大经管学院溧水科技支农小分队	江苏教育电视台		周　良	电视台	市级
661	7/30	南农承办第五届汉语大赛南京赛区实况	CCTV-4		姚　红	电视台	国家
662	7/30	"人大代表＋合作社"助推动农村经济	人民代表网		吴晨光　张海荣	网站	省级
663	7/30	筠连县"科技助农"工程成效明显	四川在线		罗　勇	网站	省级
664	7/30	淮南市加强新型农民培训工作	中安在线		武春晖	网站	省级
665	7/30	沛县成功申报省级博士后创新实验基地	中新网徐州新闻		唐宏伟	网站	市级
666	7/31	毕业后回家　这样打算的人越来越多	金陵晚报	B16	曾亚莉	报纸	市级
667	7/31	南京大学生帮农民养出"功夫鸡"	南京晨报		许天颖　赵烨烨　王晶卉	报纸	市级
668	7/31	每斤多卖15元，南农大学生帮农民养出生态山鸡	南京日报	A6	许天颖　赵烨烨　谈　洁	报纸	市级
669	7/31	大学生爬树打牌舞龙织微博	羊城晚报		尹安学　尹欢欢	报纸	市级
670	8/1	"豆"大的事挂心上（图）	河南日报农村版		林常艳	报纸	市级
671	8/1	南京主干道法国梧桐"生活费"提高了	江南时报		刘丹平	报纸	市级
672	8/1	鸡蛋里面挑"抗生素"	扬子晚报	A3	张　筠　孙伊娜	报纸	省级
673	8/1	知了为什么一起叫一起停？	扬子晚报	A46	张　可	报纸	省级
674	8/2	南京科普惠农和"双百工程"助力农民增收	南报网		毛　庆　吴明亮	网站	市级
675	8/2	宿迁积极推进传统产业高新化	中国江苏网		王国康 通讯员 杨皓宇	网站	省级
676	8/3	淡水鱼加工产业化课题启动	糖酒产业网		官　蕾	网站	国家

（续）

序号	时间 (月/日)	标　题	媒体	版面	作者	类型	级别
677	8/4	第十届中国肉类科技大会在郑召开	糖酒产业网		底真真	网站	国家
678	8/6	南农大赴湖南开展科技支农见习调研	科技日报		生朱佳	报纸	国家
679	8/6	洒向田间都是爱	科技日报		过国忠 通讯员　生永明　方菲菲　熊敏	报纸	国家
680	8/6	高邮全力推进企业研发机构建设见成效	科技日报		通讯员　钟秋 徐明　刘长华	报纸	国家
681	8/6	南农大赴湖南开展科技支农见习调研	中国科技网		生朱佳	网站	国家
682	8/6	南农大赴湖南开展科技支农见习调研	和讯网		生朱佳	网站	国家
683	8/6	南农大学生帮农民养出"功夫鸡"	农民日报	聚焦三农	通讯员　许天颖　赵烨烨 记者　王晶卉	报纸	国家
684	8/6	南农大赴湖南开展科技支农见习调研	中国网		生朱佳	网站	国家
685	8/8	应完善农业科研评价体系	光明日报	14	钟甫宁	报纸	国家
686	8/8	让传统农业迸发科技力量	江苏经济报	8版	朱彬彬	报纸	省级
687	8/8	溧水"孔府山鸡"靠山吃山实现农民致富梦	江苏农业科技报	1版	许天颖　赵烨烨	报纸	省级
688	8/8	南农专家认为市场上抹茶食品用绿茶粉做误导消费者	金陵晚报	B12	袁冰　高洋	报纸	市级
689	8/8	两岸大学生研讨新农村建设	中国社会科学报		郑飞　吴楠	报纸	国家
690	8/9	宿迁"三农"搭上"科技快车"	宿迁日报		记者　张云 通讯员　刘晓松	报纸	市级
691	8/9	上"爬树课"算啥哟课堂三国杀才霸气	羊城晚报		尹安学　尹欢欢	报纸	市级
692	8/10	洋口双灶村获评"2012江苏最具魅力休闲乡村"	如皋新媒体		姜小东　张平　曹雯雯	网站	市级
693	8/10	全国小麦生物学协同创新平台研讨会在杨凌举行	西部网		靳军	网站	省级
694	8/10	江苏盐城共建农场　缘何看似简单推广难	新华日报		杭春燕	报纸	国家
695	8/10	全国首家"食品安全协同创新中心"在南京成立	新华网江苏频道		杨绍功	网站	国家
696	8/10	他们都有颗援疆心	新疆日报		杨继春　艾民　於强福	报纸	省级

（续）

序号	时间（月/日）	标　题	媒体	版面	作者	类型	级别
697	8/11	食品安全与营养协同创新中心成立	江苏卫视		亦　云	电视台	省级
698	8/11	食品是否安全？以后看风险评估	金陵晚报	B14	邵　刚　刘　蓉	报纸	市级
699	8/11	食品安全与营养协同创新中心成立	中国教育报	2版	缪志聪	报纸	国家
700	8/12	食品安全与营养协同创新中心在宁组建	新华日报	A1	陆　峰　杨频萍	报纸	省级
701	8/13	白菜上惊现绿色颗粒物　专家称是防治蜗牛的农药	江南时报		刘丹平　施莉蒙	报纸	市级
702	8/13	食品安全与营养协同创新中心在宁成立	科技日报	3版	张　晔　过国忠　舒媛媛	报纸	国家
703	8/13	沭阳突出"六强化"做细"农田增效工程"	沭阳网		韩凤阳　孙志周	网站	县级
704	8/13	家庭食用油"买大还是买小"？算完经济账，还要算笔健康账	现代快报	A4	钟　寅　付瑞利	报纸	省级
705	8/13	买来的青菜有蓝色斑点有市民怀疑是农药残留	扬子晚报网		卢　斌	网站	省级
706	8/13	安全与营养协同创新成立	江苏教育台		陆　峰　杨频萍	电视台	省级
707	8/14	谁说吃西红柿就等于抽二手烟呢？	第一农经		刘　军	网站	国家
708	8/14	南京体院4学子奥运会上夺金牌扬威伦敦	金陵晚报	A5	吴行远　周冬梅　曾亚莉	报纸	市级
709	8/14	全国41所高校定期无偿开放图书馆南京不少高校早就试水	龙虎网		周冬梅　曾　亚	网站	市级
710	8/14	通州五接开沙村入选"江苏最具魅力休闲乡村"	南通网		杨新明	网站	市级
711	8/14	先进技术有效延长远洋测控船果蔬保鲜期	糖酒产业网-食品资讯		梁庆华　李宗博	网站	国家
712	8/15	长沙县双江镇将打造"生态有机小镇"	红网		红　网	网站	省级
713	8/15	南农大开发"网上点菜"帮助拓销路	江苏农业科技报	1版	朱　佳	报纸	省级
714	8/15	澳驻华大使：澳中科研合作关注创新　寻找商业化契机	人民网		郑青亭	网站	国家
715	8/15	与大地相亲	江苏法制报		肖子文　张　蕾	报纸	省级
716	8/15	农大教授课堂开到农民地头上	农民日报	8版	张　玲	报纸	国家
717	8/17	地产蔬菜直送18家销售点	苏州日报		周澜源　董　捷	报纸	市级
718	8/18	湖熟现代农业迎来"秋收"	江苏经济报		尤　颖	报纸	省级

（续）

序号	时间 (月/日)	标　题	媒体	版面	作者	类型	级别
719	8/18	南京开建大型生命科学园	新华日报		李金虎　曾力莹	报纸	国家
720	8/20	南大三校区手绘地图，齐了	现代快报	B16	赵丹丹	报纸	省级
721	8/20	傅家边采果节前天开幕　20多种水果新品种亮相	现代快报	B3	施向辉	报纸	省级
722	8/20	三条巷一烧烤店"烤伤"路边梧桐树	扬子晚报网		张　可	网站	省级
723	8/20	南农大社会实践团赴江浙等地开展环保调查	中国青年网校园通讯社		刘瑞君	网站	市级
724	8/20	加快转型步伐　扶大培强食用菌和物流业	中国食用菌商务网		灌南县现代农业示范区管委会	网站	国家
725	8/20	南农大社会实践团队赴江浙地开展环保调查	中国青年网		黄梦航	网站	国家
726	8/22	旅游业或现"史上最热黄金周"	南京日报		通讯员　符俊波　田　飞　李子俊	报纸	市级
727	8/22	盐城大丰携手南农大建海洋研究院	新华报业网		苟亚玲　吴红梅	网站	省级
728	8/22	大丰携手南农大建海洋研究院	新华日报	A5	苟亚玲　吴红梅	报纸	国家
729	8/22	全国大学生水产食品加工与创意大赛结果揭晓	新浪农业		刘佳协	网站	国家
730	8/22	两大协同创新中心落户江苏高校	扬子晚报	B14	邵　刚　张春平	报纸	省级
731	8/22	江苏首届教育学研究生学术夏令营在南师大举行	中国江苏网		袁　涛	网站	省级
732	8/22	巴氏杀菌鲜奶——中国奶业未来之路	中国经济网		石　伟	网站	国家
733	8/22	江苏开启粮食流通产业现代化新征程	中国粮油信息网		胡增民　吴征光	网站	国家
734	8/24	超市购买香蕉对折不断　专家称或是未足月青香蕉	金陵晚报		王　君	报纸	市级
735	8/24	金坛："万顷良田"催生高效农业第一村（组图）	科技日报	11版	汤　芳　陈　新　刘智永　丁秀玉	报纸	国家
736	8/24	泰山街道孩子们爱上"假日学校"	南京日报		龙晓丽　滕　宇　王　漩	报纸	市级
737	8/24	"女刘翔"孙雅薇昨拿到南京农业大学本科毕业证书	现代快报	封10	金　凤	报纸	省级
738	8/24	"女刘翔"昨拿到南农大本科毕业证书	扬子晚报网		金　凤	网站	省级
739	8/24	牛奶有区别　巴氏鲜奶更营养	中国质量报		赵永光　杨丽平　柯秀增	报纸	国家
740	8/24	"女刘翔"孙雅薇昨拿到南京农业大学本科毕业证书	中国日报网		金　凤	网站	国家

（续）

序号	时间 （月/日）	标　题	媒体	版面	作者	类型	级别
741	8/25	18国专家在宁探讨小麦赤霉病防治	新华日报	A3	赵烨烨　杨频萍	报纸	国家
742	8/26	肉牛产业覆盖所有贫困村，让贫困户"少投入、低风险"多元增收丰都建"牛都"	人民日报		仓　伟　许天颖	报纸	国家
743	8/26	在日照市岚山区黄墩镇南塔岭村	大众日报		惠雪烨	报纸	省级
744	8/27	第四届国际小麦赤霉病学术研讨会在宁召开	江苏教育台		李子祥　朱恒生	电视台	省级
745	8/27	18国专家在宁探讨小麦赤霉病防治	新华报业网		赵烨烨　杨频萍	网站	省级
746	8/27	南农大获准在肯尼亚建设全球首个农业特色孔子学院	中国江苏网		赵烨烨　李远　赵筱青	网站	省级
747	8/28	猪禽饲料能量生物学效价评定系统创建	科学时报		黄明明	报纸	国家
748	8/28	南农将建农业特色孔子学院	金陵晚报	B2	赵烨烨　李远　曾亚莉	报纸	市级
749	8/28	南农将建全球首个农业特色"孔子学院"	南京日报	A1	赵烨烨　李远　谈洁	报纸	市级
750	8/28	南农大获准建全球首个农业孔子学院	江南时报	A7	赵烨烨　李远　王琦	报纸	市级
751	8/28	南农将在肯尼亚开办农业特色孔子学院	现代快报	B9	赵烨烨　李远　金凤	报纸	省级
752	8/28	南农将建全球首个农业特色"孔子学院"	扬子晚报网		赵烨烨　李远 记者谈洁	网站	市级
753	8/28	希望田野里的"绿色"梦想	婺城新闻网		戴建东　戴翠雯	网站	县级
754	8/28	南农大筹建农业特色孔子学院	新华日报	A6	烨　烨　李远	报纸	国家
755	8/28	南农将建全球首个农业特色"孔子学院"	扬子晚报网		赵烨烨　李远 记者　谈洁	网站	省级
756	8/28	博物馆群提升蔚县"软实力"	张家口新闻网		魏　民 通讯员　沈建明	网站	市级
757	8/28	南农大筹建农业特色孔子学院　明年9月招生	中国日报网		赵烨烨　李远　王拓	网站	国家
758	8/28	南农大筹建农业特色孔子学院	网易新闻		赵烨烨　李远　王拓	网站	国家
759	8/29	现代都市农业"风景"正好	昆山新闻网		张　欢　徐瀚洋	网站	市级
760	8/29	"软实力"锻造"硬功夫"	中国国土资源报		吴忠平	报纸	国家
761	8/30	黔江：69原种猪场有望成为渝首家国家核心育种场	人民网		张　川　蒋吉平	网站	国家
762	8/30	农村垃圾调查——大学生调查	绍兴日报		黄梦航	报纸	市级
763	8/31	全球首个农业特色孔子学院获批	农博网		吴　楠 通讯员　刘非	网站	省级

（续）

序号	时间 （月/日）	标　题	媒体	版面	作者	类型	级别
764	8/31	白露未到，东郊银桂露芬芳	扬子晚报	A40	李佳俐　陈功　杨娟	报纸	省级
765	9/1	九味乳鸽放飞财富梦想	宿迁日报		郁李慧	报纸	市级
766	9/1	浙江上虞矿山炼厂附近稻田半数现重金属超标	中国经营报		李艳洁	报纸	国家
767	9/2	丹徒农业园区建设强农富农	中国江苏网		魏非凡　何正兴	网站	省级
768	9/3	水果烂了一块还能吃吗	现代快报		郑文静	报纸	省级
769	9/3	我市秸秆沼气利用技术国内领先	中国徐州网		季　芳 通讯员　陈重　苗瑞福	网站	国家
770	9/4	江阴：投入力度大　整治范围广 华士掀起村庄整治新高潮	新华网		徐永南　刘晓	网站	国家
771	9/4	皖江潮涌滁州先	滁州日报		喻　松	报纸	市级
772	9/5	出专辑办个唱写自传　南农大"奥巴马"最近很忙	金陵晚报	A1	吴行远　曾亚莉	报纸	市级
773	9/5	影象留人　回家有礼	江苏教育台		李子祥　朱恒生	电视台	省级
774	9/5	海安"黄金米"被误指转基因大米专家参与纠正	光明网		陆学进	网站	国家
775	9/5	办青奥，倡导节俭更求理念创新	新华报业网		王孟溪　付奇　孟旭 曾力莹　颜芳	网站	省级
776	9/5	办青奥，倡导节俭更求理念创新	扬子晚报		王孟溪　付奇　孟旭 曾力莹　颜芳	报纸	省级
777	9/6	南农新生"明星"扎堆，杨澜、黄磊、黄蓉等将悉数亮相	现代快报	B1	金　凤	报纸	省级
778	9/7	南农大将建首个农业特色孔子学院	农民日报	3版	陈兵　赵烨烨	报纸	国家
779	9/7	2012年全国"农洽会"驻马店市重点项目签约仪式举行	天中晚报		朱晔　王建成	报纸	市级
780	9/8	南农学子用百片树叶拼出主楼图案迎新生报到	龙虎网		陶源	网站	市级
781	9/8	集聚高端资源增创发展优势	江苏经济报		郑鸿儒　王宇宙　戚孙浩	报纸	省级
782	9/8	15高校成人高考面向艰苦行业实行单位推荐考核录取	城市商报		伊臣	报纸	市级
783	9/8	37 为老师竞争最受欢迎"师花师草"	金陵晚报	B17	金陵晚报	报纸	市级
784	9/8	多位专家称"螃蟹西红柿同吃致毒"系误传	扬子晚报		谷岳飞	报纸	省级
785	9/9	新生报到：高校忙着上"就业课"家长忙着织"关系网"	南京日报		谈洁	报纸	市级

（续）

序号	时间 （月/日）	标　题	媒体	版面	作者	类型	级别
786	9/9	温馨卡片迎南农大新生	金陵晚报	A07	赵烨烨　刘蓉	报纸	市级
787	9/9	夫妻辅导员同做新生"保姆"　一个唱白脸一个唱红脸	现代快报	A17	赵烨烨　金凤	报纸	省级
788	9/9	"学长悄悄告诉你：咱院的辅导员是夫妻"	扬子晚报	A9	邵　刚　蔡蕴琦	报纸	省级
789	9/9	大学宿舍里帮女儿缝缝补补"最美爸爸"现身南农	南京晨报		王晶卉	报纸	省级
790	9/9	南京农业大学植保院夫妻辅导员同做新生"保姆"	现代快报	A17	赵烨烨　金凤	报纸	省级
791	9/10	在学生眼里　这些老师最美	金陵晚报	A04	宏烨林	报纸	市级
792	9/10	南农学子用百片树叶拼出主楼图案迎新生报到	龙虎网		陶源	网站	市级
793	9/10	教师节，让我们走近几位特殊的园丁——他们，为孩子奠基一生幸福	新华日报	A9	蒋廷玉　葛灵丹　杨频萍	报纸	国家
794	9/10	了解了它们的习性　这些"异常"实属正常	扬子晚报		杨综	报纸	省级
795	9/10	猫爱吃鱼　但为什么又怕水呢？	扬子晚报		朱威	报纸	省级
796	9/11	为了就业"不输在起跑线"上，新生报到时——高校忙上"就业课"家长忙织"关系网"	南京日报	A3	邵　刚　赵烨烨　谈洁	报纸	市级
797	9/11	薛家宾新推荐家兔兔疫程序	农村大众		魏新美	报纸	省级
798	9/11	中国农业科学家应积极应对"基因遗传改良"挑战字号	科学时报		李飞	报纸	国家
799	9/11	江苏学习促发展：大规模培训干部大幅度提高干部素质	新华日报		郁芬	报纸	省级
800	9/12	"误读风波"让海安优质有机大米"黄金米"一夜成名	南通网		吴秋月　陆学进　周朝晖	网站	市级
801	9/12	《江苏教育这十年》之七：学科建设自觉融入经济社会发展	江苏教育台		李子祥　朱恒生	电视台	省级
802	9/12	也在你心上某个地方	东方卫报		徐柳	报纸	市级
803	9/13	建宁一项目列入国家技术研究子课题	三明日报		陈晓星	报纸	市级
804	9/13	淮南：叫响本土品牌　"刘香"飘香世界	淮南新闻网		张　静　朱庆磊	网站	市级
805	9/14	"黑客"两次修改南京农大招生网内容被抓	中国新闻网		黎　勇　杨志雄	网站	国家

（续）

序号	时间 (月/日)	标　题	媒体	版面	作者	类型	级别
806	9/14	创新三大模式　推进配方肥下地创 新三大模式　推进配方肥下地	安徽日报农村版		王　可	报纸	省级
807	9/14	循环农业"造出"高科技肥料	遂宁新闻网		杨小东	网站	市级
808	9/14	孩子场内军训　家长场外培训	现代快报	封8、封9	金　凤　万莉莉	报纸	省级
809	9/14	市政协召开十二届57次主席会议	南报网		吕宁丰　刘海涛	网站	市级
810	9/14	高水平建设现代化国际性人文绿都 核心区	南京日报	A1	吕宁丰　刘海涛	报纸	省级
811	9/14	河南"大白鹅"振翅高飞	河南日报农村版		马丙宇　贺洪强 杨晓燕　魏　涛	报纸	省级
812	9/14	［走基层］东乡县李家候坊村：唱 响"绿色乐曲"的"猪司令"	东方网		邱　玥	网站	省级
813	9/14	南京部分高校明年研招计划出炉	南京晨报	A29	钱恂熊　王晶卉	报纸	省级
814	9/15	"2012全国科普日"南京主场活动 在科技馆隆重开幕	金陵晚报		张　博	报纸	市级
815	9/15	阳台种山芋燕麦做面膜　南京科普 日活动教市民"吃好喝好"	新闻晚报		毛　庆　樊忠卫	报纸	省级
816	9/15	"江苏科普日"为市民普及食品安 全健康知识	人民网江苏视窗		李国雄	网站	国家
817	9/16	花盆里种山芋　用燕麦做面膜	南报网		毛　庆　樊忠卫	网站	市级
818	9/16	河蟹买回家，先用苏打水泡一下	现代快报	A14	胡玉梅　顾　炜	报纸	省级
819	9/16	苹果要选歪的　石榴要选方的	金陵晚报	A09	樊忠卫　王　君	报纸	市级
820	9/17	南农大签下千万产学研合作大单	江苏教育台		李子祥　朱恒生	电视台	省级
821	9/17	基因技术可使白菜亩产超万斤	新华日报	A5	王　拓	报纸	省级
822	9/17	南农教授破译小白菜遗传密码　将 和企业合作培育新品种	南京日报	A8	许天颖　赵烨烨 谈　洁　吴正楠	报纸	市级
823	9/17	更改小白菜基因序列亩产可提高 2 000公斤	现代快报	A8	许天颖　金　凤	报纸	省级
824	9/17	要健康，就喝谷物奶茶	食品商务网		杨　杰	网站	国家
825	9/17	"小"溧水转型发展气魄大	新华日报		张晓东　颜　芳　张　伟 吴永胜　赵敬翔	报纸	省级
826	9/18	江苏7个专利项目亮相中国国际专 利技术与产品交易会	中国江苏网		王　静	网站	省级
827	9/19	江苏教育台系列报道《江苏教育这 十年》介绍植保院学科建设成就	江苏教育台		李子祥　朱恒生	电视台	省级
828	9/19	林毅夫南农演讲：中国人均收入18 年后能达美国一半	现代快报	A21	赵烨烨　金　凤	报纸	省级

（续）

序号	时间 （月/日）	标　题	媒体	版面	作者	类型	级别
829	9/19	林毅夫为大学生解读中国经济	江苏教育台		阮　宁　吴红鲸	电视台	省级
830	9/19	林毅夫作客南农解读中国经济—— 今年第四季度我国市场会回温	南京日报	A6	赵烨烨　许天颖 谈　洁　吴正楠	报纸	市级
831	9/19	前世行首席经济学家林毅夫昨在宁 称：在深化改革前提下——中国还可 维持20年8%的高速增长	扬子晚报	A36	陈春林	报纸	省级
832	9/19	著名经济学家林毅夫针对下行压力 在宁强调：中国经济奇迹，未来仍将 "可持续"	新华日报	A5	沈峥嵘　杨频萍	报纸	省级
833	9/19	"三农"问题专家陈锡文：居安思 危，保护耕地	南京电视台		冯　薇　叶　海	电视台	市级
834	9/19	林毅夫来宁"唱好"中国经济—— 今年四季度市场会回升	南京晨报	A05	赵烨烨　许天颖　王晶卉	报纸	市级
835	9/19	千亩果园，醉美"田园牧歌"	中国建湖网		虞　涛　吴长芳　肖兆力	网站	市级
836	9/19	禁用合成色素　今年月饼多"素颜"	金陵晚报		姚　聪	报纸	市级
837	9/19	林毅夫来宁"唱好"中国经济　今 年四季度市场会回升	新华报业网		赵烨烨　许天颖　王晶卉	网站	省级
838	9/19	企业家要为社会做点事	海门日报		陈永发　徐红　王忠		市级
839	9/19	鼠标耕耘：三人种田全村吃	新华报业网		黄卫琼	网站	省级
840	9/19	鼠标耕耘：三人种田全村吃	网易新闻		吴剑飞　王世停　黄卫琼	网站	国家
841	9/19	宁夏与江苏开展合作交流为教育发 展注入活力	中国教育新闻网		陈晓东	网站	国家
842	9/19	林毅夫做客南农	金陵晚报	B18	许天颖　曾亚莉	报纸	市级
843	9/20	明年江苏58所单位招收硕士研究生	金陵晚报	A09	沈考宣　刘蓉	报纸	市级
844	9/21	江苏教育电视台报道我校"百家知 名企业进校园"活动	江苏教育台		李子祥　朱恒生	电视台	省级
845	9/21	南京2015年将建成600万平方米创 业孵化器和社区	中国江苏网		戚阜生　余丹丹	网站	省级
846	9/21	南农大：三类人才培养方案应对农 学人才紧缺	江苏教育台		李子祥　朱恒生	电视台	省级
847	9/22	创建世界一流农业大学的博大襟怀 ——南京农业大学产学研用协同创新 纪实	农民日报	1版	沈建华　万　健	报纸	国家
848	9/22	南农大石狮疑似　圆明园文物	金陵晚报	A1	吴行远　曾亚莉	报纸	市级

（续）

序号	时间 （月/日）	标　题	媒体	版面	作者	类型	级别
849	9/22	南农大强化校企合作加快品种选育推广	江苏农业科技报	1 版	谭立云	报纸	省级
850	9/22	南农 0686 适应性广综合性状好	江苏农业科技报	4 版	魏　阳	报纸	省级
851	9/22	深化"府校合作"，提升自主创新能力	南京日报	A3	吕　俊　朱海峰　侯锦阳	报纸	市级
852	9/22	南农大菊花展：绿色菊花惹人眼	中国日报网		孙忠南	网站	国家
853	9/23	深化"府校合作"，提升自主创新能力	南报网		侯锦阳　吕　俊　朱海峰	网站	国家
854	9/23	学笃风正科研路——记天气动力学家、中国气象科学研究院院长张人禾	中国气象报		李　丹	报纸	国家
855	9/24	百家名企进南农　共谋人才科技产业协同创新	科技日报	6 版	张　晔　许天颖	报纸	国家
856	9/24	南京农大广东校友会成立	北方网		王　鹤	网站	省级
857	9/24	玄武区打造南京钟山生命科学园	南京日报	A1	侯锦阳	报纸	市级
858	9/24	玄武区打造南京钟山生命科学园	南报网		侯锦阳	网站	市级
859	9/24	部分高校明年研究生招生计划确定	南京日报	封 2	谈　洁　吴正楠	报纸	市级
860	9/24	南京农业大学 3 000 余名新同学整装接受军训动员	江苏省高等教育学会国防教育委员会		班　宏　吕一雷	网站	省级
861	9/24	南京军区首长检查调研 2012 级学生军训工作	江苏省高等教育学会国防教育委员会		班　宏　王　爽	网站	省级
862	9/25	南京农大广东校友会成立	信息时报		邝凝丹　林永亮	报纸	省级
863	9/25	南农专家发明新技术　让污泥变成有机肥	中国江苏网		余丹丹	网站	省级
864	9/26	宁台专家探讨农业科技合作	南京日报	A2	韦　铭 通讯员　张永青	报纸	市级
865	9/26	南农研究出污泥治理"清道夫"	江苏教育台		凌国兵　张昌斌	电视台	省级
866	9/26	南农研究出污泥治理"清道夫"	现代快报	封 22	邵　刚　赵烨烨　金凤	报纸	省级
867	9/26	东台现代农业暨绿色食品产业推介会成功举办——签约 32 个项目，总投资额 18.9 亿元	中国江苏网		方　星　罗伯伟	网站	省级
868	9/26	莘县：大棚与大学对接研发食用菌绿色食品	食品产业网		王仙明　谷喜合	网站	
869	9/26	更改小白菜基因序列　亩产可提高 2 000 公斤	现代快报	A8	许天颖　金　凤	报纸	省级

（续）

序号	时间 （月/日）	标　题	媒体	版面	作者	类型	级别
870	9/26	南农大教授将污泥变营养土	金陵晚报	B14	余丹丹		市级
871	9/26	南农研究出污泥治理"清道夫"	新华网		邵　刚　赵烨烨　金凤	网站	国家
872	9/27	山东：莘县引进智力支持，健康发展食用菌产业	食品产业网		王仙明　谷喜合	网站	国家
873	9/27	市环境监测中心站积极组织人员参加鉴定技术培训班	西楚网		曹毅	网站	市级
874	9/27	我市现代农业暨绿色食品产业推介会成功举行	东台日报		王建生	报纸	市级
875	9/27	专家把脉区校合作　城市和大学协同创新须"利益捆绑"	扬子晚报		吕　俊　戚　军　蔡蕴琦 张　琳　吴　俊	报纸	市级
876	9/27	江阴开工建设智能光伏植物工厂	无锡日报		吴荣荣	报纸	市级
877	9/28	鼓楼区入选国家可持续发展实验区	南京日报		韦　铭　吴永胜 赵敬翔　范智荣	报纸	市级
878	9/29	南农大首例徒手克隆猪诞生	中国江苏网		赵筱青	网站	省级
879	9/29	南农大研制出一种生物酶能"挖掘"天然美味	扬子晚报		赵敬翔　黄　南	报纸	市级
880	9/29	南京毕业生"供需两旺"	江苏商报		顾善闻	报纸	省级
881	9/30	全国副省级城市党报短新闻竞赛评选揭晓	南京日报	A1	朱　陶	报纸	市级
882	9/30	江苏首例徒手克隆猪诞生	南京日报	A2	赵烨烨　谈　洁	报纸	市级
883	10/1	南京农业大学举行2012级学生军训成果汇报大会	江苏省高等教育学会国防教育委员会		班　宏	网站	省级
884	10/3	江苏首例徒手克隆猪诞生	新华报业网		赵烨烨　王　拓	网站	省级
885	10/3	南京"国庆小菊"扮靓长安街　专家为菊花"正名"	现代快报		李　慧　刘　峻	报纸	省级
886	10/3	江苏首例徒手克隆猪在南京农业大学诞生	人民网		赵烨烨　王　拓	网站	国家
887	10/3	我首例用徒手克隆猪诞生	新华日报	A2	赵烨烨　王　拓	报纸	省级
888	10/3	江苏首例用徒手克隆核移植技术生产的克隆猪诞生	中国日报网		赵烨烨　王　拓	网站	国家
889	10/3	江苏首例用徒手克隆核移植技术生产的克隆猪诞生	中央人民政府网站		赵烨烨　王　拓	网站	国家
890	10/6	现代农业呼唤职业农民	新华日报		钱续坤	报纸	省级
891	10/7	丽江永胜涛源杂交稻试验站亩产达1165.6公斤	云南日报		陈云芬	报纸	省级

（续）

序号	时间 （月/日）	标　题	媒体	版面	作者	类型	级别
892	10/8	中国土地科学论坛在宁召开　专家 建议：土地财政需改革	南报网		孙哲诚　邹　伟　沙文蓉	网站	省级
893	10/8	南农公管院建院 20 周年　培养国土 人才 5 000 余人	中国江苏网		裴　蓓 记者 徐关辉	网站	省级
894	10/8	南农公管学院建院 20 周年	东方网		王　拓　万程鹏	网站	省级
895	10/8	美国医生要求取消儿童午餐奶　喝 奶仍然骨质疏松	中国广播网		李　赢	广播	国家
896	10/8	长假落幕　"小马"坐火车	嘉兴日报		王振宇	报纸	市级
897	10/8	南农公管学院建院 20 周年	新华日报		王　拓　万程鹏	报纸	省级
898	10/8	图说新闻（公管院 20 周年）	江南时报	A10	秦怀珠　武昕宇	报纸	省级
899	10/8	南京农业大学关工委召开新学期工 作会议	省教育系统 关工委网站		孔育红	网站	省级
900	10/8	南农公管学院建院 20 周年	和讯网		王　拓　万程鹏	网站	国家
901	10/8	南农公管学院建院 20 周年	网易		王　拓　万程鹏	网站	国家
902	10/8	南农公管学院建院 20 周年	新华日报		王　拓　万程鹏	报纸	省级
903	10/9	如皋长江镇推动现代农业快发展	中共如皋市 委新闻网		陆　冉　宗卫正	网站	市级
904	10/10	全国土地专家来宁热议土地财政 改革	扬子晚报		张　遥	报纸	市级
905	10/10	南大每百名新生配 76 位专任教师	现代快报	封 11	金　凤	报纸	省级
906	10/10	南农土管学院举行建院 20 周年庆典	南京日报		谈　洁　沙文蓉	报纸	市级
907	10/10	南农土地管理学院举行建院 20 周年 庆典	人民日报		谈　洁　沙文蓉	报纸	国家
908	10/10	南农土管学院举行建院 20 周年庆典	扬子晚报		谈　洁　沙文蓉	报纸	省级
909	10/11	南农研究出污泥治理"清道夫"	江苏教育电视台		凌国兵	电视台	省级
910	10/11	中国土地科学论坛举办	中国国土资源报		杨应奇	报纸	国家
911	10/11	江苏首例徒手克隆猪　在南京农业 大学诞生	江南时报	A08	赵烨烨　王　琦	报纸	市级
912	10/11	南京出台科技九条实施细则　下海 不失岗	现代快报	封 17	鹿　伟　吴　怡	报纸	省级
913	10/11	科技创业潮涌金陵	南京日报	A1	李　冀　毛　庆　韦　铭 肖　姗　吕宁丰　江　瑜 许　琴　马　金	报纸	市级
914	10/11	144 名高校教师离岗留职在宁创业	扬子晚报	A33	仇惠栋	报纸	省级
915	10/11	144 名高校教师走出校门创业	金陵晚报	A06	宁科轩　王　君	报纸	市级

（续）

序号	时间 (月/日)	标　题	媒体	版面	作者	类型	级别
916	10/12	朱小磊，我不是一个"执着"的音乐人	龙虎网		丁　艺	网站	市级
917	10/12	微生物清道夫：让污泥"洗心革面"（图）	科技日报	六版	李新蕾　张　晔	报纸	国家
918	10/12	江苏教育这十年　科技下乡　振兴"三农"	江苏教育台		凌国兵　张昌斌　徐　潇	电视台	省级
919	10/13	南京市政协建议案支招农业转型：需创意发展	南京日报		吕宁丰　茆发林　徐继昌	报纸	市级
920	10/15	构建土地资源管理良性互动机制	中国社会科学报		吴　楠　刘　非	报纸	国家
921	10/15	环太湖，都市人家的农乐园	姑苏晚报		沈红娣	报纸	市级
922	10/15	江苏：攻克关键技术　秋粮喜获丰收	科技日报		过国忠　戴其根　高　辉	报纸	国家
923	10/16	臭泥巴"变身"营养土	新华日报	B8	王　拓	报纸	省级
924	10/16	迎110周年校庆　南农百名学子街头快闪街舞引围观	龙虎网		赵烨烨　范冠华　吴　江	网站	市级
925	10/16	南京农业大学学子"快闪活动"庆贺110周年华诞	中国网江苏频道		徐　敏　向　丹 邵　刚　赵烨烨	网站	国家
926	10/16	泗阳："五大板块"绘出特色农业产业	中国江苏网		黄明明	网站	省级
927	10/16	中国最大海藻生物科技研发中心开建	科学时报		黄明明	报纸	国家
928	10/16	邹城构筑高层次人才聚集"洼地"	大众日报		张誉耀　房亚东　韩召良	报纸	省级
929	10/16	"快闪"迎校庆	南报网		董小强　徐　琦	网站	市级
930	10/16	南京三所高校20日一同"庆生"	扬子晚报	A12	王宇宁　车卓雅　宋　璟 蔡蕴琦　张　琳	报纸	省级
931	10/17	南农举办国际文化节　上演小型校园"世博会"	中国江苏网		邵　刚　赵烨烨 陈晓春　刘北洋	网站	省级
932	10/17	南京农业大学第五届多国文化与风情展开幕	中国网江苏频道		徐　敏　顾腾飞 邵　刚　赵烨烨	网站	国家
933	10/17	农大学子攀登紫金山半程马拉松赛庆母校110周年华诞	中国网江苏频道		徐　敏　顾腾飞 邵　刚　赵烨烨	网站	国家
934	10/17	庆母校110周年华诞　南农举办攀登紫金山半程马拉松赛	中国江苏网		邵　刚　赵烨烨　罗　鹏	网站	省级
935	10/17	300余种菊花喜迎八方宾朋　南农校庆营造花的海洋	中国江苏网		罗　鹏　许天颖	网站	省级

（续）

序号	时间 (月/日)	标　题	媒体	版面	作者	类型	级别
936	10/17	"快闪"迎校庆	南京日报	A7	董小强　徐　琦	报纸	市级
937	10/17	我省首例徒手克隆猪在南农大诞生	江苏农业科技报	1版	赵烨烨	报纸	省级
938	10/18	网传微波烹调食品致癌　专家称无依据不必慌	扬子晚报		谷岳飞	报纸	省级
939	10/18	国内最大海藻生物研发中心开建	中国化工报		黄明明	报纸	国家
940	10/18	有机肥产业发展有待正本清源	农博网		朱祝何	网站	国家
941	10/18	多国文化与风情展相校园	南报网		董小强　徐　琦	网站	市级
942	10/18	校园花海——菊花品种展在南京农业大学开展	中国网江苏频道		向丹	网站	国家
943	10/18	多国文化与风情展亮相校园	南京日报		董小强　徐　琦	网站	市级
944	10/18	多国文化与风情展	东方卫报		丁　亮	报纸	市级
945	10/18	南农举办"校园世博会"奥巴马现场献歌	现代快报	B9	邵　刚　赵烨烨　朱俊俊	报纸	省级
946	10/18	南农校庆活动抢先看	东方卫报	3	庄　伟	报纸	市级
947	10/18	南京农业大学第五届多国文化与风情展开幕	中国网江苏频道		徐　敏　顾腾飞 通讯员　邵　刚　赵烨烨	网站	国家
948	10/18	到南农大去领略异国风情	南京新闻综合		赵　楠　叶　海	电视台	市级
949	10/18	多国文化风情展	东方卫报		徐　琦	报纸	市级
950	10/19	"中华农耕文化巡展"在南京农业大学开幕	中国网江苏频道		徐　敏　张　舒 邵　刚　赵烨烨	网站	国家
951	10/19	南农大杰出校友吕士恒：拓荒北国青春无悔	中国网江苏频道		陈梦玲　邵　刚　赵烨烨	网站	国家
952	10/19	鱼被杀死后　咬伤主妇手指　专家：并非鱼在"复仇"	现代快报		常　毅	报纸	省级
953	10/19	南京农业大学校友馆开馆　《南京农业大学发展史》同时发行	中国江苏网		罗　鹏	网站	省级
954	10/19	南京农业大学喜庆建校110周年	中国江苏网		邵　刚　赵烨烨　陈晓春	网站	省级
955	10/19	首届"爱在江苏"台湾大学生社会实践活动在宁举行	南报网		吕宁丰　刘海涛 刘卫东　章　晖	网站	市级
956	10/19	南农"北大荒七君子"55年激情燃烧的岁月	现代快报	封9	金　凤	报纸	省级
957	10/19	这些花都是南农大研制的	东方卫报	A1	丁　亮	报纸	市级
958	10/19	南农校庆，八万盆菊花争奇斗艳	现代快报	B2	许天颖　赵烨烨　金　凤	报纸	省级
959	10/19	南农大校庆菊花展本周日起免费开放	南京日报	封2	钱红艳　赵烨烨	报纸	市级

（续）

序号	时间（月/日）	标　题	媒体	版面	作者	类型	级别
960	10/19	21日起去南农大看稀罕菊花	扬子晚报	A50	许天颖　蔡蕴琦	报纸	省级
961	10/19	南农大"北大荒七君子"回顾55年前激情燃烧的岁月	光明网		金凤	网站	国家
962	10/20	泗洪举办螃蟹节经贸洽谈会及高端论坛	网上宿迁		陈实　吴昌金	网站	市级
963	10/20	南农展出8万余盆菊花	金陵晚报	B18	许天颖　赵烨烨	报纸	市级
964	10/20	南农有古代农耕展	金陵晚报	B18	赵烨烨　刘蓉	报纸	市级
965	10/20	三位"北大荒七君子"再聚首	现代快报	B5	金凤	报纸	省级
966	10/20	留住正在消逝的"农耕文化"	新华日报	A2	王拓	报纸	省级
967	10/20	南京农业大学隆重庆祝建校110周年	南京新闻综合		赵楠　叶海	电视台	市级
968	10/20	南农8万株菊花争奇斗艳	江苏公共频道		唐晓东　吕莹莹　唐震　徐泽城	电视台	省级
969	10/20	南农校友"北大荒七君子"今天"回家"	都市圈圈		金凤	网站	市级
970	10/20	三位"北大荒七君子"再聚首	新浪		金凤	网站	国家
971	10/21	多校迎校庆党和国家领导人及省领导祝贺	新华日报		陆峰　杨频萍　王拓　张晨　张宁	报纸	省级
972	10/21	南京四高校昨日扎堆办校庆	南京晨报	A07	王晶卉	报纸	省级
973	10/21	向世界一流农业大学迈进	新华日报	A4	南京农业大学	报纸	省级
974	10/21	百年砥砺求奋进　诚朴勤仁谱华章	新华日报	A4	管恒禄　周光宏	报纸	省级
975	10/21	"引智育才"构筑人才高地	新华日报	A4	南京农业大学	报纸	省级
976	10/21	南京农业大学庆祝一百一十周年华诞	新华日报	A1	陆峰　王拓	报纸	省级
977	10/21	南京农业大学将新增3学院	南京日报	A2	赵烨烨　钱红艳	报纸	市级
978	10/21	南京农业大学喜迎110周年华诞	南京日报	A1	陆峰　钱红艳　王拓	报纸	市级
979	10/21	南航、南农、南林三校同庆生，昨天的南京很人文	扬子晚报	A8　A9	赵烨烨　邵刚　蔡蕴琦	报纸	省级
980	10/21	在苏就读台湾大学生举行"爱在江苏"社会实践活动	新华网		叶超	网站	国家
981	10/21	南京农业大学喜庆建校110周年	光明网		董金林	网站	国家
982	10/21	南航大南农大同日校庆	新华日报		陆峰　杨频萍	报纸	省级
983	10/21	母校，我回来了	金陵晚报	A09	王勇　刘蓉	报纸	市级
984	10/21	首届"爱在江苏"台湾大学生社会实践活动在宁举行	南京日报	A2	吕宁丰　刘海涛　刘卫东　章晖	报纸	市级

（续）

序号	时间 （月/日）	标　题	媒体	版面	作者	类型	级别
985	10/21	百岁校友来了，走在最前列	现代快报	A16	金　凤	报纸	省级
986	10/21	南京农业大学喜迎 110 周年华诞 温家宝题词	新浪		陆　峰　钱红艳　王　拓	网站	国家
987	10/21	南京农业大学将新增 3 学院　建设 "孔子学院"	凤凰网		通讯员　赵烨烨 记者　钱红艳	网站	国家
988	10/21	南京农业大学将新增 3 学院　建设 "孔子学院"	新浪网		通讯员　赵烨烨 记者　钱红艳	网站	国家
989	10/21	南京农业大学将新增 3 学院　建设 "孔子学院"	龙虎网	南京新闻	通讯员　赵烨烨 记者　钱红艳	网站	市级
990	10/22	南京：四所高校同迎校庆各显学科 特色亮点	光明日报		郑晋鸣	报纸	国家
991	10/22	菊花资源保存中心落户南京　总投 资 1 500 余万元	新华日报		许宏亮　曾力莹	报纸	省级
992	10/22	五高校金秋十月喜迎校庆	中国社会科学在线		郑　飞　胡言午	网站	国家
993	10/22	首个新型氮肥标准出台牵动行业营 销转舵	南方农村报		刘虹媛　赵飘飘	报纸	省级
994	10/22	南京农业大学举行"中华农耕文化 展"	中国经济网		薛海燕　吴爱梅	网站	国家
995	10/22	菊花资源保存中心落户南京	新华报业网		许宏亮　曾力莹	网站	省级
996	10/22	五高校金秋十月喜迎校庆	中国社会科学在线		郑　飞　胡言午	网站	国家
997	10/22	首个新型氮肥标准出台牵动行业营 销转舵	南方农村报		刘虹媛　赵飘飘	报纸	省级
998	10/22	南京农业大学举行"中华农耕文化 展"	中国经济网		薛海燕　吴爱梅	网站	国家
999	10/22	南京农业大学喜庆 110 周年华诞	农民日报	头版	沈建华　黄文芳	报纸	国家
1000	10/22	绿色菊花惹人眼	新华网江苏频道		孙忠南	网站	国家
1001	10/22	筠连县科技创新助推新农村建设	宜宾日报		李田钟	报纸	市级
1002	10/22	南京着力打造苏南现代化示范区	新华日报		周跃敏　颜　芳 顾巍钟　曾力莹	报纸	省级
1003	10/22	曹卫星会见加州大学客人	新华日报		王　拓	报纸	省级
1004	10/22	绿色菊花	新华网		孙忠南	网站	国家
1005	10/22	校庆南京	东方卫报	A03	林　超　丁　亮	报纸	市级
1006	10/22	宠物成人畜共患病重要传播渠道	金陵晚报	B09	赵烨烨　刘　蓉	报纸	市级
1007	10/22	南京农业大学组织老干部为学生作 校史教育报告会	省教育系统 关工委网站		孔育红	网站	省级

（续）

序号	时间 （月/日）	标　题	媒体	版面	作者	类型	级别
1008	10/22	南京农业大学关工委组织老同志和学生参观校园活动	省教育系统关工委网站		孔育红	网站	省级
1009	10/23	南京农业大学庆祝建校110周年	中国教育报	2	万玉凤　赵烨烨	报纸	国家
1010	10/23	海藻生物加工：期待科企更好结合	科学时报		罗甜甜	报纸	国家
1011	10/23	探索循环经济觅得新商机　洗毛厂能生产有机肥	新华网		苏卫东	网站	国家
1012	10/23	南京农业大学建校110周年庆祝大会举行	中国教育新闻网		万玉凤　赵烨烨	网站	国家
1013	10/23	中国·宿迁现代生态农业博览会召开　石泰峰等出席	新华日报		徐明泽　吴学文	报纸	省级
1014	10/24	江苏人民广播电台：南京农业大学喜庆建校110周年	江苏人民广播电台		沈扬　周慰蔚	广播	省级
1015	10/24	江苏人民广播电台：以校庆为平台高校资源对外开放	江苏人民广播电台		沈阳	广播	省级
1016	10/24	江苏人民广播电台：南农大七君子的故事	江苏人民广播电台		沈阳	广播	省级
1017	10/24	中国要提前做好准备　着手研究中药代替抗生素	江苏人民广播电台		沈阳	广播	省级
1018	10/24	南农本周迎来"110周年校庆"　8万盆菊花为校庆增色	江苏人民广播电台		沈阳	广播	省级
1019	10/24	首个新型氮肥标准出台牵动行业营销转舵	南方农村报		刘虹嫒	报纸	省级
1020	10/24	世界一流农业大学建设与发展论坛举行	中国社会科学报		吴楠　刘非	报纸	国家
1021	10/24	江阴红豆村筹划打造中国菊花村	现代快报		金辰　薛晟	报纸	省级
1022	10/24	苏州水稻"长出"两项纪录	苏州新闻网数字报		濮建明	报纸	市级
1023	10/24	苏州水稻刷新两项高产纪录　最高田块亩产955.4公斤	姑苏晚报		薛卿	报纸	市级
1024	10/25	专家共议全球化时代中国农业发展与变迁	中国社会科学在线		吴楠　刘非	网站	国家
1025	10/25	"中华农耕文化展"在南京举行	中国社会科学在线		吴楠　刘非	网站	国家
1026	10/25	苏州农业做精品，才能不"弱势"	苏州日报		金根	报纸	市级
1027	10/25	南京农大　向世界一流大学迈进	科技日报	8版	张晔　李新蕾	报纸	国家
1028	10/25	每位嘉宾都有志愿者陪同　悉数南农校庆现场各宗最	东方卫报	04	耿莲莲	报纸	市级

（续）

序号	时间（月/日）	标　题	媒体	版面	作者	类型	级别
1029	10/26	走进武进地间田头　感受农业农村现代化的魅力	武进网		徐维庆	网站	市级
1030	10/26	把脉武进花卉产业发展	武进日报		张肖洁	报纸	市级
1031	10/26	打造东部"农业创新硅谷"	科技日报		张　晔	报纸	国家
1032	10/27	南京大雨过后秦淮河鱼儿浮头　引来捞鱼"大军"	南报网		李绍富	网站	市级
1033	10/27	六合成立全省首家区县"科技人才联盟"	南报网		通讯员 陆　轩　记者 毛　庆	网站	市级
1034	10/28	六合成立"科技人才联盟"	华龙网		毛　庆	网站	省级
1035	10/29	"奶茶"里含奶吗?	南京晨报		卢　斌	报纸	省级
1036	10/29	南京新增林木每年"锁住"11万吨灰尘	南京日报		吴明亮	报纸	市级
1037	10/29	洋马菊花获国家原产地标志	新华日报		元　辅 爱辉	报纸	省级
1038	10/29	泗阳:"三道加法"拓宽"远教"富民空间	宿迁日报		张耀西 于成中 宣　冉	报纸	市级
1039	10/29	南京农业大学徒手技术克隆猪获得成功	科技日报	7版	张　晔 赵烨烨	报纸	国家
1040	10/30	南京栖霞区举办全省首家大学生调解大赛	法制网		周朱伟	网站	国家
1041	10/30	水塘里将注入科技因子	芜湖日报		杨正毛	报纸	市级
1042	11/1	淮安下达600万元产学研合作专项资金	淮安新闻网		宋莹莹 朱华伟	网站	市级
1043	11/2	河北威远推出土壤健康调理产品	农民日报		张卫国	报纸	国家
1044	11/2	守住我国耕地保护红线的着力点	光明日报		曲福田	报纸	国家
1045	11/3	"食人鱼"之后又冒出"雀鳝"没想到,它出现在南京小桃园!	扬子晚报	A4	吴　胜 张　琳 谢尧	报纸	省级
1046	11/4	第二届全国大学生动物学专业技能大赛长沙启动	中国广播网		黎政祥 刘　卓	广播	国家
1047	11/6	南京打造中国生命科技城　2015年总产值要达1 200亿	龙虎网		刘蒙丹 张　璐	网站	市级
1048	11/6	食品安全的正能量　绿色饲料的领军者	大众日报		周朴人 法菊菊	报纸	省级
1049	11/7	薯条最好不要放到餐盘纸上	现代快报		聂　聪	报纸	省级
1050	11/7	洪泽农业科技推广成为农民致富好帮手	农民日报		洪　滔 大　胜 建忠	报纸	国家

（续）

序号	时间 （月/日）	标　　题	媒体	版面	作者	类型	级别
1051	11/7	最想在南京成家立业	东方卫报	A03	甘文婷　刘伟娟	报纸	市级
1052	11/8	南农师生关注十八大　校园显示屏直播开幕式盛况	中国江苏网		赵烨烨　袁涛	网站	省级
1053	11/8	南农师生集体观看十八大开幕	中国网江苏频道		徐敏　邵刚　赵烨烨	网站	国家
1054	11/8	一个残疾农民的"养兔童话"	中国网		李朝民　孙桂素　陈伟	网站	国家
1055	11/8	餐盘纸上油墨含毒　专家提醒不可直接接触食物	现代快报		聂聪	报纸	省级
1056	11/8	科技生态铸就沭阳大农业	宿迁日报		杨芹	报纸	市级
1057	11/8	袁有禄：棉花育种创辉煌	中国科学报		王月	报纸	国家
1058	11/8	高校光棍节经济，比的就是创意	东方卫报	09	岳炀　周泽民 赵玥　朱佳 丁佳蒙　陆云林　庄伟	报纸	市级
1059	11/8	南农师生关注十八大　校园显示屏直播开幕式盛况	凤凰网		通讯员　赵烨烨 记者　袁涛	网站	国家
1060	11/9	皖东"獭兔王"王学成	中国农业新闻网		雍敏	网站	国家
1061	11/9	盛会聚民心　旗帜领航程	中国教育报	04版	纪秀君　柴葳 高靓　万玉凤	报纸	国家
1062	11/9	江苏群众收听收看十八大报告畅言心声	中国江苏网		王静　韦轶婷 田亚威　赵烨烨　等	网站	省级
1063	11/9	惠农政策鼓舞人心	南通日报		杨立霞	报纸	市级
1064	11/9	高校师生收看十八大现场直播	金陵晚报	A08	赵烨烨　齐琦　张前 许启彬　王秀良	报纸	市级
1065	11/9	聚焦十八大	南京晨报	A07	徐高峰　高红华　邵丹	报纸	省级
1066	11/9	赛车梦未央　2012中国大学生方程式汽车大赛	汽车之友		曾俊夫	网站	国家
1067	11/10	全国教育系统干部师生关注党的十八大开幕实况	中国教育报		纪秀君　柴葳 高靓　万玉凤	报纸	国家
1068	11/10	让"华珍"走向世界	中共如皋市委新闻网		邱宇　杨立霞	网站	市级
1069	11/10	王石红颜垂涎的红烧肉究竟是个什么味儿	现代快报	封11	安莹	报纸	省级
1070	11/11	江苏各界谈体会：多谋民生之利百姓会有更多福祉	南京日报	A1	查金忠　钱红艳 葛妍　顾小萍　等	报纸	市级
1071	11/11	南京美外教替父寻恩人续：其父为修女所救	现代快报		江怡　金凤	报纸	省级

（续）

序号	时间 （月/日）	标　题	媒体	版面	作者	类型	级别
1072	11/11	南京市各界人士学习十八大报告谈 体会——多谋民生之利	龙虎网		查金忠　钱红艳 葛　妍　顾小萍　等	网站	市级
1073	11/12	"钟山毓秀·绿地中央"环保知识 才艺大赛 20 日举行	现代快报		程　晨　金陵居峰	报纸	省级
1074	11/12	麻城举办福白菊产销对接洽谈会	新华网湖北频道		程胜利　万永庄	网站	国家
1075	11/12	如皋：让"华珍"走向世界	人民网		杨立霞	网站	国家
1076	11/13	35 个老人组团到博览会上来找养 老地	南京晨报		黄　益	报纸	省级
1077	11/13	省前中已建各类专项实验室近 10 个 省内领先	常州日报		郝干伟　黄智平	报纸	市级
1078	11/14	麻城福白菊产销对接引资 3.8 亿元 （图）	荆楚网		程胜利　万永庄	网站	省级
1079	11/14	泗阳："菌事联盟"的富民之路	中国网		陈　兵　张耀西	网站	国家
1080	11/15	丰县邳州获科技拨款 460 万元	中国徐州网		刘作霖　巩素民　彭月辰	网站	市级
1081	11/15	2013 寒假放假时间表出炉	东方卫报	头版	耿莲莲	报纸	市级
1082	11/16	中国科学家主导完成梨基因组研究	中国广播网		郑柱子　张　钫　刘佳	广播	国家
1083	11/16	"不化叉烧"真相是什么（图）	南方都市报		李　文　黄文思	报纸	省级
1084	11/17	美能量补充饮料涉及 13 起死亡报告 国内网上有售	中国广播网		朱　敏	广播	国家
1085	11/17	"大学生兵"与驻地高校共渡"世 界大学生节"	新华网江苏频道		唐占军	网站	国家
1086	11/19	我国科学家完成梨基因组研究	北京晚报		蔡文清	报纸	省级
1087	11/19	南京打造生命科技城　2015 年总产 值达 1 200 亿	南京日报		刘蒙丹　张　璐	报纸	市级
1088	11/19	中国科学家主导完成全球首个梨基 因组解析	中国新闻网		郑小红　唐贵江	网站	国家
1089	11/19	"再建理想"获全省校园学生乐队 大赛一等奖	中国常州网		嵇大帅　黄智平　魏作洪	网站	市级
1090	11/19	新米上市打"营养牌"价格相差 不少	南京晨报		卢　斌	报纸	省级
1091	11/20	南京紫金山成为国家级城市森林 公园	中国广播网		杨守华　朱荣康	广播	国家
1092	11/20	洪泽湖生态区现代农业发展协同创 新中心成立	中国社会 科学在线		吴　楠 通讯员　王新鑫　陈雪	网站	国家
1093	11/21	给楼栋"改名换姓"　南林大进行 宿舍创意改革	中国江苏网		杨　洋　韩轶群　王　静	网站	省级

（续）

序号	时间 （月/日）	标　题	媒体	版面	作者	类型	级别
1094	11/22	南京农业大学领导为关工委同志作党的十八大精神学习辅导报告	省教育厅网站		孔育红	网站	省级
1095	11/22	灌云："六个一"系列活动扎实开展大学生"村官"创业风采大赛	中共灌云县委组织部		陈学响	网站	市级
1096	11/22	中国科学家主导完成全球首个梨基因组解析	科技日报		郑小红　唐贵江	报纸	国家
1097	11/22	三江、南林、南农分别获得冠亚季军	东方卫报	02 版	陆云林	报纸	市级
1098	11/22	感恩节，让我说声谢谢你	东方卫报	06 版	陆云林	报纸	市级
1099	11/22	双城记荣誉出品　精品课程旁听指南	东方卫报	04 版	臧首成	报纸	市级
1100	11/23	国家"863"计划"果树精准作业技术与装备"课题 2012 年度总结交流会在我市举行	临海新闻网		胡学明	网站	市级
1101	11/24	盐城市旅游局携手南农促旅游大发展	中国江苏网		毕庆元　颜羽	网站	省级
1102	11/24	盐城旅游"牵手"南农大　推进旅游品牌策划推广	中新盐城网		窦跃文	网站	市级
1103	11/25	2012 中国光谷知名企业东南大学专场招聘会吸引上千学子前	现代快报		蒋振凤	报纸	省级
1104	11/26	泗阳"农业强县"之路何以越走越宽？	宿迁日报		张耀西　龚正凯	报纸	市级
1105	11/26	精准施肥挖掘出粮食增产新潜力	科学时报		程春生	报纸	国家
1106	11/27	苹果看起来又滑又亮　水果刀一刮，竟然掉下一层粉末	江南时报	A05	徐生权	报纸	省级
1107	11/27	一头牛冒出俩主人　女法官巧判蹊跷牛官司	金陵晚报	B12	施中轩	报纸	市级
1108	11/27	煲了 3 小时，羊肉汤里浮起一层虫	南京晨报	A07	卢斌	报纸	省级
1109	11/28	二氧化碳升高　让红薯变大块头	金陵晚报	A10	曾亚莉　王君	报纸	市级
1110	11/28	今年银杏不是黄在深秋　黄在了初冬	金陵晚报	A03	王君	报纸	市级
1111	11/29	南通顾玉池荣获 2012 年度中国农业十大科技创新人物称号	南通日报		徐卓	报纸	市级

（续）

序号	时间（月/日）	标　题	媒体	版面	作者	类型	级别
1112	11/29	全国第二届植物基因组学大会出乎意料	浙江日报		徐　波	报纸	省级
1113	11/30	江苏新沂：两座山演绎的财富辩证法	中国联合商报		陈凯歌　满东广	报纸	国家
1114	11/30	长沙县双江乐活小镇：废弃的老砖窑厂改造茶艺中心	红网		何司壤	网站	省级
1115	11/30	光谷知名企业招聘吸引上千学子	扬子晚报		方　人	报纸	省级
1116	11/30	南京农业大学关工委组织二级关工委开展学习交流活动	江苏省教育厅网站		孔育红	网站	省级
1117	12/2	南京最好玩第三站：团队的合作体验不一样的真人密室	龙虎网		鲍亚君　刘存辰	网站	省级
1118	12/3	江苏高校新增 3 个国家工程研究中心	中国江苏网		袁　涛	网站	省级
1119	12/3	"花开武进　共享幸福"迎花博主题活动	中国江苏网		黄雅婷　尤幸来	网站	省级
1120	12/3	长沙县双江镇拟打造"中部生态有机第一镇"	红网		何司壤	网站	省级
1121	12/3	江苏：建立省级气象为农服务专家联盟	中国气象报		黄　亮　曹　颖	报纸	国家
1122	12/4	江苏四所高校"211 工程"建设荣获国家三部委奖励	中国江苏网		袁　涛	网站	省级
1123	12/4	大力发展海洋服务业是海洋强国战略的必由之路	中国经济时报		夏　斐　霍景东　夏杰长	报纸	国家
1124	12/5	南农大办农村经济高级研修班	扬子晚报	B14	许天颖	报纸	省级
1125	12/5	南农 8 年培训发展中国家官员近千人	南京日报	A6	谈　洁　许天颖	报纸	市级
1126	12/5	南农大办农村经济高级研修班	东方网		许天颖	网站	省级
1127	12/7	教育部直属高校研讨会在宁举行	新华日报	A5	杨频萍　刘　慧	报纸	省级
1128	12/10	南京农业大学离休支部与共建学生支部开展学习报告会	江苏省教育厅网站		孔育红	网站	省级
1129	12/10	南京农业大学关工委召开工作会议	江苏省教育厅网站		孔育红	网站	省级
1130	12/10	全面加强办学治校骨干队伍建设	中国教育报	02 版	沈大雷	报纸	国家
1131	12/10	学习贯彻党的十八大精神　教育部直属高校组织工作研讨会在宁举行	中国江苏网		许天颖　王逸男	网站	省级

（续）

序号	时间 （月/日）	标　题	媒体	版面	作者	类型	级别
1132	12/11	无锡居民主要从超市购买食品　最关注奶制品安全	中国江苏网		韩　玲	网站	省级
1133	12/12	南农大火炬接力纪念"一二·九"	扬子晚报		李　尧	报纸	省级
1134	12/12	南农大火炬接力纪念"一二·九"	中国江苏网		李　尧	网站	省级
1135	12/12	南农大火炬接力纪念"一二·九"	中国网江苏频道		李　尧	网站	国家
1136	12/12	南农学子火炬接力纪念"一二·九"	文新传媒		李　尧	网站	省级
1137	12/12	热水一烫苹果上一层白蜡　专家：食用蜡无害但最好削皮吃	金陵晚报		周　飞	报纸	市级
1138	12/13	辞教下海：逮住成果转化的"泥鳅"？	中国教育报		缪志聪	报纸	国家
1139	12/13	中国科学家发现"致胖细菌"　追寻药食同源	中国新闻周刊		钱　炜	杂志	国家
1140	12/13	"休闲乡村　悠游六合"冬之味美食季启动	南京日报		朱亚萍	报纸	市级
1141	12/13	南京市2012年全国科普日活动获中国科协表彰	南报网		毛　庆　程伟宾	网站	市级
1142	12/13	淮安优质稻米博览交易会开幕	扬子晚报		凌军辉	网站	省级
1143	12/14	金坛：泥腿子登上论坛传经送宝	科技日报		刘智永　丁秀玉	报纸	国家
1144	12/14	萧平18日在省美术馆谈艺术创作与书画鉴赏	中新江苏网		高　木　高利平	网站	国家
1145	12/14	萧平教授七十华诞　从艺五十年书画回顾展	现代快报		高　木　高利平	报纸	省级
1146	12/15	发展的"药方"是什么？	大众日报		王亚楠　王　原	报纸	省级
1147	12/17	西北设施园艺工程重点实验室在杨凌启动	陕西日报		支勇平	报纸	省级
1148	12/17	食品安全企业落实主体责任很重要	中国消费者报		姚　敏	报纸	国家
1149	12/17	江阴邓阳村："绿色经济"拓宽村民增收路	江阴日报		范　峥	报纸	市级
1150	12/17	萧平谈艺术创作与书画鉴赏	南京晨报		孔芳芳	报纸	省级
1151	12/17	微博热传饼干燃烧实验　江宁公安回复：实验说服力不够	金陵晚报		潘思佳	报纸	市级
1152	12/18	西北设施园艺工程重点实验室在杨凌启动	新华网		支勇平	网站	国家

（续）

序号	时间 （月/日）	标　题	媒体	版面	作者	类型	级别
1153	12/18	饼干点火就着能说明热量高吗?	海峡都市报		高 欣	报纸	市级
1154	12/19	科技助力克州戈壁产业蓬勃发展	民主与法制时报		顾 娟 曾垂平	报纸	国家
1155	12/19	南京农业大学深入实施学生工作"队伍发展战略"提升辅导员工作水平	教育部门户网站		南京农业大学	网站	国家
1156	12/19	江苏"农业硅谷"发展秘诀	中国科技网		马爱平	网站	国家
1157	12/20	污泥处置困境从哪儿突围? 生物沥浸干化技术有突破	中国环境报		袁 博	报纸	国家
1158	12/20	预防、监管、社会监督　休闲食品360度质量管控	第一财经日报		钟 毅	报纸	国家
1159	12/21	西部生态城农业产业发展规划通过论证	苏州高新区网		树 生	网站	市级
1160	12/21	江苏12所高校入大学百强榜　南大排第6东大第21	人民网		朱俊俊	网站	国家
1161	12/21	我国管理转基因作物，分级分阶段	人民日报		冯 华 蒋建科	报纸	国家
1162	12/24	淮阴师范学院：与长三角北部地区共同发展	人民网		姚雪青 李 昆	网站	国家
1163	12/24	南京农业大学（神力特）生物凹土产业研究院在盱眙揭牌	淮安新闻网		许亚平 薛善记 杨 阳	网站	市级
1164	12/24	常州首个有机商城上线　迎来一站式有机生活	中国常州网		李 娴	网站	市级
1165	12/24	中国创新创业大赛揭晓　燃烧创业激情	中国高新技术产业导报		邓淑华 戈清平	报纸	国家
1166	12/24	十大农业重点工程规划过堂评审	东台日报		王君蓉	报纸	市级
1167	12/24	大学教授面对面为农民授课	苏州日报		高振华 薛海荣	报纸	市级
1168	12/25	江苏高校359个项目获博士点科研基金课题资助　总额达3200多万	中国江苏网		袁 涛	网站	国家
1169	12/25	2012年江苏高校荣获63项科研优秀成果奖　数量名列全国第二	中国江苏网		袁 涛	网站	国家
1170	12/25	南京高校地学联盟成立　由学生自发创办	中国江苏网		袁 涛	网站	国家
1171	12/25	江苏2013年春运售票工作提前启动　南京火车站人头攒动	龙虎网		严园园 孙 强	网站	市级
1172	12/25	江苏建立气象为农服务专家联盟	中国气象报社		黄 亮 曹 颖	报纸	国家
1173	12/25	农村养鸡场普遍喂食抗生素　养猪养牛也使用	生命时报		李 洋 徐 焱	报纸	国家

（续）

序号	时间 （月/日）	标　题	媒体	版面	作者	类型	级别
1174	12/25	我市巴西龟，超市有卖，你吃不吃？	扬子晚报		谢　尧	报纸	省级
1175	12/25	中国养殖业生产观念亟待转向	中国青年报		李润文	报纸	国家
1176	12/26	你还为养殖场牛粪处理问题发愁吗？	农民日报		沈建华　葛潇娴	报纸	国家
1177	12/26	500份爱心年货送给特困家庭	扬子晚报		孔云云　王泽　吴俊	报纸	省级
1178	12/27	全市经济社会发展重点项目观摩现场会侧记	中国江苏网		王波　周锦林	网站	省级
1179	12/27	进口大米激增尚无近忧　确保粮食安全需有远虑	上海证券报		朱贤佳　毛明江	报纸	省级
1180	12/27	沭阳：江苏扶贫工作队资金技术双扶持促民增收	人民网		王继亮　徐效平	网站	国家
1181	12/28	关于婚姻法中离婚财产的研究	光明网		王玉茹	网站	国家
1182	12/28	大学生打造节能环保赛车（图）	南京日报		崔晓	报纸	市级
1183	12/31	现代农业产业园：薛埠镇一道亮丽风景	新华日报		陆湘毅　杨杰	报纸	省级
1184	12/31	我国施肥理论研究取得突破	新华网		刘翔霄　梁晓飞	网站	国家

（撰稿：许天颖　审稿：夏镇波）

十五、2012 年大事记

1 月

1月4日　学校引进的第二位"千人计划"专家、来自英国洛桑研究所（Rothamsted Research）的赵方杰研究员（Senior Principal Research Scientist）正式到学校履职。

1月19日　美国科学促进会（American Association for the Advancement of Science，简称"AAAS"）公布了2011年度会士名单，学校首位"千人计划"专家陈增建教授入选。

2 月

2月14日　2011年度国家科学技术奖在北京揭晓，沈其荣教授及其团队的研究成果"克服土壤连作生物障碍的微生物有机肥及其新工艺"和张绍铃教授及其团队的研究成果"梨自花结实性种质创新与应用"分获国家技术发明二等奖和国家科技进步二等奖。

2月15日　江苏南京白马国家农业科技园区揭牌暨项目集中开工奠基仪式在南京农业大学白马教学科研基地举行。

2月16～17日　中共南京农业大学十届十四次全委（扩大）会议召开。本次会议的主题是：紧紧围绕学校发展目标，进一步解放思想，凝聚共识，继续深化教育教学改革和人才培养模式改革，推动科技创新，突破学校发展"瓶颈"，全面实施学校发展战略，为早日实现世界一流农业大学的发展目标而努力奋斗。大会审议通过了《中共南京农业大学委员会常委会2011年工作报告》。

3 月

3月1日　南京农业大学和江苏省国土资源厅合作申报的"统筹城乡发展与土地管理创新研究基地"，被确立为2011年度江苏高校人文社会科学校外研究基地。这是学校首个获批建设的人文社会科学校外研究基地。

3月20日　*Nature Communications* 发表了万建民课题组对 tiller enhancer 的最新研究成果。中国农业科学院作物科学研究所林启冰博士后、王丹博士、南京农业大学董慧博士为共同第一作者，万建民教授为通讯作者。该研究为水稻株型改良提供重要的分子基础。

3月27日　科技部召开"十二五""863"计划专家委员会和主题专家组成立大会。会上，学校3名教授被聘为现代农业技术领域专家组专家。

4　月

4月12日　《中文核心期刊要目总览》2011年版（第6版）正式公布，《南京农业大学学报（社会科学版）》入编农业经济类核心期刊，成为唯一一家入选中文核心期刊的农业高校社会科学学报。这是学报（社会科学版）继连续3次入选CSSCI来源期刊之后的又一次重大突破。

4月22日　南京农业大学110周年校庆系列活动——"百所著名中学校长校园行"活动举行，百余所中学校长应邀走进南农校园进行考察交流，共同探讨普通高中教育与高等教育的对接和人才培养。江苏省副省长曹卫星，江苏省教育厅副厅长、教育工委副书记胡金波等出席考察交流会。

4月27日　南京农业大学师生在体育场组成"世界最大笑脸"及"NAU110"图案，以表达对学校的祝福之情，并挑战"世界最大笑脸"吉尼斯世界纪录。3110名志愿者以1分31秒成功组成笑脸直径44米、眼睛直径为8米的"世界最大笑脸"，376名志愿者组成"NAU110"，全场师生齐呼"弘扬诚朴勤仁百年精神，建设世界一流农业大学"校庆口号，同祝母校110岁生日快乐。

5　月

5月9日　南京农业大学"钟山学者"计划暨农学院、生命科学学院名誉院长聘任仪式在学术交流中心举行。党委书记管恒禄和校长周光宏共同为"钟山学者"计划标识揭牌，正式聘任中共中央候补委员、原中国农业科学院院长翟虎渠为农学院名誉院长，香港大学梁志清教授为生命科学学院名誉院长。

5月9日　中共南京农业大学十届十五次全委（扩大）会议召开。本次会议的主题是：回顾总结贯彻落实学校十届十三次、十四次全委（扩大）会议精神和组织实施"1235"发展战略的情况，分析当前学校所面临的内外部发展环境，加速推进建设世界一流农业大学各项工作。

5月15～27日　校长周光宏、副校长沈其荣率团赴美国进行首次北美海外人才招聘暨南京农业大学"钟山学者"计划推介活动，此次活动共吸引了170多位海外各类高层次人才参与。

5月25日　由南京农业大学梨工程技术研究中心牵头的国际梨基因组合作组织，已全面完成梨的精细基因组图谱绘制工作，这也是国际上第一个梨全基因组图谱。

5月30日　授予肯尼亚副总统兼内政部部长斯蒂芬·卡隆佐·穆西约卡（Stephen Kalonzo Musyoka）先生南京农业大学名誉博士学位仪式在学校图书馆报告厅举行。穆西约卡表示，作为南京农业大学的名誉博士，将一如既往地支持中肯两国的友好合作，为中肯两国人民的友谊和福祉做出新的贡献。

6　月

6月8日　由南京农业大学牵头组建的"重要经济作物生物学协同创新中心"建设研讨

会在学校召开。学校拟联合国内外科研优势力量，就大豆、油菜、棉花三大重要经济作物生物学研究开展协同创新，组建培育"重要经济作物生物学协同创新中心"。

6月29日 "十二五"国家"863"计划现代农业技术领域主题项目"农林有害生物调控与分子检测技术研究"启动会在南京农业大学举行。该项目针对我国农林有害生物防控工作提出的新要求和挑战，重点开展基于分子识别以及植物与有害生物分子互作的的农林有害生物高通量分子检测技术和无公害调控技术研究，为农林有害生物调控和作物抗病性改良提供新思路。

7 月

7月11日 教育部、科技部在西北农林科技大学举行全国高等学校新农村发展研究院建设工作会暨授牌仪式。会上宣读了《教育部、科技部关于同意中国农业大学等 10 所高校成立新农村发展研究院的通知》。管恒禄代表学校从中共中央政治局委员、国务委员刘延东手中接受"南京农业大学新农村发展研究院"牌匾。

7月12日 南京农业大学—新疆农业大学荒漠生态产业研究院共建协议签约仪式在新疆农业大学举行。

7月31日至8月4日，学校"双创计划"专家、园艺学院程宗明教授在 2012 年美国园艺学会年会上，正式当选为美国园艺学会会士。

8 月

8月10日 由江南大学、南京农业大学和东北农业大学联合行业内龙头企业及研究单位组建的"食品安全与营养协同创新中心"签约揭牌仪式在南京农业大学学术交流中心举行。江苏省省长李学勇、教育部副部长杜占元出席仪式并为中心揭牌。

8月29日 "科教结合协同育人行动计划"启动会在北京举行。中共中央政治局委员、国务委员刘延东出席启动仪式并讲话。启动仪式上，21 所"211"高校与中国科学院 31 个研究所现场签署了战略合作协议，南京农业大学与中国科学院上海生命科学研究院、中国科学院南京土壤研究所共同签约。

9 月

9月10日 南京农业大学图书馆收到国家图书馆的国家珍贵古籍名录图录通知：图书馆珍藏的明嘉靖三年（1524）马纪刻本《齐民要术》11 卷一部入选《第三批国家珍贵古籍名录图录》；明万历刻本《花史左编》二十五卷一部入选《第四批国家珍贵古籍名录图录》，该部古书还被《第三批江苏省珍贵古籍名录》收录。

9月16日 南京农业大学 110 周年校庆系列活动——"百家知名企业进南农"活动举行。活动以"人才·科技·产业·协同创新"为主题，邀请 120 余家国内外知名企业参会，共商协同创新，推动政产学研深度合作。会上，教育部科技发展中心、中牧集团、雨润集团、孟山都公司和白马国家农业科技园区等负责人分别做主题报告。

9月18日　由麻浩教授率领的项目组进行的"荒漠区无灌溉管件防护梭梭造林新技术"示范工作取得重大进展。该技术成为我国多年来在梭梭无灌溉条件下植树造林技术领域形成突破性的新技术，将有望推动我国荒漠生态治理和荒漠生态产业化进程。

9月27日　江苏省人民政府举行2012年"江苏友谊奖"颁奖仪式。学校2007年度"111计划""农业生物灾害科学创新引智基地"项目海外学术大师、美国俄勒冈州立大学基因研究和生物计算中心主任Brett Tyler教授获得2012年"江苏友谊奖"。

9月28~29日　2012年度中国政府"友谊奖"颁奖大会在北京举行，学校"作物遗传与种质创新学科创新引智基地"（"111计划"）海外学术大师、美国堪萨斯州立大学小麦遗传与基因组学资源中心主任Bikram S. Gill博士获2012年度中国政府"友谊奖"。Gill教授应邀参加了颁奖大会，国务院总理温家宝在北京人民大会堂会见了获奖专家，国务委员兼国务院秘书长马凯为获奖者颁奖。

10　月

10月11日　学校视觉形象识别系统正式启用。视觉形象识别系统第一次对学校主要形象要素进行了符号化的凝练、设计和规范，是学校校园文化建设的一项重要成果。系统的实施，对进一步加强大学文化建设，更好地树立和维护学校形象，传承和弘扬以"诚朴勤仁"为核心的南农文化具有重要意义。学校视觉形象识别系统分为基础系统及应用系统两大部分。基础系统包括校徽、标准字、校训、标准色、辅助图形及各种组合方式；应用系统包括办公系统、旗帜系统和导示系统。

10月11日　台湾大学公布了2012年世界大学科研论文质量评比结果（NTU Ranking），南京农业大学位居农业领域第141位，比2011年前移了27位。

10月20日　南京农业大学建校110周年庆祝大会在卫岗校区举行，来自世界各地的嘉宾、校友、兄弟院校代表、离退休老同志以及师生代表共1万余人齐聚南京农业大学体育场，共庆南京农业大学110周年华诞。中共中央政治局常委、国务院总理温家宝为南京农业大学校庆题词："知国情、懂农民、育人才、兴农业。"中共中央政治局委员、国务院副总理回良玉，中共中央政治局委员、国务委员刘延东，全国人大常委会副委员长陈至立、蒋树声等党和国家领导人，分别向南京农业大学发来贺信或题词祝贺。全国政协副主席罗富和、原全国人大常委会副委员长热地出席庆祝大会。江苏省委书记罗志军为南京农业大学校庆发来贺信，省长李学勇出席庆祝大会并讲话。教育部副部长杜占元、农业部副部长张桃林在庆祝大会上讲话。江苏省委副书记石泰峰、副省长曹卫星、省人大常委会副主任丁解民、省政协副主席张九汉出席大会。庆祝大会上，学校对2004年以来荣获国家科学技术进步奖、发明奖、高等学校科学研究优秀成果奖、高等教育国际级教学成果奖的团队以及荣获国家级高等学校教学名师奖、全国优秀博士学位论文指导老师、国家"友谊奖"外籍教师等个人进行了表彰。会上还举行了南京农业大学农村发展学院、草业学院和金融学院揭牌仪式。埃格顿大学校长詹姆斯·托涛伊克与南京农业大学校长周光宏交换两校合作建设"孔子学院"执行协议文本，这是全球首家以农业为特色的孔子学院。

10月20日　学校举办"世界一流农业大学建设与发展论坛"。论坛以"围绕教学、科研和国际化，探讨世界一流农业大学建设"为主题，邀请美国、德国、英国和日本等8个国家共 9 所著名农业（涉农）大学参加。南京农业大学校长周光宏教授与加利福尼亚大学戴维斯分校副校长 William Lacy 教授共同主持论坛。中外著名大学校长分别就世界一流农业大学的建设与发展、国际化教育和人才培养等作专题演讲。

11　月

11 月 2～4 日　"生泰尔杯"全国大学生第二届动物医学专业技能大赛在湖南长沙举行。南京农业大学动物医学专业学生代表队获得特等奖。

11 月 12 日　农业部正式公布了 2012 年度农业科研杰出人才及其创新团队的名单，张天真、丁艳锋、赵茹茜、姜平和徐阳春 5 名教授及其所带领的研究团队成功入选。

11 月 16 日　国家发展和改革委员会发布了《关于 2012 年国家地方联合工程研究中心（工程实验室）的批复》，由南京农业大学申报的"农村土地资源利用与整治国家地方联合工程研究中心"获批成立。

12　月

12 月 6 日　*Nature* 期刊主编 Dr. Nick Campbell 应邀来校访问，就双方合作事宜做进一步磋商。Nick 先生与学校的 28 位教授代表进行座谈后，为师生做了题为"How to get published in *Nature*"的专题报告。

12 月 9 日　第十一届中国优质稻米博览交易会在江苏淮安举行。开幕式后，校长周光宏与淮安市市长曲福田共同签署了南京农业大学—淮安市战略合作协议。

12 月 18 日　由浙江大学、南京农业大学和中国农业大学联合组建的"作物品质与产品安全协同创新中心"培育启动仪式在浙江大学举行。

12 月 26 日　"2012 中国最具国际影响力学术期刊"和"2012 中国国际影响力优秀学术期刊"颁奖仪式暨《中国学术期刊影响因子年报 & 国际引证报告（2012 版）》发布会在北京举行。《南京农业大学学报》入选"2012 中国国际影响力优秀学术期刊"。

（撰稿：吴　玥　审稿：刘　勇）

十六、规章制度

【校党委发布的管理文件】

序号	文件标题	文号	发文时间
1	南京农业大学关于加快建设世界一流农业大学的决定	党发〔2012〕1号	2012－2－21
2	关于印发《中共南京农业大学委员会关于在创先争优活动中深入开展基层组织建设年活动的实施意见》的通知	党发〔2012〕16号	2012－3－07
3	关于印发《南京农业大学选拔任用中层干部书面征求纪检监察部门意见暂行办法》的通知	党发〔2012〕29号	2012－4－24
4	关于转发《江苏省大学生党员发展工作"三投票三公示一答辩"实施办法》的通知	党发〔2012〕34号	2012－5－31
5	关于印发《南京农业大学关于选聘"2＋3模式"本科生辅导员的办法（试行)》的通知	党发〔2012〕59号	2012－9－19
6	关于印发《南京农业大学党务公开暂行办法》的通知	党发〔2012〕66号	2012－10－10
7	中共南京农业大学委员会关于上报实施国家教育体制改革试点项目和贯彻落实"三重一大"决策制度整改工作方案的报告	党发〔2012〕94号	2012－12－24

（撰稿：文习成　审稿：全思懋）

【校行政发布的管理文件】

序号	文件标题	文号	发文时间
1	关于印发《南京农业大学差旅报销规定》的通知	校计财发〔2012〕79号	2012－3－23
2	关于印发《南京农业大学科技成果奖励办法》的通知	校科发〔2012〕132号	2012－4－20
3	关于印发《南京农业大学预算执行与决算审计实施办法》的通知	校审计发〔2012〕151号	2012－4－28
4	关于印发《南京农业大学学生医疗管理办法（暂行)》的通知	校资发〔2012〕177号	2012－5－18
5	关于印发《南京农业大学关于教授、副教授为本科生上课的规定（试行)》的通知	校教发〔2012〕183号	2012－5－21
6	关于印发《南京农业大学关于教师教学质量综合评价工作实施办法（暂行)》的通知	校教发〔2012〕257号	2012－7－5

（续）

序号	文件标题	文号	发文时间
7	关于印发《南京农业大学青年教师本科教学工作量补贴暂行办法》的通知	校教发〔2012〕307号	2012-8-29
8	关于印发《南京农业大学工程研究中心建设与管理办法》的通知	校科发〔2012〕314号	2012-9-5
9	关于印发《南京农业大学研究生国家奖学金管理暂行办法》的通知	校研发〔2012〕427号	2012-12-4

（撰稿：吴　玥　审稿：刘　勇）